广东紫金白溪省级自然保护区管理处
紫金县林业局

紫金植物

叶钦良　钟智明　李玉峰　吴林芳　主编

中国林业出版社

图书在版编目（CIP）数据

紫金植物 / 叶钦良等主编 . -- 北京 : 中国林业出版社 , 2019.3
ISBN 978-7-5038-9957-7

Ⅰ. ①紫… Ⅱ. ①叶… Ⅲ. ①自然保护区—珍稀植物—介绍—紫金县 Ⅳ. ①Q948.565.4

中国版本图书馆 CIP 数据核字 (2019) 第 044404 号

紫金植物 叶钦良 钟智明 李玉峰 吴林芳 **主编**

出版发行：中国林业出版社
地　　址：北京西城区德胜门内大街刘海胡同7号

策划编辑：王　斌
责任编辑：刘开运　张　健　吴文静　李　楠　　装帧设计：百彤文化传播公司

印　　刷：北京雅昌艺术印刷有限公司
开　　本：635 mm × 965 mm　1/16
印　　张：26.5
字　　数：650千字
版　　次：2019年4月第1版　第1次印刷
定　　价：380.00元

编 委 会

顾　　问：刘振林

主　　任：廖继聪

副 主 任：黄伟明　邓妙香　黄荫雄　钟建政　郑裕庭

策　　划：郑裕庭

技术顾问：叶华谷

主　　编：叶钦良　钟智明　李玉峰　吴林芳

编委（按姓氏笔画排列）：

邓妙香　邓焕然　叶钦良　叶华谷　甘志峰　孙伟兵　吴林芳　李玉峰
李森淼　张中文　张志坚　麦思陇　郑裕庭　郑仕权　范秋兰　钟建政
钟智明　钟少芳　夏远光　黄伟明　黄荫雄　黄海涛　黄远忠　黄巧宏
黄萧洒　覃俏梅　蒋　蕾　彭少平　彭党生　谢彩凤　廖继聪

植物摄影：叶钦良　钟智明　李玉峰　吴林芳　吴健梅

技术支持：广州林芳生态科技有限公司

序（一）

《紫金植物》付梓问世，为新时代广东省县域植物多样性保护树立了新标杆，备感振奋，欣作此序。

紫金县是广东省重要生态功能区，生态环境优美，自然资源丰富，森林覆盖率达75.62%。一直以来，紫金林业秉承“绿水青山就是金山银山”“保护生物多样性就是保护人类自身”的理念，勤奋工作，求实进取，不论是“十年绿化广东”还是新一轮绿化广东大行动，均为绿美南粤作出了大贡献。

紫金历来高度重视自然保护地建设，为植物生长和多样性保护提供了稳固的栖息地。全县建立了白溪省级自然保护区、鸡公嶂市级自然保护区和乌禽嶂等16个县级自然保护区，在自然资源管护、重点生态治理修复、湿地保护与恢复、重点区域生物多样性监测与保护等方面取得了显著成效。尤其是“广东舌唇兰”“紫金舌唇兰”等兰科植物新种的发现，更是广东省自2000年全面推进自然保护区建设以来，首个由林业自然保护区科技人员发现并作为第一作者发表、命名的植物新种。

《紫金植物》本着实事求是的科学态度，如实记录了紫金地区包括国家重点保护植物、珍稀濒危物种在内的224科813属1708种植物的生长情况，对每种植物都进行了较为详细的介绍。该书收录植物种类多，植物鉴定准确，文字描述生动，是一部难得的专业植物学著作，堪称“紫金植物大全”。该书是广东省继《乐昌植物》和《南雄植物》之后，又一部以县域为单元编辑出版的植物多样性专著，不仅为紫金地区的植物物种研究提供参考，也为广东省各地贯彻落实习近平生态文明思想，推进县域生物多样性保护作出了示范、提供了样板。

《紫金植物》的问世，见证了紫金良好的生态环境，更彰显了紫金林业人敢于担当、奋发有为、锐意进取的工作作风。特别是白溪省级自然保护区管理处科研技术团队，常年身居山中，始终保持不畏艰险、严谨细致、精益求精的科学精神，致力于生态环境保护、监测和物种多样性研究工作，最终为我们呈现了这么珍贵的生态作品。

不忘初心，方得始终。《紫金植物》的出版是一个新起点，我们务必保持初心，恪守守土有责、守土负责、守土尽责的信念，切实统筹山水林田湖草系统治理，驰而不息推进生物多样性保护，为建设人与自然和谐共生的美丽广东砥砺前行、再谱新篇。

广东省林业局党组书记、局长：

2018年12月

序（二）

植物是人类的好朋友，也是大自然中一道亮丽的风景。

植物的生长和分布深受所处环境的制约，有什么样的环境就可能有相应的植物种类分布。紫金县地处亚热带季风气候区，气候温和，光照充足，雨量充沛，南北两面山峦重叠，地势较高，中部较低并向东西两翼倾斜，构成不大对称的马鞍形，山脉属粤东莲花山体系，全县森林覆盖率75.62%，有省级自然保护区1个、市级自然保护区1个、县级自然保护区16个；全县平均海拔300 m，海拔在1000 m以上的高山有16座，这些高山常年云雾缭绕，河流纵横其间，为各类乔灌和草本植物提供了良好的生存环境。

开展植物资源调查，全面摸清紫金县野生植物资源现状，掌握植物资源本底情况，不仅对紫金县植物资源的保护和研究、农林业生产、生态旅游、中药材发展和科普教育具有十分重要的意义，而且将为紫金县生态文明建设提供有力的自然资源基础数据支撑和科技支撑。白溪省级自然保护区管理处科研团队不畏艰辛，走遍紫金每一座山、每一条河，察物证定，摄制图片，务求记载的每一种植物实有地、查有处，文字描述精准、插图正确，建立了紫金植物名录，制作了6000多份植物标本，这其中的艰辛可想而知。经过数年野外科考，夜以继日，不断整理，几易其稿，《紫金植物》终于问世了。本书详细记录了全县224科813属1708种维管束植物多样性特征、分布格局和珍稀植物分布区域生态环境，其中包含了国家重点保护植物11种，兰科植物73种，珍稀濒危物种140种，是一部应用性较强的工具书。特别是植物新种“广东舌唇兰”“紫金舌唇兰”的发现，影响广泛，是首次由紫金县科技人员发现、在国际知名学术专业期刊发表、以“紫金”命名的植物，取得的成绩值得我们骄傲。

《紫金植物》材料翔实、内容丰富，是紫金建县以来的第一部植物专著，是首次对紫金地域植物资源的全面考察，对紫金县生态资源保护和利用、植物多样性健康发展、科学研究必将发挥重要作用，对推动紫金争当河源市建成全省绿色发展示范区、融入粤港澳大湾区生态排头兵的先行地具有重大意义。

草此为序。

中共紫金县委书记：

2018年12月

前言

紫金县，旧称永安县，民国初改为现名，为广东省河源市辖县，位于广东省东中部、河源市东南部、东江中游东岸。地理坐标为114°40′E~115°30′E、23°10′N~23°45′N。东接五华县，东南与陆河县相连、与海丰县毗邻，南与惠东县相邻，西南与惠阳市惠城区相接，西与博罗县隔东江相邻，西北与河源市源城区相接，北与东源县交界。全县境域东至南岭镇东溪村蕉窝，西至古竹镇江口村，南至上义镇卷蓬村，北至紫城镇白溪燕子岩。东西长88.6 km，南北宽64 km。全县总面积3635.13 hm^2。全县80%以上地区为山岭、丘陵，素有"八山一水一分田"之称。

紫金县地形以山地、丘陵为主，面积3046 hm^2，占全县总面积的84%(其中山地占79.9%，丘陵占4.1%)，河谷、盆地、水域占16%。地势东高西低，南北两面山峦重叠，地势较高；中部较低并向东西两翼倾斜，构成不大对称的马鞍形，分别归属不同流向的两条水系(东江水系和韩江水系)。东翼较窄且陡，西翼宽阔较为平缓。东南部武顿山为最高峰，海拔1233 m；西部古竹江口为最低点，海拔50 m，全县平均海拔300 m。

紫金县属亚热带季风气候。气候温和，光照充足，雨量充沛。季风明显，夏长冬短。年平均气温20.5℃，年平均降水量1733.9 mm，年平均日照时数1705.7小时，年平均雷暴日为88.9天。

紫金县是一个自然地理复杂、生态景观壮丽的地区，因此孕育、形成了生物多样性的演化和发展，从而保存了丰富的植被类型。为保护紫金县的生物多样性，紫金县建立了白溪省级自然保护区、鸡公嶂市级自然保护区和瓦溪乌禽嶂、苏区仙女滩、龙窝风雨亭、南领武顿、中坝鹿子嶂、紫城状元峰、上义飞云寨等16个县级自然保护区。

针对紫金县丰富的植物与植被多样性，为详细了解紫金县植物的种类、分布状况、生长和利用情况，广东紫金白溪省级自然保护区管理处组织相关技术人员，进行了数年的植物调查，共采集标本6000多份，现存于中国科学院华南植物园标本馆（IBSC），拍摄照片22000张，积累了大量的标本和数码资料。在前期开展实地考察和标本采集的基础上，花费大量时间进行了标本鉴定和照片鉴定、整理，收集各类科学数据及资料，综合整理，经初步鉴定紫金县野生维管束植物约1708种。

本书共收录了紫金县行政区域内野生维管束植物1708种（含变种、变型），隶属于224科，813属。其中蕨类植物39科，73属，142种；裸子植物6科，7属，9种；被子植物179科，733属，1557种。根据国务院1999年8月4日批准的《国家重点保护野生植物名录（第一批）》，本书收录国家重点保护野生植物11种，其中一级1种，二级10种。有华盛顿公约（CITES）附录一、附录二规定保护的野生兰科植物73种。本书的排列顺序，蕨类植物按秦仁昌（1978）年系统；裸子植物按郑万钧（1978）年系统；被子植物按哈钦松系统。属种按拉丁名字母顺序排列。

本书在编写和出版过程中，得到了广东省林业厅、中国科学院华南植物园、紫金县委县政府、紫金县林业局、广州林芳生态科技有限公司等单位的大力支持；在野外调查、植物鉴定等方面得到华南植物园叶华谷教授、曹洪麟教授、覃俏梅博士、曾佑派博士及信阳师范学院朱鑫鑫博士的大力帮助，同时也得到了生态摄影师吴健梅女士、林业工程师钟平生先生的大力支持。在此，向为本书的编撰和出版作出贡献的单位和个人表示衷心感谢。

作者在编写的过程中力求资料完整、标本鉴定正确，由于水平有限，时间紧迫，疏漏甚至错误之处在所难免，恳请各位读者、专家和朋友提出宝贵意见。

全体编者

目 录

蕨类植物门PTERIDOPHYTA 1

裸子植物门GYMNOSPERMAE 37

被子植物门ANGIOSPERMAE 41

蕨类植物门
PTERIDOPHYTA

P2. 石杉科Huperziaceae

茎短而直立或斜升，有规则地一至多回等位二歧分枝，各回小枝等长；孢子囊生于能育叶的腋内，常成不明显的穗状囊穗；能育叶与不育叶同形或较小。本科5属，360～400种，广布全世界；我国5属，66种；紫金2属，2种。

1. 石杉属Huperzia Bernh.

植株较小，土生或附生，茎直立。孢子叶仅比营养叶略小。叶片草质，边缘或前端具锯齿或全缘。本属有55种；我国约27种；紫金1种。

1. 蛇足石杉（千层塔）

Huperzia serrata (Thunb.) Trev.

植株高10～30 cm。叶纸质，互生或螺旋着生，有短柄，披针形，长1～2 cm，宽2～4 mm，顶端锐尖，基部渐狭成楔形，边缘有不规则锯齿。

全草药用，有退热、止血、消肿解毒之功效。

2. 马尾杉属Phlegmariurus (Herter) Holub

中型附生蕨类。茎短而簇生，成熟枝常下垂，多回二歧分枝。不育叶革质，螺旋状排列，全缘。孢子囊穗位于上部，长线形，下垂，能育叶与不育叶不同形，较小。约250种。我国22种；紫金1种。

1. 福氏马尾杉

Phlegmariurus fordii (Baker) Ching

中型附生蕨类。茎簇生，成熟枝下垂，一至多回二歧分枝。叶互生，螺旋状排列。不育叶常抱茎，革质，椭圆披针形，长1.0～1.5 cm，无柄，全缘；能育叶位于茎上部，线状披针形。

P3. 石松科Lycopodiaceae

茎长而水平匍匐，以一定的间隔生出直立或斜升的短侧枝；常为不等位的二歧分枝，稀不分枝；孢子囊集生于枝顶成明显的囊穗；能育叶与不育叶不同形，不为绿色。本科7属，约60种，广布全世界；我国5属，约40种；紫金3属，3种。

1. 藤石松属Lycopodiastrum Holub

主茎呈攀援状；孢子囊穗每6～26个一组生于多回二叉分枝的孢子枝顶端。本属1种，分布亚洲热带和亚热带；我国长江以南各地均有分布；紫金1种。

1. 藤石松

Lycopodiastrum casuarinoides (Spring) Holub

主枝藤状，攀援长可达10 m。茎多回二岐分枝，分化为不育部分和簇生孢子囊穗的能育部分；末回小枝线形，压扁，下垂，常呈红色；孢子囊穗每簇6～12个，排成复圆锥状。

全草药用，舒筋活血。

2. 石松属 Lycopodium L.

地生，主茎圆柱形，匍匐状或直立；孢子囊穗单生或聚生于孢子枝顶端，孢子囊穗直立。本属14种，分布全世界；我国11种；紫金1种。

1. 石松

Lycopodium japonicum Thunb. ex Murray

多年生草本；高约40 cm。匍匐茎细长横走，二至三回分枝，被稀疏的叶；侧枝直立，多回二歧分叉。叶螺旋排列，密集，披针形，长4～8 mm。

全草药用，有祛风活络、镇痛消肿、调经功效。

3. 灯笼草属Palhinhaea A. Franeo et Vasc.

地生，主茎圆柱形，直立；孢子囊穗下垂。本属1种，分布全世界热带和亚热带地区；我国长江以南地区有分布；紫金1种。

1. 垂穗石松（灯笼石松、铺地蜈蚣）

Palhinhaea cernua (L.) Vasc. et Franco

多年生匍匐草本；高30～50 cm，树状，淡绿色，顶端往往着地生根，长成另一新植株。叶线状钻形，全缘，质软，弯曲，长3～4 mm，向上渐变狭。

全草药用，有祛风去湿、舒筋活血、镇咳、利尿功效。

P4. 卷柏科Selaginellaceae

土生草本。主茎常匍匐，横走，有背腹之分，二歧分枝或总状分枝，根系着生于根托上。单叶，小型，有叶脉，螺旋状互生，常排列成4行，每叶向轴面的基部具叶舌；能育叶在枝顶聚生成穗。本科仅1属，约600种，分布全世界；我国60～70种；紫金7种。

1. 卷柏属Selaginella Beauv.

属的特征与科同。我国60～70种，紫金7种。

1. 深绿卷柏（石上柏、地侧柏、梭罗草、地梭罗、多德卷柏）

Selaginella doederleinii Hieron.

多年生常绿草本；高约40 cm。主茎倾斜或直立，常在分枝处生不定根，侧枝密集，多次分枝。侧生叶大而阔，近平展；中间的较小，贴生于茎、枝上，互相毗连。

全草入药，有清热解毒、抗癌、止血功效。

2. 细叶卷柏

Selaginella labordei Hieron. ex Christ

多年生草本。主茎斜生，疏生根托。下部茎生叶一型，卵圆形，营养叶二型，紧密，侧叶长圆状披针形；中叶卵圆形，顶端有芒刺。孢子囊穗生于小枝顶端，扁平。

有清热利湿、平喘、止血功效。

3. 耳基卷柏

Selaginella limbata Alston

能育叶一型，主茎匍匐，不育叶上面光滑，中叶全缘。

4. 江南卷柏

Selaginella moellendorffii (Hieron.) H. S. Kung

多年生常绿草本；高达60 cm。主茎直立，下部不分枝，上部三至四回分枝。分枝上叶二型，各排成二列；中叶疏生，斜卵圆形，侧叶斜展，密生。

全草入药，清热解毒、利尿消肿。

5. 黑顶卷柏

Selaginella picta A. Braun ex Baker

主茎斜升，枝光滑，茎顶端干后变黑色。营养叶二型，侧叶长圆状卵圆形，中叶不对称斜长圆形。

6. 卷柏（还魂草）

Selaginella tamariscina (P. Beauv.) Spring

多年生草本；高5～25 cm，主茎粗壮直立，不分枝，顶端丛生小枝，呈莲座状，干时内卷如拳，湿时展开。营养叶二型，侧叶长卵状圆形，中叶卵状披针型，顶端具长芒。

全株入药，有收敛止血、散瘀通经功效。

7. 翠云草

Selaginella uncinata (Desv.) Spring

伏地蔓生草本。茎纤细，匍匐地面，节上生根；分枝向上展伸。叶二型，排成一平面上，背面深绿色，上面带碧蓝色。孢子囊穗单生于小枝顶端，四棱形。

全草药用，有清热解毒、祛湿利尿、消炎止血、舒筋活血功效。

P6. 木贼科Equisetaceae

土生草本，具根。茎发达，有节，中空，具纵棱。叶退化，细小，无叶绿素，于节上轮生，连合成筒状的叶鞘包围节间的基部。能育叶盾形，于分枝的顶端集合成紧密的孢子囊穗。本科仅1属，约29种，广布北半球寒温带；我国9种；紫金1种。

1. 木贼属Equisetum L.

属的特征与科同。紫金1种。

1. 节节草（笔头草、锉草、木贼草、土黄麻、接管草、磨石草、虾蟆竹）

Equisetum ramosissimum Desf.

多年生草本，高100 cm。根茎黑褐色，生少数黄色须根。茎直立，单生或丛生，叶轮生，退化连接成筒状鞘，似漏斗状，具棱；鞘口随棱纹分裂成长尖三角形的裂齿，齿短。孢子囊穗紧密，长圆形。

P8. 阴地蕨科Botrychiaceae

叶一至三回羽状分裂，叶脉分离；孢子囊序为细长而紧密的复穗状，孢子囊大而不陷入囊托内，孢子囊圆锥形，横裂。本科1属，约10种，主要分布温带地区；我国约60种；紫金1属，1种。

1. 阴地蕨属Botrychium Sw.

属的特征与科同。我国12种；紫金1种。

1. 薄叶阴地蕨

Botrychium daucifolium Wall.

多年生草本。根状茎短粗，直立，有很粗的肉质根。总叶柄长10～12 cm，粗大，嫩草质；营养叶五角形，下部三回羽状；中部二回羽状；基部1对羽片最大。孢子叶自总叶柄中部以上生出，高出营养叶，孢子囊穗状。

P9. 瓶尔小草科Ophioglossaceae

叶为单叶或至多自顶端深裂，叶脉网状；孢子囊单穗状，两侧各有1行在而陷入囊托的孢子囊，孢子囊横裂。本科有4属，约38种，分布全世界；我国2属，约7种；紫金1属，2种。

1. 瓶尔小草属Ophioglossum L.

地生小草本。叶为单叶或至多自顶端深裂，叶脉网状；孢子囊单穗状，两侧各有1行在而陷入囊托的孢子囊，孢子囊横裂。本属有28种，主要分布北半球；我国6种；紫金2种。

1. 狭叶瓶尔小草

Ophioglossum thermale Kom.

根状茎细短，直立。叶单生或2～3叶同自根部生出，营养叶为单叶，每梗一片，无柄，披针形。孢子叶自营养叶的基部生出，柄长5～7 cm，高出营养叶，孢子囊穗长2～3 cm，狭线形。

主治无名肿毒。

2. 瓶尔小草（一支箭、一支枪）

Ophioglossum vulgatum L.

土生小草本。根状茎短而直立。总叶柄长6～9 cm；不育叶为单叶，卵状披针形，长4～6 cm，顶端钝圆或急尖，基部略下延，近无柄。能育叶长9～18 cm，粗线状，自不育叶基部生出。

全草入药。消肿解毒。

P11. 观音座莲科Angiopteridaceae

根状茎短而直立，肥大肉质，头状。叶柄粗大，基部有肉质托叶状附属物，叶柄基部有薄肉质长圆形的托叶；叶片为一至二回羽状，末回小羽片概为披针形，有短小柄或无柄；叶脉分离，二叉分枝，或单一；孢子囊船形，顶端有不发育的环带，分离，沿叶脉两行排列，形成线形或长形的孢囊群。本科3属，约200种，分布亚洲热带、亚热带和南太平洋诸岛；我国2属，约40种；紫金1属，1种。

1. 观音座莲属Angiopteris Hoffm.

大型草本，根状茎短而直立，肥大肉质，头状。叶柄粗大，基部有肉质托叶状附属物，叶柄基部有薄肉质长圆形的托叶；叶片为一至二回羽状，末回小羽片概为披针形；叶脉分离，二叉分枝，或单一。本属40种，分布东半球热带和亚热带；我国28种；紫金1种。

1. 福建观音座莲（江南莲座蕨、马蹄蕨、牛蹄蕨、地莲花）

Angiopteris fokiensis Hieron.

大型草本，根状茎短而直立，肥大肉质，头状。叶柄粗大，基部有肉质托叶状附属物，无倒行假脉，羽片5～7对，小羽片基部圆形。

根状茎供药用，有祛风湿、解毒、止血功效。

P13. 紫萁科Osmundaceae

植株无鳞片，也无真正的毛，仅有黏质腺状长绒毛，老则脱落。叶二型或同一叶片的羽片为二型。叶脉分离，二叉分歧。孢子囊大，圆球形，裸露，着生于强度收缩变质的孢子叶的羽片边缘，孢子囊有不发育的环带。孢子为球圆四面形。本科仅1属，约15种，分布北半球温带及热带；我国9种；紫金3种。

1. 紫萁属Osmunda L.

属的特征与科同。我国9种，紫金3种。

1. 紫萁（贯众）

Osmunda japonica Thunb.

多年生草本；高达80 cm或更高。根状茎短粗，或成短树干状而稍弯。叶簇生，二型；营养叶二回羽状复叶，小羽片基部大部分与叶轴分离。

根茎为中药贯众来源之一，有清热、解毒抑菌、止血等作用。

2. 粤紫萁

Osmunda mildei C. Chr.

不育叶为二回羽状，小羽片基部大部分与叶轴合生。

3. 华南紫萁（贯众、牛利草）

Osmunda vachellii Hook.

多年生草本；植株高达1 m。叶簇生于顶部，叶片长圆形，一型，但羽片为二型，一回羽状；下部羽片通常能育，羽片紧缩为线形，中肋两侧密生孢子囊穗。

根茎药用，有清热、解毒抑菌、止血、杀虫作用。

P14. 瘤足蕨科Plagiogyriaceae

叶簇生顶端，二型，叶柄基部膨大，三角形，呈托叶状，两侧面各有1～2个或成一纵列的几个疣状凸起的气囊体，叶柄基部横切面有一个“V”字形的维管束，两侧反向张开，或者分裂为三个维管束；叶片一回羽状或羽状深裂达叶轴，顶部羽裂合生，或具一顶生分裂羽片；羽片多对，有时基部上延，全缘或至少顶部有锯齿。能育叶直立于植株的中央，具较长的柄，常用为三角形，羽片强度收缩成线形，一般宽2～3 mm。本科仅1属，约35种，分布美洲和亚洲东南部；我国10种；紫金2种。

1. 瘤足蕨属Plagiogyria Mett.

属的特征与科同。我国现有8种，紫金2种。

1. 瘤足蕨

Plagiogyria adnata (Blume) Bedd.

根状茎短小，直立。不育叶长圆披针形。能育叶比不育叶高，深褐色，细瘦，直立。

2. 镰羽瘤足蕨

Plagiogyria falcata Copel.

根状茎短粗，弯生。叶多数簇生。不育叶一回羽裂到叶轴，羽片分离不接近，较狭小。

P15. 里白科Gleicheniaceae

陆生植物，有长而横走的根状茎，被鳞片或被节状毛。叶一型，不以关节着生于根状茎；叶片回一羽状，或由于顶芽不发育，主轴都为一回至多回二叉分枝或假二叉分枝，每一分枝处的腋间有一被毛或鳞片和叶状苞片所包裹的休眠芽，有时在其两侧有一对篦齿状的托叶；顶生羽片为一至二回羽状；末回裂片为线形；叶背面常灰白或灰绿色；叶轴及叶下面幼时被星状毛或有睫毛的鳞片或二者混生，老则大都脱落。孢子囊群小而圆，无盖。本科6属，约150种，大部分分布世界热带地区；我国3属，32种；紫金2属，3种。

1. 芒萁属Dicranopteris Bernh.

主轴一至多回二叉分枝，末回主轴的顶端发出一对篦齿状的一回羽状的小的羽片。上部几回分叉的主轴两侧通体无小羽片，分叉处的两侧下方常用具有一对篦齿状的托叶；根状茎上被毛；叶脉多次分叉，每组常用有小脉4～6条。本属10种，分布东半球热带和亚热带地区；我国6种；紫金1种。

1. 芒萁

Dicranopteris pedata (Houtt.) Nakaike

多年生草本，主轴一至多回二叉分枝，末回主轴的顶端发出一对篦齿状的一回羽状的小的羽片。裂片宽2～4 mm，主轴有限生长。是酸性土壤的指示性植物。

全草、根状茎或茎心药用。

2. 里白属Diplopterygium (Diels) Nakai

主轴通直，单一，不为二叉状分枝，顶端发出一对二回羽状的大的羽片；根状茎及叶柄被鳞片；叶脉一次分叉，每组只有小脉2条。本属25种，分布世界热带和亚热带地区；我国约10种；紫金2种。

1. 中华里白

Diplopterygium chinensis (Ros.) DeVol

多年生大型蕨类；植株高约3 m。根状茎横走，密被棕色鳞片。叶片巨大，二回羽状；羽片长圆形，长约1 m，宽约20 cm。叶上面绿色，下面灰绿色。孢子囊群圆形，在中脉两侧各排成1行。

能耐干旱贫瘠，是较好的固土植物。

2. 光里白

Diplopterygium laevissimum (Christ) Nakai

多年生草本；植株高约1.5 m。叶柄除基部有鳞片外，其余光洁无毛，顶芽密披棕色卵形鳞片，苞片二回羽状细裂；小羽片斜向上，狭披针形。

根状茎药用。味苦，性凉。清热利咽，补益脾胃。治咽喉肿痛，病后体弱。

P17. 海金沙科Lygodiaceae

土生攀援植物。叶单轴型，叶轴为无限生长，缠绕攀援，常长达数m，沿叶轴相隔一定距离有向左右方互生的短枝，顶上有一个不发育的被毛茸的休眠小芽，从其两侧生出一对开向左右的羽片。羽片分裂为一至二回二叉掌状或为一至二回羽状复叶，近二型；不育羽片常用生于叶轴下部；能育羽片位于上部。能育羽片常用比不育羽片为狭，边缘生有流苏状的孢子囊穗，由两行并生的孢子囊组成。本科仅1属，约45种，分布世界热带和亚热带地区；我国10种；紫金3种。

1. 海金沙属Lygodium Sw.

属的特征与科同。我国现有以下10种，紫金3种。

1. 曲轴海金沙

Lygodium flexuosum (L.) Sw.

植株攀援；长达7 m。叶1型，三回羽状；羽片多数，对生于叶轴上的短枝上，向两侧平展，枝端有一丛淡棕色柔毛。羽片长圆状三角形，长16～25 cm，羽轴多少左右弯曲。

全草入药，有消淡利尿，舒筋活络功效。

2. 海金沙

Lygodium japonicum (Thunb.) Sw.

多年生藤本蕨类；植株长达1～4 m。叶二型，三回羽状，羽片多数，对生于叶轴的短枝上，枝端有一个被黄色柔毛的休眠芽。不育羽片尖三角形，长宽几相等；能育羽片卵状三角形。

全草入药，有利尿通淋、清热消肿作用。

3. 小叶海金沙

Lygodium microphyllum (Cav.) R. Br

植株攀援；高达5 m。叶轴纤细如铜丝，叶近二型，二回羽状，羽片多数。不育羽片生于叶轴下部，长圆形，长7～8 cm，柄长1～1.2 cm，柄端有关节；能育羽片长圆形，通常奇数羽状，小羽片的柄端有关节。

孢子或全草药用。止血通淋，舒筋活络。

P18. 膜蕨科Hymenophyllaceae

附生或土生植物。根状茎常用横走，有辐射对称排列的叶，幼时常被易脱落的多细胞节状细毛。叶小，由全缘的单叶至扇形分裂，或为多回两歧分叉至多回羽裂，直立或有时下垂，叶片膜质，几乎都是只由一层细胞组成，不具气孔，幼叶的卷叠式为拳卷的，但极退化的叶有时是直的；叶脉分离，二叉分枝或羽状分枝，每个末回裂片有一条小脉，有时沿叶缘有连续不断的近边生的假脉，叶肉内有时也有断续的假脉。囊苞坛状、管状或两唇瓣状。本科9属，600种，分布热带、亚热带和温带；我国19属，约79种。紫金1属，1种。

1. 蕗蕨属Mecodium Presl

附生植物，根状茎丝状横走；叶远生，多回羽状，末回裂片全缘，细胞壁薄。孢子囊群生于囊托顶端，囊托从各小脉伸出，不伸出囊苞外，囊苞两唇状，三角状卵形或圆形，深裂或直裂达基部。我国约21种，紫金1种。

1. 蕗蕨

Mecodium badium (Hook. et Grev.) Cop.

植株高15～25 cm。根状茎铁丝状，长而横走。叶远生，相距2 cm；叶柄两侧有宽翅；叶片卵形至披针形，三回羽裂；羽片三角状卵形至斜卵形；叶脉叉状分枝，两面明显隆起；叶轴及各回羽轴均具宽翅。

全草入药，清热解毒、生肌止血。

P19. 蚌壳蕨科Dicksoniaceae

树形蕨类，主干短而平卧，有复杂的网状中柱，密被垫状长柔毛茸，不具鳞片，顶端生出冠状叶丛。叶有粗壮的长柄；叶片大形，长宽能达数米，三至四回羽状复叶，革质；叶脉分离，孢子囊群边缘生，顶生于叶脉顶端，囊群盖成自内外两瓣，形如蚌壳，内凹，革质，外瓣为叶边锯齿变成。本科4～5属，约30种，分布世界热带地区；我国仅1属，2种；紫金1属，1种。

1. 金毛狗属Cibotium Kaulf.

根状茎粗壮，木质，平卧或直立，密被金黄色长柔毛。叶一形，有粗长的柄，叶片大，阔卵形，多回羽裂，末回裂片线形，有锯齿，叶脉分离。孢子囊群着生于叶边，顶生小脉上，囊群盖革质，孢子钝三角形。本属约20种，分布东南亚、夏威夷及中美洲；我国2种；紫金1种。

1. 金毛狗（黄狗头、狗脊、金毛狮子、猴毛头）

Cibotium barometz (L.) J. Sm.

根状茎粗壮，木质，平卧或直立，密被金黄色长柔毛。叶一形，有粗长的柄，叶片大，阔卵形，多回羽裂，末回裂片线形，有锯齿，叶脉分离。囊群盖蚌壳状。

药用作为强壮剂。根状茎顶端的长软毛作为止血剂。

P20. 桫椤科Cyatheaceae

树状大蕨类，茎粗壮，圆柱形，直立，常用不分枝，被鳞片，有复杂的网状中柱，髓部有硬化的维管束，茎干下部密生交织包裹的不定根，叶柄基部宿存或迟早脱落而残留叶痕于茎干上，叶痕图式常用有3列小的维管束。叶大型，多数，簇生于茎干顶端，成对称的树冠。孢子囊群圆形，生于隆起的囊托上，生于小脉背上；囊群盖形状不一，圆球形。本科8属，约900种，分布世界热带和亚热带地区；我国3属，19种；紫金1属，2种。

1. 桫椤属Alsophila R. Br.

叶柄基部鳞片2色，中部由长形厚壁细胞组成，边缘由薄壁细胞组成；叶背面被平伏的毛而卷曲；叶柄和叶轴有刺或疣突。本属约230种，分布世界热带地区；我国10种；紫金2种。

1. 粗齿桫椤

Alsophila denticulata Baker.

株高0.6～1.4 m。主干短而横卧。叶柄无刺稍有疣状突起，仅基部具金黄色鳞片；叶二至三回羽状，一型，叶脉分离，常单一；小羽片深裂几达小羽轴，无柄，其主脉及裂片中脉背面具泡状小鳞片，边缘具粗齿；小羽轴及主脉密生鳞片。

2. 桫椤（飞天蠄蟧）

Alsophila spinulosa (Wall. ex Hook.) R. M. Tryon

大型乔木状蕨类；高可达10 m。树干圆形，不分枝。叶簇生顶部，叶柄和叶轴粗壮，深棕色，被密刺；叶片大，长可达3 m，三回羽状深裂。孢子囊群圆球形，着生于小脉分叉处。

主干药用，可治风湿关节痛、跌打损伤、慢性支气管炎、肺热咳嗽、肾炎水肿。

P22. 碗蕨科Dennstaedtiaceae

土生蕨类。根状茎横走，被多细胞的灰白色刚毛，无鳞片。叶同型，叶片一至四回羽状细裂，叶轴上面有一纵沟，和叶之两面多少被与根状茎上同样或较短的毛，小羽片或末回裂片偏斜，基部不对称，下侧楔形，上侧截形，多少为耳形凸出；叶脉分离，羽状分枝。叶为草质或厚纸质，有粗糙感觉。孢子囊群圆形，小，叶缘生或近叶缘顶生于一条小脉上，囊托横断面为长圆形或圆形，不融合；囊群盖或为叶缘生的碗状。我国7属，52种；紫金1属，3种。

1. 鳞盖蕨属Microlepia Presl

多年生草本，孢子囊群叶边内生；囊群盖杯形或圆肾形。我国25种；紫金3种。

1. 华南鳞盖蕨

Microlepia hancei Prantl

多年生草本；植株高达1.2 m。根状茎横走，叶远生；叶片长卵形，长30～60 cm，三回羽状，两面沿叶脉被灰白色硬毛。孢子囊群圆形，每末回裂片1枚，着生于基部上侧小脉顶端。

株型优美，可作阴生观赏植物栽培。

2. 虎克鳞盖蕨

Microlepia hookeriana (Wall.) Presl

植株高达80 cm。叶远生，相距约2 cm；叶柄褐禾秆色，被灰棕色长软毛；叶片广披针形，顶端长尾状，一回羽状；羽片23～28对，近镰刀状，上下两侧多少为耳形，上侧的耳片较大。孢子囊群生于细脉顶端，近边缘着生，排成有规则的一行。

3. 边缘鳞盖蕨

Microlepia marginata (Houtt.) C. Chr.

植株高约60 cm。叶远生；叶柄深禾秆色，上面有纵沟，几光滑；叶片长圆状三角形，一回羽状；羽片20～25对，斜披针形，近镰刀状，基部不等，上侧钝耳状，下侧楔形，边缘缺裂至浅裂。孢子囊群圆形，每小裂片上1～6个，向边缘着生。

全草入药，有清热解毒，祛风活络功效。

P23. 鳞始蕨科Lindsaeaceae

土生蕨类。根状横走，或长而蔓生，被鳞始蕨型的钻形鳞片。叶同型，羽状分裂。叶脉分离，或稀为网状。叶草质，光滑。孢子囊群为叶缘生的汇生囊群，着生在2至多条细脉的结合线上，或单独生于脉顶，位于叶边或边内，有盖，少为无盖；囊群盖为两层，里层为膜质，外层即为绿色叶边；孢子四面形或两面形。本科6属，约230种，分布于全世界热带和亚热带地区；我国5属，31种；紫金2属，5种。

1. 鳞始蕨属Lindsaea Dry

叶为一或二回羽状，羽片或小羽片对开式，近圆形或扇形，基部不对称。本属230种，分布泛热带地区。我国20种；紫金4种。

1. 剑叶鳞始蕨

Lindsaea ensifolia Sw.

植株高约40 cm。根状茎密被褐色鳞片。叶近生；柄长6～20 cm，四棱；叶片椭圆形，奇数一回羽状；羽片4～5对，斜展，有短柄，线状披针形，长6～13 cm，宽1～2 cm；不育羽片有锯齿，顶生羽片分离。孢子囊群线形。

2. 异叶鳞始蕨（异叶林蕨）

Lindsaea heterophylla Dry.

草本，高约35 cm。根状茎短，横走，密被赤褐色钻形鳞片。叶近生，草质，两面光滑；叶柄长12～22 cm，四棱，光滑；一回或下部常二回羽状，羽片约11对，基部近对生，上部互生，披针形，具齿。孢子囊群线形。

全草药用。活血止血，祛瘀止痛。治跌打损伤，瘀滞疼痛。

3. 爪哇鳞始蕨

Lindsaea javanensis Bl.

根状茎匍匐。叶片披针形，纸质，基部二回羽状，顶部一回。小叶5～12对，互生。

4. 团叶鳞始蕨

Lindsaea orbiculata (Lam.) Mett.

植株高达30 cm。叶近生；叶柄栗色，光滑；叶片线状披针形，一回羽状，下部往往为二回羽状；羽片近圆形或肾圆形，基部广楔形，顶端圆，在着生孢子囊群的边缘有不整齐的齿牙。

茎、叶药用，可止血镇痛、治痢疾、刀枪伤。

2. 乌蕨属Sphenomeris Maxon

叶为三或四回羽状，羽片或小羽片非对开式，线形楔形或近扇形，基部近对称。本属18种，分布泛热带地区。我国3种；紫金1种。

1. 乌蕨（乌韭、大金花草、金花草）

Sphenomeris chinensis (L.) Maxon

植株高达65 cm。叶近生，叶柄禾秆色，有光泽，上面有沟；叶片披针形，长20～40 cm，四回羽状；叶脉下面明显，在小裂片上为二叉分枝。

全草药用。治感冒发热，咳嗽，扁桃体炎，食物中毒。外用治烧、烫伤，皮肤湿疹。

P26. 蕨科Pteridiaceae

土生蕨类。根状茎横走，密被绒毛，无鳞片。叶一型，具长柄，叶片粗裂或细裂，被柔毛；孢子囊群线形，连续不断，生于叶边缘的边脉上，囊群盖双层，孢子囊柄细长。本科2属，约30种，分布于泛热带地区。我国2属，7种；紫金1属，1种。

1. 蕨属Pteridium Scopoli

属的特征与科同。我国6种，紫金1种。

1. 蕨（蕨萁、蕨菜、如意菜、蕨粑、龙头菜）

Pteridium aquilinum var. **latiusculum** (Desv.) Underw. ex Heller

多年生草本；植株高可达1 m。根状茎横走，叶远生；柄棕禾秆色，光滑，上面有一浅沟；叶片阔三角形，三回羽状；一回羽状中部以上羽片逐渐变为一回羽状，顶端尾状。

全株入药，可驱风湿、利尿、解热毒、收敛止血、治痢疾、驱虫等。根状茎提取的淀粉称蕨粉，供食用。根状茎的纤维可制绳缆，能耐水湿。嫩叶称蕨菜可食用。

P27. 凤尾蕨科Pteridaceae

土生蕨类。根状茎直立或斜升，稀横走，密被鳞片。叶一型，稀二型，具长柄，叶片一回或三回羽状，罕为掌状或单叶，常无毛；叶脉分离，稀网状，无内藏小脉；孢子囊群线形，连续不断，生于叶边缘联结小脉顶端的1条边脉上，由叶边缘变质形成的假盖，孢子囊柄细长。本科11属，约400种，分布世界热带地区；我国2属，约75种；紫金2属，9种。

1. 栗蕨属Histiopteris (Agardh) J. Sm.

根状茎长而横走，叶疏生，背面为灰白色，羽片基部有1对托叶状小羽片，叶脉全为网状。本属7种，分布泛热带地区；我国1种；紫金1种。

1. 栗蕨

Histiopteris incisa (Thunb.) J. Sm.

植株高达2 m。根状茎长而横走，叶大型，远生，直立或半蔓生。柄栗红色，有光泽；叶片长圆形，二至三回羽状；羽片对生，彼此远离，无柄；裂片6～9对。

植株奇特，可栽培作园林配景。

2. 凤尾蕨属Pteris L.

根状茎直立或斜升，叶簇生，背面为绿色，羽片基部无1对托叶状小羽片，叶脉分离或仅沿羽轴两侧联结成1行狭长的网眼。本属约300种，分布热带和亚热带地区；我国68种；紫金8种。

1. 狭眼凤尾蕨

Pteris biaurita L.

植株高达1 m。根状茎直立。叶簇生；柄长40～60 cm，基部浅褐色；叶片长卵形，基部三回深裂；裂片20～25对，长1.8～3.5 cm；叶脉在羽轴两侧各形成1列狭长的网眼。

2. 刺齿半边旗

Pteris dispar Kze.

植株高30～80 cm。叶簇生，近二型；叶柄与叶轴栗色有光泽；叶二回深裂或二回半边深羽裂；顶生羽片披针形，篦齿状深羽状几达叶轴，不育叶缘有长尖刺状的锯齿。

全草药用，清热解毒、祛瘀凉血。

3. 剑叶凤尾蕨（小凤尾草、三叉草）

Pteris ensiformis Burm.

植株高30～50 cm。叶密生，二型；叶脉分离，一回羽状。与井栏边草相似，但基部不下延。

全草入药，有止血、止痢的功效。

4. 溪边凤尾蕨

Pteris excelsa Gaud.

植株高达1.8 m。叶簇生；柄长70～90 cm，暗褐色，稍有光泽；叶片阔三角形，长60～120 cm或更长，二回深羽裂；顶生羽片长圆状阔披针形，顶端渐尖并为尾状，篦齿状深羽裂几达羽轴。

株型高大优美，可作观赏植物栽培。

5. 傅氏凤尾蕨（南方凤尾蕨、冷蕨草、金钗凤尾蕨）

Pteris fauriei Hieron.

植株高达90 cm。叶簇生；叶片卵形至三角状卵形，长25～45 cm，二回深羽裂或基部三回深羽裂；侧生羽片3～6对，斜展，镰状披针形，长13～23 cm，顶端尾状渐尖，具2～3 cm的线状尖尾。

全草药用，收敛止血。

6. 全缘凤尾蕨

Pteris insignis Mett. et Kuhn

植株高1～1.5 m。叶簇生；柄坚硬，深禾秆色稍有光泽；叶片卵状长圆形，一回羽状；羽片6～14对，向上斜出，线状披针形，全缘，稍呈波状；下部的羽片不育，中部以上的羽片能育。

全草药用，清热解毒、活血祛瘀。

7. 线羽凤尾蕨

Pteris linearis Poir.

植株高1～1.5 m。叶片长卵形，长50～70 cm，二回深羽裂或基部三回深羽裂；侧生羽片5～15对，略斜向上，披针形，长15～30 cm，顶端长尾尖。

株型优美，可作阴生观赏植物栽培。

8. 半边旗（半边蕨、单片锯、半边牙、半边梳）

Pteris semipinnata L.

植株高35～80 cm。叶簇生，近1型；叶片长圆状披针形，二回半边深裂；顶生羽片阔披针形至长三角形，顶端尾状，篦齿状，深羽裂几达叶轴；侧生羽片4～7对，半三角形而略呈镰状，顶端长尾头，基部两侧极不对称。

全草药用，清热祛风、止血解毒、止痢。

P30. 中国蕨科Sinopteridaceae

中生或旱生中小形蕨类。根状茎短而直立或斜升，被以基部着生的披针形鳞片。叶簇生或罕为远生，有柄，柄为圆柱形或腹面有纵沟，常用栗色或栗黑色，稀为禾秆色，光滑，罕被柔毛或鳞片；叶一型，罕有二型或近二型，二回羽状或三至四回羽状细裂，卵状三角形至五角形或长圆形，罕为披针形。叶草质或坚纸质，下面绿色，或往往被白色或黄色腊质粉末。叶脉分离或偶为网状。孢子囊群小，球形，沿叶缘着生于小脉顶端或顶部的一段。全世界约14属，主要分布于世界亚热带。我国9属，紫金3属，3种。

1. 粉背蕨属Aleuritopteris Fée

叶柄栗色，叶片二至三回细裂，末回能育裂片非荚果状。叶片背面被白色或黄色蜡质粉末。孢子囊群生于小脉顶端。我国27种；紫金1种。

1. 粉背蕨

Aleuritopteris anceps (Blanford) Panigrahi

植株高20～50 cm。叶柄栗褐色，有光泽，基部疏被宽披针形鳞片；叶片三角状卵圆披针形，基部三回羽裂，中部二回羽裂；小羽片5～6对，彼此密接；叶下面被白色粉末。孢子囊群沿羽片边缘着生。

全草药用，祛痰止咳、利湿和瘀。

2. 碎米蕨属Cheilosoria Trev.

叶柄栗色，叶片椭圆形或披针形，二至三回细裂，末回能育裂片非荚果状。叶片背面无白色或黄色蜡质粉末。孢子囊群生于小脉顶端，有盖。我国7种；紫金1种。

1. 薄叶碎米蕨

Cheilosoria tenuifolia (Burm.) Trev.

植株高10～40 cm。根状茎短而直立，叶片五角状卵形、三角形或阔卵状披针形，渐尖头，三回羽状。孢子囊群生裂片上半部的叶脉顶端；囊群盖连续或断裂。

3. 金粉蕨属Onychium Kaulf.

叶柄禾秆色；叶片三至五回细裂，末回能育裂片形如荚果状。孢子囊群生于小脉顶端的联结边脉上。我国8种；紫金1种。

1. 野雉尾金粉蕨（野鸡尾）

Onychium japonicum (Thunb.) Kze.

草本，高60 cm左右。根状茎长而横走，疏被棕色或红棕色披针形鳞片。叶散生，坚纸质；叶柄禾秆色，基部鳞片红棕色；叶片阔，卵形至卵状三角形，四至五回羽状，各回羽轴坚直，末回裂片全缘并彼此接近。

全草入药，清热解毒，抗菌收敛。

P31. 铁线蕨科Adiantaceae

土生或附生，根状茎直立或横走，被鳞片。叶螺旋状簇生、二列散生或聚生；叶柄黑色或红棕色，有光泽，常坚硬；叶片多为一至三回以上的羽状复叶或一至三回二叉掌状分枝，稀扇形的单叶，多光滑无毛；叶轴、各回羽轴和小羽柄均与叶柄同色同形；末回小羽片的形状不一，卵形、扇形、团扇形或对开式，边缘有锯齿，少有分裂或全缘，有时以关节与小柄相连，干后常脱落。孢子囊群着生在叶片或羽片顶部边缘的叶脉上，无盖，而由反折的叶缘覆盖，一般称这反折覆盖孢子囊群的特化边缘为“假囊群盖”。本科2属，约200种，分布世界各地；我国1属，约30种；紫金1属，2种。

1. 铁线蕨属Adiantum L.

属的形态特征与科同。我国30种；紫金2种。

1. 扇叶铁线蕨（乌脚枪、过坛龙、铁鲁箕）

Adiantum flabellulatum L.

草本，高20～45 cm。根状茎短而直立，密被棕色鳞片。叶簇生；柄紫黑色，基部被鳞片，有纵沟，沟内有棕色短硬毛；叶片二至三回不对称二叉分枝，两面无毛，近革质；小羽片扇形，8～15对，互生。

全草入药，有清热解毒、利尿、消肿等功效。

2. 半月形铁线蕨

Adiantum philippense L.

植株高15～50 cm。根状茎短而直立，被褐色披针形鳞片。叶簇生；柄长6～15 cm，粗可达2 mm，栗色，有光泽，基部被相同的鳞片，向上光滑；叶片披针形，长12～25 cm，宽3～6.5 cm，奇数一回羽状；羽片8～12对，互生，斜展，相距1.5～2.5 cm，叶轴不延伸呈鞭，羽片半月形。

P33. 裸子蕨科Hemionitidaceae

土生中小型蕨类。根状茎横走、斜升或直立。叶远生、近生或簇生，有柄、柄为禾秆色或栗色；叶片一至三回羽状，多少被毛或鳞片，草质。绿色，罕有下面被白粉；叶脉分离，罕为网状、不完全网状或仅近叶边联结，网眼不具内藏小脉。孢子囊群沿叶脉着生，无盖；孢子四面型或球状四面型，透明，表面有疣状、刺状突起或条纹，罕为光滑。本科17属，约111种，分布热带和亚热带地区；我国5属，48种；紫金1属，1种。

1. 凤丫蕨属Coniogramme Fée

土生中小型蕨类。根状茎横走、斜升或直立。叶远生、近生或簇生，有柄、柄为禾秆色或栗色；叶片一至三回羽状，多少被毛或鳞片，草质。叶脉分离，罕为网状、不完全网状或仅近叶边联结，网眼不具内藏小脉。本属约50种，分布亚洲东部和东南部；我国39种；紫金1种。

1. 凤丫蕨（大叶凤凰尾巴草、散血莲、眉风草）

Coniogramme japonica (Thunb.) Diels

植株高60～120 cm。叶片二回羽状；羽片通常5对；侧生小羽片1～3对，披针形，顶生小羽片远较侧生的为大，基部为不对称的楔形或叉裂；第2对羽片三出、二叉，向上均为单一；小羽片边缘有向前伸的疏矮齿。

全草药用，消肿解毒。

P35. 书带蕨科Vittariaceae

附生蕨类。根状茎横走，密被具黄褐色绒毛的须根和鳞片。叶近生，一型，单叶，禾草状；叶柄较短，无关节；叶片线形至长带形，常用宽不足1 cm，具中脉，侧脉羽状，单一，在近叶缘处顶端彼此连接，形成狭长的网眼，无内藏小脉，或仅具中脉而无侧脉。叶草质或革质，较厚，表皮有骨针状细胞。孢子囊形成汇生囊群，线形。本科4属，59种，广泛分布于全世界热带，亚热带地区；我国3属，约15种；紫金1属，1种。

1. 书带蕨属Vittaria Sm.

附生蕨类。根状茎横走，密被具黄褐色绒毛的须根和鳞片。单叶，禾草状；叶柄较短；叶片线形至长带形，常用宽不足1 cm，具中脉，侧脉羽状。本属50种，分布热带和亚热带地区；我国13种；紫金1种。

1. 书带蕨

Vittaria flexuosa Fee

植株高20～40 cm。叶近生，常密集成丛；叶近无柄，叶片线形，长20～40 cm或更长，宽3～6 mm；中肋在叶片下面隆起，其上面凹陷呈一狭缝。叶薄草质，叶边反卷，遮盖孢子囊群，叶片下部和顶端不育。

全草入药，活血止痛、止血。

P36. 蹄盖蕨科Athyriaceae

土生蕨类，根状茎横走或直立，与叶柄被棕色披针形的细筛孔状鳞片。叶簇生，稀远生或近生，二至三回羽状，柄禾秆色，基部有扁阔维管束2条，向上融合成“U”形；叶片一至三回羽状，稀单叶，各回羽轴及主脉上面有深纵沟，两侧有隆起的狭边，并在与小羽轴交叉处有缺刻，各纵沟可以相通；叶脉分离，稀网状。孢子囊群圆形、线形、椭圆形、半月形、钩形或马蹄形。本科约20属，500种，广布世界热带至寒温带各地。我国20属，约400种；紫金5属，7种。

1. 短肠蕨属Allantodia R. Br.

根状茎粗壮，直立；叶簇生，叶柄粗壮，光滑或有刺；叶一至二回羽状，叶轴和主脉下面被毛，叶轴上部腋间偶有芽孢，叶脉网状，裂片下部多对脉斜上，顶端联结成斜长方形网眼。孢子囊群线形，常双生于小脉上，叶脉网结。本属约200种，分布热带及亚热带低地；我国100种；紫金3种。

1. 毛柄短肠蕨

Allantodia dilatata (Bl.) Ching

多年生草本；植株高约50 cm。叶疏生至簇生；叶柄基部密被鳞片和易脱落的卷曲短柔毛，向上渐光滑；叶片三角形，羽裂渐尖的顶部以下二回羽裂；侧生羽片8～14对，卵状披针形，顶部长渐尖或尾尖，基部浅心形至阔楔形；羽片边缘浅裂至半裂。

根茎入药，有清热解毒、祛湿、驱虫功效。

2. 阔片短肠蕨

Allantodia matthewii (Copel.) Ching

根状茎横走或横卧。能育叶长达1 m，叶柄长达40 cm，叶片三角形，长达70 cm，基部宽达50 cm，羽裂渐尖的顶部以下一回羽状至基部二回羽状；侧生羽片约8对，侧生羽片的裂片达12对。

3. 江南短肠蕨

Allantodia metteniana (Miq.) Ching

多年生草本。叶片长25～40 cm，羽裂长渐尖的顶部以下一回羽状；侧生羽片6～10对，镰状披针形，顶部长渐尖，两侧羽状浅裂至深裂；侧生羽片的裂片约达15对，边缘有浅钝锯齿。

2. 假蹄盖蕨属 Athyriopsis Ching

根状茎横走，被鳞片。叶远生，二列，柄禾秆色，二回深羽裂；叶脉分离；叶轴与羽轴被红棕色节状毛。孢子囊群线形、椭圆形，有盖。本属10种，分布亚洲热带和亚热带；我国8种；紫金1种。

1. 假蹄盖蕨

Athyriopsis japonica (Thunb.) Ching

常绿草本；植株高30～50 cm。叶疏生；叶片狭椭圆形或长卵形，长20～30 cm，羽裂渐尖的顶部以下二回深羽裂；羽片约10对，披针形，羽状深裂，顶端渐尖；裂片10～14对，椭圆形，圆头、边缘波状。

全草药用，有清热消肿作用。

3. 菜蕨属 Callipteris Bory

根状茎粗壮，直立；叶簇生，叶柄粗壮，光滑或有刺；叶一至二回羽状，叶轴和主脉下面被毛，叶轴上部腋间偶有芽孢，叶脉网状，裂片下部多对脉斜上，顶端联结成斜长方形网眼。孢子囊群线形，常双生于小脉上，叶脉分离。本属5种，分布亚洲东南部和太平洋诸岛；我国2种；紫金1种。

1. 菜蕨

Callipteris esculenta (Retz.) J. Sm. ex Moore et Houlst.

植株高50～130 cm。叶簇生；叶片三角状披针形，顶部羽裂渐尖，下部一回或二回羽状；羽片12～16对，阔披针形或线状披针形，羽状分裂或一回羽状；小羽片8～10对。

全草药用，有清热解毒作用。

4. 双盖蕨属Diplazium Sw.

根状茎横走，被鳞片，叶一回羽状，稀三出或二回羽状，顶生羽片离并与则生羽片同形，叶片无毛；叶脉分离，主脉明显。孢子囊群线形，单生或双生，着生于每组小脉的上侧一脉的侧边，或同时着生于下侧一脉或中间的小脉，线形，有盖。本属约40种，分布热带亚热带及美洲。我国20种；紫金1种。

1. 单叶双盖蕨

Diplazium subsinuatum (Wall. ex Hook. et Grew.) Tagawa

植株高15～40 cm。根状茎细长横走，有黑色或深棕色的鳞片。单叶，远生；叶柄长5～15 cm，中部以下密披鳞片；叶片狭披针形或线状披针形，长10～25 cm，全缘或呈浅波状。

全草药用，有清热利湿、健脾利尿功效。

5. 介蕨属Dryoathyrium Ching

根状茎横走或斜升，被鳞片，叶二至三回羽状，叶片无毛；叶脉分离，主脉明显。孢子囊群短，单生于一脉的侧边，圆形、新月形、钩形或马蹄形，有盖。本属20种，分布东半球温带和亚热带山地；我国12种；紫金1种。

1. 介蕨

Dryoathyrium boryanum (Willd.) Ching

多年生草本。根状茎横走或斜升，被鳞片，叶二回至三羽状，基部收狭，叶片无毛叶脉分离，主脉明显。孢子囊群短，单生于一脉的侧边，有盖。

P37. 肿足蕨科 Hypodematiaceae

中小型石灰岩旱生蕨类。根状茎粗壮，横卧或斜升，连同叶柄膨大的基部密被蓬松的大鳞片。叶近生或近簇生，草质或纸质，被毛；叶片三至四回羽状或五回羽裂；末回小羽片长圆形，浅至深裂；叶脉羽状，侧脉单一或分叉。孢子囊群圆形，背生于侧脉中部；囊群盖特大，膜质。

单属科，16种。我国12种，1变种；紫金1种。

1. 肿足蕨属 Hypodematium Kunze

属的特征与科同。

约16种。我国约12种，1变种；紫金1种。

1. 肿足蕨

Hypodematium crenatum (Forssk.) Kuhn

中小型石灰岩旱生蕨类。根状茎粗壮，横走，连同叶柄基部密被亮红棕色鳞片。叶近生，具长柄，草质，被毛；叶片三回羽状；羽片下部近对生，向上互生，基部一对最大，二回羽状。

P38. 金星蕨科Thelypteridaceae

土生蕨类，根状茎直立、斜升或横走，常疏被鳞片，并与叶柄及叶片被针状毛。叶簇生，近生或远生，一型，罕为二型，多为二回羽裂，稀单叶或一回或多回羽状；叶脉分离或联结。孢子囊群圆形，或椭圆形至粗线形，着生于叶背小脉中部或顶部，分离，稀汇合，罕为沿中脉散生而呈网状；囊群盖肾形，以缺刻着生，常被刚毛，有时无盖。本科25属，约1000种，分布热带及亚热带，少数达温带地区；我国18属，约365种；紫金6属，16种。

1. 毛蕨属Cyclosorus Link

土生蕨类，根状横走，与叶柄疏被鳞片，叶疏生，叶柄被针状毛或柔毛，二回羽状，稀一回羽状，下部羽片常缩短呈耳形，有时退化成气囊体；羽状脉，上部小脉分离，下部1～4对于缺刻下联结；叶被针状毛，背面常有橙色腺体。孢子囊群圆形。本属约70种，分布世界热带及亚热带地区；我国40种；紫金6种。

1. 渐尖毛蕨（尖羽毛蕨）

Cyclosorus acuminatus (Houtt.) Nakai

植株高70～80 cm。叶远生；裂片1对小脉联结，下部羽片不缩短，少有缩短，但与上部的同形。

根茎药用，有消炎作用。

2. 干旱毛蕨

Cyclosorus aridus (D. Don) Tagawa

植株高达1.2 m。裂片1对小脉联结，叶背被淡黄色腺体，被针状毛或柔毛。

药用有清解毒、止痢功效。

3. 鳞柄毛蕨

Cyclosorus crinipes (Hook.) Ching

根状茎粗壮，斜升，顶端密被深棕色的鳞片。叶簇生，叶片长40～100 cm，中部宽25～45 cm，阔长圆披针形。孢子囊群圆形，生于侧脉中部，每裂片6～8对。

4. 齿牙毛蕨

Cyclosorus dentatus (Forssk.) Ching

植株高30～70 cm。裂片1对小脉联结，形成1个网眼，背面密被毛。

根状茎药用，有舒筋活络、散瘀功效。

5. 异果毛蕨

Cyclosorus heterocarpus (Bl.) Ching

植株高达1 m。裂片1对小脉联结，第2对小脉达缺刻边缘，下部多对羽片缩短成耳形，最下部的变成瘤状。

6. 华南毛蕨（金星蕨）

Cyclosorus parasiticus (L.) Farwell.

植株高达70 cm。叶近生；叶片长35 cm，二回羽裂；羽片12～16对，中部以下的对生，向上的互生；羽片披针形，顶端长渐尖，基部平截，略不对称，羽裂达1/2或稍深；裂片20～25对。

全草药用，有祛风除湿、清热、止痢作用。

2. 圣蕨属Dictyocline Moore

根状茎直立或斜升，连叶柄被鳞片，叶簇生，一回羽状或单叶，叶脉网状，网眼四角形或五角形，两面被钩状毛。孢子囊群散生于小脉上，连接成网状，无盖；孢子囊顶部有针状刚毛。本属约70种，分布世界热带及亚热带地区；我国40种；紫金1种。

1. 羽裂圣蕨

Dictyocline wilfordii (Hook.) J. Sm.

高30～50 cm。根状茎短粗，斜升，密被黑褐色硬鳞片。叶簇生，粗纸质，上面密生伏贴的刚毛；叶柄长17～30 cm，基部密被鳞片及针毛；叶片下部羽状深裂几达叶轴，向上为深羽裂，顶部呈波状；侧脉间小脉为网状，网眼内藏小脉。孢子囊沿网脉疏生，无盖。

全草药用。治脾胃气虚消瘦，食饮不振，食后腹胀，大便溏薄，倦怠乏力，少气懒言。

3. 针毛蕨属Macrothelypteris (H. Ito) Ching

根状茎直立，被鳞片。叶簇生，柄光滑或被鳞片，叶三至四回羽状，叶脉分离，两面被羽轴被针状毛。孢子囊群圆形，无盖。本属约10种，分布亚洲热带及亚热带地区；我国7种；紫金1种。

1. 普通针毛蕨

Macrothelypteris torresiana (Gaud.) Ching

高0.6～1.5 m，根茎直立或斜生，顶端密被红棕色毛鳞片。叶簇生；叶柄长30～70 cm，灰绿色；叶片长30～80 cm，三角状卵形；羽片约15对，有柄，基部1对最大，长10～30 cm，长圆状披针形；孢子囊群圆形，生于侧脉近顶部；囊群盖圆肾形。

4. 金星蕨属Parathelypteris (H. Ito) Ching

根状茎横走或直立，被鳞片。叶远生、近生或簇生；柄禾秆色或栗色或黑色，叶二回深裂，叶脉分离，裂片基部一对小脉伸达缺刻以上的叶边，两面被针状毛或柔毛，背面被橙色腺体，孢子囊群圆形，于主脉两侧各地成1行。本属约70种，分布世界热带及亚热带地区；我国40种；紫金2种。

1. 金星蕨

Parathelypteris glanduligera (Kze.) Ching

蔓生草本。根状茎横走，叶近生或簇生。叶片椭圆状彼针形，长约1 m，一回羽状，羽片7～9对，近无柄，披针形，长4～14 cm，叶轴顶端能着地生根形成新植株。孢子囊群圆形。

全草药用，有清热、止痢作用。

2. 中日金星蕨（扶桑金星蕨）

Parathelypteris nipponica (Franch. et Sav.) Ching

多年生草本。叶柄禾秆色，孢子囊群生于小脉顶端，下部叶缩小成小耳状，基部一对退化，叶背疏被橙色腺体。

全草药用。味苦，性寒。消炎止血。治外伤出血。外用鲜品捣烂敷患处。

5. 新月蕨属 Pronephrium Presl

根状茎横走，被鳞片；叶远生或近生，叶常一回奇数羽状，羽片披针状披针形，叶脉联结为新月蕨型；叶面常呈泡状突起。孢子囊群圆形，在侧脉间排成2行，背生于小中部，如生于小脉上部则成敦时汇合成新月蕨形，无盖。本属约70种，分布世界热带及亚热带地区；我国40种；紫金4种。

1. 新月蕨

Pronephrium gymnopteridifrons (Hay.) Holtt.

草本，高达80～120 cm。根状茎长而横走，密被棕色鳞片；叶远生，纸质，下面仅叶脉被疏短毛；叶柄基部被鳞片；叶片一回奇数羽状，基部一对较短，顶生羽片稍大；叶脉下面明显隆起，侧脉并行，基部一对联结成三角形的网眼。

2. 微红新月蕨

Pronephrium megacuspe (Bak.) Holtt.

植株高50～90 cm。叶疏生；叶柄禾秆色略带红棕色；叶片奇数一回羽状；侧生羽片2～6对，斜展，椭圆状披针形，顶端尾状渐尖，基部楔形，边缘为不规则波状，具软骨质狭边；叶干后沿主脉及侧脉多少饰有红色。

株型优美，可栽培观赏。

3. 单叶新月蕨

Pronephrium simplex (Hook.) Holtt.

多年生草本。根状茎细长横走，单叶，强度二型，不育叶椭圆状披针形，能育叶远高过不育叶，具长柄，基部心脏形。

全草药用。

4. 三羽新月蕨（三枝标、蛇退步）

Pronephrium triphyllum (Sw.) Holtt.

植株高20～50 cm。根状茎细长横走，密被鳞片。叶疏生，坚纸质，一型或近二型；叶柄长10～40 cm，基部疏被鳞片，密被钩毛；叶三出，侧生羽片一对，对生，全缘，顶生羽片远较大；能育叶略高出于不育叶，羽片较狭。

全草药用。消肿散瘀，清热化痰。治跌打损伤，湿疹，皮炎，蛇咬伤、瘌疖，急慢性支气管炎。

6. 假毛蕨属 Pseudocyclosorus Ching

根状茎横走或直立，叶簇生或疏生，与叶柄被鳞片。叶常无毛，叶二回羽状，羽片深裂达羽轴不远处，下部羽片常缩短为小耳片或突然退化为瘤状，叶轴在羽轴着生处下面有1个瘤状气囊体；叶脉分离。孢子囊群圆形。本属约50种，分布世界热带及亚热带地区；我国27种；紫金2种。

1. 溪边假毛蕨

Pseudocyclosorus ciliatus (Wallich ex Benth.) Ching

多年生草本。下部羽片稍缩短，但不变形，羽片7～10对，孢子囊群生于小脉中部，囊群盖被毛。

2. 镰片假毛蕨（镰裂金星蕨、镰形假毛蕨）

Pseudocyclosorus falcilobus (Hook.) Ching

植株高60～80 cm。叶簇生；叶片阔披针形，长60～70 cm，羽裂渐尖头，基部缩狭，二回深羽裂；下部有3～6对羽片退化为小耳状，中部正常羽片线状披针形；裂片22～35对，镰状披针形，全缘。

全草药用。清热解毒、杀虫。

P39. 铁角蕨科Aspleniaceae

附生蕨类，根状茎横走或直立，被鳞片，无毛。叶远生、近生或簇生，光滑或疏被星芒状薄质小鳞片；叶柄常为栗色并有光泽，或为淡绿色或青灰色；叶形变异极大，单一(披针形、心脏形或圆形)、深羽裂或为一至三回羽状细裂，偶为四回羽状，复叶的分枝式为上先出，末回小羽片或裂片往往为斜方形或不等边四边形，基部不对称，边缘为全缘，或有钝锯齿或为撕裂；叶脉分离，上先出，一至多回二歧分枝，每一末回裂片仅有1条单脉。孢子囊群多为线形，有时近椭圆形，沿小脉上侧着生，罕有生于相近脉的下侧，常用有囊群盖。本科约10属，约700种，分布全世界，主产热带；我国8属，约131种；紫金1属，10种。

1. 铁角蕨属Asplenium L.

叶为单叶或深羽裂或羽状；叶边缘有缺刻或锯齿，偶为全缘；叶脉分离，从不在近叶缘处联结。本属约660种，分布世界各地，热带最多；我国110种；紫金10种。

1. 华南铁角蕨

Asplenium austrochinense Ching

多年生草本，植株高30～40 cm。根状茎短粗，横走。二至三回羽状，末回小羽片匙形，小脉扇状分枝，每小羽片有孢子囊群2～6枚。

2. 齿果铁角蕨

Asplenium cheilosorum Kunze ex Mett.

一回羽状，羽片主两侧各有1行孢子囊，叶柄和叶轴红棕色，根状茎横走，叶疏生，与倒挂铁角蕨相似。

3. 毛轴铁角蕨（细叶青）

Asplenium crinicaule Hance

一回羽状，羽片主两侧各有多行孢子囊，叶轴和叶柄被黑色鳞片，在羽片间无芽孢。

药用有清热解毒、透疹功效。

4. 切边铁角蕨

Asplenium excisum Presl

植株高40～60 cm。根状茎横走。叶片披针状椭圆形，一回羽状，羽片主两侧各有1行孢子囊，叶柄和叶轴红棕色，羽片镰状菱形，与半边铁角蕨相似。

5. 江南铁角蕨

Asplenium loxogrammoides Christ

附生，植株高25～40 cm。根状茎短而直立。单叶，簇生，叶片披针形。孢子囊群线形，囊群盖线形，黄棕色，后变深棕色，厚膜质。

6. 倒挂铁角蕨

Asplenium normale Don

植株高15～40 cm。叶片披针形，长12～24 cm，一回羽状；羽片20～30对，三角状椭圆形，钝头，基部不对称，上侧截形并略呈耳状，下侧楔形，边缘有粗锯齿。叶轴近顶处常有芽孢，能在母株上萌发。

全草药用，有清热解毒、止血镇痛功效。

7. 长叶铁角蕨

Asplenium prolongatum Hook.

二回羽状，叶轴顶端延长成鞭着地生根长出新植株，末回小羽片线形，仅1脉。

全草药用，有清热解毒、消炎止血、止咳化痰功效。

8. 骨碎补铁角蕨

Asplenium ritoense Hayata

植株高20～40 cm。根状茎短而直立。叶簇生，叶片椭圆形，三回羽状，叶近肉质多汁，末回小羽片线形，仅1脉，或1条阔线形囊群。

9. 岭南铁角蕨

Asplenium sampsoni Hance

植株高15～30 cm。二回羽状，中部羽片有小羽片5～9对，小羽片线形，仅1脉。

全草药用，有清热解毒、健脾止咳功效。

10. 狭翅铁角蕨

Asplenium wrightii Eaton ex Hook.

植株高达1 m。一回羽状，羽片主两侧各有1行孢子囊，叶柄和叶轴有狭翅，与切边铁角蕨相似。

根状茎药用，治疮疡肿毒。

P42. 乌毛蕨科Blechnaceae

土生蕨类，有时为亚乔木状，或为附生。根状茎横走或直立，偶有横卧或斜升，有时形成树干状的直立主轴，被红棕色鳞片。叶一型或二型，有柄；叶片一至二回羽裂，罕为单叶，厚纸质至革质，无毛或常被小鳞片。叶脉分离或网状，如为分离则小脉单一或分叉，平行，如为网状则小脉常沿主脉两侧各形成1～3行多角形网眼，无内藏小脉，网眼外的小脉分离，直达叶缘。孢子囊群为长的汇生囊群，或为椭圆形。本科13属，约240种，主产南半球热带地区；我国7属，13种；紫金4属，7种。

1. 乌毛蕨属Blechnum L.

根状茎粗壮，直立，无树干状的直立主轴，孢子囊群线形，连续不断，紧靠主脉并与之平行，着生于主脉两侧的不甚明显的1条纵脉上，叶脉分离；孢子囊群有盖。本属约35种，分布泛温带；我国1种；紫金1种。

1. 乌毛蕨（贯众）

Blechnum orientale L.

植株高0.5～2 m。根状茎直立，粗短，木质。叶簇生于根状茎顶端；叶片卵状披针形，长达1 m左右，一回羽状。孢子囊群线形，连续，与主脉平行。

酸性土指示植物。根状茎药用，有清热解毒功效。嫩叶可食用，称“红蕨”。株型美观，可栽培作园林观赏。

2. 苏铁蕨属Brainea J. Sm.

根状茎粗壮，有树干状的直立主轴，植株近似苏铁；孢子囊群无盖。本属仅1种，分布热带亚洲；我国分布；紫金1种。

1. 苏铁蕨

Brainea insignis (Hook.) J. Sm.

大型草本蕨类，高达1.5 m。根茎短而粗壮，木质，顶部与叶柄基部均密被线形鳞片。叶略二型，簇生主轴顶部；叶柄长10～30 cm；叶片椭圆状披针形，长0.5～1 m，一回羽状，羽片30～50对，对生或互生。

根茎入药，清热解毒，抗菌收敛。国家二级保护植物。

3. 崇澍蕨属Chieniopteris Ching

根状茎横走，叶散生，有长柄，单叶或三裂或为三角状羽状深裂达叶轴，侧生羽生合生，孢子囊群粗线形，不连续，沿主脉着生并与之平行，叶脉网状；孢子囊群有盖。本属2种，分布中国华南地区、越南和日本；我国2种；紫金2种。

1. 崇澍蕨（假狗脊）

Chieniopteris harlandii (Hook.) Ching

植株高达1 m。叶散生；叶片变化大，侧生羽片基部与叶轴合生成翅，小羽片1～4对。

根状茎药用，有祛风除湿作用。

2. 裂羽崇澍蕨

Chieniopteris kempii (Cop.) Ching

多年生草本。根状茎横走，叶散生，有长柄，侧生羽片基部与叶轴合生成翅，小羽片5～7对。

4. 狗脊属 Woodwardia Smith.

根状茎横走，叶簇生，有柄，叶二回羽状深裂，侧生羽片不合生，彼此分离，叶脉网状，孢子囊群粗线形，不连续，孢子囊群外侧的1～2列网眼，着生于靠主脉的网眼的外侧小脉上；孢子囊群有盖。本属12种，分布此半球温带及亚热带；我国5种；紫金3种。

1. 狗脊（贯众）

Woodwardia japonica (L. f.) Sm.

植株高50～120 cm。上部羽片的腋间有被红色鳞片的大芽孢。

药用有镇痛、利尿及强壮功效。根状茎富含淀粉，可酿酒；植株可作土农药，防治蚜虫及红蜘蛛。

2. 东方狗脊

Woodwardia orientalis Sw.

植株高70～100 cm。根状茎横卧。叶簇生，叶片卵形，二回深羽裂达羽轴两侧的阔翅。无大芽孢，下部羽片基部不对称，羽片无珠芽。

3. 胎生狗脊（多子东方狗脊、台湾狗脊蕨、胎生狗脊、胎生狗脊蕨）

Woodwardia orientalis var. **formosana** Rosenst.

植株高70～230 cm。叶片二回深羽裂达羽轴两侧的狭翅；羽片5～9对；羽片上面通常产生小珠芽，萌生出小植株。

根状茎药用，有强腰膝、补肝肾、除风湿作用。

P45. 鳞毛蕨科Dryopteridaceae

土生蕨类，根状茎短而直立或斜升，稀横走，叶簇生或近生，连叶柄密被鳞片；叶片一至五回羽状，极少单叶，光滑，或叶轴、各回羽轴和主脉下面多少被披针形或钻形鳞片，如为二回以上的羽状复叶，则小羽片或为上先出或除基部1对羽片的一回小羽片为上先出外，其余各回小羽片为下先出；羽片和各回小羽片基部对称或不对称，叶边常用有锯齿或有触痛感的芒刺。孢子囊群小，圆形。本科14属，约1000种，分布世界温带和亚热带高山；我国13属，472种；紫金4属，11种。

1. 复叶耳蕨属Arachniodes Bl.

根状茎横走，连叶柄被鳞片；叶近生，柄禾秆色，光滑；叶片三至四回羽状，末回羽片均为上先出，边缘具尖齿或芒刺；叶脉分离。孢子囊群圆形，生于叶脉顶端或背面。本属40种，分布热带和亚热带地区；我国20种；紫金2种。

1. 华南复叶耳蕨

Arachniodes festina (Hance) Ching

植株高60～95 cm或更高。叶片卵状三角形或长圆形，叶片顶端渐尖，四回羽状，孢子囊群顶生小脉上。囊群盖暗棕色，厚膜质，脱落。

2. 斜方复叶耳蕨

Arachniodes rhomboidea (Wall. ex Mett.) Ching

植株高40～80 cm。叶片长25～45 cm，二至三回羽状；羽片4～6对，基部1对较大；末回小羽片7～12对，菱状椭圆形，基部不对称，上侧圆截形，下侧斜切，上侧边缘具有芒刺的尖锯齿。

药用可治关节炎、腰腿疼痛。株型优美，可栽培作阴生观赏植物。

2. 贯众属Cyrtomium Presl

根状茎短，直立或斜生，连同叶柄基部，密被鳞片。叶簇生，叶片卵形或长圆披针形少为三角形，奇数一回羽状，有时下部有1对裂片或羽片；侧生羽片多少上弯成镰状，其基部两侧近对称或不对称，有时上侧间或两侧有耳状凸起；主脉明显，侧脉羽状，小脉联结在主脉两侧成2至多行的网眼，网眼为或长或短的不规则的近似六角形，有内含小脉。孢子囊群圆形，背生于内含小脉上，在主脉两侧各1至多行；囊群盖圆形，盾状着生。本属50种，分布亚洲温带地区。我国40种；紫金1种。

1. 镰羽贯众

Cyrtomium balansae (Christ) C. Chr.

多年生草本。叶纸质，羽片10～20对，长5～8 cm，宽1.5～2.5 cm，主脉两侧有2行网眼，有内藏小脉。与贯众相似，羽片基部下角尖。

根状茎药用。清热解毒、驱虫。

3. 鳞毛蕨属Dryopteris Adanson

根状茎短，直立。叶簇生，叶柄密被鳞片，叶片一至四回羽状，小羽片下先出；叶脉分离，叶轴与羽轴多少被鳞片。孢子囊群圆形，背生或顶生小脉上；囊群盖圆肾形。本属200种，主产温带；我国100种；紫金7种。

1. 阔鳞鳞毛蕨

Dryopteris championii (Benth.) C. Chr.

植株高50～80 cm。叶柄基部密被棕色阔鳞片。叶簇生；叶片二回羽状；羽片10～15对；小羽片10～13对，披针形，基部浅心形至阔楔形，顶端钝圆并具细尖齿。叶轴、羽轴密被棕色鳞片。

根状茎药用，有清热解毒、止咳平喘功效。

2. 迷人鳞毛蕨

Dryopteris decipiens (Hook.) O. Kuntze

植株高达60 cm。叶片披针形，一回羽状，顶端渐尖并为羽裂；羽片10～15对，基部通常心形，边缘波状浅裂或具浅锯齿。叶轴疏被鳞片，羽片下面具有淡棕色的泡状鳞片。

株型优美，可栽培作阴生观赏植物。

3. 黑足鳞毛蕨

Dryopteris fuscipes C. Chr.

植株高50～80 cm。叶簇生；叶片卵状长圆形，长20～40 cm，二回羽状；小羽片下面疏被淡棕色毛状小鳞片；叶轴、羽轴密披棕色鳞片。孢子囊群圆形，在小羽片中脉两侧各排成1行至不规则多行；囊群盖圆肾形。

根状茎药用，有收敛消炎功效。

4. 平行鳞毛蕨

Dryopteris indusiata Makino & Yamamoto

植株高40～60 cm。根状茎横卧或斜升，粗约3 cm。叶簇生，二回羽状，羽片与羽轴成90度角，与迷人鳞毛蕨相似，但较高大。孢子囊群大。

5. 柄叶鳞毛蕨

Dryopteris podophylla (Hook.) O. Ktze

草本，高40～60 cm。根状茎短而直立，密被鳞片。叶簇生，纸质，仅叶轴和羽轴下面疏被鳞片；叶柄基部密被鳞片；叶片奇数一回羽状。

6. 无盖鳞毛蕨

Dryopteris scottii (Bedd.) Ching

多年生草本。植株高50～80 cm。根状茎粗短，直立。叶簇生，长圆形或三角状卵形，一回羽状。羽轴和小羽轴鳞片平直，孢子囊群无盖，小羽片基部对称，羽片7～11对。

7. 变异鳞毛蕨

Dryopteris varia (L.) O. Kuntze

植株高50～70 cm。叶片五角状卵形，三回羽状，基部下侧小羽片向后伸长呈燕尾状；羽片10～12对，披针形；小羽片6～10对。

根状茎药用，有清热止痛、清肺止咳功效。

4. 耳蕨属Polystichum Roth

根状茎直立或斜升，连叶柄被鳞片。叶簇生，叶一至四回羽裂，末回小羽片常为镰形，基部上侧有耳状突起，边缘具芒状锯齿；叶脉分离。孢子囊群圆形，生于小脉顶端，有时背生，囊群盖盾形，盾状着生，罕无盖。本属约300种，分布世界各地；我国170种；紫金1种。

1. 灰绿耳蕨

Polystichum eximium (Mett.ex Kuhn) C. Chr.

多年生草本，高达1 m。叶簇生，二回羽裂；小羽片近菱形或长圆状镰刀形；近叶轴顶端常有芽孢。孢子囊群近中肋两旁各排成1行，囊群盖圆形。

全株药用，消炎抑菌。

P46. 三叉蕨科Aspidiaceae

土生蕨类，根状茎直立或斜升，被鳞片。叶簇生或近生，有柄；叶柄基部无关节；叶为一型或二型，一回羽状至多回羽裂，少为单叶；叶脉多型：或为分离，小脉单一或分叉，或小脉沿小羽轴及主脉两侧联结成无内藏小脉的狭长网眼，或在侧脉间联结为多数方形或近六角形的网眼，网眼内有单一或分叉的内藏小脉或有时无内藏小脉；主脉两面均隆起，上面被有关节的淡棕色毛或有时光滑。孢子囊群圆形。本科15属，300种，分布泛热带；我国8属，41种；紫金3属，4种。

1. 肋毛蕨属Ctenitis (C. Chr.) C. Chr.

根状茎短粗，直立或斜升，与叶柄基部均密被鳞片。叶簇生；叶柄基部以上和叶轴及羽轴下面被鳞片；叶片二至四回羽状，如为三回羽状则除基部一对羽片的一回小羽片为上先出外，各回羽片的小羽片均为下先出。叶草质或坚纸质，干后常呈棕色至褐棕色。本属100～150种，分布美洲、非洲、亚洲和澳大利亚的热带和亚热带；我国35种；紫金2种。

1. 虹鳞肋毛蕨

Ctenitis rhodolepis (Clarke) Ching

植株高80～140 cm。叶簇生；叶柄棕禾秆色，密被鳞片；叶片三角状卵形，四回羽裂；羽片8～10对，基部1对羽片最大，其下侧特别伸长；末回裂片长圆形，顶端钝圆，边缘疏生小锯齿。

根状茎药用，治风湿骨痛。

2. 亮鳞肋毛蕨

Ctenitis subglandulosa (Hance) Ching

植株高约1 m。根状茎短而粗壮，直立。叶簇生，叶片三角状卵形，四回羽裂。孢子囊群圆形，每裂片有2～4对，生于小脉中部以下，较接近主脉；囊群盖心形，全缘，膜质。

2. 沙皮蕨属 Hemigramma Christ

根状茎直立或斜升，顶端与叶柄基部密被棕色披针形鳞片。叶簇生，纸质，无毛，二型；不育叶一回羽裂或羽状；能育叶具长柄，羽片狭小；叶脉联结成六角形或方形网眼。孢子囊群沿小脉着生，成熟时满布叶片下面，无囊群盖。我国1种；紫金1种。

1. 沙皮蕨（下延沙皮蕨）

Hemigramma decurrens (Hook.) Copel.

植株高30～80 cm。根状茎粗短，斜升，顶端与叶柄基部密被棕色披针形鳞片。叶簇生；叶片阔卵形，奇数一回羽状，偶为披针形的单叶或三叉；顶生羽片大，无柄；能育叶柄较长，羽片狭小。孢子囊群沿小脉着生，成熟时满布叶片下面。

3. 三叉蕨属 Tectaria Cav.

土生蕨类。根状茎粗壮，短横走至直立，顶部被鳞片；叶簇生；叶柄禾秆色、棕色、栗褐色至乌木色；叶一回羽状至三回羽裂，很少为单叶，从不为细裂；羽片或裂片常用全缘；叶脉联结为多数网眼，有单一或分叉的内藏小脉或无内藏小脉，侧脉明显或不明显。孢子囊群常用圆形，生于网眼联结处或内藏小脉的顶部或中部，在侧脉之间有二列或多列，或于裂片主脉两侧各有1列。本属240种，分布热带及亚热带；我国20种；紫金1种。

1. 三叉蕨（三羽叉蕨）

Tectaria subtriphylla (Hook. et Arn.) Cop.

植株高50～70 cm。叶二型：不育叶三角状五角形，二回羽裂或三叉状，能育叶与不育叶形状相似但各部均缩狭；顶生羽片三角形，两侧羽裂；侧生羽片1～2对，对生，三角披针形，两侧具1对披针形小裂片，边缘有浅波状的圆裂片。

叶药用，有祛风除湿、止血、解毒作用。叶形优美，常栽培作阴生观赏植物。

P47. 实蕨科 Bolbitidaceae

根状茎横走而粗短，有腹背结构，密被鳞片，鳞片阔披针形。叶近簇生，有长柄，幼叶和成长叶同形，二型，单叶或多为一回羽状，顶部有芽孢，着地生根行无性繁殖；羽片与叶轴连接处无关节，不育羽片较宽，无柄或近无柄，全缘或波状或浅羽裂，刺蕨属(Egenolfia)的缺刻内有芒刺；能育叶狭缩，柄较长，羽片较小。孢子囊群棕色，满布于能育羽片下面；孢子两面形，有翅状周壁。本科3属，约100种，分布于全世界热带地区；我国2属约23种；紫金1属，1种。

1. 实蕨属 Bolbitis Schott

根状茎横走，有网状中柱；鳞片黑色，全缘。叶柄基部不具关节，疏被鳞片；叶为一回羽状，很少是单叶或二回羽裂，叶缘具钝锯齿或深裂或撕裂。叶草质，光滑。能育叶缩小并具长柄。本属约85种，分布于热带各地，主产于印度、东南亚及南美洲；我国约13种；紫金1种。

1. 华南实蕨

Bolbitis subcordata (Cop.) Ching

根状茎粗而横走，叶簇生，叶二型：不育叶椭圆形，一回羽状。能育叶与不育叶同形而较小。孢子囊群初沿网脉分布，后满布能育羽片下面。

P49. 舌蕨科Elaphoglossaceae

附生草本，通常生长在岩石上或石缝中，偶有生于树干上。根状茎直立或横走，被鳞片。叶近生或簇生，偶为远生或疏生，单叶，略呈二形，全缘，具柄，与叶足连接处有关节，通常被鳞片；不育叶披针形至椭圆形，革质，叶脉常分离，小脉单一或分叉；能育叶略狭而叶柄较长。孢子囊群成熟时满布于能育叶下面。本科4属，400～500种；我国1属，约8种；紫金1属，1种。

1. 舌蕨属Elaphoglossum Schott

附生，偶为土生，中型或小型，很少为大型。根状茎直立或斜升，或为短而横走，稀细长而横走，被鳞片。叶簇生或近生，少为远生或疏生，二形；单叶，硬革质，全缘；能育叶通常较狭，有较长的柄；小脉常分叉，平行，一般分离。孢子囊群成熟时满布于能育叶的下面，孢子囊沿侧脉着生。本属300种；我国8种；紫金1种。

1. 华南舌蕨

Elaphoglossum yoshinagae (Yatabe) Makino

根状茎短，横卧或斜升。叶簇生或近生，二形；不育叶近无柄或具短柄，披针形。能育叶与不育叶等高或略低于不育叶，柄较长，叶片略短而狭。

全草入药，能清热解毒、凉血止血。

P50. 肾蕨科Nephrolepidaceae

土生或附生，少有攀援。根状茎长而横走，有腹背之分，或短而直立，辐射状，并发出极细瘦的匍匐枝，生有小块茎。叶一形，簇生而叶柄不以关节着生于根状茎上，或为远生，二列而叶柄以关节着生于明显的叶足上或蔓生茎上；叶一回羽状，分裂度粗，羽片多数，基部不对称，无柄，以关节着生于叶轴，全缘或多少具缺刻；叶脉分离，侧脉羽状，几达叶边，小脉顶端具明显的水囊，上面往往有1个白色的石灰质小鳞片。孢子囊群表面生，单一，圆形。本科3属，约60种，分布热带地区；我国2属，7种；紫金1属，1种。

1. 肾蕨属Nephrolepis Schott

根状茎短而直立，辐射状，并发出极细瘦的匍匐枝，生有小块茎。叶一形，簇生，叶柄无关节，叶片一回羽状。本属约30种，分布热带及邻近热带地区；我国6种；紫金1种。

1. 肾蕨（圆羊齿、天鹅抱蛋、篦子草）

Nephrolepis cordifolia (L.) C. Presl

附生或土生。匍匐茎上生有近圆形的块茎，直径1～1.5 cm。叶簇生；叶片长30～70 cm，狭披针形，一回羽状；羽片45～120对，常密集而呈覆瓦状，顶端圆钝，基部心形，常不对称。

全草药用，有清热解毒、利湿消肿功效。

P51. 条蕨科Oleandraceae

附生或土生，小型或中型，匍匐或半攀援。根状茎长而分枝，横走或少为直立的半灌木状，遍体密被覆瓦状的红棕色厚鳞片。叶足螺旋排列于根状茎上，与叶柄连接处有关节；叶通常为一形，单叶，叶片披针形或线状披针形，全缘或有时为波状，叶缘有软骨质狭边。孢子囊群圆形，背生，位于小脉的近基部，成单行排列于主脉的两侧；囊群盖大，肾形或圆肾形，红棕色，膜质或纸质，宿存。仅下列1属，产世界热带及亚热带山地；我国5种；紫金1种。

1. 条蕨属Oleandra Cav

属的形态特征与科同，紫金1种。

1. 波边条蕨

Oleandra undulata (Willd.) Ching

根状茎长而横走。叶二列疏生或近生，叶片阔披针形，全缘而有软骨质狭边，常呈波状起伏。孢子囊群近圆形。囊群盖肾形，质厚，红棕色，略被短毛。

P52. 骨碎补科Davalliaceae

附生，稀土生蕨类。根状茎横走或直立，常密被鳞片；叶远生，叶柄基部以关节着生于根状茎上；叶片常用为三角形，二至四回羽状分裂，羽片不以关节着生于叶轴；叶脉分离。孢子囊群为叶缘内生或叶背生，着生于小脉顶端；囊群盖为半管形、杯形、圆形、半圆形或肾形。本科8属，约100种，分亚洲热带和亚热带；我国5属，30种；紫金2属，3种。

1. 骨碎补属Davallia Sm.

附生，稀土生蕨类。根状茎横走或直立，常密被鳞片；叶远生，叶柄基部以关节着生于根状茎上；孢子囊盖管形或杯形，以基部及两侧着生。本属约45种，分布广泛；我国8种；紫金1种。

1. 大叶骨碎补（骨碎补、猴姜、华南骨碎补）

Davallia formosana Hay.

植株高达1 m。根状茎粗壮，长而横走，密被鳞片。叶远生，坚草质；柄长30～60 cm；叶片大，四至五回羽裂；羽片互生，有短柄；末回小羽片椭圆形，基部下侧下延，深羽裂，裂片斜三角形，常二裂为不等长的尖齿；叶脉可见，叉状分枝。孢子囊群多数，每裂片有1枚。

根状茎药用。味苦，性温。散瘀止痛。治扭挫伤，腰腿痛，痢疾。

2. 阴石蕨属Humata Cav.

附生蕨类。根状茎横走或直立，常密被鳞片；叶远生，叶柄基部以关节着生于根状茎上；孢子囊盖近圆形或半圆形，以基部着生或稀为阔肾形以基部及两侧着生。本属约50种，主要分布马来西亚至波利尼西亚；我国9种；紫金2种。

1. 阴石蕨（红毛蛇、平卧阴石蕨）

Humata repens (L. f.) Diels

植株高10～20 cm，根状茎被红棕色鳞片。叶片三角状卵形，二回羽状深裂；羽片6～10对，以狭翅相连，基部1对最大，上部常为钝齿牙状，下部深裂，裂片3～5对，基部下侧一片最长。

根状茎药用，有清热利湿、散瘀活血、续筋接骨作用。

2. 圆盖阴石蕨（白毛蛇、百脚头、石祈蛇、上树蛇、白毛伸筋、石蚕）

Humata tyermanni Moore

植株高约20 cm。根状茎长而横走，密被蓬松白色鳞片。叶远生；叶片长三角状卵形，长宽几相等，三至四回羽状深裂；羽片10对，斜向上，彼此密接，基部1对最大，长5.5～7.5 cm。

本种形体粗犷，可供观赏或制作生物工艺品。根状茎入药，有清热解毒、祛风除湿功效。

P56. 水龙骨科Polypodiaceae

附生，稀土生蕨类。根状茎长而横走，被鳞片。叶一型或二型，以关节着生于根状茎上，单叶，全缘，或分裂，或羽状，草质或纸质，无毛或被星状毛；叶脉网状，少为分离的，网眼内常用有分叉的内藏小脉，小脉顶端具水囊。孢子囊群常用为圆形或近圆形，或为椭圆形，或为线形，或有时布满能育叶片下面一部或全部，无盖而有隔丝。本科40属，约500种，分布世界各地；我国27属，约250种；紫金9属，16种。

1. 线蕨属Colysis C. Presl

根状茎纤细，长而横走。叶远生，一型或为近二型；柄长，与根状茎相连接处的关节不明显，常用有翅；叶为单叶或指状深裂至羽状深裂，或为一回羽状而羽片的基部贴着叶轴，边缘全缘或呈浅波状；叶脉网状，侧脉常用仅下部明显，不达叶边，稍曲折，在每对侧脉之间形成两行网眼，有单一或呈钩状的内藏小脉。孢子囊群线形。本属约30种，分布亚洲温暖地区；我国20种；紫金4种。

1. 线蕨

Colysis elliptica (Thunb.) Ching

植株高20～60 cm。叶远生，近二型；不育叶叶片长圆状卵形或卵状披针形，长20～70 cm，一回羽裂深达叶轴；羽片或裂片4～11对。

叶药用，有清热利尿、散瘀消肿功效。可作耐阴植物栽培观赏。

2. 断线蕨

Colysis hemionitidea (Wall. ex Mett.) C. Presl

植株高30～60 cm。叶远生；叶柄暗棕色至红棕色，有狭翅；叶片阔披针形至披针形，长30～50 cm，基部渐狭而长，下延近达叶柄基部；小脉网状，在每对侧脉间联结成3～4个大网眼。

叶药用，有清热利尿、解毒作用。

3. 胄叶线蕨

Colysis hemitoma (Hance) Ching

植株高25～60 cm。叶柄上部有狭翅；叶戟形，中部以下条裂，基部下延。

全草药用，消炎解毒。叶形奇特，可栽培供观赏。

4. 褐叶线蕨

Colysis wrightii (Hook.) Ching

多年生草本。叶片倒披针形，长25～35 cm，中部以下缩狭成翅。

全草药用。行气祛瘀，补肺镇咳。

2. 抱树莲属Drymoglossum C. Presl

小型附生蕨类。根状茎细长横走。叶远生，单叶，二型，叶柄以关节和根状茎联结；不育叶卵形，圆形或近舌状，全缘，肉质，疏被星状毛。主脉不明显，小脉联结成网并隐没于叶肉中，有内藏小脉。能育叶线形或长舌状。孢子囊群线形，位于主脉两侧。本属6种，分布从马达加斯加至太平洋所罗门群岛；我国2种；紫金1种。

1. 抱树莲

Drymoglossum piloselloides (L.) C. Presl

小型附生蕨类。根状茎细长横走。叶远生，单叶，叶二型，不育叶卵形，能育叶线形。

3. 伏石蕨属Lemmaphyllum C. Presl

小型附生蕨类。根状茎细长横走。叶疏生，二型，叶柄以关节与根状茎相连；不育叶倒卵形，或椭圆形，全缘，近肉质，无毛或近无毛，或疏被披针形小鳞片；能育叶线形，或线状倒披针形。叶脉网状，主脉不明显，分离的内藏小脉常用朝向主脉。孢子囊群线形，与主脉平行，连续，但叶片顶端常用不育。本属6种，分布喜马拉雅至日本；我国3种；紫金1种。

1. 伏石蕨（飞龙鳞、石瓜子、猫龙草、瓜子莲）

Lemmaphyllum microphyllum C. Presl

小型附生蕨类。根状茎细长横走。叶远生，二型；不育叶近无柄，近球圆形或卵圆形，长1.6～2.5 cm，全缘；能育叶柄长3～8 mm，狭缩成舌状或狭披针形，干后边缘反卷。

全草药用，有清热解毒、散瘀止痛、润肺止咳功效。

4. 骨牌蕨属Lepidogrammitis Ching

小型附生蕨类。根状茎细长横走，粗如铁丝。叶远生，肉质，二型或近二型；叶柄短或近无柄；不育叶披针形至圆形，下面疏被鳞片；能育叶狭披针形至短舌形，干后硬革质，浅绿色；叶脉网状，不显，常用有朝向主脉的内藏小脉，内藏小脉单一或分叉。孢子囊群圆形，分离，在主脉两侧各排成一行，幼时被盾状隔丝覆盖。本属现知8种，均产于我国；紫金1种。

1. 骨牌蕨

Lepidogrammitis rostrata (Bedd.) Ching

高达10 cm。根状茎横走，叶远生，近二型，具短柄；不育叶阔披针形，长6～10 cm，顶端鸟嘴状，基部楔形下延于叶柄，全缘；能育叶较长而狭；小脉联结。孢子囊群圆形，在主脉两侧各一行。

药用。清热利尿，除烦清肺气，解毒消肿。治淋痨，热咳，心烦，疮疡肿毒，跌打损伤。

5. 鳞果星蕨属Lepidomicrosorum Ching et Shing

根状茎长而横走，攀援树干上或岩石壁上，顶部不生叶而呈鞭状，密被鳞片。叶疏生，一型或二型，叶片披针形，戟形，基部楔形或心形。主脉两面均隆起，下面常有一二小鳞片，侧脉可见。孢子囊群圆形，通常较小，往往密而星散分布，稍微在主脉两侧成1～2行不规则排列，幼时被盾状隔丝覆盖，后随孢子发育而早落。发育正常的孢子两面形，圆肾形周壁具网状纹饰。本属现知8种，主要分布于我国西南和华中地区；紫金1种。

1. 鳞果星蕨

Lepidomicrosorum buergerianum (Miq.) Ching et Shing

植株高达20 cm。根状茎细长攀援，密被深棕色披针形鳞片。叶疏生，近二型。能育叶披针形或三角状披针形，基部圆截形，略下延形成狭翅，全缘；不育叶远较短，卵状三角形。

6. 瓦韦属Lepisorus (J. Sm.) Ching

附生蕨类。根状茎粗壮，横走。单叶，远生或近生，一型；叶柄常用较短，基部略被鳞片，向上光滑，多为禾秆色，少为深棕色；叶片多为披针形，少为狭披针形或近带状，边缘全缘或呈波状，干后常用反卷；主脉明显，小脉连接成网，网眼内有顶端呈棒状不分叉或分叉的内藏小脉；叶片两面均无毛，或下面有时疏被棕色小鳞片。孢子囊群大，圆形或椭圆形。本属约50种，分布亚洲东部；我国30种；紫金2种。

1. 粤瓦韦

Lepisorus obscure-venulosus (Hayata) Ching

叶柄黑褐色，鳞片卵状披针形，叶片中下部最宽。

2. 瓦韦（七星剑）

Lepisorus thunbergianus (Kaulf.) Ching

小型附生植物；高10～20 cm。根状茎长而横走，密披鳞片；叶疏生，有短柄或近无柄；叶片线状披针形，长10～20 cm。

全草药用，有清热解毒、利尿、止血功效。

7. 星蕨属Microsorum Link

附生植物，稀为土生。根状茎粗壮，横走。叶远生或近生；叶柄基部有关节；单叶，披针形，少为戟形或羽状深裂；叶脉网状，小脉连接成不整齐的网眼，内藏小脉分叉，顶端有一个水囊；叶草质至革质，无毛或很少被毛，不被鳞片。孢子囊群圆形，着生于网脉连接处，常用在中脉与叶边间不规则散生。本属约40种，分布热带亚洲；我国18种；紫金3种。

1. 江南星蕨（大叶骨牌草、七星剑、一包针）

Microsorum fortunei (T. Moore) Ching

中型附生植物；植株高30～80 cm。叶疏生，柄长8～20 cm，有关节与根状茎相连；叶片线状披针形，长25～60 cm。孢子囊群大，圆形，沿中脉两侧排成1行或不整齐的2行。

全草药用，清热解毒、利尿、祛风除湿、消肿止痛。常栽培作阴生观赏植物。

2. 羽裂星蕨

Microsorum insigne (Blume) Copel.

植株高40～100 cm。叶柄两侧有翅，下延近达基部；一回羽状，或分叉，有时为单叶；叶片长卵形，长20～50 cm，羽状深裂；裂片1～12对，对生，斜展，线状披针形；单一的叶片长椭圆形，全缘。

全株药用，清热祛湿、活血散瘀。可栽培于园林大树、石上供观赏。

3. 星蕨（野苦荬、尖凤尾、二郎剑）

Microsorum punctatum (L.) Copel.

植株高35～60 cm。根状茎粗短而横走，常光秃，被白粉，偶有鳞片。叶近簇生，纸质，近无柄或具短柄；叶片线状披针形，长35～50 cm，宽5～8 cm。孢子囊群小而密，不规则散生。

全草药用。清热利湿，解毒。治淋症，小便不利，跌打损伤，痢疾。

8. 盾蕨属 Neolepisorus Ching

土生蕨类。根状茎长而横走。叶疏生；叶柄长；叶片单一，多形，从披针形到长圆形，椭圆形，卵状披针形，少为戟形，边缘往往成各种畸状羽裂，干后常用为纸质，少为草质或革质，褐色或黄绿色，两面光滑；主脉下面隆起，侧脉明显，平行开展，几达叶边，小脉网状，网眼内有单一或分叉的内藏小脉。孢子囊群圆形，在主脉两侧排成1至多行，或不规则地散布于叶片下面。本属5种，分布亚洲及非洲热带；我国4种；紫金1种。

1. 盾蕨

Neolepisorus ovatus (Bedd.) Ching

植株高20～40 cm。叶远生；叶柄长10～20 cm，疏被鳞片；叶片卵状披针形或卵状长圆形，长10～20 cm，宽5～10 cm，顶端渐尖，基部圆形至圆楔形，多少下延于叶柄而形成狭短翅。

全草药用，有清热利湿、散瘀活血、止血作用。可作阴生观赏植物栽培。

9. 石韦属 Pyrrosia Mirbel

附生蕨类。根状茎长而横走。叶一型或二型，近生，远生或近簇生；叶片线形至披针形，或长卵形，全缘，或罕为戟形或掌状分裂；主脉明显，侧脉斜展，明显或隐没于叶肉中，小脉不显，联结成各式网眼，有内藏小脉，小脉顶端有膨大的水囊，在叶片上面常用形成洼点；叶通体特别是叶片下面常被厚的星状毛。孢子囊群近圆形，着生于内藏小脉顶端，成熟时多少汇合，在主脉两侧排成1至多行，无囊群盖。本属约70种，分布亚洲热带和亚热带；我国40种；紫金2种。

1. 贴生石韦

Pyrrosia adnascens (Sw.) Ching

植株高5～12 cm。根状茎细长，密生鳞片。叶稍远生，二型，肉质，被星芒状毛；能育叶小，条形或狭披针形，长8～15 cm，宽5～8 mm。孢子囊群圆形，多而密集，满布能育叶中部以上。

2. 石韦（小石韦、石皮、石剑、金茶匙）

Pyrrosia lingua (Thunb.) Farwell

植株高10～30 cm。叶远生，近二型；能育叶通常远比不育叶长而较狭窄；叶片长圆状披针形，上面灰绿色，下面淡棕色或砖红色，被星状毛。成熟后孢子囊开裂外露而呈砖红色。

全草药用，有清湿热、利尿通淋功效。可栽培作园林假山点缀植物。

P57. 槲蕨科Drynariaceae

附生植物，多年生。根状茎横生，粗肥。叶近生或疏生，基部不以关节着生于根状茎上；叶片常用大，坚革质或纸质，一回羽状或羽状深羽裂，二型或一型或基部膨大成阔耳形；在二型叶的属中，叶分两种，一种为大而正常的能育叶，有柄，一种为短而基生的不育叶，槲斗状，坚硬的干膜质；正常的能育叶羽片或裂片以关节着生于叶轴，老时或干时全部脱落，羽柄或中肋的腋间往往具腺体。叶脉为槲蕨。本科8属，约32种，分热带亚洲到澳大利亚；我国4属，12种；紫金2属，2种。

1. 槲蕨属Drynaria (Bory) J. Sm.

叶二型，不育叶为槲叶状，远较小，枯棕色，覆盖于根状茎上以积聚腐殖质；能育叶大且有叶绿素。本属约28种，分布亚洲至大洋洲；我国12种；紫金1种。

1. 槲蕨

Drynaria roosii Nakaike

附生植物，多年生。根状茎横生，粗肥。叶二型，叶近生或疏生，基部不以关节着生于根状茎上；叶片常用大，坚革质或纸质，一回羽状或羽状深羽裂，不育叶卵形，长达30 cm。

根状茎药用。清热利湿，凉血止血。

2. 崖姜蕨属Pseudodrynaria (C. Chr.) C. Chr.

附生植物，多年生。根状茎横生，粗肥。叶一型，仅基部扩大以积聚腐殖质。单种属；亚洲热带分布；紫金1种。

1. 崖姜（马骝姜、穿石剑）

Pseudodrynaria coronans (Wall. ex Mett.) Ching

植株高80～150 cm。根状茎弯曲盘结成垫状，肉质；叶片椭圆状披针形，向下渐变狭，至下部1/4处狭缩成宽1～2 cm的翅，至基部又渐扩展成圆心形；叶脉明显网状。

根茎药用，有祛风除湿，舒筋活血功效。常栽培于园林石景上供观赏。

P59. 禾叶蕨科Grammitidaceae

小型附生草本。根状茎短小而近直立，稀横走或攀援，被鳞片。叶簇生；叶一型，单叶或一至三回羽状，常被红色或灰白色针状毛，不被鳞片。叶脉分离，小脉单一或分叉。孢子囊群圆形至椭圆形，位于小脉的顶端或中部，稀成汇生囊群而与主脉平行；无囊群盖。

4～10属，约300种；我国6～7属，22～23种；紫金1属，1种。

1. 禾叶蕨属 Grammitis Sw.

小型附生草本，稀土生。根状茎近直立，或短而横走，被鳞片。叶簇生，很少远生，膜质至肉质或革质，常被红褐色长毛；单叶，披针形或线形，常全缘；主脉明显，小脉分离，通常二叉。叶孢子囊群圆形或略呈椭圆形，在主脉两侧各有1行，无囊群盖。

本属约150种；我国7种；紫金1种。

1. 短柄禾叶蕨（短柄禾叶蕨）

Grammitis dorsipila (Christ) C. Chr. et Tardieu

小型附生草本。根状茎短而近直立，密被鳞片。叶簇生，近无柄，条形或条状披针形。

P60. 剑蕨科Loxogrammaceae

土生或附生蕨类。根状茎长而横走或短而直立。单叶，一型，少有二型，关节不明显，或直接着生于根状茎上，簇生或散生，具短柄或无柄，叶片常用为线形、披针形或倒披针形，尖头或渐尖头，基部渐狭，全缘，无毛，多少呈肉质，干后为柔软革质，下面淡黄棕色，叶下表皮有骨针状细胞，干后纵向皱缩；主脉粗壮，侧脉不明显，小脉网状，网眼大而稀疏，长而斜展，略呈六角形，常用不具内藏小脉。本科仅1属，约40种，分布热带及亚热带；我国8种；紫金2种。

1. 剑蕨属Loxogramme (Blume) C. Presl

属的特征与科同。本属约33种；我国11种；紫金2种。

1. 中华剑蕨

Loxogramme chinensis Ching

根状茎长而横走，密生鳞片。叶远生或近生，有短柄；叶片线状披针形，叶肉质，干后厚纸质，黄绿色。

2. 柳叶剑蕨

Loxogramme salicifolia (Makino) Makino

附生蕨类。植株高15～30 cm，根状茎长而横走。孢子囊群10对以上。

全草药用。清热解毒，利尿。

P63. 满江红科Azollaceae

小型漂浮水生蕨类。根状茎细弱，有明显直立或呈之字形的主干，上有二列互生的叶，下有悬垂水中的须根。叶小，鳞片状，覆瓦状排列，呈二裂，上裂片浮水，绿色，肉质，上面有乳头状突起，行光合作用，下裂片沉水，行吸收及浮载作用。孢子果生于根状茎分枝基部的沉水裂片上，小孢子果球形，大孢子果卵形。本科1属，约6种，分布全世界；我国1种和1变种；紫金1属，1种。

1. 满江红属Azolla Lam.

属的特征与科同。紫金1种。

1. 满江红（红浮萍、紫藻、三角藻）

Azolla imbricata (Roxb.) Nakai

一年生小型漂浮蕨类。叶小如芝麻，覆瓦状排列成两行，鳞片状，叶片深裂为背裂片和腹裂片两部分，背裂片长圆形或卵形，肉质，绿色，秋后常变为紫红色。

本植物体和蓝藻共生，是优良的绿肥，又是很好的饲料。全草药用，能发汗、利尿、祛风湿。

裸子植物门
GYMNOSPERMAE

G3. 红豆杉科Taxaceae

常绿乔木或灌木。叶条形或披针形，螺旋状排列或交互对生，下面沿中脉两侧各有1条气孔带。球花单性，雌雄异株，稀同株；雄球花单生叶腋或苞腋，或组成穗状花序集生于枝顶；雌球花单生或成对生于叶腋或苞片腋部，有梗或无梗。种子核果状，全部为肉质假种皮所包(无梗)，或其顶端尖头露出(具长梗)；或种子坚果状，包于杯状肉质假种皮中，有短梗或近于无梗。本科5属，21种；我国4属，11种；紫金1属，1种。

1. 穗花杉属Amentotaxus Pilger

叶交叉对生，叶内有树脂道，叶较宽大，背面有2条明显的白色气孔带；雄球花多数，组成穗状花序，2～6个聚生于枝顶。本属3种，分布我国南部、中部和西部；紫金1种。

1. 穗花杉

Amentotaxus argotaenia (Hance) Pilger

小乔木。叶交互对生，叶内有树脂道，叶较宽大，背面有2条明显的白色气孔带。

药用收枝、叶。味苦，性温。收敛。治湿疹，煎水洗患处。

G4. 罗汉松科Podocarpaceae

常绿乔木或灌木。叶多型，或退化成叶状枝，螺旋状散生、近对生或交叉对生。球花单性，雌雄异株，稀同株；雄球花穗状，单生或簇生叶腋，或生枝顶，雄蕊多数，螺旋状排列，各具2个外向一边排列有背腹面区别的花药，药室斜向或横向开裂，花粉有气囊，稀无气囊；雌球花单生叶腋或苞腋，或生枝顶，稀穗状。种子核果状或坚果状，全部或部分为肉质或较薄而干的假种皮所包。本科17属，约168种，分布热带及亚热带；我国4属，8种，2变种；紫金2属，3种。

1. 竹柏属Nageia Gaertn.

叶两面压扁，披针形，对生或近对生，无明显的中脉；雌球花生于小枝顶端，套被与珠被合生；种子核果状，苞片不发育成肉质的种托。本属12种，分布日本、我国南部、东南亚至巴布亚新几内亚；我国4种；紫金1种。

1. 竹柏

Nageia nagi (Thunb.) Kuntze

常绿乔木；高达15 m。叶较小，长4～9 cm，宽1.2～1.5 cm，有番石榴味。

木材为优质建筑、雕刻、家具用材。种子含油30%，可供工业及食用。叶入药有止血、接骨作用；树皮可祛风除湿。树形优美，是绿化、盆栽的良好树种。

2. 罗汉松属Podocarpus L'Hér. ex Pers.

叶两面压扁，线形，螺旋状排列，有明显的中脉；雌球花生于小枝顶端，套被与珠被合生；种子核果状，全部为肉质的假种皮所包，生于肉质的种托上。本属约100种，分布东亚、南半球热带、亚热带地区；我国8种，3变种；紫金2种。

1. 小叶罗汉松

Podocarpus brevifolius (Stapf) Foxw.

叶集生枝顶，顶端钝、有凸起的小尖头，叶长1.5～4 cm，种子长7～8 mm。

木材可制作家具、器具、车辆、农具等。

2. 百日青（大叶罗汉松）

Podocarpus neriifolius D. Don

常绿乔木。叶散生枝上，叶长7～15 cm，种子长8～16 mm。

木材为优质文化用品、雕刻、家具用材。种子含油，可供制皂。

G6. 三尖杉科Cephalotaxaceae

常绿乔木或灌木，髓心中部具树脂道。叶在侧枝上基部扭转排列成两列，叶面中脉隆起，背面有两条宽气孔带，在横切面上维管束的下方有一树脂道。球花单性，雌雄异株，稀同株；雄球花6～11聚生成头状花序，单生叶腋，基部有多数螺旋状着生的苞片，每一雄球花的基部有一枚卵形或三角状卵形的苞片，雄蕊4～16枚，各具2～4个背腹面排列的花药；雌球花具长梗，生于小枝基部苞片的腋部。种子第二年成熟，核果状，全部包于由珠托发育成的肉质假种皮中，常数个生于轴上。本科1属，9种，分布亚洲东部；我国8种；紫金1种。

1. 三尖杉属Cephalotaxus Sieb. et Zucc. ex Endl.

属的特征与科同。紫金1种。

1. 三尖杉（榧子、血榧、石榧、水柏子、藏杉、山榧树）

Cephalotaxus fortunei Hook. f.

常绿乔木；高达10 m。树皮褐色或红褐色，裂成片状脱落；枝条对生，稍下垂。叶排成两列，披针状条形，通常微弯，长4～13 cm。

为我国特有树种，国家二级保护植物。木材供建筑、桥梁、农具、家具及器具等用材。叶、枝、种子、根入药，止咳润肺、消积、抗癌；并可提取多种植物碱，对治疗淋巴肉瘤、白血病等有一定的疗效。种仁可榨油，供工业用。

G7. 松科Lycopodiaceae

茎长而水平匍匐，以一定的间隔生出直立或斜升的短侧枝；常为不等位的二歧分枝，稀不分枝；孢子囊集生于枝顶成明显的囊穗；能育叶与不育叶不同形，不为绿色。本科7属，约60种，广布全世界；我国5属，约40种；紫金1属，1种。

1. 松属Pinus L.

叶针状，2、3或5针一束，生于短枝顶端；球果翌年成熟。本属约80种，分布北半球；我国22种，10变种，引种16种；紫金1种。

1. 马尾松

Pinus massoniana Lamb.

乔木；高达45 m。树皮红褐色，裂成不规则的鳞状块片。针叶2针1束，长12～20 cm，细柔，微扭曲，两面有气孔线，边缘有细锯齿。球果卵圆形或圆锥状卵圆形，长4～7 cm，熟时栗褐色；种子长卵圆形，长4～6 mm。花期4～5月；球果翌年10～12月成熟。

木材供建筑、枕木、矿柱、家具及木纤维工业原料等用。为重要的荒山造林先锋树种。树干可割取松脂，为医药、化工原料。树皮可提取栲胶。松香、叶、根、茎节、嫩叶等入药，能祛风湿，活血，止痛；树皮提取物含抗氧化剂，能抑制人体癌细胞，增强免疫力，抗疲劳和延缓衰老等功效；花粉含有多种活性营养和保健成分，长期食用可达到生理平衡，提高免疫力。

G8. 杉科Taxodiaceae

常绿或落叶乔木，树干端直，大枝轮生或近轮生。叶螺旋状排列，散生，很少交叉对生，披针形、钻形、鳞状或条形，同一树上之叶同型或二型。球花单性，雌雄同株，球花的雄蕊和珠鳞均螺旋状着生，很少交叉对生；雄球花小，单生或簇生枝顶，或排成圆锥花序状，或生叶腋，雄蕊有2～9个花药，花粉无气囊；雌球花顶生或生于去年生枝近枝顶，珠鳞与苞鳞半合生或完全合生，或珠鳞甚小，或苞鳞退化，珠鳞的腹面基部有2～9枚直立或倒生胚珠。球果当年成熟，熟时张开。本科10属，16种，分布北温带；我国5属，7种；紫金1属，1种。

1. 杉木属Cunninghamia R. Br.

常绿乔木；叶单型，冬季不与侧生小枝同时脱落，叶披针形，二列，叶和种鳞螺旋状排列；雄球花多数，簇生于枝顶端，每种鳞有种子3颗。本属2种，分布长江以南至秦岭，到越南；本属有2种及2栽培变种，产于我国秦岭以南、长江以南温暖地区及台湾山区，系重要的用材树种。紫金1种。

1. 杉木

Cunninghamia lanceolata (Lamb.) Hook.

乔木。叶二列状，披针形或线状披针形，扁平。

可散瘀消肿，祛风解毒，止血生肌，治疝气痛，跌打，霍乱，痧症。

G11. 买麻藤科Gnetaceae

常绿木质大藤本，稀为直立灌木或乔木，茎节由上下两部接合而成，呈膨大关节状。单叶对生，有叶柄；叶片平展具羽状叶脉，小脉极细密呈纤维状，极似双子叶植物。花单性，雌雄异株，稀同株；球花伸长成细长穗状，具多轮合生环状总苞；雄球花穗单生或数穗组成顶生及腋生聚伞花序，着生在小枝上；雌球花穗单生或数穗组成聚伞圆锥花序，常用侧生于老枝上。种子核果状。本科1属，约30种，分布亚洲、非洲和南美洲热带和亚热带；我国6种；紫金2种。

1. 买麻藤属Gnetum L.

属的特征与科同。我国7种；紫金2种。

1. 罗浮买麻藤（买麻藤、大麻骨风、接骨藤）

Gnetum lofuense C. Y. Cheng

常绿木质藤本。茎枝略呈紫棕色，皮孔不明显。叶薄革质，长圆形或长圆状卵形，长10～18 cm，宽5～8 cm，顶端短渐尖，侧脉明显。雌球花序的每总苞内具雌花10～13朵。成熟种子长圆状椭圆形，长约2.5 cm，径约1.5 cm，无柄。花期5～7月，种子8～10月成熟。

药用茎、叶。祛风除湿，行气健胃，活血接骨。治腰腿痛，骨折，消化不良，胃痛，风湿关节痛。

2. 小叶买麻藤（大节藤、驳骨藤）

Gnetum parvifolium (Warb.) C. Y. Cheng ex Chun

木质藤本。叶椭圆形至倒卵形，革质，长4～10 cm，顶端急尖或渐尖而钝，基部宽楔形或微圆。雄球花序不分枝或一次分枝，花穗具5～10轮环状总苞；雌球花序多生于老枝上，一次三出分枝。成熟种子假种皮红色，长椭圆形或倒卵圆形，径约1 cm。花期4～6月；果期9～11月。

种子含油，可榨取润滑油或食用油。皮部纤维作编制绳索的原料。种子含淀粉和蛋白质，可食用。藤、根、叶入药，有祛风活血，消肿止痛，化痰止咳功效。

被子植物门

ANGIOSPERMAE

1. 木兰科Magnoliaceae

乔木或灌木，常含有芳香油。单叶，互生，有托叶，托叶脱落后小枝上有环状托叶痕。本科15属，约240种，分布亚洲东部和南部，北美洲东南部、中美洲大部；我国11属，约100余种；紫金3属，4种。

1. 木莲属Manglietia Bl.

嫩叶在芽中对折；花顶生，花两性，心皮有4～14颗胚珠，心皮腹面与花轴合生，雌蕊群无柄。本属40种，分布热带和亚热带；我国约28种；紫金1种。

1. 木莲（山厚朴、木莲果）

Manglietia fordiana Oliv.

乔木；高达20 m。叶革质，倒卵形、狭椭圆状倒卵形，长8～17 cm。顶端短急尖。花被片9，白色，外轮3片质较薄，长圆状椭圆形，长6～7 cm，内2轮的稍小，常肉质。聚合果褐色，卵球形，长2～5 cm，蓇葖顶端具短喙；种子红色。花期5月；果10月成熟。

木材供板料、细木工用材。果及树皮入药，祛痰止咳、消食开胃。

2. 含笑属Michelia L.

嫩叶在芽中对折；花腋生，花两性，心皮有4～14颗胚珠，心皮仅基部与花轴合生，心皮分离，雌蕊群有显著的柄，果时形成狭长穗状聚合果。本属约50种，分布亚洲热带和亚热带及温带；我国35种；紫金2种，含栽培。

1. 深山含笑（光叶白兰）

Michelia maudiae Dunn

常绿乔木。芽、嫩枝、叶下面、苞片均被白粉。叶革质，长圆状椭圆形，长7～18 cm，基部阔楔形或近圆钝。叶柄无托叶痕。叶背无毛，被白粉。

木材供家具、板料、细木工用材。花可提取芳香油，亦供药用，消炎、凉血。花多，纯白，可作庭园观赏树种。

2. 野含笑

Michelia skinneriana Dunn

乔木或小乔木；高可达15 m。芽、嫩枝、叶柄、叶背中脉及花梗均密被褐色柔毛。叶革质，狭倒卵状椭圆形、倒披针形或狭椭圆形，长5～11 cm，顶端长尾状渐尖；叶柄托叶痕长不达10 mm，乔木，花白色，叶比含笑和紫花含笑长。

树形优美，花香，可作庭园观赏植物栽培。

3. 观光木属Tsoongiodendron Chun

嫩叶在芽中对折；花腋生，花两性，心皮有4～14颗胚珠，心皮仅基部与花轴合生，心皮部分相互连合，雌蕊群有显著的柄，果时形成近肉质、椭圆形或倒卵形的聚合果。本属仅1种，分布我国华南地区；紫金1种。

1. 观光木

Tsoongiodendron odorum Chun

常绿乔木；高达25 m。叶柄有托叶痕，枝、叶背、叶柄、花梗被糙伏毛。

国家二级保护植物。木材作家具、胶合板材。

2A. 八角科Illiciaceae

乔木或灌木，芽具多枚覆瓦状排列的芽鳞；无托叶。叶革质或纸质；花两性。雄蕊和雌蕊轮状排列于平顶隆起的花托上；花小成熟心皮为蓇葖，木质。本科仅1属，约50种，分布亚洲东南部、北美、中美和西印度群岛；我国约30种；紫金1种。

1. 八角属Illicium L.

常绿乔木或灌木。全株无毛，具油细胞及黏液细胞，有芳香气味，常有顶芽，芽鳞覆瓦状排列，通常早落。叶为单叶，互生，常在小枝近顶端簇生，有时假轮生或近对生，革质或纸质，全缘，边缘稍外卷，具羽状脉，中脉在叶上面常凹下，在下面凸起或平坦，有叶柄，无托叶。花芽卵状或球状；花两性，红色或黄色，少数白色；常单生，有时2～5朵簇生。我国28种，2变种；紫金1种。

1. 红花八角

Illicium dunnianum Tutch.

灌木；高1～3 m。叶薄革质，线状披针形或狭倒披针形，长5～11 cm，顶端尾状渐尖，基部狭，下延于叶柄。花红色，腋生；花被片12～20片，椭圆形至圆形。蓇葖8～13枚，长9～15 mm，有明显的钻形尖头。花期4～7月；果7～10月成熟。

根有毒，具散瘀消肿、祛风止痛功效。

3. 五味子科Schisandraceae

木质藤本。叶纸质或近膜质，罕为革质；花单性，雌雄异株或同株。成熟心皮为肉质小浆果。本科2属，47种，分布亚洲东南部和北美东南部；我国2属，15种；紫金2属，4种。

1. 南五味子属Kadsura Kaempf. ex Juss.

木质藤本。果期花托不伸长，成熟心皮排成球状或椭圆体状的聚合果。本属约24种，分布亚东部和东南部；我国8种；紫金3种。

1. 黑老虎（冷饭团、臭饭团、钻地风）

Kadsura coccinea (Lem.) A. C. Smith

木质藤本。叶厚革质，边全缘，果大，直径6～10 cm。

根和藤茎药用。味辛、微苦，性温。行气止痛，祛风活络，活血消肿。治胃十二指肠溃疡，慢性胃炎，急性胃肠炎，风湿关节炎，跌打肿痛，产后积瘀腹痛。

2. 异形南五味子（海风藤、大叶风沙藤、大叶过山龙）

Kadsura heteroclita (Roxb.) Craib

木质藤本。叶与黑老虎相似也较大，但纸质，边有疏齿，侧脉7～11条，果较小，直径2.5～5 cm。

根藤能祛风除湿，行气止痛，活血消肿。果能补肾宁心，止咳祛痰。

3. 南五味子（紫荆皮、紫金藤、小号风沙藤）

Kadsura longipedunculata Finet et Gagnep.

木质藤本。叶纸质，边有疏齿，侧脉5～7条，果较小，直径1.5～3.5 cm。

可治月经不调，痛经，经闭腹痛，风湿性关节炎，跌打损伤，咽喉肿痛。

2. 五味子属Schisandra Michx.

木质藤本。果期花托伸长，成熟心皮排成穗状的聚合果。本属约25种，分布亚洲东南部、东部及美国东南部；我国19种；紫金1种。

1. 绿叶五味子（过山风）

Schisandra viridis A. C. Smith

落叶木质藤本。叶纸质，卵状椭圆形，长4～16 cm，基部楔形或钝，叶缘有锯齿或波状疏齿。雄花花被片黄色或黄绿色，6～7片，阔椭圆形、倒卵形或近圆形。聚合果有小浆果15～20个。花期4～6月；果6～10月成熟。

果实药用，有敛肺止汗、涩精止泻、补肾生津功效。

8. 番荔枝科Annonaceae

乔木，灌木或攀援灌木。叶单叶互生，全缘。花常用两性，少数单性，辐射对称；下位花；萼片3；雄蕊多数，长圆形、卵圆形或楔形，螺旋状着生，药隔凸出成长圆形、三角形、线状披针形、偏斜或阔三角形，顶端截形、尖或圆形，花药2室，纵裂；心皮1至多个，离生，少数合生，每心皮有胚珠1至多颗，1～2排，基生或侧膜胎座上着生；花托常用凸起呈圆柱状或圆锥状，少数为平坦的或凹陷。成熟心皮离生，为一肉质聚合果。本科约120属，2100种，分布热带和亚热带；我国24属，120种；紫金4属，9种。

1. 鹰爪花属Artabotrys R. Br. ex Ker

攀援灌木，总花梗弯曲呈钩状。本属约100种，分布热带和亚热带地区；我国10种；紫金含栽培有2种。

1. 鹰爪花

Artabotrys hexapetalus (L. f.) Bhandari

攀援灌木，高达4 m，无毛或近无毛。叶纸质，长圆形或阔披针形，顶端渐尖或急尖，基部楔形，叶面无毛。花1～2朵，着生于具钩花梗上，与叶近对生，花瓣淡绿色或淡黄色，较大，长3～4.5 cm，芳香。

绿化植物，根可药用，治疟疾。

2. 香港鹰爪花

Artabotrys hongkongensis Hance

攀援灌木，小枝被黄色粗毛，叶无毛或仅背面脉上被柔毛，叶柄柔毛，叶面有光泽。

园林绿化树种。

2. 假鹰爪属Desmos Lour.

攀援灌木或直立灌木，花瓣全部为镊合状排列，外轮花瓣与内轮近等大或较大，无明显区别，花瓣6片，2轮，果细长，呈念珠状。本属约30种，分布亚洲热带和亚热带和大洋洲；我国4种；紫金1种。

1. 假鹰爪（酒饼叶、鸡爪风）

Desmos chinensis Lour.

直立或攀援灌木，除花外，全株无毛。叶纸质，长圆形或椭圆形，中等大小，顶端钝或急尖，基部圆形或稍偏斜，上面有光泽，下面粉绿色。花黄白色。

根、叶入药，主治风湿骨痛、产后腹痛、跌打、皮癣等。海南民间有用其叶制酒饼，故有“酒饼叶”之称。

3. 瓜馥木属Fissistigma Griff.

攀援灌木，总花梗伸直，花瓣6片，二轮。本属约75种，分布热带亚洲、大洋洲、非洲；我国22种，1变种；紫金4种。

1. 白叶瓜馥木（乌骨藤、确络风）

Fissistigma glaucescens (Hance) Merr.

攀援灌木，长达3 m；枝条无毛。叶近革质，长圆形或长圆状椭圆形，中等大小，顶端通常圆形，两面无毛，叶背白绿色。

根入药，具活血除湿的功效。

2. 瓜馥木（钻山风、飞扬藤、古风子）

Fissistigma oldhamii (Hemsl.) Merr.

攀援灌木，小枝被黄褐色柔毛，叶倒卵状椭圆形或长圆形，长6～13 cm，宽2～5 cm，叶面侧脉不凹陷，顶端圆钝。花期4～9月；果7月至翌年2月成熟。

根药用，活血散瘀、消炎止痛。

3. 黑风藤（通气香、黑皮跌打、拉公藤、多花瓜馥木）

Fissistigma polyanthum (Hook. f. et Thoms) Merr.

藤状灌木。枝有毛，叶面侧脉不凹陷，花序常有3～7朵花。花期几乎全年；果3～10月成熟。

根药用，祛风除湿、强筋活血、消肿止痛。

4. 香港瓜馥木

Fissistigma uonicum (Dunn.) Merr.

攀援灌木。小枝无毛，叶绿色，花序有花1～2朵。花期3～6月；果期6～12月。

叶可制酒饼。果味甜，可食。

4. 紫玉盘属Uvaria L.

叶被星状毛或鳞片；花瓣6片，排成2轮，每轮3片，内外轮或仅内轮为覆瓦状排列。本属约150种，分布热带和亚热带；我国10种，1变种；紫金2种。

1.光叶紫玉盘

Uvaria boniana Finet et Gagnep.

攀援灌木，除花外全株无毛。花期5～10月；果期6月至翌年4月。

2. 紫玉盘（酒饼子、十八风藤、牛刀树、牛头罗）

Uvaria macrophylla Roxb.

灌木；高约2 m。枝条蔓延；幼枝、幼叶、花果均被黄色星状柔毛。花小，直径2.5～3.5 cm，果无刺。花期3～8月；果期7月至翌年3月。

根药用，镇痛止呕、壮筋骨。兽医叶治牛膨胀。

11. 樟科Lauraceae

乔木或灌木。单叶，互生或近对生，离基三出脉或羽状脉。花两性，稀有杂性，排成圆锥花序或聚伞花序，花被6片，能育雄蕊9枚，排成3轮。浆果核果状，外种皮肉质，果梗顶端多少膨大呈棒状或倒圆锥状，后增大成盘状的果托。本科约52属，2850种，分布热带、亚热带地区，亚洲最多；我国17属，约455种；紫金8属，38种。

1. 琼楠属Beilschmiedia Nees

叶对生、近对生或互生，花两性，排成圆锥花序的聚伞花序，花三基数，能育雄蕊9枚，花药2室，花瓣近等大，果不被增大的花被管包被，果梗顶端膨大呈棒状果托或还膨大。本属约250种，分布热带地区；我国35种；紫金1种。

1. 网脉琼楠

Beilschmiedia tsangii Merr.

乔木，高可达25 m，胸径达60 cm；树皮灰褐色或灰黑色。顶芽常小，与幼枝密被毛。叶互生或近对生，革质，椭圆形至长椭圆形，两面具光泽，中脉上凹，侧脉明显；叶柄密被毛。花期夏季；果期7～12月。

2. 无根藤属Cassytha L.

寄生藤本。借盘状吸根攀附于寄主植物上。茎线形，分枝，绿色或绿褐色。叶退化为很小的鳞片。花小，两性，极稀由于不育而呈雌雄异株或近雌雄异株，生于无柄或具柄的鳞片状苞片之间，每花下有紧贴于花被下方的2枚小苞片，排列成穗状、头状或总状花序。本属约20种，分布热带地区；我国1种；紫金1种。

1. 无根藤

Cassytha filiformis L.

寄生藤本。

全株药用。味甘、微苦，性凉，有小毒。清热利湿，凉血，止血。治感冒发热，疟疾，急性黄疸型肝炎，咯血，衄血，尿血，泌尿系结石，肾炎水肿。外用治皮肤湿疹，多发性疖肿。外用适量鲜品捣烂外敷或煎水洗。孕妇忌服。

3. 樟属Cinnamomum Trew

叶互生或近对生，花两性，稀杂性，排成圆锥花序或总状花序的聚伞花序，花药4室，果梗顶端多少膨大呈棒状或倒圆锥状，后增大成盘状的果托。本属约250种，分布亚洲热带、亚热带及大洋洲；我国46种；紫金5种。

1. 樟（香樟、樟木、乌樟、油樟、香通、芳樟）

Cinnamomum camphora (L.) Presl

常绿大乔木；高可达30 m。叶离基三出脉。花期4～5月；果期8～11月。

国家二级保护植物。木材为造船、橱箱、建筑、家具、雕刻等用材。木材及根、枝、叶可提取樟脑和樟油，供医药及香料工业用。根、果、枝和叶入药，有祛风散寒、消肿止痛、辟秽开窍功能。

2. 软皮桂

Cinnamomum liangii Allen

乔木。枝具棱，离基三出脉，叶对生，叶无毛，椭圆状披针形，长5.5～11 cm，宽1.6～4 cm，果托边缘有不规则齿。

优良的园林绿化及用材树种。

3. 沉水樟

Cinnamomum micranthum (Hay.) Hay

羽状脉，叶椭圆形、长圆形，长7～10 cm，宽4～6 cm，脉腋窝明显，果椭圆形，长1.5～2.5 cm，叶几无臭味。

4. 黄樟（伏牛樟、海南香、香湖、猴樟、大叶樟）

Cinnamomum parthenoxylon (Jack) Meisn.

常绿乔木；高10～20 m。树皮深纵裂，具有樟脑气味。叶椭圆状卵形，长6～12 cm，基部楔形或阔楔形，羽状脉，侧脉每边4～5条。花期3～5月；果期4～10月。

根、叶入药，祛风利湿、行气止痛。

5. 粗脉桂

Cinnamomum validinerve Hance

小乔木。叶互生，硬革质，椭圆形，长4～10 cm，顶端骤然渐狭成短而钝的尖头，基部楔形，上面光亮，下面微红，离基三出脉，叶脉在背面凸起。聚伞花序疏花，分枝末端有花 3 朵。花期7月。

4. 厚壳桂属Cryptocarya R. Br.

叶互生或近对生，花两性，排成圆锥花序的聚伞花序，花三基数，能育雄蕊9枚，花药2室，内轮花瓣片较大，果被增大的花被管包被，表面常有纵棱，果梗顶端不膨大呈棒状果托。本属约350种，分布热带、亚热带地区；我国19种；紫金2种。

1. 厚壳桂

Cryptocarya chinensis (Hance) Hemsl.

乔木；高达20 m。三出脉，叶较小，长7～11 cm，宽3.5～5.5 cm，果扁球形，直9～12 mm。花期4～5月；果期8～12月。

木材可作家具、车辆及建筑用材。药用有降血压功效。

2. 黄果厚壳桂

Cryptocarya concinna Hance

常绿乔木，高达18 m；羽状脉，果椭圆形，丛棱不明显，叶椭圆形，长5～10 cm，宽2～3 cm，叶柄被毛。花期3～5月；果期6～12月。

5. 山胡椒属Lindera Thunb.

叶互生，花单性，雌雄异株，排成伞形花序状的聚伞花序，能育雄蕊9枚，稀有12枚，花药2室，果梗顶端膨大呈棒状果托。本属约100种，分布亚洲温带至热带地区；我国40种；紫金4种。

1. 小叶乌药

Lindera aggregata var. **playfairii** (Hemsl.) H. P. Tsui

常绿灌木或小乔木，高可达5 m。幼枝、叶及花等被毛较稀疏，且多为灰白色毛或近无毛；叶小，狭卵形至披针形，通常具尾尖，长4～6 cm，宽1.3～2 cm，花也较小。

根药用，消肿止痛，可治跌打。

2. 香叶树（香叶樟、大香叶、香果树）

Lindera communis Hemsl.

常绿灌木或小乔木；高3～8 m。叶革质，披针形、卵形或椭圆形，长4～9 cm，基部宽楔形或近圆形，羽状脉，侧脉与中脉上面凹陷，下面突起。

种仁含油，供制皂、润滑油、油墨及医用栓剂原料；也可供食用，作可可豆脂代用品；油粕可作肥料。果皮可提芳香油。树皮、叶入药，能解毒消肿、散瘀止痛。

3. 黑壳楠（八角香）

Lindera megaphylla Hemsl.

常绿乔木；高达15 m。枝条粗壮，紫黑色，散布有近圆形纵裂皮孔。叶倒披针形至倒卵状长圆形，长10～23 cm；叶上面深绿色，下面淡绿苍白色。果椭圆形至卵形，成熟时紫黑色。

树皮、枝、根药用，祛风除湿、消肿止痛。

4. 绒毛山胡椒（绒钓樟、华南钓樟）

Lindera nacusua (D. Don) Merr.

常绿灌木或乔木；树皮有纵裂纹。叶革质，椭圆形、长圆形或卵形，羽状脉，上面中脉略被黄褐色柔毛；背面密被黄褐色长柔毛。果近球形，成熟时红色。花期5～6月；果期7～10月。

6. 木姜子属Litsea Lam.

叶互生或对生，稀轮生，花单性，雌雄异株，排成伞形花序状的聚伞花序，能育雄蕊9枚，稀有12枚，花药4室，果梗顶端膨大呈棒状果托。本属约400种，分布亚洲热带和亚热带，少数达大洋洲及美洲；我国72种；紫金9种。

1. 尖脉木姜子

Litsea acutivena Hay.

常绿乔木，枝被毛，互生，花被管果时增大，叶披针形，长4～11 cm，宽2～4 cm，果椭圆形，长1～1.2 cm。花期7～8月；果期12月至翌年2月。

可作材用。

2. 山鸡椒（木姜子、山苍子）

Litsea cubeba (Lour.) Pers.

落叶灌木或小乔木；小枝、叶两面无毛。花期2～3月；果期7～8月。

全株入药，祛风散寒、消肿止痛；果实入药，称“荜澄茄”，可治疗血吸虫病。

3. 黄丹木姜子

Litsea elongata (Wall. ex Nees) Benth. et Hook. f.

常绿小乔木，枝被毛，互生，花被管果时增大，叶长圆形，长6～22 cm，宽2～6 cm，果长圆形，长7～8 mm。花期5～11月；果期2～6月。

木材可供建筑及家具等用；种子可榨油，供工业用。

4. 潺槁木姜子（潺槁树、香胶木）

Litsea glutinosa (Lour.) C. B. Rob.

常绿，花被裂片无或不明显，能育雄蕊15枚，叶革质，倒卵形、倒卵状长圆形，长6.5～15 cm，宽5～11 cm。花期5～6月；果期9～10月。

根、皮、叶药用。清湿热，消肿毒，止血，止痛。

5. 华南木姜子

Litsea greenmaniana Allen

绿乔木，枝被毛，互生，花被管果时增大，叶椭圆形，长4～13.5 cm，宽2～3.5 cm，果宽8 mm。

6. 假柿木姜子

Litsea monopetala (Roxb.) Pers.

常绿，互生，叶阔卵形或卵状长圆形，长8～20 cm，宽4～12 cm，花梗被毛，花被裂片6，能育雄蕊9枚。

7. 圆叶豺皮樟

Litsea rotundifolia Hemsl.

常绿，叶圆形，互生，花无梗，排成腋生头状花序状聚伞花序，无总花梗，花被裂片6，明显。

8. 豺皮樟（圆叶木姜子）

Litsea rotundifolia var. **oblongifolia** (Nees) Allen

常绿灌木；高约3 m。常绿，叶卵状长圆形，互生，花无梗，排成腋生头状花序状聚伞花序，无总花梗，花被裂片6，明显。花期8～9月；果期9～11月。

叶、果可提取芳香油。根、叶入药，活血化瘀、行气止痛。

9. 桂北木姜子

Litsea subcoriacea Yang et P. H. Huang

常绿乔木，叶互生，花被管果时增大，枝无毛，叶披针形，长5.5～20 cm，宽1.5～5.5 cm，果直径8 mm。花期8～9月；果期1～2月。

7. 润楠属 Machilus Nees

叶互生，花两性，排成圆锥花序或总状花序的聚伞花序，花药4室，果不被果托所承托，果时花被片宿存，向外弯曲。本属约100种，分布亚洲东南部东部的热带和亚热带；我国68种；紫金10种。

1. 浙江润楠

Machilus chekiangensis S. Lee

常绿乔木。果较小，直径约6 mm，枝无毛，叶长6.5～13 cm，宽2～3.6 cm。果期6月。

木材供建筑、家具用材。

2. 华润楠

Machilus chinensis (Champ. ex Benth.) Hemsl.

常绿乔木；树皮具皮孔。叶倒卵状长椭圆形至长椭圆状倒披针形，革质，中脉上凹下凸；果直径8～10 mm，全株无毛，叶长5～10 cm，宽2～4 cm，侧脉约8条。

用材树种。

3. 黄绒润楠（跌打王、香胶树）

Machilus grijsii Hance

常绿小乔木。芽、小枝、叶柄、叶下面有黄褐色短绒毛。叶卵状长圆形，基部多少圆形，革质，上面无毛。果球形，直径约10 mm，果梗增粗且红色。花期3月；果期4月。

全株药用。散瘀消肿，止血消炎。治跌打瘀肿，骨折，脱臼，外伤出血，口腔炎，喉炎，扁桃腺炎。

4. 广东润楠

Machilus kwangtungensis Yang

常绿乔木；高达10 m。幼枝密被锈色柔毛。叶革质，长椭圆形或倒披针形，长6～15 cm，宽2～4.5 cm，顶端渐尖，基部渐狭，上面深绿色，背面淡绿色。

木材供建筑、家具用材。

5. 薄叶润楠（华东润楠）

Machilus leptophylla Hand.-Mazz.

乔木，高达28 m。叶互生或在当年生枝上轮生，圆锥花序6～10个，聚生嫩枝的基部。果球形，直径约1 cm；果梗长5～10 mm。

6. 建润楠

Machilus oreophila Hance

果直径约10 mm，幼枝被毛，叶长7～18 cm，宽1.5～3 cm，背脉密被毛。

7. 梨润楠

Machilus pomifera (Kosterm.) S. Lee

乔木。叶革质，长5～12 cm，宽2～5 cm，顶端圆钝。果较大，直径约3 cm。

8. 柳叶润楠

Machilus salicina Hance

乔木。枝无毛，叶披针形，长4～16 m，宽1～2.5 cm，背面有时被柔毛。果直径7～10 mm。

9. 红楠

Machilus thunbergii Sieb. et Zucc.

常绿乔木；高达15 m。叶革质，倒卵形至倒卵状披针形，长4～13 cm，顶端短突或短渐尖，基部楔形。果球形，直径8～10 mm，熟时黑紫色；宿存的花被裂片反卷。花期3～4月；果期7月。

树皮、根皮入药，舒筋活络、消肿止痛。

10. 绒毛润楠

Machilus velutina Champ. ex Benth.

常绿乔木；高可达18 m。枝、芽、叶下面和花序均密被锈色绒毛。叶革质，狭倒卵形、椭圆形或狭卵形，长5～11 cm，顶端渐狭或短渐尖。

枝叶和花含芳香油，入药，有化痰止咳、消肿止痛等功效。

8. 新木姜子属Neolitsea Merr.

常绿小乔木或灌木。叶聚生枝顶呈假轮生状。本属约85种，分布印度、马来西亚至日本；我国45种；紫金6种。

1. 新木姜子

Neolitsea aurata (Hay.) Koidz.

乔木；高达14 m。幼枝黄褐或红褐色，有锈色短柔毛。叶革质，互生或聚生枝顶，椭圆形、长圆状披针形或长圆状倒卵形，长8～14 cm，下面密被金黄色绢毛。

木材作家具材。根、果药用，可治气痛、水肿、胃脘胀痛。

2. 锈叶新木姜子

Neolitsea cambodiana Lec.

乔木；高8～12 m。小枝、芽、幼叶叶柄、花梗、花被片均被锈色毛。叶革质，3～5片近轮生，长圆状披针形、长圆状椭圆形或披针形，长10～17 cm，羽状脉或近离基三出脉。果球形。

叶药用，外敷治疥疮。

3. 香港新木姜子

Neolitsea cambodiana var. **glabra** Allen

常绿乔木，高8～12 m。小枝轮生或近轮生，幼时有贴伏黄褐色短柔毛。叶3～5片近轮生，长圆状披针形，倒卵形或椭圆形，革质，两面无毛，下面被白粉。

可作用材树种。

4. 鸭公树（假樟、青胶木）

Neolitsea chuii Merr.

常绿乔木；高达18 m。树皮灰青色或灰褐色。叶革质，互生或聚生枝顶，椭圆形至卵状椭圆形，长8～16 cm，顶端渐尖，基部尖锐，下面粉绿色，离基三出脉，侧脉每边3～5条。木材作家具用。果核含油量60%，油供制肥皂和润滑等用。

5. 大叶新木姜子（假玉桂）

Neolitsea levinei Merr.

乔木；高达22 m。顶芽大，卵圆形。叶革质，轮生，长圆状披针形至长圆状倒披针形或椭圆形，长15～31 cm，下面带绿苍白色。果椭圆形或球形，成熟时黑色。

根、种子入药，治胃脘胀痛、水肿。

6. 显脉新木姜子

Neolitsea phanerophlebia Merr.

常绿小乔木。小枝被密毛。叶轮生或散生，纸质至薄革质，上面淡绿色，下面粉绿色被白粉，有毛，离基三出脉。果近球形，径5～9 cm，熟时紫黑色。

13A. 青藤科Illigeraceae

常绿藤本。叶互生，有3小叶；小叶全缘，具小叶柄。花序为腋生的聚伞花序组成的圆锥花序。花5数，两性；花萼管较短，萼片5枚，长圆形或长椭圆形，稀卵状椭圆形，具3～5条脉；花瓣5片，与萼片同形，具1～3脉，镊合状排列；雄蕊5，花丝基部有1对附属物，膜质，花瓣状或坚实而小；子房下位，1室，有胚珠1颗，花盘上有腺体5枚。果具2～4翅。本科4属，40种，分布于热带和亚热带地区；我国2属，16种；紫金1种。

1. 青藤属Illigera Bl.

常绿藤本。叶互生，有3小叶(稀5小叶)，具叶柄，有的卷曲攀援；小叶全缘，具小叶柄。花序为腋生的聚伞花序组成的圆锥花序。花5数，两性；花萼管较短，萼片5，长圆形或长椭圆形，稀卵状椭圆形，具3～5条脉；花瓣5，与萼片同形，具1～3脉，镊合状排列；雄蕊5；子房下位，1室，有胚珠1颗，花盘上有腺体5，小。果具2～4翅。本属约30种。分布于亚洲和非洲南部热带地区；我国14种，1亚种，6变种；紫金1种。

1. 红花青藤

Illigera rhodantha Hance

常绿藤本。茎具沟棱；幼枝、叶柄及花序密被金黄褐色绒毛。指状复叶互生，具3小叶；叶柄长4～10 cm。小叶纸质，卵形或卵状椭圆形，全缘，两面中脉略被毛。聚伞状圆锥花序腋生，花红色。

15. 毛茛科Ranunculaceae

草本，稀灌木或藤本。叶常互生或基生，少数对生，单叶或复叶，常用掌状分裂，无托叶；叶脉掌状，偶尔羽状。花两性，稀单性，雌雄同株或雌雄异株，辐射对称，稀两侧对称，单生或组成各种聚伞花序或总状花序。萼片下位，4～5，或较多，或较少，绿色，或花瓣不存在或特化成分泌器官时常较大，呈花瓣状，有颜色；花瓣存在或不存在，下位，常有蜜腺并常特化成分泌器官，呈杯状、筒状、二唇状，基部常有囊状或筒状的距；雄蕊下位，多数，有时少数，螺旋状排列，花药2室，纵裂；心皮分生，少有合生，多数、少数或1枚。果实为蓇葖或瘦果，少数为蒴果或浆果。本科62属，约2400种，分布全世界，主产北半球温带；我国42属，880种；紫金3属，9种。

1. 铁线莲属Clematis L.

藤本，稀灌木或草本。叶对生，或与花簇生，偶尔茎下部叶互生，三出复叶至二回羽状复叶或二回三出复叶，少数为单叶；叶柄存在，有时基部扩大而连合。花两性，稀单性；聚伞花序或为总状、圆锥状聚伞花序，有时花单生或1至数朵与叶簇生；萼片直立成钟状、管状，或开展，花蕾时常镊合状排列；无花瓣；雄蕊多数，药隔不突出或延长；心皮多数，每心皮内有1下垂胚珠。瘦果。本属300种，分布各大洲；我国127种；紫金6种。

1. 小木通（山木通、川木通、淮通、淮木通）

Clematis armandii Franch.

藤本。三出复叶，小叶3枚，无毛，全缘，聚伞花序，或圆锥花序状聚伞花序，花萼开展，雄蕊无毛，无退化雄蕊，与厚叶铁线莲相似，叶脉明显。

根、茎药用，治尿路感染，小便不利，肾炎水肿，闭经，乳汁不通。

2. 威灵仙

Clematis chinensis Osbeck

木质藤本。羽状复叶，小叶5枚，叶干后变黑色，瘦果被毛，两面网纹不明显。花期6～9月；果期8～11月。

根、茎入药，祛风除湿、利尿通经、消炎镇痛。全株可作农药。

3. 厚叶铁线莲

Clematis crassifolia Benth.

藤本。三出复叶，小叶3枚，全缘，厚革质，花萼开展，雄蕊无毛，叶脉不明显。花期12月至翌年1月；果期2月。

根及根状茎药用，祛风除湿、清热定惊、消炎止痛。

4. 丝铁线莲（甘木通）

Clematis loureiriana DC.

木质藤本。三出复叶，小叶3枚，无毛，全缘，聚伞花序，花萼开展，雄蕊无毛，退化雄蕊丝状。花期11～12月；果期1～2月。

叶药用，清肝火、宁心神、通络止痛，对高血压和冠心病有较好疗效。

5. 毛柱铁线莲

Clematis meyeniana Walp.

木质藤本。三出复叶，小叶3枚，无毛，全缘，圆锥花序，花萼开展，雄蕊无毛，无退化雄蕊。花期6～8月；果期8～11月。

全株药用，有破血通经、活络止痛功效。

6. 柱果铁线莲（铁脚威灵仙、黑木通）

Clematis uncinata Champ.

藤本。羽状复叶，小叶5～15枚，叶干后变黑色，瘦果无毛，两面网纹明显。花期6～7月；果期7～9月。

全株入药，有祛风除湿、舒筋活络、镇痛功效。

2. 毛茛属Ranunculus L.

草本，陆生或部分水生。须根纤维状簇生，或基部粗厚呈纺锤形，少数有根状茎。茎直立、斜升或有匍匐茎。叶大多基生并茎生，单叶或三出复叶，3浅裂至3深裂；叶柄伸长，基部扩大成鞘状。花单生或成聚伞花序；花两性，整齐，萼片5，绿色，草质，大多脱落；花瓣5，有时6至10枚，黄色，基部有爪，蜜槽呈点状或杯状袋穴，或有分离的小鳞片覆盖；雄蕊常用多数；心皮多数，离生，含1胚珠，螺旋着生于有毛或无毛的花托上。聚合果球形或长圆形；瘦果。本属约400种，分布全球温、寒带地区；我国90种；紫金2种。

1. 禺毛茛（小回回蒜）

Ranunculus cantoniensis DC.

多年生草本；高25～80 cm，全株被毛。基生三出复叶，小叶不分裂，萼片向下反折。花果期4～7月。

全草药用，消炎止痢、祛风除湿、清热退黄。

2. 石龙芮

Ranunculus sceleratus L.

一年生草本。基生为单叶，植物体无毛。

全草药用，治淋巴结结核、疟疾、痈肿、蛇咬伤。

3. 唐松草属Thalictrum L.

草本。叶基生并茎生，少有全部基生或茎生，一至五回三出复叶；小叶常用掌状浅裂；叶柄基部稍变宽成鞘。花序常用为由少数或较多花组成的单歧聚伞花序，花数目很多时呈圆锥状，少有为总状花序；花两性，有时单性，雌雄异株；萼片4～5；雄蕊常用多数；心皮2～20(～68)。瘦果。本属约200种，分布亚洲、欧洲、非洲和北美洲；我国75种；紫金1种。

1. 尖叶唐松草

Thalictrum acutifolium (Hand.-Mazz.) Boivin

多年生草本；高达60 cm。二回三出复叶，小叶菱状卵形，花丝披针形，上部比花药宽。花期4～6月。

全草药用，有消肿解毒、明目、止泻、凉血功效。

19. 小檗科Berberidaceae

灌木或草本。茎具刺或无。叶互生，稀对生或基生，单叶或一至三回羽状复叶。花单生，簇生或组成总状花序，穗状花序，伞形花序，聚伞花序或圆锥花序；花具花梗或无；花两性，辐射对称，小苞片存在或缺如，花被常用三基数，偶二基数；萼片6～9，常花瓣状，离生，2～3轮；花瓣6，扁平，盔状或呈距状，或变为蜜腺状，基部有蜜腺或缺；雄蕊与花瓣同数而对生；子房上位，1室，胚珠多数或少数，稀1枚。浆果，蒴果，蓇葖果或瘦果。本科14属，约600种，分布北温带、热带高山和南美洲；我国13属，约200种；紫金1属，2种。

1. 十大功劳属Mahonia Nutt.

灌木或小乔木。枝无刺。奇数羽状复叶。花序顶生，由(1～)3～18个簇生的总状花序或圆锥花序组成；苞片较花梗短或长；花黄色；萼片3轮，9枚；花瓣2轮，6枚，基部具2枚腺体或无；雄蕊6枚，花药瓣裂；子房含基生胚珠1～7枚，花柱极短或无花柱，柱头盾状。浆果。本属约60种，分布亚洲东部和南部，美洲中部和北部；我国30种；紫金2种。

1. 阔叶十大功劳

Mahonia bealei (Fort.) Carr.

小叶宽2.5 cm以上，边缘具粗齿，基部浅心形，果实具1～2粒种子。

2. 北江十大功劳

Mahonia fordii Schneid.

灌木。小叶宽2.5 cm以上，顶端1～2齿，基部阔圆形至楔形，果实具1～2粒种子。

根、茎、叶药用。清热解毒。叶可治肺结核，感冒，根和茎可治细菌性痢疾、急性胃肠炎、传染性肝炎、肺炎和肺结核等。

21. 木通科Lardizabalaceae

木质藤本，稀灌木。叶互生，掌状或三出复叶，稀羽状复叶。花辐射对称，单性，雌雄同株或异株，稀杂性，常组成总状花序或伞房状的总状花序，少为圆锥花序，萼片花瓣状，6片，排成两轮，覆瓦状或外轮的镊合状排列，稀仅有3片；花瓣6，蜜腺状，远较萼片小，有时无花瓣；雄蕊6枚，花丝离生或多少合生成管；退化心皮3枚；在雌花中有6枚退化雄蕊；心皮3，稀6～9，轮生在扁平花托上或心皮多数，螺旋状排列在膨大的花托上，上位，离生。果为肉质的骨葖果或浆果。本科8属，约50种，分布亚洲东部，少量分布到美洲；我国6属，约45种；紫金1属，3种。

1. 野木瓜属Stauntonia DC.

藤本。叶掌状复叶，小叶3～9片。花单性，同株或异株，常用数朵至十余朵组成腋生的伞房式的总状花序；雄花：萼片6，花瓣状，排成2轮，外轮3片镊合状排列，内轮3片较狭，线形；无花瓣；雄蕊6，花丝合生为管；雌花：萼片与雄花的相似，常稍较大；心皮3枚，直立，无花柱，柱头顶生，胚珠极多数，排成多列着生于具毛状体或纤维状体的侧膜胎座上；成熟心皮浆果。本属约30种，分布印度经中南半岛至日本；我国23种；紫金3种。

1. 野木瓜（七叶莲、木通七叶莲）

Stauntonia chinensis DC.

木质藤本。掌状复叶有小叶5～7片，叶面有光泽，背面无斑点。花有蜜腺状花瓣。花期3～4月；果期6～10月。

全株药用，有舒筋活络、镇痛排脓、解热利尿的功效；对三叉神经痛、坐骨神经痛有较好的疗效。果味甜，可作水果食用。

2. 斑叶野木瓜

Stauntonia maculata Merr.

常绿木质藤本。掌状复叶通常有小叶 (3～)5～7小叶，背面有明显的斑点。花有蜜腺状花瓣。花期3～4月；果期8～10月。

3. 倒卵叶野木瓜

Stauntonia obovata Hemsl.

木质藤本。掌状复叶有小叶3～7小叶，叶倒卵形，长3.5～6(～11)cm，宽1.5～3(～6)cm。花药近无凸头。花期2～4月；果9～11月成熟。

全株入药，有清热解毒，强心镇痛，利水功效。

22. 大血藤科Sargentodoxaceae

攀援木质藤本，落叶。冬芽卵形，具多枚鳞片。叶互生，三出复叶或单叶，具长柄；无托叶。花单性，雌雄同株，排成下垂的总状花序。雄花：萼片6，两轮，每轮3枚，覆瓦状排列，绿色，花瓣状；花瓣6，很小，鳞片状，绿色，蜜腺性；雄蕊6枚，与花瓣对生，花丝短，花药长圆形，宽药隔延伸成一个短的顶生附属物，花粉囊外向，纵向开裂；退化雌蕊4～5。雌花：萼片及瓣片与雄花同数相似，具6枚退化雄蕊，花药不开裂。本科1属，1种，分布于我国华中、华东、华南及西南等地区；紫金1属，1种。

1. 大血藤属Sargentodoxa Rehd. et Wils.

性状特征与科相同。紫金1种。

1. 大血藤

Sargentodoxa cuneata (Oliv.) Rehd. et Wils.

落叶木质藤本，长达到10余m。藤径粗达9 cm，全株无毛。三出复叶，花单性，小叶菱形，两侧不对称。

根及茎均可供药用，有通经活络、散瘀痛、理气行血、杀虫等功效。茎皮含纤维，可制绳索。枝条可为藤条代用品。

23. 防己科Menispermaceae

藤本，稀灌木或小乔木。叶螺旋状排列，单叶，稀复叶；叶柄两端肿胀。聚伞花序，或由聚伞花序再作圆锥花序式、总状花序式或伞形花序式排列，极少退化为单花；花常用小而不鲜艳，单性，雌雄异株，常用两被，较少单被；萼片常用轮生，覆瓦状排列或镊合状排列；花瓣常用2轮，较少1轮，每轮3片，稀4或2片，有时退化至1片或无花瓣，常用分离，很少合生，覆瓦状排列或镊合状排列；雄蕊2至多数，常用6～8；心皮3～6，较少1～2或多数，分离，子房上位，1室，常一侧肿胀，内有胚珠2颗，其中1颗早期退化。核果。本科65属，约370种，分布热带和亚热带；我国约20属，约70种；紫金6属，7种。

1. 木防己属Cocculus DC.

木质藤本，很少直立灌木或小乔木。叶非盾状，全缘或分裂，具掌状脉。聚伞花序或聚伞圆锥花序，腋生或顶生；雄花：萼片6(或9)，排成2(或3)轮，外轮较小，内轮较大而凹，覆瓦状排列；花瓣6，基部两侧内折呈小耳状，顶端2裂，裂片叉开；雄蕊6或9，花丝分离，药室横裂；雌花：萼片和花瓣与雄花的相似；退化雄蕊6或没有；心皮6或3，花柱柱状，柱头外弯伸展。核果倒卵形或近圆形，稍扁，花柱残迹近基生，果核骨质，背肋两侧有小横肋状雕纹；种子马蹄形，胚乳少，子叶线形，扁平，胚根短。本属8种；我国2种；紫金1种。

1. 木防己

Cocculus orbiculatus (L.) DC.

木质藤本。叶变化大，掌状3～5脉，心皮6枚。

根药用。祛风止痛，利尿消肿，解毒，降血压。治风湿关节痛，肋间神经痛，急性肾炎，尿路感染，高血压病，风湿心脏病，水肿。

2. 轮环藤属Cyclea Arn. ex Wight

藤本。叶具掌状脉，叶柄常长而盾状着生。聚伞圆锥花序，苞片小；雄花：萼片常用4～5，稀6，常合生而具4～5裂片，较少分离；花瓣4～5，常用合生，全缘或4～8裂，较少分离，有时无花瓣；雄蕊合生成盾状聚药雄蕊，花药4～5，着生在盾盘的边缘；雌花：萼片和花瓣均1～2，彼此对生，很少无花瓣；心皮1个。核果。本属约30种，分布亚洲东南部；我国约12种；紫金1种。

1. 粉叶轮环藤（百解藤、山豆根）

Cyclea hypoglauca (Schauer) Diels

藤本。叶纸质，阔卵状三角形至卵形，长2.5～7 cm，基部截平至圆；掌状脉5～7条；叶柄纤细，通常明显盾状着生。核果红色。

根药用，有清热解毒、祛风镇痛功效。

3. 夜花藤属Hypserpa Miers

藤本，小枝顶端有时延长成卷须状。叶全缘，掌状脉常3条。聚伞花序或圆锥花序腋生，常用短小；雄花：萼片7～12，非轮生，外面的小，苞片状，里面的大而具膜质边缘，覆瓦状排列；花瓣4～9，肉质，常用倒卵形或匙形，稀无花瓣；雄蕊6至多数，分离或黏合；雌花：心皮2～3，稀6。果核。本属约9种，分亚洲热带至大洋洲；我国1种；紫金1种。

1. 夜花藤（细红藤）

Hypserpa nitida Miers.

木质藤本。叶片纸质至革质，卵形、卵状椭圆形至长椭圆形，长4～10 cm，基部钝或圆；掌状脉3条。核果成熟时黄色或橙红色，近球形，稍扁。花果期夏季。

全株入药，有凉血止痛、消炎利尿功效。

4. 细圆藤属Pericampylus Miers

藤本。叶非盾状或稍呈盾状，具掌状脉。聚伞花序腋生，单生或2～3个簇生；雄花：萼片9，排成3轮；花瓣6，楔形或菱状倒卵形，两侧边缘内卷，抱着花丝；雄蕊6，花丝分离或不同程度的黏合，药室纵裂；雌花：心皮3。核果。本属3种，分布亚洲东南部；我国1种；紫金1种。

1. 细圆藤（小广藤、土藤、广藤）

Pericampylus glaucus (Lam.) Merr.

木质藤本。叶纸质至薄革质，三角状卵形至三角状近圆形，长3.5 ～8 cm，顶端钝或圆，有小凸尖，基部近截平至心形。核果红色或紫色。花期4～6月；果期9～10月。

细长的枝条是编织藤器的重要原料。根、叶药用，治毒蛇咬伤。

5. 千金藤属Stephania Lour.

藤本，有或无块根。叶柄两端肿胀，盾状着生；叶脉掌状。花序腋生或生于腋生、无叶或具小型叶的短枝上，很少生于老茎上，为伞形聚伞花序，或有时密集成头状；雄花：花被辐射对称；萼片2轮，稀1轮，每轮3～4片，分离或偶有基部合生；花瓣1轮，3～4，与内轮萼片互生，稀2轮或无花瓣；雄蕊合生成盾状聚药雄蕊；雌花：心皮1，近卵形。核果。本属约50种，分布东半球热带地区；我国30种；紫金2种。

1. 金线吊乌龟（白药子、独脚乌桕）

Stephania cepharantha Hayata

草质落叶藤本。块根团块状或近圆锥状；小枝紫红色。叶三角状扁圆形至近圆形，长2～6 cm；掌状脉7～9条。核果阔倒卵圆形，成熟时红色。花期4～5月；果期6～7月。

块根含多种生物碱，有清热解毒、消肿止痛功效；又为兽医用药，称白药、白药子或白大药。

2. 粪箕笃（千金藤、田鸡草）

Stephania longa Lour.

草质藤本，除花序外全株无毛。盾状叶纸质，三角状卵形；掌状脉10～11条；叶柄基部常扭曲。核果红色，长5～6 mm。花期春末夏初；果期秋季。

全草入药。治肾盂肾炎、小儿疳积腹痛、疖肿、风湿性关节炎等。

6. 青牛胆属Tinospora Miers

藤本。叶具掌状脉，基部心形。花序腋生或生老枝上。总状花序、聚伞花序或圆锥花序，单生或几个簇生；雄花：萼片通常6，有时更多或较少，外面的常明显较小，膜质，覆瓦状排列；花瓣6，极少3，基部有爪，通常两侧边缘内卷，抱着花丝；雄蕊6，花丝分离；雌花：萼片与雄花相似；花瓣较小或与雄花相似；退化雄蕊6，比花瓣短，且与子房基部贴生；心皮3，囊状椭圆形，花柱短而肥厚，柱头舌状盾形，边缘波状或条裂。核果1～3，具柄，球形或椭圆形。本属约30种；我国6种，2变种；紫金1种。

1. 中华青牛胆

Tinospora sinensis (Lour.) Merr.

叶圆形至卵状圆形，基部心形，两面被毛，无块根念珠状，茎有明显的皮孔。

藤茎药用，舒筋活络，祛风除湿。治风湿痹痛，坐骨神经痛，腰肌劳损，跌打扭伤。

24. 马兜铃科Aristolochiaceae

藤本、灌木或草本。单叶、互生，具柄，叶片全缘或3～5裂，基部常心形。花两性，单生、簇生或排成总状、聚伞状或伞房花序，花色常用艳丽而有腐肉臭味；花瓣1轮，稀2轮，花被管钟状、瓶状、管状、球状或其他形状；簷部圆盘状、壶状或圆柱状，具整齐或不整齐3裂，或为向一侧延伸成1～2舌片，裂片镊合状排列；雄蕊6至多数，1或2轮；子房下位，稀半下位或上位。朔果。本科8属，约400种，分布热带和亚热带地区；我国4属，约70种；紫金1属，4种。

1. 马兜铃属Aristolochia L.

藤本，稀亚灌木，常具块状根。叶全缘或3～5裂，基部常心形。花排成总状花序，稀单生；花被1轮，花被管基部常膨大，形状各种，中部管状，劲直或各种弯曲，檐部展开或成各种形状，常边缘3裂，稀2～6裂，或一侧分裂成1或2个舌片，形状和大小变异极大，颜色艳丽而常有腐肉味；合蕊柱肉质。蒴果。本属约200种，分布热带、亚热带和温带地区；我国约30种；紫金4种。

1. 华南马兜铃

Aristolochia austrochinensis C. Y. Ching et J. S. Ma

草质藤本，无毛。叶柄长2～3.5 cm，叶片披针形至箭形，长7～14 cm，革质，基部耳形，掌状脉5～7条基生。花被管线形；檐部单侧，舌状，卵圆形至披针形，黄色，喉部暗褐色。

2. 通城虎

Aristolochia fordiana Hemsl.

草质藤本，无毛，花被管直，叶背脉上密被绒毛，叶卵状心形，基部心形。

3. 柔毛马兜铃

Aristolochia mollis Dunn

草质藤本，被柔毛，花被管弯曲，叶长卵形，顶端渐尖，两面被毛，背面密被柔毛。

4. 耳叶马兜铃

Aristolochia tagala Champ.

草质藤本，无毛，花被管直，叶长圆状卵形，顶端渐尖，两面无毛。

28. 胡椒科Piperaceae

草本、灌木或攀援藤本，稀为乔木，常有香气。叶互生，少有对生或轮生，单叶，两侧常不对称；托叶多少贴生于叶柄上或否，或无托叶。花小，两性、单性雌雄异株或间有杂性，密集成穗状花序或由穗状花序再排成伞形花序；苞片小，常用盾状或杯状，少有勺状；花被无；雄蕊1～10枚，花丝常离生，花药2室，分离或汇合，纵裂；雌蕊由2～5心皮所组成，连合，子房上位。浆果。本科8属，约3000种，分布热带和亚热带温暖地区；我国4属，约70种；紫金2属，5种。

1. 草胡椒属Peperomia Ruiz & Pavon

矮小草本；叶对生或轮生，稀有互生，无托叶；柱头单枚，稀2裂。本属约1000种，分布热带和亚热带地区；我国9种；紫金2种。

1. 石蝉草（火伤草、散血丹、散血胆）

Peperomia blanda (Jacq.) Kunth

肉质草本；茎直立或基部匍匐，分枝，被短柔毛，下部节上常生不定根。叶对生或3～4片轮生，膜质或薄纸质，有腺点，椭圆形或倒卵形，叶脉5条，基出。穗状花序腋生和顶生。浆果球形。花期4～7月或10～12月。

药用全株。清热化痰，利水消肿，祛瘀散结。治支气管炎，哮喘，肺结核，肾炎水肿，胃癌，肝癌，肺癌，食道癌，乳腺癌。

2. 草胡椒

Peperomia pellucida (L.) Kunth

一年生肉质草本；高20～40 cm。茎下部节上常生不定根。叶膜质，半透明，阔卵形或卵状三角形，长和宽近相等，约1～3.5 cm，基部心形；叶脉基出5～7条。穗状花序顶生和与叶对生。浆果球形径约0.5 mm。花期4～7月。

全草药用，有散瘀止痛、清热燥湿功效。

2. 胡椒属Piper L.

藤本、亚灌木；叶互生，有托叶；柱头3～5枚。本属约2000种，分布热带地区；我国60种；紫金3种。

1. 华南胡椒

Piper austrosinense Tseng

木质藤本；叶厚纸质，无腺点，长8.5～11 cm，宽5～6 cm，顶端急尖或渐尖，基部心形。花单性，雌雄异株，聚集成与叶对生的穗状花序；花序白色。浆果球形，基部嵌生于花序轴中。花期4～6月。

2. 山蒟（石楠藤、海风藤）

Piper hancei Maxim.

攀援藤本；长可达10 m。茎、枝节上生根。叶近革质，卵状披针形或椭圆形，长6～12 cm，基部楔形。浆果球形，黄色。花期3～8月。

茎、叶药用，治风湿、腰膝无力、咳嗽、感冒等。枝叶繁茂，可作垂直绿化植物。

3. 风藤

Piper kadsura (Choisy) Ohwi

叶卵形，长6～12 cm，宽3.5～7 cm，背面被短柔毛，基部心形，雄花序长3～5.5 cm。

29. 三白草科Saururaceae

草本；茎直立或匍匐状，具明显的节。叶互生，单叶；托叶贴生于叶柄上。花两性，聚集成稠密的穗状花序或总状花序，具总苞或无总苞，苞片显著，无花被；花药2室，纵裂；雌蕊由3～4心皮所组成，离生或合生，如为离生心皮，则每心皮有胚珠2～4颗，如为合生心皮，则子房1室而具侧膜胎座，在每一胎座上有胚珠6～8颗或多数，花柱离生。果为分果爿或蒴果。本科4属，7种，分布亚洲和北美洲；我国3属，4种；紫金2属，2种。

1. 蕺菜属Houttuynia Thunb.

叶柄短或远短于叶片；花排成稠密的穗状花序，花序基部有4片白色花瓣状的总苞片；雄蕊3枚，子房上位。本属仅1种，分布亚洲东部至东南部；紫金1种。

1. 蕺菜（狗帖耳）

Houttuynia cordata Thunb.

多年生腥臭草本，高30～60 cm。茎下部伏地，节上轮生小根，有时带紫红色。叶心形或阔卵形，长4～10 cm，基部心形，背面常呈紫红色。花序长约2 cm；总苞片白色，花瓣状。蒴果长2～3 mm。花期4～7月。

全株入药，有清热解毒、祛湿消肿之效。嫩根茎叶可作蔬菜食用。

2. 三白草属Saururus L.

叶柄短或远短于叶片；花排成总状花序，花序基部无总苞片，雄蕊6或8枚，子房上位。本属3种，分布亚洲东部和北美洲；我国1种；紫金1种。

1. 三白草（塘边藕、白面姑、白舌骨）

Saururus chinensis (Lour.) Baill

多年生湿生草本；高约1 m。茎有纵长粗棱和沟槽。叶阔卵形至卵状披针形，长4～15 cm，基部心形，茎顶端的2～3片叶于花期常为白色，呈花瓣状；叶柄基部与托叶合生成鞘状，略抱茎。

全株药用，清热解毒、利水消肿。

30. 金粟兰科Chloranthaceae

草本、灌木或小乔木。单叶对生，具羽状叶脉；叶柄基部常合生。花小，两性或单性，排成穗状花序、头状花序或圆锥花序，无花被或在雌花中有浅杯状3齿裂的花被(萼管)；两性花具雄蕊1枚或3枚，着生于子房的一侧，花丝不明显，药隔发达，有3枚雄蕊时，药隔下部互相结合或仅基部结合或分离；雌蕊1枚，由1心皮所组成，子房下位。核果。本科5属，约70种，分布热带和亚热带地区；我国3属，约16种；紫金2属，4种。

1. 金粟兰属Chloranthus Swartz

草本；叶对生或呈轮生状，数对，雄蕊常用3枚(稀1枚)，中央的花药2室，两侧的花药1室。本属约17属，分亚洲热带至温带地区；我国13种；紫金3种。

1. 宽叶金粟兰

Chloranthus henryi Hemsl.

雄蕊3枚，叶4片聚生枝顶，倒卵形，长8～16 cm，宽5～9 cm，两面无毛，叶柄长5～12 mm。

2. 及已

Chloranthus serratus (Thunb.) Roem et Schult

雄蕊3枚，叶4～6片聚生枝顶，椭圆形，长5～10 cm，宽2.5～5 cm，两面无毛，叶柄8～20 mm。

3. 华南金粟兰

Chloranthus sessilifolius var. **austro-sinensis** K. F. Wu

雄蕊3枚，叶4片聚生枝顶，椭圆形，长11～22 cm，宽6～14 cm，背面被毛，叶柄近无。

2. 草珊瑚属Sarcandra Gardn.

亚灌木；叶对生，极多，雄蕊1枚，花药2室。我国2种，紫金1种。

1. 草珊瑚（肿节风、接骨莲、九节茶、竹节茶）

Sarcandra glabra (Thunb.) Nakai

常绿半灌木；高50～120 cm。茎与枝均有膨大的节。叶椭圆形、卵形至卵状披针形，长6～17 cm，边缘具粗锐锯齿；叶柄基部合生成鞘状。

全株药用，祛风活血、消肿止痛、抗菌消炎、接骨。

33. 紫堇科Fumariaceae

草本，有时攀援状。叶基生，常分裂。花两性，不对称，组成总状花序，稀聚伞花序；萼2片，花瓣4片，2轮，外轮2片基部呈囊状或短距状；雄蕊4或6枚；子房上位，1室，2个侧膜胎座。蒴果或坚果。本科17属，约530种，分布北温带，少量分布到非洲；我国7属，220种；紫金1属，2种。

1. 紫堇属Corydalis DC.

一年生、二年生或多年生草本。茎分枝或不分枝，直立、上升或斜生，单轴或合轴分枝。基生叶少数或多数，早凋或残留宿存的叶鞘或叶柄基。茎生叶1至多数，稀无叶，互生或稀对生，叶片一至多回羽状分裂或掌状分裂或三出，极稀全缘，全裂时裂片大多具柄，有时无柄。花排列成顶生、腋生或对叶生的总状花序，稀为伞房状或穗状至圆锥状，极稀形似单花腋生；苞片分裂或全缘，长短不等，无小苞片；花梗纤细。本属约320种，主产亚洲；我国约200种，归入38组；紫金2种。

1. 北越紫堇（台湾黄堇）

Corydalis balansae Prain

草本，高30～50 cm。叶二回羽状全裂，羽片3～5对；小羽片常1～2对，长2～2.5 cm，卵圆形，2～3裂至具3～5圆齿状裂片。总状花序多花而疏离。花黄色至黄白色，近平展。

全草药用，有清热祛火功效。

2. 小花黄堇（黄花地锦苗、断肠草、鱼子草、黄荷包牡丹、白断肠草）

Corydalis racemosa (Thunb.) Pers.

灰绿色丛生草本，高30～50 cm，具主根。茎具棱，对叶生，叶片三角形，上面绿色，下面灰白色，二回羽状全裂，一回羽片3～4对。蒴果线形，具1列种子。

全草入药。有杀虫解毒、外敷治疥疮和蛇伤的作用。

36. 白花菜科Capparidaceae

草本、灌木或乔木。单叶或掌状复叶，托叶2枚或缺，有时变成刺。花两性，单生或总状花序、伞形花序或伞房花序；萼片4至多枚，花瓣4至多片，雄蕊4至多枚；雌蕊有长柄。蒴果或浆果。本科45属，约700种，分布热带、亚热带至温带地区；我国5属，约42种；紫金2属，3种。

1. 白花菜属Cleome L.

草本，蒴果圆柱形，二瓣裂。本属约150种，分布热带和亚热带地区；我国5种；紫金1种。

1. 臭矢菜（羊角草、黄花菜）

Cleome viscosa L. Raf.

一年生直立草本，高0.3～1 m，全株密被黏质腺毛与淡黄色柔毛，无刺，有恶臭气味；小叶为掌状复叶，薄草质，倒披针状椭圆形；果直立，圆柱形，劲直或稍镰弯，密被腺毛，种子黑褐色。

全株药用。散瘀消肿，去腐生肌。

2. 槌果藤属Capparis L.

攀援灌木；叶为单叶；萼片4片，花瓣4片，子房1室，无花柱，胚珠着生于侧膜胎座上。本属约250种，分布热带、亚热带及温带地区；我国33种；紫金2种。

1. 独行千里（尖叶槌果藤）

Capparis acutifolia Sweet

藤本或攀延灌木。叶膜质，披针形，长7～12 cm，宽1.8～3 cm，花1～4朵沿叶腋稍上枝排成一纵列。花期4～5月；果全年都有。

根、叶入药，破血散瘀血、消肿止痛、舒根活络。

2. 广州槌果藤（广州山柑）

Capparis cantoniensis Lour.

攀援灌木。叶长圆状披针形，长5～8 cm，宽2～3.5 cm，数个聚伞花序组成圆锥花序，果小直径约1 cm。花期3～11月；果期6至翌年3月。

根藤入药，味苦、性寒，有清热解毒、镇痛、疗肺止咳的功效。

39. 十字花科Cruciferae

草本，稀亚灌木状。叶有二型：基生叶呈旋叠状或莲座状；茎生叶基部有时抱茎或半抱茎，有时呈各式深浅不等的羽状分裂或羽状复叶。花整齐，两性，少有退化成单性的；花多数聚集成一总状花序；萼片4片，分离，排成2轮，直立或开展，有时基部呈囊状；花瓣4片，分离，成十字形排列；雄蕊常有6个，也排列成2轮，外轮的2个，内轮的4个，这种4个长2个短的雄蕊称为“四强雄蕊”；雌蕊1个，子房上位，2室。果实为长角果或短角果。本科约300属，约3200种，主产北温带；我国95属，约425种，124变种；紫金3属，6种。

1. 荠属Capsella Medic.

草本。基生叶莲座状，羽状分裂至全缘，有叶柄；茎上部叶无柄，叶边缘具弯缺牙齿至全缘，基部耳状，抱茎。总状花序伞房状，花疏生；果期延长；花梗丝状；果期上升；萼片近直立，长圆形，基部不成囊状；花瓣白色或带粉红色，匙形；子房2室，有12～24胚珠，花柱极短。短角果倒三角形或倒心状三角形，扁平。本属约5种，主产地中海；我国1种；紫金1种。

1. 荠（菱角菜、地菜、鸡翼菜、荠菜）

Capsella bursa-pastoris (L.) Medic.

一或二年生草本；高10～50 cm。基生叶丛生呈莲座状，大头羽状分裂，长可达12 cm短角果倒三角形或倒心状三角形，扁平。花果期4～6月。

全草入药，有利尿止血、清热明目、消积功效。

2. 碎米荠属Cardamine L.

草本。叶为单叶或为各种羽裂，或为羽状复叶。总状花序常用无苞片，花初开时排列成伞房状；萼片直立或稍开展，卵形或长圆形，边缘膜质，基部等大，内轮萼片的基部多呈囊状；花瓣白色、淡紫红色或紫色，倒卵形或倒心形，有时具爪；雌蕊柱状。长角果线形。本属约160种，分布北温带；我国39种，29变种；紫金1种。

1. 碎米荠

Cardamine hirsuta L.

一年生小草本，高15～35 cm。基生叶具叶柄，有小叶2～5对，有圆齿；茎生叶具短柄，有小叶3～6对，常3齿裂。长角果线形，稍扁，无毛。花期2～4月；果期4～6月。

全草可作野菜食用；也供药用，能清热去湿。

3. 焯菜属Rorippa Scop.

草本。茎直立或呈铺散状，多数有分枝。叶全缘，浅裂或羽状分裂。花小，多数，黄色，总状花序顶生，有时每花生于叶状苞片腋部；萼片4，开展，长圆形或宽披针形；花瓣4或有时缺，倒卵形，基部较狭，稀具爪；雄蕊6或较少。长角果多数呈细圆柱形，也有短角果呈椭圆形或球形。本属约90种，分布北半球温暖地区；我国9种；紫金4种。

1. 广州蔊菜

Rorippa cantoniensis (Lour.) Ohwi

草本。总状花序有苞片，花生于叶状苞腋部，角果圆柱形。

2. 无瓣蔊菜（野菜子、铁菜子、野油菜）

Rorippa dubia (Pers.) Hara

一年生草本，高10～30 cm。总状花序顶生或侧生，花小，多数；萼片4，直立；无花瓣。长角果线形。花期4～6月；果期6～8月。

全草入药，内服有解表健胃、止咳化痰、平喘、清热解毒、散热消肿等效。

3. 风花菜

Rorippa globosa (Turcz.) Hayek

一或二年生粗壮草本；高20～80 cm。短角果近球形。花期4～6月；果期7～9月。

全草药用，清热解毒、消肿。

4. 蔊菜

Rorippa indica (L.) Hiern.

一、二年生直立草本，高20～40 cm，植株较粗壮。叶互生，基生叶及茎下部叶具长柄，叶形多变化，通常大头羽状分裂，总状花序顶生或侧生，花小，多数。

40. 堇菜科Violaceae

草本、半灌木或小乔木。叶为单叶，常用互生，少数对生，有叶柄。花两性或单性，少有杂性，单生或组成腋生或顶生的穗状、总状或圆锥状花序，有2枚小苞片，有时有闭花受精花；萼片下位；花瓣下位，5，覆瓦状或旋转状，异形，下面1枚常用较大，基部囊状或有距；雄蕊5枚；子房上位，完全被雄蕊覆盖，1室，由3～5心皮联合构成。果实为沿室背弹裂的蒴果或为浆果状。本科22属，约900种，分布世界各地；我国4属，130种；紫金1属，7种。

1. 堇菜属Viola L.

草本，具根状茎。地上茎发达或缺少，有时具匍匐枝。单叶，互生或基生；托叶呈叶状。花两性，两侧对称，单生，稀为2花，花梗腋生；萼片5，略同形，基部延伸成明显或不明显的附属物；花瓣5，异形，稀同形，下方1瓣常用稍大且基部延伸成距；子房1室，3心皮。蒴果球形、长圆形或卵圆状。本属约500种；分布温带、亚热带及热带，以北半球温带为最多；我国111种；紫金7种。

1. 堇菜（罐嘴菜、小犁头草）

Viola arcuata Blume

多年生草本；高5～20 cm。植株具茎，无匍匐枝，茎生叶基部心形，茎生托叶卵状披针形或匙形，常全缘，基生托叶疏

生细齿。花果期5～10月。

全草药用，有清热解毒、散瘀消肿作用。

2. 华南堇菜

Viola austrosinensis Y. S. Chen & Q. E. Yang

多年生草本，无直立茎，匍匐茎细长，节间生根，节上常发生新的莲座状叶丛，叶革质，近基生，或互生于匍匐枝上；托叶边缘有长流苏状齿；叶片卵形或宽卵形，基部心形，边缘有明显圆齿。花粉白色。萼片披针形，6～7 mm；距2～2.5 mm，花期3～4月。

3. 七星莲（匍匐堇菜、蔓茎堇菜）

Viola diffusa Ging.

植株无茎，有匍匐枝，全株被白色长柔毛，叶基部楔形，下延到叶柄，花梗长2～8 cm，中部有2枚小苞片。花期3～5月；果期5～8月。

全草入药，清热解毒、凉血去湿、消炎止痛。

4. 柔毛堇菜

Viola fargesii H. Boissieu

草本。植株无茎，有匍匐枝，全株被白色长柔毛，植株高超过10 cm，叶长2～6 cm。

5. 长萼堇菜（毛堇菜、犁头草、紫花地丁）

Viola inconspicua Blume

多年生草本。叶均基生，呈莲座状；叶片三角形、三角状卵形或戟形，长1.5～7 cm，基部宽心形，弯缺呈宽半圆形，稍下延于叶柄成狭翅，边缘具圆锯齿。花淡紫色。

全草入药，清热解毒。

6. 亮毛堇菜

Viola lucens W. Beck.

小草本；高5～7 cm。无地上茎，具匍匐枝。叶基生，莲座状；叶长圆状卵形或长圆形，长1～3 cm，基部心形或圆，边缘具圆齿，两面密生白色状长柔毛；叶柄密被长柔毛。花淡紫色。

7. 南岭堇菜

Viola nanlingensis J. S. Zhou & F. W. Xing

植株无茎，有匍匐枝，全株被白色长柔毛，叶不下延到叶柄，花梗长4～17 cm，中部有2枚小苞片。

42. 远志科Polygalaceae

草本，或灌木或乔木，罕为寄生小草本。单叶互生、对生或轮生。花两性，两侧对称，白色、黄色或紫红色，排成总状花序、圆锥花序或穗状花序，基部具苞片或小苞片；花萼下位，萼片5，外面3枚小，内面2枚大，常呈花瓣状，或5枚几相等；花瓣5，稀全部发育，常用仅3枚，基部常用合生，中间1枚常内凹，呈龙骨瓣状，顶端背面常具1流苏状或蝶结状附属物；子房上位，常用2室。果实或为蒴果，2室，或为翅果、坚果。本科12属，约800种，分布全世界；我国5属，53种；紫金2属，6种。

1. 远志属Polygala L.

草本、灌木或小乔木。单叶互生。总状花序顶生、腋生或腋外生；花两性，左右对称，具苞片1～3枚；萼片5，不等大，宿存或脱落，2轮列，外面3枚小，里面2枚大，常花瓣状；花瓣3，白色、黄色或紫红色，侧瓣与龙骨瓣常于中部以下合生，龙骨瓣舟状，兜状或盔状，顶端背部具鸡冠状附属物。果为蒴果，两侧压扁，具翅或无。本属约600种，分布全世界；我国40种；紫金5种。

1. 华南远志（大金不换、紫背金牛、金不换）

Polygala chinensis L.

草本，花萼果时宿存，内面2片萼片斜倒卵状长圆形，叶椭圆形，线状长圆形，宽10～15 mm。花期4～10月；果期5～11月。

全草入药，有清热解毒、消积、祛痰止咳、活血散瘀之功能。

2. 黄花倒水莲（倒吊黄花）

Polygala fallax Hemsl.

灌木；高1～3 m。叶薄纸质或草质，披针形至椭圆状披针形，长8～17 cm。总状花序，花后延长达30 cm，下垂；花瓣黄绿色。蒴果阔倒心形至圆形，具铗翅。

根入药，补气益血、健脾利湿、活血调经。

3. 香港远志

Polygala hongkongensis Hemsl.

直立草本，叶基圆钝，花萼果时宿存，内面2片萼片斜倒卵状长圆形，叶卵状披针形，宽5～25 mm。花期5～6月；果期6～7月。

全草药用，有活血、化痰、解毒作用。

4. 狭叶香港远志（狭叶远志）

Polygala hongkongensis var. **stenophylla** (Hayata) Migo

本变种不同于“香港远志”的主要特征为叶狭披针形，小，长1.5～3 cm，宽3～4 mm，内萼片椭圆形，长约7 mm，花丝4/5以下合生成鞘。

全草入药有祛风、解毒效果。

5. 大叶金牛（岩生远志）

Polygala latouchei Franch.

亚灌木，花龙骨瓣脊上有附属物，叶倒卵状椭圆形或倒披针形，长4～10 cm，宽2～4 cm。花期3～4月；果期4～5月。

2. 齿果草属Salomonia Lour.

草本；茎枝绿色或黄色、褐色至紫罗兰色。单叶互生，叶片膜质或纸质，全缘，或退化为褐色、小而紧贴的鳞片状。花极小，两侧对称，排列成顶生的穗状花序，具小苞片；萼片5，宿存，几相等，里面2枚往往略大；花瓣3，白色或淡红紫色，中间1枚龙骨瓣状，盔形或弧形，较侧生花瓣长，无鸡冠状附属物。蒴果肾形、阔圆形或倒心形。本属8种，分布热带亚洲和大洋洲；我国2种；紫金1种。

1. 齿果草（一碗泡、莎萝莽）

Salomonia cantoniensis Lour.

一年生直立草本；高5～25 cm。茎细弱，多分枝，具狭翅。叶片膜质，卵状心形，长5～16 mm，基部心形，全缘或微波。穗状花序顶生，花极小；花瓣3，淡红色，龙骨瓣舟状，无鸡冠状附属物。

全草入药，清热解毒、消炎抗菌、散瘀镇痛。

45. 景天科Crassulaceae

草本或灌木，常有肥厚、肉质的茎、叶。叶互生、对生或轮生，常为单叶，少有为浅裂或为单数羽状复叶的。聚伞花序或伞房状、穗状、总状或圆锥状花序；花两性，或为单性而雌雄异株；萼片自基部分离，少有在基部以上合生，宿存；花瓣分离，或多少合生；雄蕊1轮或2轮，与萼片或花瓣同数或为其二倍，分离，或与花瓣或花冠筒部多少合生；心皮常与萼片或花瓣同数，分离或基部合生。蓇葖果。本科35属，约1500种，分布全世界，以非洲南部及墨西哥为最多；我国10属，约242种；紫金1属，3种。

1. 景天属Sedum L.

肉质草本。叶各式，对生、互生或轮生。花序聚伞状或伞房状，腋生或顶生；花白色、黄色、红色、紫色；常为两性，稀退化为单性；常为不等五基数，少有4～9基数；花瓣分离或基部合生；雄蕊常用为花瓣数的二倍，对瓣雄蕊贴生在花瓣基部或稍上处；鳞片全缘或有微缺；心皮分离，或在基部合生。蓇葖果。本属约500种，分布北温带和热带山区；我国124种；紫金3种。

1. 东南景天

Sedum alfredi Hance

多年生肉质草本；植株平卧或斜升，叶互生，花5数，叶匙或线状菱形。花期4～5月；果期6～7月。

茎、叶肉质，耐旱，可栽植被作屋顶绿色隔热层或盆栽观赏。植株对锌、镉、铅等重金属有超强吸收能力，是土壤修复的优良植物。

全草入药，清热凉血、消肿拔毒。

2. 大叶火焰草

Sedum drymarioides Hance

一年生草本，高7～25 cm。植株全体有腺毛。植株被腺毛，花白色，花梗长4～8 mm。花期4～5月；果期6～8月。

全草入药，清热凉血，消肿解毒。

3. 垂盆草

Sedum sarmentosum Bge

植株平卧或斜升，叶常轮生，倒披针形或椭圆状长圆形。

47. 虎耳草科Saxifragaceae

草本、灌木或小乔木。单叶或复叶。聚伞状、圆锥状或总状花序，稀单花；花两性，稀单性；花被片4～5枚，稀10枚；萼片有时花瓣状；花冠辐射对称，稀两侧对称，花瓣一般离生；雄蕊5～10枚，着生于花瓣上，花丝离生，花药2室；子房上位、半下位至下位。蒴果或浆果。本科30属，约500种，分布北温带；我国12属，约263种；紫金1属，1种。

1. 落新妇属Astilbe Buch.-Ham. ex D. Don

多年生草本。根状茎粗壮。叶互生，二至四回三出复叶，稀单叶，具长柄；托叶膜质；小叶片披针形、卵形、阔卵形至阔椭圆形，边缘具齿。圆锥花序顶生，具苞片；花小，白色、淡紫色或紫红色，两性或单性，稀杂性或雌雄异株；萼片通常5，稀4；花瓣通常1～5，有时更多或不存在；雄蕊通常8～10，稀5；心皮2(～3)，多少合生或离生；子房近上位或半下位，2(～3)室，具中轴胎座，或为1室，具边缘胎座；胚珠多数。蒴果或蓇葖果；种子小。本属约18种，分布于亚洲和北美洲；我国7种；紫金1种。

1. 落新妇

Astilbe chinensis (Maxim.) Franch. et Savat.

花白色，叶被糙毛及腺毛。

48. 茅膏菜科Droseraceae

食虫植物。叶互生，常莲座状密集，稀轮生，常被头状黏腺毛。花常多朵排成顶生或腋生的聚伞花序，稀单生于叶腋，两性，辐射对称；萼常用5裂至近基部或基部，稀4或6～7裂；花瓣5，分离，具脉纹，宿存；雄蕊常用5，与花瓣互生，稀四或五基数的排成2～4轮，花药2室，外向，纵裂；子房上位，有时半下位，1室，心皮2～5；花柱2～5。蒴果。本科4属，100种，分布热带、亚热带地区；我国2属，7种，3变种；紫金1属，2种。

1. 茅膏菜属Drosera L.

草本。叶互生或基生而莲座状密集，被头状黏腺毛，幼叶常拳卷。聚伞花序顶生或腋生。蒴果。本属约100种，分布热带、亚热带和温带地区；我国6种，3变种；紫金2种，1变种。

1. 光萼茅膏菜（一粒金丹、捕虫草、食虫草）

Drosera peltata Sm. ex Willd.

多年生直立草本或攀援状；高10～40 cm。鳞茎状球茎紫色，球形。基生叶密集成近一轮；圆形或扁圆形；茎生叶稀疏，盾状，叶片半月形或半圆形。

球茎生食会麻口，过量服食有毒，药用有祛风除湿、散结止痛、抗癌抗疟作用。

2. 匙叶茅膏菜（宽苞茅膏菜）

Drosera spathulata Labill.

草本，茎短，不具球茎。叶莲座状密集，紧贴地面，叶片倒卵形、匙形或楔形。螺状聚伞花序花葶状，1～2条。蒴果，果爿3(～4)，倒三角形，内卷。

52. 沟繁缕科Elatinaceae

矮小或亚灌木。单叶，对生或轮生；有成对托叶。花小，两性，辐射对称，单生、簇生或组成腋生的聚伞花序；萼片2～5枚，覆瓦状排列；花瓣2～5片，分离，膜质，在花芽时呈覆瓦状排列；雄蕊与萼片同数或为其2倍，分离，花药背着，2室；子房上位，2～5室。蒴果。本科2属，50种，分布温带和热带地区；我国2属，6种；紫金1属，1种。

1. 沟繁缕属Elatine L.

水生草本植物；茎纤细，匍匐状，节上生根。叶小型，对生或轮生，通常全缘，具短柄。花极小，腋生，通常每节只有1花；萼片2～4，基部合生，膜质、钝尖；花瓣2～4，比萼片长，钝头；雄蕊与花瓣同数或为其2倍；子房上位，球形，压扁，顶端截平，2～4室，胚珠多数，花柱2～4，柱头头状。蒴果2～4瓣裂。本属约25种，分布热带、亚热带和温带地区；我国3种，紫金1种。

1. 三蕊沟繁缕

Elatine triandra Schkuhr

矮小软弱的一年生草本。茎长2～10 cm，匍匐，圆柱状，分枝多，节间短，节上生根。叶对生，近膜质，卵状长圆形、披针形至条状披针形，长3～10 mm，宽1.5～3 mm，顶端钝，基部渐狭，全缘，侧脉细，2～3对，上面无毛，无柄或具0.5～3 mm的短柄。花单生叶腋。

53. 石竹科Caryophyllaceae

草本，稀亚灌木。茎节常膨大，具关节。单叶对生，稀互生或轮生，基部多少连合。花辐射对称，两性，稀单性，排列成聚伞花序或聚伞圆锥花序，稀单生，少数呈总状花序、头状花序、假轮伞花序或伞形花序；萼片5，稀4；花瓣5，稀4，常用爪和瓣片之间具2片状或鳞片状副花冠片，稀缺花瓣；雄蕊10，二轮列，稀5或2；雌蕊1，由2～5合生心皮构成，子房上位，3室或基部1室，上部3～5室，特立中央胎座或基底胎座。果实为蒴果。本科约80种，约2000种，分布全世界，主产北温带的寒带；我国30属，约400种；紫金4属，5种。

1. 卷耳属Cerastium L.

一年生或多年生草本，多数被柔毛或腺毛。叶对生，叶片卵形或长椭圆形至披针形。二歧聚伞花序，顶生；萼片5，稀为4，离生；花瓣5，稀4，白色，顶端2裂，稀全缘或微凹；雄蕊10，稀5，花丝无毛或被毛；子房1室，具多数胚珠；花柱通常5，稀3，与萼片对生。蒴果圆柱形，薄壳质，露出宿萼外，顶端裂齿为花柱数的2倍；种子多数，近肾形，稍扁，常具疣状凸起。本属约100种，主要分布于北温带，多见于欧洲至西伯利亚，极少数种见于亚热带山区；我国17种，1亚种，3变种；紫金1种。

1. 簇生卷耳

Cerastium fontanum subsp. **triviale** (Link) Jalas

一年生草本，高10～20 cm。茎单生或丛生，密被长柔毛，上部混生腺毛。茎下部叶叶片匙形，上部茎生叶叶片倒卵状椭圆形。聚伞花序呈簇生状或呈头状，花序轴密被腺柔毛。蒴果长圆柱形，长于宿存萼0.5～1倍，顶端10齿裂。

2. 荷莲豆属Drymaria Willd. ex Roem et Schlecht.

二歧分枝草本，叶圆形心状，托叶数片。花单生或聚伞花序；萼片5，有3脉，花瓣5，2～6裂；雄蕊5；子房1室，花柱合生，顶端2～3裂。本属约50种，分布东半球热带和亚热带地区；我国1种；紫金1种。

1. 荷莲豆草（串钱草、水蓝草）

Drymaria cordata (L.) Willd. ex Schult.

一年生披散草本。茎匍匐。叶片卵状心形，长1～1.5 cm，顶端凸尖，具3～5基出脉。聚伞花序顶生；萼片披针状卵形，具3条脉；花瓣白色，倒卵状楔形，稍短于萼片，顶端2深裂。

全草入药，有消炎、清热、解毒之效。

3. 鹅肠菜属Myosoton Moench

草本。茎下部匍匐，无毛，上部直立，被腺毛。叶对生。花两性，白色，排列成顶生二歧聚伞花序；萼片5；花瓣5，比萼片短，2深裂至基部；雄蕊10；子房1室，花柱5。蒴果卵形。本属仅1种，分布欧洲、亚洲、非洲的温带和亚热带地区。

1. 鹅肠草（鹅儿肠、抽筋草、牛繁缕）

Myosoton aquaticum (L.) Moench

2年或多年生草本。叶片卵形或宽卵形，长2.5～5.5 cm，基部稍心形。顶生二歧聚伞花序；苞片叶状；花梗细，花后伸长并向下弯；萼片卵状披针形；花瓣白色，2深裂至基部，裂片线形或披针状线形，长3～3.5 mm。

全草药用，祛风解毒。

4. 繁缕属Stellaria L.

草本，叶基部不连合呈短鞘，无托叶，花单生或组成聚伞花序，花萼5枚，稀4枚，花瓣与花萼同数，顶端2裂深；雄蕊10枚；花柱离生，3～5枚，蒴果球形。本属约190种，分布温带和寒冷地区；我国63种；紫金2种。

1. 雀舌草（滨繁缕、石灰草）

Stellaria alsine Grimm

二年生草本；高15～25 cm。茎丛生，多分枝。叶长圆状披针形，长5～20 mm，基部楔形，半抱茎。聚伞花序通常具3～5花，顶生或花单生叶腋；花梗细，果时稍下弯。

全株药用，可强筋骨、治刀伤、解疮毒。

2. 繁缕（鹅儿肠、鸡肠菜）

Stellaria media (L.) Cyr.

一年生或二年生草本。茎基部多少分枝，常带淡紫红色，被1～2列毛。叶片宽卵形或卵形，小，全缘；基生叶具长柄。疏聚伞花序顶生；花梗细弱；萼片5，离生；花瓣白色。

茎、叶及种子供药用。

54. 粟米草科Molluginaceae

草本。叶对生、互生或假轮生。花单生或聚伞花序或伞形花序，萼片5枚，花瓣小或无，花丝基部连合，子房上位，3～5室，心皮3～5枚，离生，花柱与心皮同数。蒴果。本科14属，约90种，分布热带和亚热带地区；我国2属，6种；紫金1属，1种。

1. 粟米草属Mollugo L.

草本。叶对生、互生或假轮生，花单生或聚伞花序或伞形花序，萼片5枚，花瓣小或无，花丝基部连合，子房上位，3～5室，心皮3～5枚，心皮合生；果3～5裂。本属约20种，分布热带和亚热带；我国5种；紫金1属。

1. 粟米草（四月飞、瓜仔草、瓜疮草）

Mollugo stricta L.

一年生披散草本。全株被星状毛，茎多分枝，有棱角，老茎通常淡红褐色。基生叶成莲座状，长圆状披针形至匙形，叶全缘。蒴果近球形。花期6～8月；果期8～10月。

全草可供药用，有抗菌消炎、清热止泻功效。

56. 马齿苋科Portulacaceae

草本，稀半灌木。单叶，互生或对生，常肉质；托叶干膜质或刚毛状，稀不存在。花两性，单生或簇生，或成聚伞花序、总状花序、圆锥花序；萼片2，稀5，草质或干膜质；花瓣4～5片，稀更多，覆瓦状排列，常有鲜艳色；雄蕊与花瓣同数，对生，或更多，花药2室；雌蕊3～5心皮合生，子房上位或半下位，1室，基生胎座或特立中央胎座。蒴果。本科20属，约500

种，分布主产美洲热带和亚热带；我国2属，6种；紫金2属，3种。

1. 马齿苋属Portulaca L.

草本。叶小，长不及4 cm，有腋毛；花单生或2至多朵簇生成头状，子房半下位；蒴果盖裂。本属约200种，分布热带和亚热带地区；我国5种；紫金2种，1亚种。

1. 马齿苋（瓜子菜、酸味菜）

Portulaca oleracea L.

一年生肉质草本；茎伏地铺散，淡绿色或带暗红色。叶片扁平，肥厚，倒卵形，似马齿状，长1～3 cm，顶端圆钝或平截，有时微凹。花黄色，倒卵形，顶端微凹。蒴果卵球形。花期5～8月；果期6～11月。

全草药用，有清热利湿、解毒消肿功效。

2. 毛马齿览（多毛马齿苋）

Portulaca pilosa L.

一年生或多年生草本，高5～20 cm。茎密丛生，铺散，多分枝。叶互生，叶片近圆柱状线形或钻状狭披针形。花红色，叶圆柱状，花较小。

全草药用。止血消炎。治刀伤出血，狗咬伤，烧、烫伤。

2. 土人参属Talinum Adans.

一年生或多年生草本，或为半灌木，常具粗根。茎直立，肉质，无毛。叶互生或部分对生，叶片扁平，全缘，无柄或具短柄，无托叶。花小，成顶生总状花序或圆锥花序，稀单生叶腋；花瓣5，稀多数，红色，常早落；蒴果常俯垂，球形、卵形或椭圆形，薄膜质，3瓣裂；种子近球形或扁球形，亮黑色，具瘤或棱，种阜淡白色。本属约50种，分布美洲的温暖地区；我国1种，栽培后逸生；紫金1种。

1. 土人参

Talinum paniculatum (Jacq.) Gaertn.

草本。枝圆柱形，有肥厚肉质的根，形似人参。

全草药用。味甘，性平。补中益气，润肺生津。治气虚乏力，体虚自汗，脾虚泄泻，肺燥咳嗽。

57. 蓼科Polygonaceae

草本稀灌木或小乔木。叶为单叶，互生，稀对生或轮生，边缘常用全缘，有时分裂；托叶常用联合成鞘状，膜质。花序穗状、总状、头状或圆锥状，顶生或腋生；花较小，两性，稀单性；花梗常用具关节；花被3～5深裂，覆瓦状或花被片6成2轮，宿存，内花被片有时增大，背部具翅、刺或小瘤。瘦果。本科50属，约1150种，主产北温带；我国15属，235种；紫金3属，24种。

1. 何首乌属Fallopia Adans

无卷须藤本，叶互生、卵形或心形；托叶鞘筒状。花序总状或圆锥状，花被5深裂，外面3片具翅或龙骨状突起，果时增大，稀无翅无龙骨状突起。瘦果卵形，具3棱，包于宿存花被内。本属约20种，分布北半球的温带；我国7种，2变种；紫金1种。

1. 何首乌（夜交藤、马肝石、赤葛）

Fallopia multiflora (Thunb.) Harald.

多年生缠绕无卷须藤本。块根肥厚，长椭圆形。茎缠绕，下部木质化。叶卵形或长卵形，长3～7 cm，基部心形。花果期8～10月。

块根为中药“何首乌”，为滋补强壮剂，补肝肾、敛精气、壮筋骨、养血乌发；茎藤名“夜交藤”，可治失眠症。

2. 蓼属Polygonum L.

草本，稀亚灌木。茎常节部膨大。托叶鞘膜质或草质，筒状。花序穗状、总状、头状或圆锥状，顶生或腋生，稀为花簇，生于叶腋；花两性稀单性，簇生稀为单生；苞片及小苞片为膜质；花梗具关节；花柱2～3。瘦果卵形。本属约600种，分布全世界；我国120种；紫金20种。

1. 愉悦蓼

Polygonum jucundum Meisn.

草本。托叶鞘被粗伏毛，雄蕊8枚。与丛枝蓼相似，但花序较壮，花较密。

全草药用。消肿止痛。治风湿肿痛，跌打，扭挫伤肿痛。

2. 毛蓼（水辣蓼）

Polygonum barbatum L.

草本。叶被毛，托叶鞘长2～3 cm，密被长粗伏毛，穗状花序长7～15 cm，花被5裂，与华南蓼相似，但叶鞘顶被长粗毛。

全草药用。有毒，治疸瘘，瘰疬，疮痈，脚气，胃痛，肠炎，痢疾，风湿痹痛，跌打损伤，足癣，皮肤瘙痒，皮肤病。

3. 火炭母（赤地利、火炭星）

Polygonum chinense L.

多年生草本。直立或蜿蜒状，长70～100 cm。叶两面无毛，卵形或长卵形，果包藏于含汗液、白色透明或微带蓝色的宿存花被内。花果期7～10月。

全草药用，有清热利湿、凉血解毒功效。

4. 蓼子草（辣蓼、水蓼）

Polygonum criopolitanum Hance

一年生草本；高40～70 cm。茎节部膨大。叶被毛，总花梗被腺毛，叶狭披针形，长1～3 cm，宽5～10 mm，花序头状。花果期5～10月。

全草入药，消肿解毒、止泻止痢、杀虫止痒。

5. 光蓼

Polygonum glabrum Willd.

一年生草本；植物体无毛，叶面或叶背具腺点，叶披针形。

6. 水蓼

Polygonum hydropiper L.

叶被毛，节膨大，茎有明显的腺点，花序长，花疏，花瓣有腺点，种子三棱形，与伏毛蓼相似。

7. 虎杖（酸筒秆、大叶蛇总管）

Polygonum cuspidatum Sieb. et Zucc.

多年生草本。茎高1～2 m，粗壮，空心，散生红色或紫红斑点。叶片大，心形，雌雄异株。花果期8～10月。

根状茎供药用，有清热解毒、消炎功效。

8. 长箭叶蓼

Polygonum hastatosagittatum Mak.

有刺植物，果三棱形，叶基部心形、戟形或截平，叶面无毛，背面脉上及边缘被糙毛，与粗毛蓼相似，花梗长4～6 mm，被腺毛。

9. 酸模叶蓼（蓼草、大马蓼）

Polygonum lapathifolium L.

一年生草本；高40～90 cm。茎节部膨大。叶披针形或宽披针形，长5～15 cm，上面常有一个大的黑褐色新月形斑点。叶鞘膜质，无毛，花序密集。花期6～8月；果期7～9月。

全草药用，有清热解毒、利湿止痒功效。

10. 绵毛酸模叶蓼

Polygonum lapathifolium var. **salicifolium** Sibth.

本变种与原变种的区别是叶下面密生白色绵毛。

11. 长鬃蓼

Polygonum longisetum De Br.

一年生草本。茎直立、上升或基部近平卧，自基部分枝，无毛。叶披针形或宽披针形，下面叶脉和边缘具毛；叶柄短或近无柄。花期6～8；果期7～9月。

12. 圆基长鬃蓼

Polygonum longisetum var. **rotundatum** A. J. Li

本变种与原变种的不同处是：叶基部圆形或近圆形。

13. 小蓼花（粗糙蓼）

Polygonum muricatum Meissn.

一年生草本。有刺植物，叶柄和托叶鞘基部具小刺，与箭叶蓼和糙毛蓼相似，比箭叶蓼刺较小，而糙毛蓼基部浅心形或截形。花期7～8月；果期9～10月。

全草入药，祛风利湿、散瘀止痛、解毒消炎。

14. 尼泊尔蓼

Polygonum nepalense Meisn.

草本。叶两面无毛，叶面或背叶具腺点，叶三角状卵形。

全草药用。味酸、涩，性平。收敛固肠。治痢疾，大便失常，关节疼痛。

15. 杠板归

Polygonum perfoliatum L.

草本。有刺植物，茎具棱，托叶叶状，短总状花序。

全草药用。清热解毒，利尿消肿。治上呼吸道感染，气管炎，百日咳，急性扁桃体炎，肠炎，痢疾，肾炎水肿。

16. 习见蓼（小萹蓄、腋花蓼）

Polygonum plebeium R. Brown

一年生草本。茎平卧，自基部分枝，长10～40 cm。叶片小，两面无毛，与萹蓄相似，整体较小，托叶鞘无明显的脉，雄蕊5枚，果长不及2 mm。花期5～8月；果期6～9月。

全草药用，清热利尿、消炎止泻、驱虫。

17. 丛枝蓼

Polygonum posumbu Buch.-Ham. ex D. Don

总花梗无腺毛，总状花序长6～12 cm，叶卵形，宽1.5～3 cm。与山蓼相似，但花序细长，花疏。

18. 伏毛蓼

Polygonum pubescens Blume

草本。与水蓼和蚕虫草相似，但果三棱形，叶基部楔形，两面被腺点和平伏毛，花瓣有腺点。

全草药用。除湿化痰，消肿止痛，杀虫止痒。治痢疾，胃肠炎，腹泻，跌打肿痛，毒蛇咬伤，皮肤湿疹。

19. 刺蓼（急解素、蛇不钻、廊茵）

Polygonum senticosum (Meissn.) Franch. et Savat.

茎攀援，有刺植物，茎四棱柱形，头状花序，与扛板归相似，但托叶非叶状。花果期6～9月。

全草入药，解毒消肿、利湿止痒。

20. 糙毛蓼

Polygonum strigosum R. Br.

有刺植物，叶柄和托叶鞘基部具小刺，与长箭叶蓼和糙毛蓼相似，比长箭叶蓼刺较小，而糙毛蓼基部浅心形或截形。

3. 酸模属Rumex L.

草本。叶基生和茎生，边缘全缘或波状，托叶鞘膜质。花序圆锥状，多花簇生成轮；花两性，有时杂性，稀单性，雌雄异株；花梗具关节；花被片6，成2轮，宿存，外轮3片果时不增大，内轮3片果时增大，边缘全缘，具齿或针刺，背部具小瘤或无小瘤。瘦果。本属约200种，分布全世界；我国26种；紫金3种。

1. 酸模

Rumex acetosa L.

多年生草本；高40～100 cm。茎具深沟槽。基生叶和茎下部叶箭形，长3～12 cm，基部裂片急尖。花序狭圆锥状，顶生；花单性，雌雄异株；雌花内花被片果时增大，近圆形。

全草药用，消炎止血、清热解毒、通便杀虫。

2. 小果酸模

Rumex microcarpus Campd.

一年生草本。茎直立，高40～80 cm，上部分枝，具浅沟槽。茎下部叶长椭圆形，长10～15 cm，顶端急尖或稍钝，基部楔形，茎上部叶较小；托叶鞘膜质，早落。花序圆锥状，通常具叶。

3. 长刺酸模

Rumex trisetifer Stokes

一年生草本；高30～100 cm。茎具沟槽。叶长圆形至披针形，长8～16 cm，边缘波状，茎上部叶较小；托叶鞘膜质，早落。花序总状，具叶，再组成大型圆锥状花序。花两性，内花被片果时增大，边缘每侧具1个针刺。

全株入药，清热、凉血、杀虫。

59. 商陆科Phytolaccaceae

草本或灌木，稀乔木。单叶互生，全缘。花小，两性或有时退化成单性，排列成总状花序或聚伞花序、圆锥花序、穗状花序，腋生或顶生；花被片4～5，叶状或花瓣状，在花蕾中覆瓦状排列，宿存；雄蕊数目变异大，4～5或多数，着生花盘上；子房上位，间或下位，球形，心皮1至多数，分离或合生。果实肉质，浆果或核果，稀蒴果。本科12属，约100种，分布热带美洲和非洲南部地区；我国2属，约6种；紫金1属，3种。

1. 商陆属Phytolacca L.

花被片5；雄蕊6～33；心皮5～16，分离或连合；果实黑色或暗红色。本属有35种，主产美洲；我国5种；紫金3种。

1. 商陆

Phytolacca acinosa Roxb.

花序粗壮，花多而密，心皮8枚，果序直立，种子平滑。

根入药有止咳，利尿，消肿功效。

2. 垂序商陆（商陆、山萝卜见肿消、美洲商陆）

Phytolacca americana L.

多年生草本；高1～2 m。根肥大，倒圆锥形。茎常带紫红色。叶长椭圆形或卵状椭圆形，质柔嫩肉质，长15～30 cm。总状花序直立，顶生或侧生，长约15 cm。果序下垂。

根入药，有止咳，利尿，消肿功效。

3. 日本商陆

Phytolacca japonica Makino

花序粗壮，花多而密，心皮6～10枚，果序直立，种子有同心条纹。

61. 藜科Chenopodiaceae

草本、亚灌木或小乔木。叶扁平或圆柱状及半圆柱状，稀退化成鳞片状。花为单被花，两性，较少为杂性或单性；花被膜质、草质或肉质，果时常增大，变硬，或在背面生出翅状、刺状、疣状附属物，较少无显著变化；子房上位，卵形至球形，由2～5个心皮合成，离生，极少基部与花被合生，1室；花柱顶生，常用极短。果实为胞果。本科100属，约1400种，分布全世界温带至亚热带地区；我国40属，约187种；紫金1属，2种。

1. 藜属Chenopodium L.

草本。体表常被粉末状小泡，叶有柄；花两性，花被果时无变化或略增大。本属250种，分布全世界温带地区；我国19种；紫金2种。

1. 土荆芥（臭藜藿、臭草）

Chenopodium ambrosioides Linn.

一年或多年生草本；高50～150 cm，揉之有强烈气味。叶片长圆状披针形至披针形，基部渐狭具短柄，下部叶长达15 cm，上部叶渐狭小而近全缘。花两性及雌性，通常3～5个团集于上部叶腋；花被裂片5，绿色。花期春夏；果期秋冬。

全草入药，祛风消肿、驱虫止痒、驱逐蚊蝇。

2. 小藜

Chenopodium serotinum L.

一年生草本；高20～50 cm。茎具条棱及绿色色条。叶片卵状长圆形，长2.5～5 cm，通常三浅裂；中裂片两边近平行，边缘具深波状锯齿；侧裂片位于中部以下，通常各具2浅裂齿。花期4～5月。

全草药用，有祛湿、清热解毒功效。

63. 苋科Amaranthaceae

草本，稀藤本或灌木。叶全缘，少数有微齿，无托叶。花小，两性或单性同株或异株，或杂性，有时退化成不育花，花簇生在叶腋内，成疏散或密集的穗状花序、头状花序、总状花序或圆锥花序；苞片1及小苞片2，干膜质；花被片3～5，干膜质，覆瓦状排列；子房上位，1室，具基生胎座，胚珠1个或多数。果实为胞果或小坚果，少数为浆果。本科65属，约900种，分布热带和亚热带，小数达暖温带；我国15属，约40种；紫金6属，12种。

1. 牛膝属Achyranthes L.

草本或亚灌木；茎具显明节，枝对生。叶对生，有叶柄。穗状花序顶生或腋生；花两性，单生在干膜质宿存苞片基部，并有2小苞片；花被片4～5，干膜质，顶端芒尖，花后变硬，包裹果实；雄蕊5，少数4或2，远短于花被片，花丝基部连合成一短杯，和5短退化雄蕊互生，花药2室；子房长椭圆形，1室，具1胚珠，花柱丝状，宿存，柱头头状。胞果卵状长圆形、卵形或近球形，有1种子，和花被片及小苞片同脱落。本属约15种，分布于两半球热带及亚热带地区；我国3种；紫金2种。

1. 土牛膝

Achyranthes aspera L.

草本。叶卵形，顶端急尖，小苞片上部膜质翅具缺。

全草药用。通经利尿，清热解毒。治感冒发热，扁桃体炎，白喉，流行性腮腺炎，疟疾，风湿性关节炎，泌尿系结石，肾炎水肿。

2. 柳叶牛膝

Achyranthes longifolia (Makino) Makino

草本。叶披针形。

全草药用。鲜用破血行瘀。治经闭，尿血，淋病，痈肿，难产；熟用补肝肾，强腰膝。治肝肾亏虚，腰膝酸痛。

2. 莲子草属Alternanthera Forsk.

叶对生；头状花序或短穗状花序，花1朵生于苞腋，无不育花，花两性，花中有不育雄蕊，花药1室，柱头头状。本属约200种，分布美洲热带和亚热带；我国7种；紫金3种（含栽培）。

1. 锦绣苋（红草）

Alternanthera bettzickiana (Regel) Nichols.

植株紫红色，茎直立，能育雄蕊5枚，叶具杂色斑纹，头状花序顶生或腋生，2～5个簇生。

2. 喜旱莲子草

Alternanthera philoxeroides (Mart.) Griseb.

草本。茎直立，茎中空，能育雄蕊5枚，叶长圆形至倒卵形。

全草药用。清热利尿，凉血解毒。治乙型脑炎，流感初期，肺结核咯血。

3. 莲子草（小白花草、虾蚶菜）

Alternanthera sessilis (L.) R. Brown ex DC.

多年生草本。叶片形状及大小多变，条状披针形、长圆形、倒卵形、卵状长圆形，长1～8 cm。头状花序1～4个，腋生，无总花梗，初为球形，后渐成圆柱形。

全草入药，清热解毒、消炎止血、利尿通便。

3. 苋属Amaranthus L.

草本，叶互生；花单性，花丝分离；果为胞果。本属约50种，分布全世界的暖温带至热带地区；我国15种；紫金4种。

1. 凹头苋

Amaranthus blitum L.

与野苋相似，但茎常平卧状，萼片与雄蕊3枚。

全草入药，用作缓和止痛、收敛、利尿、解热剂。

2. 尾穗苋

Amaranthus caudatus L.

与绿穗苋相似，但花序下垂呈尾状，萼片与雄蕊5枚。

根供药用，有滋补强壮作用；可作家畜及家禽饲料。

3. 刺苋（筋苋菜、刺苋菜）

Amaranthus spinosus L.

多年生草本；高30～100 cm。茎直立，有纵条纹，绿色或带紫色。叶片菱状卵形或卵状披针形，顶端圆钝，具微凸头；叶柄旁有2刺。花果期7～11月。

全草药用，有清热解毒、散血消肿的功效。

4. 皱果苋（绿苋、野苋）

Amaranthus viridis L.

一年生草本；高40～80 cm。茎绿色或带紫色。叶片卵形、卵状长圆形或卵状椭圆形，长3～9 cm，顶端尖凹或凹缺，有1芒尖。花期6～8月；果期8～10月。

全草入药，清热解毒、消炎镇痛。

4. 青葙属Celosia L.

草本，叶互生；花两性，花中无不育雄蕊，花丝基部合生成杯状；果为胞果。本属约60种，分布非洲、美洲和亚洲热带和温带地区；我国3种；紫金1种。

1. 青葙

Celosia argentea L.

一年生草本；高0.3～1 m。叶片长圆状披针形、披针形，长5～8 cm。花多数，密生，在茎端或枝端成塔状或圆柱状穗状花序；花被片长圆状披针形，初为白色顶端带红色、粉红色，后成白色。

种子供药用，有清肝明目、杀虫作用。

5. 杯苋属Cyathula Bl.

草本。叶对生，花2至多朵簇生于苞腋并有萼片变态成钩状芒刺的不育花。本属约27种，分布亚洲、美洲、非洲和大洋洲；我国4种；紫金1种。

1. 杯苋

Cyathula prostrata (L.) Bl.

多年生草本；茎基部常匍匐，节上生根。叶菱状倒卵形或椭圆形，长1.5～6 cm，宽0.5～3 cm，顶端圆钝，基部急尖，两面疏被毛。总状花序顶生或腋生；位于花序下部的花簇由2～3朵两性花和数朵不育花组成。

全草药用。祛风利湿。治风湿关节痛，肠炎腹泻，痢疾。

6. 千日红属Gomphrena L.

叶对生，花1朵生于苞腋，无不育花，花两性，花药1室，柱头2裂。约100种，大部产热带美洲，有些种产大洋洲及马来西亚；我国2种；紫金1种。

1. 银花苋

Gomphrena celosioides Mart.

叶对生，茎被柔毛，头状花序银白色。

64. 落葵科Basellaceae

草质藤本，全株无毛。单叶，互生，全缘，稍肉质。花小，两性，稀单性，辐射对称，常用成穗状花序、总状花序或圆锥花序，稀单生；苞片3，早落，小苞片2，宿存；花被片5，离生或下部合生，常用白色或淡红色，宿存；雄蕊5，与花被片对生，花丝着生花被上；雌蕊由3心皮合生，子房上位，1室，胚珠1粒。胞果。本科4属，20种，分布美洲、亚洲和非洲的热带和亚热带；我国引种2属，3种；紫金引种1属，1种。

1. 落葵薯属Anredera Juss.

总状花序；花梗宿存，花被片薄，不肉质，花期开展，花丝在花蕾中弯曲；胚半圆形或马形。本属5～10种，分布美洲较温暖的地区；我国栽培2种；紫金1种。

1. 落葵薯（心叶落葵薯）

Anredera cordifolia (Tenore) Steen.

缠绕藤本。叶片卵形至近圆形，长2～6 cm，顶端急尖，基部圆形或心形，稍肉质，有腋生小块茎(珠芽)。总状花序具多花，花序轴纤细，下垂。花期6～10月。

珠芽、叶及根供药用，有滋补腰膝、消肿散瘀的功效。

67. 牻牛儿苗科 Geraniaceae

草本，稀为亚灌木或灌木。叶互生或对生，叶片通常掌状或羽状分裂，具托叶。聚伞花序腋生或顶生，稀花单生；花两性，整齐，辐射对称或稀为两侧对称；萼片通常5或稀为4；花瓣5或稀为4；雄蕊10～15，2轮，外轮与花瓣对生，花丝基部合生或分离。果实为蒴果，室间开裂或稀不开裂。本科11属，约750种。我国4属，约67种。紫金1属，1种。

1. 野老鹳草属 Geranium L.

草本，稀为亚灌木或灌木，通常被倒向毛。茎具明显的节。叶对生或互生，具托叶，通常具长叶柄；叶片通常掌状分裂，稀二回羽状或仅边缘具齿。花序聚伞状或单生，辐射对称；花萼无距；雄蕊全部具药；蒴果具长喙，5裂，向上反卷，果瓣内无毛。本属约400种；紫金1种。

1. 野老鹳草

Geranium carolinianum L.

一年生草本，高20～60 cm，茎直立或仰卧，密被毛。基生叶早枯，茎生叶互生或最上部对生；托叶被毛；茎下部叶具长柄；叶片圆肾形，长2～3 cm，掌状5～7裂近基部。

全草入药，有祛风收敛和止泻之效。

69. 酢浆草科Oxalidaceae

草本，极少为灌木或乔木。根茎或鳞茎状块茎，常用肉质，或有地上茎。指状或羽状复叶或小叶萎缩而成单叶。花萼片5，离生或基部合生，覆瓦状排列，少数为镊合状排列；花瓣5，有时基部合生，旋转排列；雄蕊10枚，2轮，5长5短，外转与花瓣对生，花丝基部常用连合，有时5枚无药，花药2室，纵裂；雌蕊由5枚合生心皮组成，子房上位，5室，每室有1至数颗胚珠，中轴胎座。果为开裂的蒴果或为肉质浆果。本科约10属，约1000种，主产美洲，其次非洲，少量分布亚洲；我国3属，约10种；紫金1属，2种。

1. 酢浆草属Oxalis L.

草本；指状三出复叶或偶数羽状复叶；蒴果。本属约800种，全世界广布，但主要分布于南美和南非，特别是好望角；我国5种，3亚种；紫金2种。

1. 酢浆草

Oxalis corniculata L.

一年生草本，花黄色，生于村旁、路边、田野。

药用全草。清热利湿，解毒消肿。治感冒发热，肠炎，肝炎，尿路感染，结石，神经衰弱。

2. 红花酢浆草（三夹莲、铜锤草）

Oxalis corymbosa DC.

多年生草本，花红色，原产南美，生于村旁。花果期3～12月。

全草入药，清热解毒、活血消肿、消炎杀菌。

71. 凤仙花科Balsaminaceae

草本，稀亚灌木。单叶。花两性，排成腋生或近顶生总状或假伞形花序，或无总花梗，萼片3，稀5枚，侧生萼片离生或合生，全缘或具齿，下面倒置的1枚萼片大，花瓣状，常用呈舟状，漏斗状或囊状，基部渐狭或急收缩成具蜜腺的距；距短或细长，直，内弯或拳卷，顶端肿胀，急尖或稀2裂，稀无距；花瓣5枚，分离，位于背面的1枚花瓣离生，小或大，扁平或兜状，背面常有鸡冠状突起，下面的侧生花瓣成对合生成2裂的翼瓣，基部裂片小于上部的裂片。果实为假浆果或多少肉质，4～5裂爿片弹裂的蒴果。本科2属，约900种，分布全世界，主产热带亚洲和非洲；我国2属，228种；紫金1属，3种。

1. 凤仙花属Impatiens L.

草本。单叶。花两性，排成腋生或近顶生总状或假伞形花序，或无总花梗，萼片3，稀5枚，侧生萼片离生或合生，全缘或具齿，下面倒置的1枚萼片大，花瓣状，常用呈舟状，漏斗状或囊状，基部渐狭或急收缩成具蜜腺的距。本属约500种，分布全世界温带和热带地区；我国约227种；紫金3种。

1. 华凤仙

Impatiens chinensis L.

草本。叶对生，叶线形，基圆形或近心形。

药用全草。清热解毒，活血散瘀，消肿拔脓。

2. 绿萼凤仙花

Impatiens chlorosepala Hand.-Mazz.

草本。叶互生，花梗有苞片，花1～2朵腋生，花橙黄色，有紫色斑纹，花蕊顶端圆钝，距长3.5～4 cm。

3. 管茎凤仙花

Impatiens tubulosa Hemsl.

草本；高30～60 cm。叶互生，花梗有苞片，花多朵排成总状花序，萼片2枚，花白色。花期8～11月。

全草入药，有消炎镇痛功效。

72. 千屈菜科Lythraceae

草本、灌木或乔木；枝常用四棱形，有时具棘状短枝。叶对生，稀轮生或互生，全缘，叶片下面有时具黑色腺点。花两性，单生或簇生，或组成顶生或腋生的穗状花序、总状花序或圆锥花序；花萼筒状或钟状，平滑或有棱，有时有距，与子房分离而包围子房；花瓣与萼裂片同数或无花瓣，花瓣如存在，则着生萼筒边缘，在花芽时成皱褶状，雄蕊常用为花瓣的倍数，有时较多或较少，着生于萼筒上，但位于花瓣的下方；子房上位，常用无柄，2～16室。蒴果。本科25属，约550种，分布热带和亚热带，以美洲最多；我国11属，约48种；紫金3属，4种。

1. 萼距花属Cuphea Adans ex P. Br.

草本或灌木，全株多数具有黏质的腺毛。花6基数，花两侧对称，萼筒有棱12条，基部有圆形的距；花瓣明显。萌果长椭圆形，包藏于萼管内，侧裂。本属约300种，分布美洲和夏威夷群岛；我国引种5种；紫金栽培1种。

1. 哥伦比亚萼距花

Cuphea carthagenensis (Jacq.) J.F. Macbr.

草本。花萼长不及1 cm，叶披针形，长1～5 cm，宽5～20 mm。花紫红色。

2. 紫薇属Lagerstroemia L.

灌木或乔木。叶对生、近对生或聚生于小枝的上部，全缘。花两性，辐射对称，顶生或腋生的圆锥花序；花萼半球形或陀螺形，革质，常具棱或翅，5～9裂；花瓣常用6，或与花萼裂片同数，基部有细长的爪，边缘波状或有皱纹。蒴果木质，基部有宿存的花萼包围，多少与萼黏合，成熟时室背开裂。本属有55种，分布亚洲热带和亚热带及大洋洲；我国16种；紫金2种。

1. 广东紫薇

Lagerstroemia fordii Oliv. et Koehne

乔木，枝无毛，叶互生，花白色，雄蕊25～30枚，萼有10～12条棱。

2. 紫薇（搔痒树、紫荆皮、紫金标）

Lagerstroemia indica L.

落叶灌木或小乔木，枝无毛，花红色，雄蕊36～42枚，萼外面无毛。花期6～9月；果期9～12月。

树皮、根入药，活血止血、解毒。

3. 节节菜属Rotala L.

草本。叶交互对生或轮生。花小，3～6基数，辐射对称，单生叶腋，或组成顶生或腋生的穗状花序或总状花序；萼筒钟形至半球形或壶形；花瓣3～6，细小或无，宿存或早落。蒴果不完全为宿存的萼管包围，室间开裂成2～5瓣。本属约50种，分布热带和亚热带地区；我国7种；紫金1种。

1. 圆叶节节菜（水苋菜、水马桑）

Rotala rotundifolia (Buch.-Ham. ex Roxb.) Koehne

一年生草本；高5～30 cm。茎带紫红色。叶对生，近圆形、阔倒卵形或阔椭圆形，长5～10 mm，基部钝形，或无柄时近心形。花单生于苞片内，组成顶生稠密的穗状花序。

全草入药，散瘀止血、除湿解毒。

77. 柳叶菜科Onagraceae

草本或灌木，稀小乔木。花两性，稀单性，单生于叶腋或排成顶生的穗状花序、总状花序或圆锥花序。花常用4数，稀2或5数；花管存在或不存在；萼片；花粉单一，或为四分体；子房下位，(1～2～)4～5室，每室有少数或多数胚珠，中轴胎座。果为蒴果，室背开裂、室间开裂或不开裂，有时为浆果或坚果。本科18属，约650种，分布全世界；我国7属，70种；紫金1属，3种。

1. 丁香蓼属Ludwigia L.

叶对生或上部的互生；花4～6基数，辐射对称，子房无钩毛，花丝基部无附属物；种子顶端无丝状毛丛；花黄色，无花管，萼片宿存。本属约80种，分布全世界；我国9种；紫金3种。

1. 黄花水龙

Ludwigia peploides subsp. **stipulacea** (Ohwi) Raven

多年生浮水或上升草本；浮水茎长达3 m，直立茎高达60 cm，无毛。叶长圆形或倒卵状长圆形，长3～9 cm，宽1～2.5 cm，基部狭楔形，托叶明显；花瓣鲜金黄色，基部常有深色斑点，倒卵形，先端钝圆或微凹，基部宽楔形；雄蕊10，花丝鲜黄色，对花瓣的稍短；花柱黄色，密被长毛；柱头黄色，扁球状，5深裂，花时常稍高出雄蕊，花期6～8月，果期8～10月。

2. 草龙（化骨溶、假木瓜）

Ludwigia hyssopifolia (G. Don) Exell

一年生直立草本；茎高60～200 cm。茎基部常木质化，3或4棱形。叶披针形至线形，长2～10 cm，顶端渐狭或锐尖。花腋生，萼片4，卵状披针形，常有3纵脉；花瓣4，黄色。

全草入药，有清热解毒、去腐生肌之效。

3. 毛草龙（扫锅草）

Ludwigia octovalvis (Jacq.) Raven

多年生直立草本；高50～150 cm。茎基木质化或亚灌木状，稍具纵棱。全株密披柔毛。叶披针形至线状披针形，长4～12 cm。花瓣黄色，倒卵状楔形，长7～14 mm。

全草药用，有清热解毒、祛腐生肌功效。

78. 小二仙草科 Haloragidaceae

草本。叶互生、对生或轮生，生于水中的常为篦齿状分裂。花小，两性或单性，腋生，单生或簇生，或成顶生的穗状花序、圆锥花序、伞房花序；萼筒与子房合生，萼片2～4或缺；花瓣2～4，早落，或缺；雄蕊2～8，排成2轮，外轮对萼分离，花药基着生；子房下位，2～4室。果为坚果或核果状。本科9属，约145种，分全世界；我国2属，7种；紫金2属，3种。

1. 小二仙草属 Haloragis J. R. & G. Forst.

陆生喜湿草本；叶对生或互生，叶仅边缘全缘具小齿，不作篦齿状分裂。本属约60种；我国2种；紫金2种。

1. 黄花小二仙草（石崩）

Haloragis chinensis (Lour.) Orchard

多年生细弱陆生草本。叶长椭圆形或卵状披针形至线状披针形，叶面被紧贴柔毛，花黄绿色或白色。花期春夏秋季；果期夏秋季。

全草药用。活血消肿，止咳平喘。治跌打骨折，哮喘，咳嗽。

2. 小二仙草（豆瓣草、船板草）

Haloragis micrantha (Thunb.) R. Br.

多年生草本；高5～45 cm。叶卵形或椭圆形，叶面无毛，花红色或紫红色。花期4～8月；果期5～10月。

全草入药，有清热解毒、利水除湿、散瘀消肿功效。

2. 狐尾藻属 Myriophyllum L.

水生或半湿生草本；根系发达，在水底泥中蔓生。叶互生，轮生，花水上生，很小，无柄，单生叶腋或轮生，花单性同株或两性，稀雌雄异株。雄花具短萼筒。果实成熟后分裂成4 (2)小坚果状的果瓣，果皮光滑或有瘤状物，每小坚果状的果瓣具1种子。种子圆柱形，种皮膜质，胚具胚乳。本属约45种，广布于全世界；我国约5种，1变种；紫金1种。

1. 穗状狐尾藻

Myriophyllum spicatum L.

多年生沉水草本。花单生苞片腋，排成穗状花序，叶4～6片轮生。花果期3～9月。

全草入药，有清热解毒、止痢之效。

81. 瑞香科 Thymelaeaceae

灌木或小乔木，稀草本；茎常用具韧皮纤维。单叶。花辐射对称，两性或单性，花萼常用为花冠状，白色、黄色或淡绿色，稀红色或紫色，常连合成钟状、漏斗状、筒状的萼筒，外面被毛或无毛；子房上位，心皮2～5个合生，稀1个。浆果、核果或坚果，稀为2瓣开裂的蒴果。本科42属，约800种，分布热带和温带地区，以非洲、大洋洲和地中海最多；我国10属，约90种；紫金3属，6种。

1. 沉香属 Aquilaria Lam.

乔木；子房2室；花瓣退化成鳞片状，着生于萼管喉部；果为开裂的蒴果。本属约15种，分布于缅甸、泰国、越南、老挝、柬埔寨、印度东北部及不丹、马来半岛、苏门答腊、加里曼丹等地；我国2种；紫金1种。

1. 土沉香

Aquilaria sinensis (Lour.) Gilg.

乔木。子房2室，蒴果，花瓣退化成鳞片。

沉香药用，降气，调中，暖肾，止痛。治胸腹胀痛，呕吐呃逆，气逆喘促。

2. 瑞香属Daphne L.

灌木；叶互生；总状花序短或呈头状，花少，柱头无乳头状凸起；花序常有苞片或总苞片，下位花盘不裂，常呈环状或斜环状；子房1室；无花瓣；果为不开裂的核果。本属约70种，分布欧洲、非洲北部和亚洲温带和亚热带；我国38种；紫金2种。

1. 长柱瑞香（白花仔、吐狗药、珍珠串）

Daphne championi Benth.

常绿灌木；高0.5～1 m。冬芽小，球形，密被丝状绒毛；叶互生，近纸质，椭圆形或卵状椭圆形，长1.5～4.5 cm，顶端钝或钝尖。花白色，通常3～7朵组成头状花序。花期2～4月。

2. 白瑞香

Daphne papyracea Wall. ex Steud.

灌木。花多数，聚枝顶，有总苞片，果卵球形。

根及茎皮药用。祛风除湿，活血止痛，治风湿麻木，筋骨疼痛，跌打损伤，癫痫，月经不调，痛经，经期手足冷痛。

3. 荛花属Wikstroemia Endl.

灌木；叶常对生；花序无苞片或总苞片，下位花盘深裂成1～4枚小鳞片。本属约70属，分布亚洲东南部、大洋洲和太平洋岛屿；我国40种；紫金3种。

1. 了哥王（山雁皮）

Wikstroemia indica (L.) C. A. Mey.

灌木；高0.5～2 m。小枝红褐色。叶对生，纸质至近革质，倒卵形、椭圆状长圆形或披针形，长2～5 cm，顶端钝或急尖。子房倒卵形，无子房柄，花盘鳞片4枚，总花梗粗壮直立。花期3～4月；果期8～9月。

根及叶入药，能破结散瘀、拔毒、止痒。

2. 北江荛花

Wikstroemia monnula Hance

灌木；高0.5～0.8 m。子房棒状，子房柄长达1.5 mm，花盘鳞片1枚，花萼4裂，雄蕊8枚。花果期4～8月。

根入药，活血化瘀、止血镇痛。

3. 细轴荛花（垂穗荛花、金腰带）

Wikstroemia nutans (L.) Benth.

灌木；小枝红褐色，无毛。子房卵形，有长的子房柄，花盘鳞片4枚，总花梗纤细，常弯垂。花期1～4月；果期5～9月。

全株入药，药用祛风、散血、止痛，有小毒。

84. 山龙眼科 Proteaceae

乔木或灌木，稀草本。花两性，稀单性，排成总状、穗状或头状花序；花被片4枚，花蕾时花被管细长，顶部球形、卵球形或椭圆状，开花时分离或花被管一侧开裂或下半部不裂；雄蕊4枚，着生花被片上；腺体或腺鳞常用4枚，与花被片互生；心皮1枚，子房上位，1室，侧膜胎座、基生胎座或顶生胎座，胚珠1～2颗或多颗。蓇葖果、坚果、核果或蒴果。本科60属，约1300种，主产大洋洲和非洲，少数分布亚洲和美洲；我国4属，24种；紫金1属，3种。

1. 山龙眼属 Helicia Lour.

乔木；叶不分裂；花蕾直，花两性，果为坚果，果皮不分化为内、外果皮；种子无翅。本属约90种，分布亚洲东南部和大洋洲；我国18种；紫金3种。

1. 小果山龙眼（红叶树、羊屎树）

Helicia cochinchinensis Lour.

乔木或灌木；高4～15 m。嫩枝、叶和花序无毛，叶长圆形，长5～11 cm，宽2.5～4 cm，叶柄长5～15 mm，网脉不明显。花期6～10月；果期11月至翌年3月。

根、叶入药，行气活血、散瘀止痛。

2. 广东山龙眼

Helicia kwangtungensis W. T. Wang

常绿乔木，树皮褐色或灰褐色；幼枝和叶被锈色短毛，小枝和成长叶均无毛。叶纸质，网脉于背面不明显，花序和花被褐柔毛。花期6～7月；果期10～12月。

3. 网脉山龙眼（豆腐渣果）

Helicia reticulata W. T. Wang

乔木或灌木；高3～10 m。嫩枝被毛，成长叶两面无毛，叶革质，网脉两面凸起，花序和花常无毛。花期5～7月；果期10～12月。

根、叶入药，消炎、解毒、收敛。

85. 第伦桃科 Dilleniaceae

直立木本，或木质藤本，少数是草本。叶互生，稀对生，具叶柄，全缘或有锯齿，稀羽裂；托叶不存在，有时叶柄具翅。花两性，稀单性，辐射对称，稀两侧对称，白色或黄色，单生或排成总状、圆锥或岐伞花序；萼片常多数，宿存；花瓣5～2；雄蕊多数，分离或基部合生。果为浆果或蓇葖状。本科11属，约400种；我国2属，5种；紫金1属，1种。

1. 锡叶藤属 Tetracera L.

常绿木质藤本。单叶，互生，粗糙或平滑，具羽状脉，侧脉平行且常突起，全缘或有浅钝齿，有叶柄，托叶不存在。花两性，细小，辐射对称，排成顶生或侧生圆锥花序，苞片及小苞片线形，萼片6～4片，宿存，通常不增大，薄革质；花瓣5～2片，白色；雄蕊多数。果实卵形，不规则裂开。本属约40种；我国1种；紫金1种。

1. 锡叶藤

Tetracera sarmentosa (Linnaeus) Vahl

常绿木质藤本。叶革质，极粗糙，长圆形，上下两面初时有刚毛，不久脱落，侧脉10～15对，在下面显著地突起；叶柄粗糙，有毛。圆锥花序顶生或生于侧枝顶；萼片5个，离生，宿存；花瓣通常3个，白色。花期4～5月。

88. 海桐花科Pittosporaceae

乔木或灌木。花常用两性，有时杂性，除子房外，花的各轮均为5数，单生或为伞形花序、伞房花序或圆锥花序，有苞片及小苞片；萼片常分离，或略连合；花瓣分离或连合，白色、黄色、蓝色或红色；雄蕊与萼片对生、花丝线形，花药基部或背部着生，2室，纵裂或孔开；子房上位，子房柄存在或缺，心皮2～3枚，有时5枚。蒴果沿腹缝裂开，或为浆果。本科9属，360种，广布大洋洲、西南太平洋群岛和亚洲热带和亚热带；我国1属，40种，6变种；紫金1属，4种。

1. 海桐花属Pittosporum Banks ex Gaertn.

乔木或灌木。叶互生或对生。花常用两性，有时杂性，除子房外，花的各轮均为5数，单生或为伞形花序、伞房花序或圆锥花序，有苞片及小苞片；子房上位，蒴果沿腹缝裂开。本属约300种，广布大洋洲、西南太平洋群岛和亚洲热带和亚热带；我国40种，6变种；紫金4种。

1. 聚花海桐

Pittosporum balansae DC.

灌木；心皮2枚，果2爿开裂，伞形花序，子房被毛，果长椭圆形，长1.4～1.7 cm，种子长4～8 mm，叶长圆形。

2. 光叶海桐（山枝条、山枝仁、一朵云）

Pittosporum glabratum Lindl.

常绿灌木；高2～3 m。心皮3枚，果3爿开裂，伞形花序，子房无毛，果长椭圆形，长2～2.5 cm，种子长6 mm。花期4～6月；果期8～9月。

根、叶药用，祛风活络、消肿止痛。

3. 狭叶海桐（狭叶崖花子）

Pittosporum glabratum var. **neriifolium** Rehd. et Wils.

常绿灌木；高1.5 m。叶带状或狭窄披针形，长6～18 cm，或更长，宽1～2 cm。花期4～5月；果期10～11月。

根、叶药用，祛风活络、消肿解毒、活血止痛。

4. 少花海桐

Pittosporum pauciflorum Hook. et Arn.

叶背脉密而明显，心皮3枚，果3爿开裂，伞形花序，子房被毛，果球形，长1～1.2 cm，种子长4 mm，叶狭长圆形或倒披针形。

93. 大风子科Flacourtiaceae

乔木或灌木，稀有枝刺和皮刺。单叶，多数在齿尖有圆腺体。花小，稀较大，两性，或单性；萼片2～7片或更多，分离或在基部联合成萼管；花瓣2～7片；花托常用有腺体，或腺体开展成花盘，有的花盘中央变深而成为花盘管；雌蕊由2～10个心皮形成；子房上位、半下位，稀完全下位。果实为浆果和蒴果。本科93属，1300多种，分布世界热带和亚热带地区，主产非洲、美洲和亚洲；我国13属，28种；紫金3属，3种。

1. 刺篱木属Flacourtia Comm. ex L'Herit

乔木或灌木，通常有刺。单叶，互生，有短柄，边缘有锯齿稀全缘；托叶通常缺。花小，单性，雌雄异株稀杂性，总状花序或团伞花序，顶生或腋生；萼片小，4～7片，覆瓦状排列；花瓣缺；花盘肉质，全缘或有分离的腺体；雄花的雄蕊多数；退化子房缺；雌花的子房基部有围绕的花盘，为不完全的2～8室，每个侧膜胎座上有叠生的胚珠2颗。浆果球形。本属15～17种；我国5种；紫金1种。

1. 大叶刺篱木

Flacourtia rukam Zoll. et Mor.

叶较大，长6～12 cm，宽4～8 cm，顶端渐尖，有时钝。

2. 山桐子属Idesia Maxim.

叶具羽状脉，基部非心形；圆锥花序，花无花瓣，单性，花柱3枚，顶端2裂；果为蒴果；种子有翅。本属仅1种，分布中国、日本和朝鲜；紫金1种。

1. 山桐子

Idesia polycarpa Maxim.

落叶乔木。叶薄革质或厚纸质，卵形、心状卵形或宽心形，长13～16 cm，基部通常心形，边缘有粗齿，齿尖有腺体，叶下面有白粉；叶柄长6～12 cm，下部有2～4个紫色、扁平腺体。花单性，雌雄异株或杂性，排列成顶生圆锥花序。

3. 箣柊属Scolopia Schreb.

灌木或小乔木。叶互生，全缘或有齿；托叶极小，早落。花小，两性，排成顶生或腋生的总状花序；萼片4～6片；花瓣4～6片；子房1室，有2～4个侧膜胎座，胚珠少数。浆果肉质；种子2～4颗。本属约40种，分布热带和亚热带地区；我国4种；紫金1种。

1. 箣柊

Scolopia chinensis (Lour.) Clos

常绿小乔木或灌木，枝或小枝上有时具刺。叶革质，椭圆形，长4～7 cm，宽2～4 cm，顶端短渐尖，基部圆形，两侧有腺体。总状花序顶生或腋生；花小，淡黄色，直径约4 mm。浆果圆球形。花期秋末冬初；果期晚冬。

94. 天料木科Samydaceae

乔木或灌木；叶常有透明的腺点或线条。花两性，辐射对称，萼片4～7枚，下部合生，覆瓦状或镊合状排列，花瓣与萼片同数；子房上位或下位，1室，蒴果。本科17属，约400种，分布热带地区，少数分布亚热带地区；我国2属，22种；紫2属，3种。

1. 嘉赐树属Casearia Jacq.

叶常具透明、橙黄色腺点或线条；团伞花序或退化为单花，花无花瓣，子房上位。本属约180种，分布热带和亚热带地区；我国7种；紫金1种。

1. 爪哇脚骨脆（毛叶嘉赐）

Casearia villilimba Blume

小乔木；高3～13 m。叶厚纸质，长椭圆形，长10～20 cm，基部急尖至圆钝，稍偏斜，边缘全缘或有细齿，下面密生黄褐色长柔毛；叶柄密被柔毛。

2. 天料木属Homalium Jacq.

叶无透明、橙黄色腺点或线条；花组成总状花序或圆锥花序，花有花瓣，子房多少下位。本属180～200种；我国12种，3个变种；紫金2种。

1. 天料木

Homalium cochinchinense (Lour.) Druce

小乔木或灌木；高2～10 m。树皮灰褐色或紫褐色。叶纸质，宽椭圆状长圆形至倒卵状长圆形，长6～15 cm，边缘有疏钝齿。花多数，单个或簇生排成总状花序；萼筒陀螺状，被开展疏柔毛，具纵槽。

2. 广南天料木

Homalium paniculiflorum How et Ko

乔木或灌木，叶薄革质，椭圆形或卵状长圆形，偶宽椭圆形，花多数，以2～4朵簇生或单个生于分枝上而组成圆锥状，圆锥花序顶生或腋生。蒴果倒圆锥状。

101. 西番莲科Passifloraceae

藤本，稀灌木或小乔木。腋生卷须卷曲。单叶、稀为复叶，常有腺体，常用具托叶。聚伞花序腋生，有时退化仅存1～2花；常用有苞片1～3枚；花辐射对称，两性、单性、罕有杂性；萼片5枚，偶有3～8枚；花瓣5枚，稀3～8枚，罕有不存在；外副花冠与内副花冠形式多样，有时不存在；雄蕊4～5枚，偶有4～8枚或不定数；花药2室，纵裂；心皮3～5枚。果为浆果或蒴果。本科16属，600种，分布热带和亚热带地区；我国2属，23种；紫金1属，1种。

1. 西番莲属Passiflora L.

藤本。花大而美丽，两性，副花冠很发达；浆果。本属约有400余种；我国19种，2变种；紫金1种。

1. 广东西番莲

Passiflora kwangtungensis Merr.

草质藤本。叶披针形至长圆状披针形，长6～13 cm，基部心形，基生三出脉；叶柄近中部具2个盘状小腺体。花序成对生于卷须的两侧，有1～2朵花；花白色。浆果球形。花期3～5月；果期6～7月。

全草药用，清热解毒、祛风除湿。

103. 葫芦科Cucurbitaceae

藤本，极稀为灌木；茎匍匐或攀援；具卷须。叶片不裂，或掌状浅裂至深裂，稀为鸟足状复叶。花单性，罕两性，雌雄同株或异株；雄花：花萼辐状、钟状或管状，5裂，裂片覆瓦状排列或开放式；花冠插生于花萼筒的檐部，基部合生成筒状或钟状；雌花：花萼与花冠同雄花；子房下位或稀半下位，常用由3心皮合生而成，极稀具4～5心皮，3室或1（～2）室，有时为假4～5室。果实大型至小型，常为肉质浆果状或果皮木质，不开裂或在成熟后盖裂或3瓣纵裂。本科113属，约900种，分布全世界热带和亚热带地区，少数达温带；我国32属，154种，35变种；紫金8属，10种。

1. 金瓜属Gymnopetalum Arn.

纤细藤本，攀援；植株被微柔毛或糙硬毛。叶片卵状心形，厚纸质或近革质，常呈5角形或3～5裂。卷须不分歧或分2歧。雌雄同株或异株。雄花：生于总状花序或单生，无苞片或有苞片，药隔不伸出。雌花：单生，花萼和花冠同雄花。子房卵形或长圆形，3胎座，胚珠多数，水平生，花柱丝状。果实卵状长圆形，两端急尖，不开裂。本属6种，主要分布在印度半岛、中南半岛和我国；我国2种；紫金1种。

1.金瓜

Gymnopetalum chinense (Lour.) Merr.

果橄榄形，有10条纵肋，叶缘细齿，背面毛较疏。

2. 绞股蓝属Gynostemma Bl.

雄蕊的花丝基部合生，花冠轮状，5深裂；每室2胚珠；果有种子1～3粒。本属11种，分布亚洲热带和亚热带及波利尼西亚；我国9种；紫金1种。

2. 绞股蓝（五叶参、七叶胆、甘茶蔓）

Gynostemma pentaphyllum (Thunb.) Makino

草质攀援植物。茎具纵棱及槽。叶膜质或纸质，鸟足状，具3～9小叶；小叶片卵状长圆形或披针形，中央小叶长3～12 cm，侧生的较小，边缘具波状齿或圆齿。花雌雄异株；圆锥花序。花期3～11月；果期4～12月。

3. 苦瓜属Momordica L.

一年生或多年生攀援或匍匐草本。叶片近圆形或卵状心形，掌状3～7浅裂或深裂，稀不分裂，全缘或有齿。花雌雄异株或稀同株。雄花单生或成总状花序；雄蕊3，极稀5或2，花丝短，离生，1枚1室，其余2室。雌花单生，花梗具一苞片或无；花萼和花冠同雄花；子房椭圆形或纺锤形，三胎座，花柱细长，柱头3，不分裂或2裂；胚珠多数，水平着生。果实卵形、长圆形、椭圆形或纺锤形，常具瘤状、刺状突起。约80种，多数种分布于非洲热带地区，少数种类在温带地区有栽培；我国4种；紫金1种。

1. 木鳖子

Momordica cochinchinensis (Lour.) Spreng.

叶3～5裂，多年生，叶柄有腺体，单性异株。

种子、根和叶入药，有消肿、解毒止痛之效。

4. 帽儿瓜属Mukia Arn.

一年生攀援草本，全体被糙毛或刚毛，纤细。叶片常3～7浅裂，基部心形。卷须不分歧。雌雄同株。花小，雄花簇生，雌花常单一或数朵与雄花簇生同一叶腋。退化子房腺体状。子房卵球形，被糙硬毛，花柱棒状，插生于环状盘上，柱头2～3裂，胚珠少数，水平着生。浆果长圆形或球形，小型，不开裂，具少数种子。种子水平生，卵形，扁压，边缘拱起，两面粗糙或光滑。本属约3种，分布于亚洲的热带和亚热带、非洲、澳大利亚；我国2种；紫金1种。

1. 爪哇帽儿瓜

Mukia javanica (Miq.) C. Jeffrey

叶长达9 cm，背面被疏毛，果球形，种子表面凸，有明显的蜂窝状纹。

5. 茅瓜属Solena Lour.

小藤本；雌雄同株，雄蕊3枚，花药2枚2室，1枚1室，花药室弯斜，浆果较大，长2～5 cm。本属2种，分布亚洲南部和东南部；我国均有分布；紫金1种。

1. 茅瓜（老鼠偷冬瓜）

Solena amplexicaulis (Lam.) Gandhi

攀援草本。叶片薄革质，多型，变异极大，卵形、长圆形、卵状三角形或戟形等，不分裂、3～5浅裂至深裂，基部心形，弯缺半圆形。卷须纤细，不分歧。花雌雄异株；花冠黄色。

块根药用，能清热解毒、消肿散结。

6. 赤瓟属Thladiantha Bge

藤本。萼管内有1～3枚鳞片，无小裂片；雄蕊5枚，分离，果为浆果，不开裂。本属有23种，10变种，分布亚洲南部、东南部；我国23种；紫金1种。

1. 球果赤瓟

Thladiantha globicarpa A. M. Lu et Z. Y. Zhang

攀援藤本。叶卵状心形，长5～10 cm，边缘有稀疏的胼胝质小细齿。卷须纤细，单一。花雌雄异株，花冠黄色。果实球形，径1.8～2.3 cm，外面被淡黄色的绵毛。

全草药用，治深部脓肿及各种疮疡。

7. 栝楼属Trichosanthes L.

一年生或具块状根的多年生藤本；茎攀援或匍匐，多分枝，具纵向棱及槽。单叶互生，具柄，叶形多变，通常卵状心形或圆心形。花雌雄异株或同株。雄花通常排列成总状花序。雌花单生，极稀为总状花序。果实肉质，不开裂，球形、卵形或纺锤形，无毛且平滑，稀被长柔毛，具多数种子。种子褐色，1室，长圆形、椭圆形或卵形，压扁，或3室，膨胀，两侧室空。约50种，分布于东南亚，由此向南经马来西亚至澳大利亚北部，向北经我国至朝鲜、日本；我国34种，6变种，分布于全国各地；紫金2种。

1. 长萼栝楼

Trichosanthes laceribractea Hayata

种子1室，小苞片长2.5～4 cm，常兜状，边缘有锐齿，叶两面近无毛，面有白色糙点，花白色。

2. 中华栝楼

Trichosanthes rosthornii Harms

种子1室，小苞片长6～25 mm，不兜状，边缘有不规则齿刻，叶面无白色糙点。

果实药用，清热化痰，宽胸散结，润燥滑肠。治肺热咳嗽，胸痹，结胸，消渴，便秘，痈肿疮毒。

8. 马㼎儿属Zehneria Endl.

小藤本；雄蕊3枚，花药全部2室，花药室直或弯斜，浆果小，球形或纺锤形。本属7种，分布东半球热带和亚热带地区；我国5种；紫金2种。

1. 马㼎儿

Zehneria indica (Lour.) Keraudren

藤本。叶近三角形，雄蕊数朵生于叶腋内，果柄长1～44 mm。

根、叶药用。味甘、苦，性凉。清热解毒，散结消肿。

2. 钮子瓜

Zehneria maysorensis (Wight et Arn.) Arn.

草质藤本；茎枝有沟纹，常无毛。叶近卵形，雄蕊单生或数朵生于总花梗上，果柄长3～12 mm。花期4～8月；果期8～11月。

全株药用。清热，镇痉，解毒。

104. 秋海棠科Begoniaceae

草本，稀为亚灌木。单叶互生，偶为复叶。花单性，雌雄同株，偶异株，常用组成聚伞花序；花被片花瓣状；雄花被片2～4(～10)，离生极稀合生，雄蕊多数，花丝离生或基部合生；花药2室，药隔变化较大；雌花被片2～5 (～6～10)，离生，稀合生；雌蕊由2～5(～7)枚心皮形成；子房下位稀半下位，1室。蒴果，有时呈浆果状。本科5属，约1000种，分布热带和亚热带地区；我国仅有1属，145种；紫金含栽培的1属，3种。

1. 秋海棠属Begonia L.

草本。单叶互生。花单性，雌雄同株，偶异株，常用组成聚伞花序；花被片花瓣状；雄花被片2～4(～10)，离生极稀合生，雄蕊多数，花丝离生或基部合生；花药2室，药隔变化较大；雌花被片2～5，离生，稀合生；雌蕊由2～5(～7)枚心皮形成；子房下位稀半下位，1室。蒴果。本属约1000种，分布热带和亚热带地区；我国仅有1属，145种；紫金3种。

1. 紫背天葵（散血子）

Begonia fimbristipula Hance

多年生无茎草本。茎极短，呈块茎状，叶1片。花期5～8月。

全株可作饮料或药用，有清热解毒、润燥止咳、消炎止痛之效。

2. 粗喙秋海棠（肉半边莲、黄疸草）

Begonia longifolia Blume

多年生草本；高达120 cm。子房3室，果无翅，植株90～

150 cm，叶斜长圆形。花期4～5月；果期7月。

全草入药，清热解毒、利湿退黄。

3. 红孩儿

Begonia palmata var. **bowringiana** (Champ. ex Benth.) J. Golding et C. Kareg.

多年生直立草本。茎和叶柄均密被或被锈褐色交织的绒毛，叶片上面密被短小的硬毛，偶混有长硬毛。花期6月开始；果期7月开始。

全草药用。清热解毒，散瘀消肿。治感冒，急性支气管炎，风湿性关节炎，跌打内伤瘀血，闭经，肝脾肿大。

108. 山茶科Theaceae

乔木或灌木。叶革质，互生，羽状脉。花两性稀雌雄异株，单生或数花簇生，有柄或无柄，苞片2至多片，宿存或脱落，或苞萼不分逐渐过渡；萼片5至多片，脱落或宿存，有时向花瓣过渡；花瓣5至多片，基部连生，稀分离，白色，或红色及黄色；雄蕊多数，排成多列，稀为4～5数，花丝分离或基部合生，花药2室，背部或基部着生，直裂，子房上位，稀半下位，2～10室。果为蒴果，或不分裂的核果及浆果状。本科28属，约700种，分布热带和亚热带，主产亚洲；我国15属，500种；紫金9属，36种，2变种。

1. 杨桐属Adinandra Jack

顶芽被毛；花两性，直径约2 cm，子房上，3～5室，雄蕊1～2轮，花药基着药，花丝合生，花丝短；果为浆果；种子小而多。本属约85种；我国20种，7变种；紫金2种，1变种。

1. 尖叶杨桐

Adinandra bockiana var. **acutifolia** (Hand.-Mazz.) Kobuski

叶披针形，长5～12 cm，宽2～3.5 cm，叶背及边缘无毛，全缘，与杨桐相似，花梗较短长1～1.3 cm，子房3室，被毛。

2. 两广杨桐

Adinandra glischroloma Hand.-Mazz.

叶长圆形，长8～14 cm，宽3.5～4.4 cm，叶背及边缘被长毛，全缘，花梗长1 cm，子房被毛。

3. 杨桐

Adinandra millettii (Hook. et Arn.) Benth. et Hook. f. ex Hance

灌木或小乔木；叶长圆形，长8～14 cm，宽3.5～4.4 cm，叶背及边缘被长毛，全缘，花梗长1 cm，子房被毛。花期5～7月；果期8～10月。

2. 山茶属Camellia L.

花两性，直径大于2 cm；萼片5～6枚，雄蕊多轮，子房上位，蒴果从上部开裂，中轴脱落。本属约230种，分布我国南部与邻近地区；我国200种；紫金11种。

1. 大萼毛蕊茶

Camellia assimiloides Sealy

灌木；苞片4枚，萼片基部合生成杯状，被毛，花瓣背面被毛，子房被毛，仅1室发育，花丝管长6 mm，叶长圆形，长5～7 cm，宽1.5～2 cm。

2. 长尾毛蕊茶

Camellia caudata Wall.

灌木至小乔木；枝被短微毛，苞片3～5枚，萼片近圆形，被毛，花瓣背面被毛，子房被毛，仅1室发育，花丝管长6～8 mm，叶长圆形，长5～9 cm，宽1～2 cm，顶端尾状渐尖。

3. 心叶毛蕊茶

Camellia cordifolia (Metc.) Nakai

灌木；幼枝被长柔毛，苞片4～5枚，萼片近圆形，基部微心形，被毛，花瓣无毛，子房被长毛，仅1室发育，花丝管长13 mm，叶长圆状披针形，长8～12 cm，宽1.5～3 cm。

4. 尖连蕊茶

Camellia cuspidata (Kochs) Wright ex Gard.

灌木至小乔木；枝和叶无毛，苞片4～5枚，花丝合生，萼片宿存，子房仅1室发育，叶卵状披针形，长5～8 cm，宽1.5～2.5 cm，与香港毛蕊茶相似。

5. 糙果茶

Camellia furfuracea (Merr.) Coh. Stuart

苞被片未分化，花丝分离，叶椭圆形，长8～15 cm，基部楔形，柄长5～7 mm，叶缘有齿，花直径3～4 cm，花瓣7～8片。

6. 大苞山茶

Camellia granthamiana Sealy

子房5室，苞片12片，长3～4.5 cm，花丝合生达6 mm，与大白山茶相似。

7. 落瓣短柱茶

Camellia kissi Wall.

苞被片未分化，花丝分离，叶长圆形，长6～8 cm，基部楔形，柄长4～6 mm，面脉凹陷，叶缘有齿，花瓣7片，花直径2～3 cm。

8. 披针叶连蕊茶

Camellia lancilimba H. T. Chang

苞片3枚，萼片基部合生成浅杯状，子房仅1室发育，花丝管短，叶披针形，长4～6.5 cm，宽10～15 mm。

9. 广东毛蕊茶

Camellia melliana Hand.-Mazz.

枝密被毛，苞片4枚，萼片近圆形，被毛，花瓣背面被毛，子房被长毛，仅1室发育，花丝管长7 mm，叶狭披针形，长4～6 cm，宽1～1.5 cm，与心叶连蕊茶相似，但枝密被毛。

10. 油茶（油茶树、茶子树）

Camellia oleifera Abel

苞被片未分化，厚革质，花直径3～6 cm，花丝分离，花柱合生，花白色，果直径3～5 cm。

种子油入药，润燥滑肠、杀虫；根皮有散瘀消肿作用。

11. 柳叶毛蕊茶

Camellia salicifolia Champ.

苞片4～5枚，萼片披针形，长1～1.7 cm，被长毛，花瓣背面被长毛，子房被长毛，仅1室发育，叶披针形，长6～10 cm，宽1.4～2.5 cm。花期8～11月。

3. 红淡比属Cleyera Thunb.

顶芽无毛；花两性，直径约2 cm，子房上，2～3室，雄蕊1～2轮，花药基着药，花丝离生；果为浆果；种子小而少。本属约8种，分布东亚，1种分布到菲律宾及印度尼西亚；我国8种；紫金1种。

1. 红淡比

Cleyera japonica Thunb.

灌木或小乔木；叶长圆形，长6～9 cm，宽2～3 cm，全缘，嫩枝有棱，萼片圆形，果球形。花期4～6月；果期10～11月。

4. 柃木属Eurya Thunb.

花单性，直径小于8 mm，子房上，2～5室，每室210～60胚珠；雄蕊1～2轮，花药基着药，花丝合生，花丝短；果为浆果，小；种子极小而多。本属约150种，分布亚洲热带和亚热带及南太平洋群岛；我国80种；紫金13种，变种1种。

1. 尖叶毛柃

Eurya acuminatissima Merr. et Chun

叶卵状椭圆形，长5～9 cm，宽1.2～2.5 cm，顶端尾状渐尖，萼片圆形，子房及果被毛，花柱3裂。

2. 尖萼毛柃（尖叶柃）

Eurya acutisepala Hu et L. K. Ling

灌木或小乔木；叶长圆状披针形，长5～9 cm，宽1.2～2.5 cm，萼片卵形，子房及果被毛，花柱3裂，与尖叶柃相似。花期1～2月。

3. 穿心柃

Eurya amplexifolia Dunn

叶卵状披针形，长8～18 cm，宽2.5～5 m，基部耳形，抱茎，两面无毛，边缘有细齿，子房及果无毛，花柱3裂，与秃小耳柃相似。花期11～12月；果期7～8月。

4. 耳叶柃

Eurya auriformis H. T. Chang

灌木，嫩枝2棱，被毛，叶椭圆形，长5～10 cm，宽2～3 cm，顶端渐尖，尖头微凹，叶面有黄色腺点。

5. 米碎花（岗茶、华柃）

Eurya chinensis R. Br.

灌木，高1～3 m。嫩枝有棱，被毛，叶倒卵形，长3～4.5 cm，宽1～1.8 cm，基部楔形，边缘有锯齿。花期11～12月；果期次年6～7月。

根药用，有清热解毒功效。

6. 光枝米碎花

Eurya chinensis var. **glabra** Hu et L. K. Ling

灌木，叶薄革质，倒卵形或倒卵状椭圆形，花1～4朵簇生于叶腋，花瓣5，白色，倒卵形，果实圆球形，有时为卵圆形，成熟时紫黑色，花期11～12月；果期次年6～7月。

7. 二列叶柃

Eurya distichophylla Hemsl.

灌木；叶披针形，长3～6 cm，宽8～15 mm，基部圆形，子房及果被毛，花柱3裂，与偏心柃相似。花期11～12月；果期翌年6～7月。

全株药用。清热解毒，消炎止痛。治急性扁桃腺炎，咽炎，口腔炎，支气管炎，水火烫伤。

8. 粗枝腺柃

Eurya glandulosa var. **dasyclados** (Kobuski) H. T. Chang

灌木。叶革质或近革质，长圆形或椭圆形，基部圆形，叶面有黄色腺点。果实未见。花期10～11月。

9. 楔基腺柃

Eurya glaudulosa var. **cuneiformis** H. T. Chang

幼枝密被绒毛，与腺柃相似，但叶较大，顶端圆钝，基部楔形。

10. 岗柃（米碎木、蚂蚁木）

Eurya groffi Merr.

灌木。叶革质或近革质，长圆形或椭圆形，背面被长毛，基部圆钝，边缘有细齿，果实未见。花期10～11月。

叶药用。消肿止痛。治肺结核，咳嗽。

11. 黑柃

Eurya macartneyi Champ.

灌木或小乔木；叶长圆形，长6～14 cm，宽2～4.5 cm，基部圆钝，边缘上部有齿，叶两面无毛，子房及果无毛，花柱3裂，果直径约5 mm。花期11月至次年1月；果期6～8月。

12. 细齿叶柃

Eurya nitida Korthals

灌木或小乔木；嫩枝有棱，全株无毛，叶长圆形或倒卵状长圆形，长4～7 cm，宽1.5～2.5 cm，顶端渐尖，基部楔形，边缘有锯齿，与日本柃相似。花期11月至次年1月；果期次年7～9月。

13. 窄基红褐柃（硬壳椒）

Eurya rubiginosa var. **attenuata** H. T. Chang

灌木。嫩枝有棱。与红褐柃相似，基部楔形，叶柄较长，萼片无毛。花期10～11月。

叶和果药用。祛风除湿，消肿止血。治风湿关节炎，外伤出血。

14. 窄叶柃

Eurya stenophylla Merr.

嫩枝有棱，无毛，叶狭披针形，长3～6 cm，宽7～10 mm，基部楔形，边缘有锯齿，与米碎花相似。

5. 大头茶属Gordonia Ellis

花两性，直径大于2 cm；萼片5枚，雄蕊多轮，子房上位，蒴果室背开裂，中轴宿存；种子上部有翅。本属约40种，分布亚洲热带和亚热带，1种达美洲；我国6种；紫金1种。

1. 大头茶（羊咪树）

Gordonia axillaris (Roxb.) Dietrich

常绿乔木。叶厚革质，倒披针形，顶端钝或微凹，侧脉不明显，无毛，全缘，或上部有少数齿刻，叶柄无毛。萼片5数，种子小，具翅。花期10月至1月；果期11～12月。

6. 折柄茶属Hartia Dunn

叶柄对折，成舟状；花两性，直径大于2cm；萼片大，宿存，蒴果无中轴，5瓣开裂。本属有15种，除1种见于老挝外，其余产我国南部及西南部，其中3种到达中南半岛北部。紫金1种。

1. 毛折柄茶

Hartia villosa (Merr.) Merr.

萼片长卵形，枝叶的毛披散，叶长圆形，长圆形8～13 cm，宽3～5 cm。

7. 木荷属Schima Reinw. ex Bl.

花两性，直径大于2cm；萼片5枚，雄蕊多轮，子房上位，蒴果室背开裂，中轴宿存；种子周围有翅。本属约30种，分布东南亚；我国20种；紫金2种。

1. 疏齿木荷

Schima remotiserrata Chang

乔木；萼片圆形，叶椭圆形，长12～16 cm，宽5～6.5 cm，边缘疏锯相距7～20 mm，背叶无毛。

2. 木荷（荷木）

Schima superba Gardn. et Champ.

大乔木；萼片半圆形，叶椭圆形，长7～12 cm，宽4～6.5 cm，边缘有钝锯齿，背叶无毛。花期5～8月。

根皮药用有清热解毒功效。

8. 厚皮香属Ternstroemia Mutis ex L. f.

花两性或单生，直径1～2 cm，子房上，2～5室，每室2～4胚珠；雄蕊1～2轮，花药基着药，花丝合生，花丝短；果为浆果；种子小而多。本属约130种，分布中美洲、南美洲、西南太平洋各岛屿及亚洲热带和亚热带；我国10种；紫金3种。

1. 厚皮香（秤杆红、红果树、白花果）

Ternstroemia gymnanthera (Wight et Arn.) Beddome

灌木或乔木；高2～15 m。叶倒卵状长圆形，长6～10 cm，宽3～4.5 cm，子房2室，果球形，直径10～15 mm。花期5～7月；果期8～11月。

可作观赏树种栽培。叶药用，清热解毒、散瘀消肿。

2. 尖萼厚皮香

Ternstroemia luteoflora L. K. Ling

小乔木。叶椭圆形，长7～10 cm，宽2.5～4 cm，萼片披针形，顶端渐尖，子房2室，果球形，直径15～20 mm。花期5～6月；果期8～10月。

3. 小叶厚皮香

Ternstroemia microphylla Merr.

灌木或小乔木；叶倒卵状长圆形，长3～5 cm，宽1～1.5 cm，子房2室，果卵形，长8～10 mm。花期5～6月；果期8～10月。

4. 亮叶厚皮香

Ternstroemia nitida Merr.

灌木或小乔木。叶互生，长圆形，硬纸质或薄革质，顶端渐尖，基部楔形，边全缘。长5～10 cm，宽2.5～4 cm，子房2室，果卵形，直径8～9 mm。花期6～7月，果期8～9月。

9. 石笔木属Tutcheria Dunn

花两性，直径大于2 cm；萼片10枚，雄蕊多轮，子房上位，蒴果从基部往上部开裂，中轴宿存。本属14种，分长江以南地区，1种达越南；紫金2种。

1. 石笔木

Tutcheria championi Nakai

叶椭圆形，长12～16 cm，宽4～7 cm，背无毛，花直径6～7 cm，子房3～6室，果球形，直径4～7 cm。

2. 小果石笔木

Tutcheria microcarpa Keng

叶椭圆形，长6～12 cm，宽2～4 cm，背无毛，花直径1.5～2.5 cm，子房3室，果三角形，长1～1.8 cm。

108 A. 五列木科Pentaphylacaceae

乔木或灌木；具芽鳞。单叶。花小，两性，辐射对称，小苞片2；萼片5；不等长，圆形，覆瓦状排列，具睫毛，宿存；花瓣5；白色，厚，倒卵状长圆形，顶端圆形或微凹，在芽中覆瓦状排列，基部常与雄蕊合生；雄蕊5，在芽中内折，后来直立，与花瓣互生，比花瓣短，花药较小，基着药，2室，顶孔开裂，无花盘；子房上位，5室。蒴果。本科1属，1种，分布我国南部及东南；我国1种；紫金1种。

1. 五列木属Pentaphylax Gardn. et Champ.

属的特征与科同。紫金1种。

1. 五列木

Pentaphylax euryoides Gardn. et Champ.

常绿乔木或灌木；高3～10 m。单叶互生，花辐射对称，花萼、花瓣5枚，子房5室，蒴果椭圆形。花期秋季。

木材坚硬，可供建筑、家具或雕刻用材。叶片初时红色，光亮，为美丽的庭园观赏植物。

112. 猕猴桃科Actinidiaceae

藤本；髓实心或片层状。枝条常用有皮孔。花白色、红色、黄色或绿色，雌雄异株，单生或排成简单的或分歧的聚伞花序，腋生或生于短花枝下部，有苞片，小；萼片5片，间有2～4片的，分离或基部合生，覆瓦状排列，极少为镊合状排列，雄蕊多数，在雄花中的数目比雌性花的为多，而且较长，花药黄色、褐色、紫色或黑色，丁字式着生，2室，纵裂，基部常用叉开；子房上位。果为浆果。本科2属，约83种，主产热带和亚洲热带及美洲热带，少数散布于亚洲温带和大洋洲；我国2属，73种；紫金1属，4种。

1. 猕猴桃属Actinidia Lindl.

藤本。枝条常用有皮孔。花雌雄异株，单生或排成简单的或分歧的聚伞花序；萼片5片，间有2～4片的，分离或基部合生，覆瓦状排列，极少为镊合状排列，雄蕊多数；子房上位。果为浆果。本属约54种，分布于马来西亚至俄罗斯西伯利亚东部；我国52种；紫金4种。

1. 异色猕猴桃（斑叶京梨）

Actinidia callosa var. **discolor** C. F. Liang

枝、叶无毛，叶卵形，长8～10 cm，宽4～5.5 cm，顶端急尖，基部圆或微心形，背面无髯毛，果卵球形，有斑点，顶端无喙。

2. 毛花猕猴桃

Actinidia eriantha Benth.

枝密被茸毛，叶卵形，长8～17 cm，宽4～11 cm，基部圆形或浅心形，叶面脉上被糙毛，背面被星状短茸毛，花黄色，果圆柱形。

3. 黄毛猕猴桃

Actinidia fulvicoma Hance

半常绿藤本。枝被长硬毛，叶卵状长圆形，长9～16 cm，宽4.5～6 cm，顶端渐尖，基部浅心形，叶面被长硬毛，背面被星状茸毛，花白色，果卵球形。花期5～6月；果熟期11月。

4. 阔叶猕猴桃（阔叶猕猴桃）

Actinidia latifolia (Gardn. et Champ.) Merr.

枝近无毛，叶阔卵形，长8～13 cm，宽5～8.5 cm，基部圆形或微心形，叶面无毛，背面被星状短茸毛，花多，白色，果圆柱形。花期5～6月。

茎、叶药用，有清热除湿、消肿止痛、解毒的功效。

113. 水东哥科Saurauiaceae

乔木或灌木；小枝常被爪甲状或钻状鳞片。叶为单叶，互生，侧脉大多繁密，叶脉上或有少量鳞片或有偃伏刺毛。花序聚伞式或圆锥式，单生或簇生，常具鳞片，有绒毛或无毛，花柄具近对生的苞片2枚；花两性；萼片5；不等大；花瓣5，白色、淡红色或紫色，覆瓦状排列，基部常合生；雄蕊15～130枚，花药倒三角形，背着，孔裂或纵裂，花丝不等长，着生于花瓣基部；子房上位，3～5室。浆果。本科仅1属，约300种，分布亚洲和美洲热带和亚热带；我国13种；紫金1属，1种。

1. 水东哥属Saurauia Willd.

属的特征与科同。紫金1种。

1. 水东哥（米花树、山枇杷）

Saurauia tristyla DC.

小乔木，枝有鳞片状刺毛，花瓣基部合生，浆果。

根、树皮、叶药用，有清热解毒、生肌止痛、疏风止咳功效。

118. 桃金娘科Myrtaceae

乔木或灌木。单叶对生或互生，常有油腺点，无托叶。花两性，有时杂性，单生或排成各式花序；萼管与子房合生，萼片4～5或更多，有时黏合；花瓣4～5；雄蕊多数，很少是定数，插生于花盘边缘，在花蕾时向内弯或折曲，花丝分离或多少连成短管或成束而与花瓣对生，花药2室，背着或基生，纵裂或顶裂，药隔末端常有1腺体；子房下位或半下位，心皮2至多个，1室或多室，少数的属出现假隔膜，胚珠每室1至多颗，花柱单一，柱头单一，有时2裂。果为蒴果、浆果、核果或坚果。本科100属，约3000种，分布热带美洲、澳洲及热带亚洲；我国16属，约160种；紫金3属，7种。

1. 岗松属Baeckea L.

叶线形，长不及10 mm，宽约1 mm；果为蒴果。本属约68种，主产澳大利亚；我国仅1种；紫金1种。

1. 岗松（扫把枝、铁扫把）

Baeckea frutescens L.

灌木。嫩枝纤细，多分枝。叶小，叶片叶线形，长不及10 mm，对生。花期夏秋季。

全草药用，清热祛湿、解毒止痒、清热利尿。

2. 桃金娘属Rhodomyrtus (DC.) Reich.

叶对生，离基三出脉；花大，5数，子房1～3室，有假隔膜分成2～6室；果为浆果。本属约18种，分布于亚洲热带及大洋洲。我国1种；紫金1种。

1. 桃金娘（岗棯）

Rhodomyrtus tomentosa (Ait.) Hassk.

灌木；高1～2 m。叶对生，革质，椭圆形或倒卵形，长3～8 cm，下面有灰色茸毛，离基三出脉直达顶端且相结合。花期4～5月；果期6～9月。

全株供药用，有活血通络，收敛止泻，补虚止血的功效。

3. 蒲桃属Syzygium Gaertn.

枝常有棱；叶对生，羽状脉，有透明腺点；下位子房2～3室；浆果，顶端有突起的萼帘；有1～2粒种子。本属约500余种，主要分布于亚洲热带，少数在大洋洲和非洲；我国约72种；紫金5种。

1. 华南蒲桃

Syzygium austrosinense Chang et Miau

灌木至小乔木；脉距1～1.5 mm，枝4棱，叶椭圆形，长4～7 cm，宽2～3 cm，聚伞花序顶生，花瓣离生，果球形，直径6～7 mm，与hance相似。花期6～8月。

全株药用，有涩肠止泻作用。

2. 赤楠（赤楠蒲桃）

Syzygium buxifolium Hook. et Arn.

灌木或小乔木。枝具棱，2～3叶，叶阔椭圆形，长1.5～3 cm，宽1～2 cm，聚伞花序顶生，花瓣离生，果球形，直径5～7 mm。花期6～8月。

根药用，有健脾利湿、散瘀消肿功效。

3. 红鳞蒲桃

Syzygium hancei Merr. et Perry

灌木或小乔木，高达14 m；嫩枝圆柱形，有鳞秕，干后灰白色。叶革质脉距2 mm，枝圆柱形，叶椭圆形，长3～7 cm，宽1.5～4 cm，圆锥花序，花瓣分离。

4. 山蒲桃

Syzygium levinei (Merr.) Merr.

乔木。脉距2～3.5 mm，枝圆柱形，叶椭圆形，长4～8 cm，宽1.5～3.5 cm，圆锥花序，花瓣分离，果球形，直径7～8 mm，与红鳞相似。

5. 红枝蒲桃

Syzygium rehderianum Merr. et Perry

灌木至小乔木。嫩枝红色，稍压扁。叶革质，椭圆形至狭椭圆形，长4～7 cm，顶端急渐尖，脉距2～3.5 mm；聚伞花序，花瓣合生成帽状体，果椭圆状卵形，直径1 cm。

120. 野牡丹科Melastomataceae

草本、灌木或小乔木，或攀援。单叶，对生或轮生，叶常为3～5(～7)基出脉，稀9条，极少为羽状脉。花两性，辐射对称，常用为4～5数；花萼漏斗形、钟形或杯形，常四棱，与子房基部合生，常具隔片，稀分离；花瓣常用具鲜艳的颜色，着生于萼管喉部，与萼片互生，常偏斜；雄蕊为花被片的1倍或同数，与萼片及花瓣两两对生，或与萼片对生，着生于萼管喉部，分离，花蕾时内折；花丝丝状，常向下渐粗；花药2室，常用单孔开裂，稀2孔裂，更少纵裂。蒴果或浆果，常用顶孔开裂，与宿存萼贴生。本科约240属，3000余种，分布于各大洲热带及亚热带地区，以美洲最多；我国25属，160种，25变种；紫金8属，16种。

1. 棱果花属Barthea Hook. f.

叶有5基出脉，叶背及花萼无腺点；雄蕊异型，4枚，不等长，花药顶孔开裂；中轴胎座；蒴果，种子劲直。本属1种，1变种，分布于我国东南部及南部；紫金1种。

1. 棱果花

Barthea barthei (Hance ex Benth.) Krass.

灌木，雄蕊异型，不等长，聚伞花序。

2. 柏拉木属Blastus Lour.

叶有三、五或七基出脉，叶背及花萼有腺点；雄蕊4(～5)枚，花药顶孔开裂；中轴胎座；蒴果，具不明显的纵棱，种子劲直。本属约18种，分布于印度东部至我国台湾及日本琉球群岛；我国14种，3变种；紫金2种。

1. 线萼金花树

Blastus apricus (Hand.-Mazz.) H. L. Li

灌木；高1～2 m。叶纸质，披针形至卵状披针形或卵形，基部圆形或微心形，长4～14 cm，5基出脉，背面被黄色小腺点。聚伞花序组成圆锥花序，顶生。花期6～7月；果期10～11月。

全株入药，健脾利水、活血调经。

2. 柏拉木（野锦香）

Blastus cochinchinensis Lour.

灌木；高1～2 m。叶纸质，披针形至卵状披针形或卵形，基部圆形或微心形，长4～14 cm，5基出脉，背面被黄色小腺点。聚伞花序组成圆锥花序，腋生。

全株入药，健脾利水、活血调经。

3. 野海棠属Bredia Blume

草本或亚灌木；叶有三、五、七或九基出脉；萼筒四棱形；雄蕊8枚，异型，花药线形、线状钻形，短雄蕊花药基部有小瘤；中轴胎座；蒴果，四棱形，种子劲直。本属约30种，分布于印度至亚洲东部；我国约14种，2变种；紫金2种。

1. 叶底红

Bredia fordii (Hance) Diels

亚灌木，上部、叶柄、花序、花梗及萼片密被柔毛及长腺毛，叶背紫红色，长7～11 cm，宽5～6 cm，基部心形。

2. 鸭脚茶（山落茄、雨伞子、九节兰、中华野海棠）

Bredia sinensis (Diels) H. L. Li

小灌木，小枝被星状毛，叶柄长5～20 mm。花期6～7月；果期8～10月。

全株入药，叶可治感冒；根可治头痛或疟疾、腰痛等。

4. 异药花属Fordiophyton Stapf

草本或亚灌木；叶有3、5 、7或9基出脉；萼筒四棱形，有8条纵脉；雄蕊8枚，异型，花药线形、线状钻形，长、短雄蕊花药基部无小瘤；中轴胎座；蒴果，四棱形，有8条纵脉，种子劲直。本属约8种；我国8种，2变种；紫金1种。

1. 光萼肥肉草

Fordiophyton fordii var. **vernicinum** C. Chen

草本。与肥肉草相似，叶较狭，卵状披针形，长8～15 cm，宽2～3.5 cm。

全草药用。清热利湿，凉血消肿。治痢疾，腹泻，吐血，痔血。

5. 野牡丹属Melastoma L.

灌木，被糙毛或鳞片状糙毛；叶三、五或七出脉；雄蕊10枚，异型，5长5短；蒴果。本属约100种，分布于亚洲南部至大洋洲北部以及太平洋诸岛；我国9种，1变种；紫金6种。

1. 多花野牡丹

Melastoma affine D. Don

灌木；全株密被糙伏毛和柔毛。叶披针形，5出脉，花瓣长不到3 cm，果直径10 mm，与展毛野牡丹相似。花期2～5月；果期8～12月。

全草药用，有消积滞、收敛止血、散瘀消肿功效；根煮水内服，以胡椒作引子，可催生，故名“催生药”。

2. 野牡丹

Melastoma candidum D. Don

灌木，叶卵形，七出脉，花瓣长不到3 cm，果直径约10 mm。

根药用，清热利湿，消肿止痛，散瘀止血。治消化不良，肠炎，痢疾，肝炎，衄血，便血，血栓闭塞性脉管炎。

3. 地菍

Melastoma dodecandrum Lour.

小灌木，长10～30 cm；茎匍匐上升，叶片坚纸质，卵形或椭圆形，聚伞花序，顶生，有花(1～)3朵，基部有叶状总苞2。果坛状球状，平截，近顶端略缢缩，肉质，不开裂。

全株供药用，有涩肠止痢，舒筋活血，补血安胎，清热燥湿等作用。

4. 细叶野牡丹（铺地莲）

Melastoma intermedium Dunn

灌木，高30～60 cm；小枝被短粗伏毛。叶片坚纸质或近革质，椭圆形或长圆形状椭圆形，宽不及2 cm。果卵形，长约7 mm。花期5～9月。

全株药用。消肿解毒。外洗治眼镜蛇咬伤口溃疡。

5. 展毛野牡丹（肖野牡丹、白爆牙郎）

Melastoma normale D. Don

灌木，枝密被开展粗毛及短柔毛，叶披针形，五出脉，花瓣长不到3 cm，果直径10 mm，与多花野牡丹相似。花期3～6月；果期9～11月。

全株药用。解毒收敛，祛敛消肿，消积滞，止血，止痛。

6. 毛稔

Melastoma sanguineum Sims

灌木，被特别粗大的毛，花大，花瓣长3～5 cm，果直径12 mm。花果期几乎全年。

根、叶药用，收敛止血、消食止痢、拔毒生肌。

6. 谷木属Memecylon L.

乔木。叶羽状状；子房1室，特立中央胎座；种子1(～12)颗，直径4 mm以上。本属约130种，分布于非洲、亚洲及澳大利亚热带地区，其中以东南亚、太平洋诸岛为多；我国11种，1变种；紫金1种。

1. 谷木

Memecylon ligustrifolium Champ. ex Benth.

大灌木或小乔木，高1.5～7 m；小枝圆柱形或不明显的四棱形。叶长5.5～8 cm，宽2.5～3.5 cm，聚伞花序，侧脉不明显，果球形，直径1 cm。花期5～8月；果期12月至翌年2月。

枝叶入药，有活血消肿功效。

7. 肉穗草属Sarcopyramis Wall.

草本，茎四棱形；叶有三或五基出脉；萼筒四棱形；雄蕊8枚，等长，同型，花药倒心形，基着药，中轴胎座；蒴果，四棱形，种子劲直。本属约6种，从尼泊尔至马来西亚及我国台湾；我国4种，2变种；紫金1种。

1. 楮头红（尼泊尔肉穗草）

Sarcopyramis nepalensis Wall.

直立草本；高10～30 cm。叶膜质，阔卵形或卵形，基部微下延，长5～10 cm，边缘具细锯齿，三至五基出脉，叶面被疏糙伏毛。聚伞花序顶生，有花1～3朵。

全草入药，清肺热、去肝火。

8. 蜂斗草属Sonerila Roxb.

小草本，茎四棱形，有狭翅；叶边缘有刺毛；花三基数，蝎尾状聚伞花序。本属约170种，分布于亚洲热带地区；我国12种，2变种；紫金2种。

1. 蜂斗草（桑勒草）

Sonerila cantonensis var. **strigosa** C. Chen

草本，高10～20 cm；茎钝四棱形。叶片纸质或近膜质，卵形或椭圆状卵形，顶端短渐尖或急尖，基部楔形或钝；叶柄长5～18 mm，密被长粗毛及柔毛。

全草药用，治跌打肿痛。

2. 溪边桑勒草

Sonerila maculata Roxb.

小草本。植株高20～30 cm，茎无翅，茎、叶柄被微柔毛或腺毛，花瓣长10 mm。

全草药用。治枪弹伤。

121. 使君子科Combretaceae

乔木、灌木或稀木质藤本，有些具刺。单叶对生或互生，极少轮生，叶基、叶柄或叶下缘齿间具腺体；毛被有时分泌草酸钙而成鳞片状，草酸钙有时在角质层下形成一透明点或细乳突。花常用两性，有时两性花和雄花同株；花瓣4～5或不存在；雄蕊常用插生于萼管上，2枚或与萼片同数或为萼片数的2倍，花丝在芽时内弯，花药丁字着，纵裂；子房下位，1室，胚珠2～6颗，倒生，倒悬于子房室的顶端，珠柄合生或分离。坚果、核果或翅果。本科20属，500种，分布热带和亚热带；我国6属，20种；紫金1属，1种。

1. 风车子属Combretum Loefl.

木质藤本，稀攀援状灌木或乔木。叶对生、互生或近于轮生，具柄，几全缘。圆锥花序或仅为穗状花序或总状花序，顶生及腋生，密被鳞片或柔毛，两性，5或4数；萼管下部细长，在子房之上略收缩而后扩大而呈钟状、杯状或漏斗状，萼4～5齿裂；花瓣4～5，小，着生于萼管上或与萼齿互生，雄蕊通常为花瓣的2倍，2轮；花盘与萼管离生或合生，分离部分常被粗毛环，很小或稀缺，花柱单一，常直立，有时很短；子房下位，1室，胚珠2～6颗。假核果，具4～5翅、棱或肋，种子1枚。本属约250种，分布热带和非洲、美洲和亚洲的热带地区以及马达加斯加；中国8种；紫金1种。

1. 华风车子

Combretum alfredii Hance

多枝直立或攀援状灌木，高约5 m；树皮浅灰色，幼嫩部分具鳞片；小枝近方形、灰褐色，有纵槽，密被棕黄色的绒毛和有橙黄色的鳞片，老枝无毛。叶对生或近对生，叶片长椭圆形至阔披针形，稀为椭圆状倒卵形或卵形，长12～16(～20) cm，宽4.8～7.3 cm，顶端渐尖，基部楔尖，稀钝圆，全缘。果具4～5枚膜质翅。

122. 红树科Rhizophoraceae

常绿乔木或灌木。单叶，交互对生而具托叶或互生而无托叶。花两性，少单性；单生或丛生于叶腋或排成聚伞花序萼管与子房合生或分离，裂片4～16片，镊合状排列，宿存。核果或浆果，少为蒴果。本科17属，约120种，分布热带和亚热带；我国6属，13种；紫金1属，1种。

1. 竹节树属Carallia Roxb.

灌木或乔木；树干基部常有板状根。叶交互对生，纸质或薄革质。聚伞花序腋生，二歧或三歧分枝；花两性；花瓣膜质，与花萼裂片同数；子房下位。果肉质；种子有胚乳。本属约10种；我国4种；紫金1种。

1. 竹节树

Carallia brachiata (Lour.) Merr.

乔木，高7～10 m。叶薄革质，倒卵形、椭圆形或长圆形，长5～8 cm，宽3～4.5 cm，顶端短尖而钝，基部阔楔形，全缘。花白色。果近球形；种子肾形或长圆形。

123. 金丝桃科Hypericaceae

草本、灌木或乔木；常有腺点。叶对生或轮生。单花或聚伞花序；花萼5，稀4；花瓣4～5；雄蕊多数，合生成5束；子房上位，1室，或3～5室。蒴果或浆果，稀核果。本科7属，约500种，分布全世界温带和亚热带；我国5属，60种；紫金2属，4种。

1. 黄牛木属Cratoxylum Bl.

灌木或乔木；叶无腺点；蒴果室背开裂；种子有翅。本属约6种，分布于印度、缅甸、泰国、经中南半岛及我国南部至马来西亚、印度尼西亚及菲律宾；我国2种；紫金1种。

1. 黄牛木（黄牛茶、黄芽茶）

Cratoxylum cochinchinense (Lour.) Bl.

落叶灌木或乔木；全体无毛，树干下部具长枝刺。叶对生，坚纸质，无毛，椭圆形至长椭圆形，叶背有透明腺点及黑点；叶柄短，无毛。聚伞花序腋生或顶生。蒴果椭圆形。

根、树皮及嫩叶入药，健胃消滞、清热解暑。

2. 金丝桃属Hypericum L.

亚灌木或草本；叶常有腺点；蒴果室间开裂；种子无翅。本属约400余种，除南北两极地或荒漠地及大部分热带低地外世界广布；我国约55种，8亚种；紫金3种。

1. 赶山鞭

Hypericum attenuatum Choisy

草本，茎2纵棱，叶背散生黑色腺点，叶长1～4.2 cm，花柱分离，长7 mm。

全草药用。味苦，性平。止血，镇痛，通乳。治咯血，吐血，子宫出血，风湿关节痛，神经痛，跌打损伤，乳汁缺乏，乳腺炎。

2. 地耳草

Hypericum japonicum Thunb. ex Murray

小草本，花柱分离，叶卵形，长小于2 cm，基部和苞片无有腺长睫毛，花柱长10 mm。

全草药用。清热利湿，解毒消肿，散瘀止痛，治肝炎，早期肝硬化，阑尾炎，眼结膜炎，扁桃体炎。

3. 元宝草（合掌草、小连翘）

Hypericum sampsoni Hance

多年生草本；高0.2～0.8 m。叶基部合生为一体，茎中间穿过，果有泡状腺体。花期5～6月；果期7～8月。

全草药用，有清热解毒，通经活络，凉血止血作用。

126. 藤黄科Guttiferae

乔木或灌木，有树脂或油。单叶，对生。花单性或两性；萼片2～6，花瓣与萼片同数，离生，覆瓦状排列或旋卷；雄蕊多数；子房上位，1～12室，具中轴或侧生胎座。果为浆果、核果或蒴果。本科约35属，600种，分布亚洲和美洲热带，少数达澳大利亚；我国4属，20种；紫金2属，3种。

1. 红厚壳属Calophyllum L.

乔木或灌木。叶对生，全缘，光滑无毛，有多数平行的侧脉，侧脉几与中肋垂直。花两性或单性，组成顶生或腋生的总状花序或圆锥花序。核果球形或卵球形，外果皮薄，种子具薄的假种皮，子叶厚，肉质，富含油脂。本属约180余种，主要分布于亚洲热带地区，其次是南美洲和大洋洲；我国4种；紫金1种。

1. 薄叶红厚壳

Calophyllum membranaceum Gardn. et Champ.

叶片侧脉极多而密，近平行，子房1室，种子无假种皮。

根可入药治跌打损伤，风湿骨痛，肾虚腰痛，能祛瘀止痛，补肾强腰；叶治外伤出血。

1. 藤黄属Garcinia L.

叶侧脉较少，疏而斜升；子房2～12室，花柱短或无；浆果；种子有肉瓤状假种皮。本属约450种；我国21种；紫金2种。

1. 多花山竹子（山竹子、木竹子）

Garcinia multiflora Champ. ex Benth.

小乔木，叶倒卵形，圆锥花序，果球形，直径2～3.5 cm。花期6～8月；果期11～12月。

树皮、果入药，消炎止痛、收敛生肌。

2. 岭南山竹子（海南山竹子）

Garcinia oblongifolia Champ. ex Benth.

小乔木，叶倒卵状长圆形，花单生，果球形，直径2.5～3.5 cm。花期6～8月；果期9～11月。

128. 椴树科Tiliaceae

乔木，灌木或草本。单叶互生，稀对生。花两性或单性雌雄异株，辐射对称，排成聚伞花序或再组成圆锥花序；萼片常用5数，有时4片，分离或多少连生，镊合状排列；花瓣与萼片同数，分离，有时或缺；内侧常有腺体，或有花瓣状退化雄蕊，与花瓣对生；雌雄蕊柄存在或缺；雄蕊多数，稀5数，离生或基部连生成束，花药2室，纵裂或顶端孔裂；子房上位，2～6室，有时更多，每室有胚珠1至数颗，生于中轴胎座。果为核果、蒴果、裂果。本科52属，约500种，分布热带和亚热带；我国13属，85种；紫金4属，6种。

1. 田麻属Corchoropsis Sieb. et Zucc.

草本；蒴果角状圆筒形，无刺或刺毛，3瓣开裂。本属约4种，分布于东亚；我国2种；紫金1种。

1. 田麻（毛果田麻）

Corchoropsis crenata Sieb. et Zucc.

一年生草本；高30～60 cm。嫩枝与茎有星状短柔毛。叶卵形或狭卵形，长2.5～6 cm，边缘有钝牙齿，两面均密生星状短柔毛，基出脉3条。蒴果角状，3瓣开裂。果期秋季。

全株药用，清热利湿、解毒止血。

2. 黄麻属Corchorus L.

草本或亚灌木；蒴果球形或长筒形，无刺或刺毛，室背开裂为2～5瓣。本属40余种，主要分布于热带地区；我国4种；紫金1种。

1. 黄麻（苦麻叶、络麻）

Corchorus capsularis L.

草本。子房无毛，果近球形，5瓣开裂。

叶、种子、根药用。清热解毒，拔毒消肿。

3. 扁担杆属 Grewia L.

灌木或小乔木。叶常边缘有锯齿。总花梗无舌状苞片；萼片离生；花瓣内侧有花瓣状腺体；子房2～4。核果有沟槽。本属约90余种，分布于东半球热带；我国26种；紫金2种。

1. 扁担杆（娃娃拳、麻糖果、葛荆麻、月亮皮）

Grewia biloba G. Don

灌木；高1～4 m。嫩枝被粗毛。叶背疏被星状毛，基部三出脉，萼片无毛，核果有深沟，2～4颗小核果。花期5～7月。

全株入药，有健脾益气，固精止带，祛风除湿作用。

2. 黄麻叶扁担杆（西南扁担秆）

Grewia henryi Burret

灌木或小乔木。嫩枝被黄褐色星状毛。叶两面被星状粗毛，基部三出脉，侧脉4～6对，萼片无毛，核果有深沟，4颗小核果。花期7～9月。

用途与扁担杆同。

4. 刺蒴麻属 Triumfetta L.

草本；蒴果具刺或刺毛。本属约60种，广布于热带亚热带地区；我国6种；紫金2种。

1. 毛刺蒴麻

Triumfetta cana Bl.

草本。叶不裂，叶背密被星状短茸毛，基出脉3～5条，果球形，刺长5～8 mm。

根和叶药用。清热解毒，治痢疾，跌打损伤。

2. 刺蒴麻

Triumfetta rhomboidea Jacq.

亚灌木；嫩枝被毛。叶3～5裂，叶面被疏柔毛，背面被星状毛，果刺长2～3 mm。花期夏秋季间。

全株供药用，辛温，消风散毒，治毒疮及肾结石。

128 A. 杜英科 Elaeocarpaceae

乔木。叶互生，边缘有锯齿或全缘，下面或有黑色腺点，常有长柄；托叶线形，稀为叶状，或有时不存在。总状花序腋生或生于无叶的去年枝条上，两性，有时两性花与雄花并存；萼片4～6片，分离，镊合状排列；花瓣4～6片，白色，分离，顶端常撕裂，稀为全缘或浅齿裂；雄蕊多数，10～50枚，稀更少；花盘常分裂为5～10个腺状体，稀为环状；子房2～5室。果为核果。本科12属，约400种，分布于东西两半球的热带和亚热带地区；我国2属，51种；紫金2属，9种。

1. 杜英属 Elaeocarpus L.

花组成总状花序腋生；花盘分裂成腺体状。核果。本属约200种，分布于东亚，东南亚及西南太平洋和大洋洲；我国38种，6变种；紫金8种。

1. 中华杜英（小冬桃）

Elaeocarpus chinensis (Gardn. et Champ.) Hook. f. ex Benth.

常绿小乔木。叶薄革质，卵状披针形或披针形，长5～

8 cm，基部圆形，上面绿色有光泽，下面有细小黑腺点，边缘有波状小钝齿；叶柄纤细，顶端膨大。花期5～6月。

根药用，散瘀消肿。

2. 显脉杜英

Elaeocarpus dubius A. DC.

常绿小乔木。叶披针形或长圆形，长5～7 cm，宽2～2.5 cm，无毛，网脉凸起，果椭圆形，长1～1.3 cm。

3. 褐毛杜英

Elaeocarpus duclouxii Gagnep.

常绿小乔木。叶长圆形，长8～15 cm，宽3～6 cm，背面被毛，果椭圆形，直径2 cm，与杜英和山杜英相似。

4. 秃瓣杜英

Elaeocarpus glabripetalus Merr.

乔木；高达12 m。嫩枝多少有棱。叶纸质，倒披针形，长8～12 cm，基部变窄而下延，边缘有小钝齿。花瓣5片，白色，长5～6 mm，顶端较宽，撕裂为14～18条。

5. 日本杜英

Elaeocarpus japonicus Sieb. et Zucc.

乔木。叶革质，通常卵形、椭圆形或倒卵形，长6～12 cm，基部圆形或钝，边缘有疏锯齿；叶柄长2～6 cm，顶端膨大。花期4～5月；果期9月。

6. 披针叶杜英

Elaeocarpus lanceaefolius Roxb.

小乔木；与杜英相似，叶薄，柄长达2.5 cm，花萼无毛，雄蕊15枚。

7. 绢毛杜英

Elaeocarpus nitentifolius Merr. et Chun

叶椭圆形，长8～15 cm，宽3.5～7.5 cm，叶背被绢毛，果椭圆形，直径10 mm。

8. 山杜英（羊屎树）

Elaeocarpus sylvestris (Lour.) Poir.

小乔木；高约10 m。叶狭倒卵形，长4～8 cm，宽2～4 cm，叶无毛，果椭圆形，长1～1.2 cm，与杜英、冬桃杜英相似。花期4～5月；果期10～12月。

根皮供药用，有散瘀消肿功效。

2. 猴欢喜属 Sloanea L.

花常单生，有长柄；花盘不分裂。蒴果外表皮有针刺。约120种，分布于东西两半球的热带和亚热带；我国有13种；紫金1种。

1. 猴欢喜

Sloanea sinensis (Hance) Hemsl.

乔木。叶较大，长8～15 cm，宽3～7 cm，果较大，直径2.5～3 cm。

130. 梧桐科 Sterculiaceae

乔木或灌木，稀为草本或藤本，幼嫩部分常有星状毛，树皮常有黏液和富于纤维。叶互生，单叶，稀为掌状复叶。花单性、两性或杂性；萼片5枚，稀为3～4枚，或多或少合生，稀完全分离，镊合状排列；花瓣5片或无花瓣，分离或基部与雌雄蕊柄合生，排成旋转的复瓦状排列；常用有雌雄蕊柄；雄蕊的花丝常合生成管状，有5枚舌状或线状的退化雄蕊与萼片对生，或无退化雄蕊，花药2室，纵裂；雌蕊由2～5(稀10～12)个多少合生的心皮或单心皮所组成，子房上位，室数与心皮数相同，每室有胚珠2个或多个，稀为1个，花柱1枚或与心皮同数。果常用为蒴果或蓇葖，开裂或不开裂，极少为浆果或核果。本科68属，约1100种，分布在东、西两半球的热带和亚热带地区，只有个别种可分布到温带；我国19属，84种；紫金8属，8种。

1. 刺果藤属 Byttneria Loefl.

多为藤本，少灌木或乔木。叶多圆形或卵圆形。聚伞花序顶生或腋生，花小，萼片5枚，基部连合；花瓣5片，具爪，上部凹陷盔状，顶端有带状附属体，花丝合生成筒状。蒴果球形，有刺，熟时分裂成5个果瓣。本属约70种；我国3种；紫金1种。

1. 刺果藤

Byttneria aspera Colebr.

木质大藤本，小枝略被短柔毛。叶大，阔卵形，果有刺。花期春夏季。

根、茎入药，祛风除湿、补肾强腰。

2. 梧桐属 Firmiana Marsili

乔木或灌木。叶为单叶，掌状3～5裂，或全缘。花通常排成圆锥花序，稀为总状花序，腋生或顶生，单性或杂性；萼5深裂几至基部，萼片向外卷曲，稀4～裂；无花瓣；雄花的花药10～15个，聚集在雌雄蕊柄的顶端成头状，有退化雌蕊；雌花的子房5室，基部围绕着不育的花药，每室有胚珠2个或多个，花柱在基部连合，柱头与心皮同数而分离。果为蓇葖果，具柄，果皮膜质，在成熟前甚早就开裂成叶状；每蓇葖有种子1个或多个，着生在叶状果皮的内缘；种子圆球形，胚乳扁平或褶合；子叶扁平，甚薄。本属约15种，分布在亚洲和非洲东部；我国3种；紫金1种。

1. 梧桐

Firmiana simplex (L.) W. Wight

落叶乔木，叶心形，掌状3～5裂，圆锥花序顶生，蓇葖果膜质，有柄，成熟前开裂成叶状，外面被短茸毛或几无毛，每蓇葖果有种子2～4个；种子圆球形，表面有皱纹。

3. 山芝麻属Helicteres L.

灌木。花两性，花瓣5，有10枚雄蕊，子房有长柄，退化雄蕊5枚。蒴果，种子无翅。本属约60种，分布在亚洲热带及美洲；我国9种；紫金1种。

1. 山芝麻（野芝麻）

Helicteres angustifolia L.

小灌木；高达1 m。小枝被灰绿色短柔毛。叶狭长圆形，长3.5～5 cm，宽1.5～2.5 cm，全缘，果密被星状绒毛。果通直。花期几乎全年。

根或全株药用，清热解毒、祛痰止咳、滑肠通便。

4. 马松子属Melochia L.

草本或亚灌木，被星状柔毛。叶心形，花两性，花瓣5，有5枚雄蕊，花柱5枚，子房无柄。蒴果5室。本属约54种，主要分布在热带和亚热带地区；我国1种；紫金1种。

1. 马松子（过路黄）

Melochia corchorifolia L.

亚灌木状草本；高不及1 m。叶薄纸质，卵形至披针形，稀有不明显的3浅裂，长2.5～7 cm，基部圆形或心形，边缘有锯齿。花两性，子房无柄，果5室。

茎皮富含纤维，可与黄麻混纺以制麻袋。根、叶入药，清热利湿、止痒退疹。

5. 翅子树属Pterospermum Schreber

乔木或灌木。花两性，生于小枝上，花瓣5，有15枚雄蕊，子房无柄，退化雄蕊5枚。蒴果无翅，开裂，种子有翅。本属约40种，分布于亚洲热带和亚热带；我国9种；紫金1种。

1. 翻白叶树（半枫荷、异叶翅子树）

Pterospermum heterophyllum Hance

乔木，高达20 m。叶二型，成长叶长圆形，长7～15 cm，宽3～10 cm，苞片全缘，果柄粗，长不及15 mm。花期秋季。

根入药，有祛风除湿，舒筋活血，消肿止痛功效。

6. 梭罗树属Reevesia Lindley

乔木或灌木。花两性，花瓣5，有15枚雄蕊，子房有长柄，退化雄蕊5枚。蒴果，种子有明显的膜质翅。本属约18种，主要分布在我国南部、西南部和喜马拉雅山东部地区；我国14种，2变种；紫金1种。

1. 两广梭罗

Reevesia thyrsoidea Lindl.

乔木，幼枝疏被星状柔毛。叶革质，长圆形、椭圆形或长圆状椭圆形，长5～7 cm，两面无毛。蒴果长圆状梨形，有5棱，被柔毛。花期3～4月。

7. 苹婆属Sterculia L.

乔木或灌木；单叶；花单性或杂性；无花瓣，雌蕊由5枚皮黏合而成；蓇葖果皮革质，少数为木质。本属约300种，产于东西两半球的热带和亚热带地区，而于亚洲热带最多；我国23种，1变种；紫金1种。

1. 假苹婆（赛苹婆、鸡冠木）

Sterculia lanceolata Cav.

乔木，小枝初时被毛。叶椭圆形或披针形，长9～20 cm，宽3.5～8 cm，花萼分离，果直径1 cm。花期4～6月；果期8～9月。

叶药用。消肿镇痛。治跌打。

8. 蛇婆子属Waltheria L.

草本或亚灌木，被星状毛。花两性，花红色，午间开放，花瓣5，有5枚雄蕊，子房无柄，果1室，花柱1枚。蒴果2裂。本属约50种，多数产于美洲热带；我国有1种；紫金1种。

1. 蛇婆子

Waltheria indica L.

草本。花两性，子房无柄，果1室，花柱1枚。

132. 锦葵科Malvaceae

草本、灌木至乔木。叶互生，单叶或分裂，叶脉常用掌状，具托叶。花腋生或顶生，单生、簇生、聚伞花序至圆锥花序；花两性，辐射对称；萼片3～5片，分离或合生；其下面附有总苞状的小苞片3至多数；花瓣5片，彼此分离，但与雄蕊管的基部合生；雄蕊多数，连合成一管称雄蕊柱，花药1室，花粉被刺；子房上位，2至多室，常用以5室较多，由2～5枚或较多的心皮环绕中轴而成。蒴果，常几枚果爿分裂，很少浆果状。本科50属，约1000种，分布世界各地，主产热带、亚热带；我国18属，85种；紫金6属，9种。

1. 黄葵属Abelmoschus Medicus

花萼顶端有不整齐的5齿，开花时一侧开裂，花后脱落；花柱枝5枚，子房5室，每室有胚珠2至多颗。本属约15种，分布于东半球热带和亚热带地；我国6种，1变种；紫金1种。

1. 黄葵（野芙蓉、假棉花）

Abelmoschus moschatus (L.) Medicus

草本或亚灌木；高1～2 m。叶通常掌状5～7深裂，直径6～15 cm，裂片边缘具不规则锯齿，基部心形，两面均疏被硬毛；叶柄长7～15 cm，疏被硬毛。花黄色，内面基部暗紫色，直径7～12 cm。

全株药用，清热利湿、拔毒排脓。

2. 苘麻属Abutilon Miller

花无小苞片，心皮10～20枚，子房每室2至多颗胚珠，分果瓣顶端有芒。本属约150种，分布于热带和亚热带地区；我国引种9种；紫金1种。

1. 磨盘草

Abutilon indicum (L.) Sweet

草本。叶缘具粗锯齿，花梗长4～5 cm，分果15～20枚，花梗长为叶柄的2倍或近等长；分果爿顶端锐尖或具短芒。

全株药用，益气通窍，祛痰利尿。

3. 锦葵属Malva L.

叶大，掌状脉；花有小苞片(副萼)3枚；花瓣顶端凹或钝，心皮9～15枚，子房每室1胚珠。分果。本属约30种，分布亚洲、欧洲和北非洲；我国4种；紫金栽培1种。

1. 野葵

Malva verticillata L.

草本，高0.5～1 m。叶圆形，常5～7裂或角裂，宽5～8 cm，基部心形，边缘具细锯齿，并极皱缩扭曲。花小，白色，单生或几个簇生于叶腋；萼浅杯状，5裂，裂片三角形；花瓣5，较萼片略长。

全草药用，清热利湿、通乳、润肠通便。

4. 赛葵属Malvastrum A. Gray

叶小，羽状脉；花有小苞片(副萼)3枚；花柱枝10～15枚，花瓣顶端齿缺，心皮10～15枚，子房每室1胚珠。分果瓣有短刺3条。本属约80种，分布于热带和亚热带美洲；我国2种逸生；紫金1种。

1. 赛葵（黄花棉）

Malvastrum coromandelianum (L.) Garcke

亚灌木；高达1m。叶卵状披针形或卵形，长3～6cm，边缘具粗锯齿，上面疏被长毛，下面疏被长毛和星状长毛。花单生于叶腋；花瓣5，黄色，倒卵形。果扁球形，分果8～12，肾形。

全草入药，清热利湿、拔毒生肌、活血散瘀。

5. 黄花稔属Sida L.

子房4～14室，每室有胚珠1颗，分果瓣顶端有芒或无芒。本属约90余种，分布于全世界；我国13种，4变种；紫金2种。

1. 长梗黄花稔

Sida cordata (Burm. f.) Borss.

与心叶黄花稔相似，叶基部心形，叶柄、花梗较细长，基出脉，顶端急尖具尾尖，植株被黏性腺毛，花梗长5～10 mm，分果5个，不开裂，无芒，果皮平滑。

2. 白背黄花稔（黄花母）

Sida rhombifolia L.

亚灌木；高0.5～1 m。叶菱形或长圆状披针形，长2.5～4.5 cm，基部宽楔形，边缘具锯齿，下面被灰白色星状柔毛。花单生于叶腋；萼杯形，被星状短绵毛，裂片5，三角形。花期秋冬季。

全草入药，消炎解毒、祛风除湿、消肿止痛。

6. 梵天花属Urena L.

小灌木；花冠粉红色，花瓣开裂；小苞片合生呈杯状；花柱分枝10枚；果为分果，果皮具锚状刺和星状毛。本属约6种，分布于两半球的热带和亚热带地区；我国3种，5变种；紫金3种。

1. 地桃花（肖梵天花）

Urena lobata L.

亚灌木；高达1 m。叶3～5浅裂，副萼裂片长三角形，果时直立。花期7～10月。

全草药用，清热解毒、祛风除湿。

2. 梵天花（狗脚迹、地棉花）

Urena procumbens L.

小灌木；高80 cm。叶3～5深裂，副萼裂片线状披针形，果时开展。花期6～9月。

全株药用，消肿解毒、散瘀止痛、化痰止咳。

3. 小叶梵天花

Urena procumbens var. microphylla Feng

叶3～5深裂，副萼裂片线状披针形，果时开展。

133. 金虎尾科Malpighiaceae

灌木、乔木或木质藤本。单背面和叶柄常用具腺体。总状花序腋生或顶生，单生或组成圆锥花序；花常用两性，辐射对称或斜的两侧对称，花梗具关节，小苞片常用2枚；花萼5裂，裂片覆瓦状排列，稀镊含状排列，其中1或多片背面基部具腺体，稀无腺体；花瓣5，常覆瓦状排列，基部具爪，边缘具缘毛；雄蕊5+5，外轮对花瓣生，花丝基部常合生，花药2室，纵裂，花盘不明显；子房上位，3室，中轴胎座。果为具翅的各种翅果，不开裂或稀2瓣裂，或为肉质的核果状，或为蒴果。本科约65属，1280种，广布于全球热带地区，主产南美洲；我国4属，约23种；紫金1属，1种。

1. 风车藤属Hiptage Gaertn.

攀援灌木；花萼基部有1大腺体，花瓣有爪，花柱1枚，每心皮2侧翅和1背翅均发育成翅果的翅。果为翅果。本属约30种，分布于毛里求斯、印度、孟加拉国、中南半岛、马来西亚、菲律宾、印度尼西亚、斐济等；我国10种；紫金1种。

1. 风车藤（红龙、狗角藤）

Hiptage benghalensis (L.) Kurz

木质藤本。叶对生，近革质，椭圆状长圆形或卵状披针形，长7～18 cm。花萼基部1大腺体。翅果有3不等的翅。花期2～4月；果期4～5月。

根、茎药用，温肾益气，强肾固精。

135. 古柯科Erythroxylaceae

灌木或乔木。单叶互生，稀对生，全缘或偶有纯锯齿；托叶生于叶柄内侧，极少生于叶柄外侧的通常早落。花簇生或聚伞花序，两性，稀单性雌雄异株，辐射对称。核果或蒴果。种子无胚乳或有胚乳。本科4属，约250种，全球热带及亚热带有分布，主产于南美洲；我国2属，4种和1栽培种，分布于西南至东南；紫金1属，1种。

1. 古柯属Erythroxylum P. Br.

灌木或小乔木，通常无毛。托叶生于叶柄内侧，在短枝上的常彼此复迭。花小，白色或黄色，单生或3～6朵簇生或腋生，通常为异长花柱花；萼片一般基部合生；花瓣有爪，内面有舌状体贴生于基部；雄蕊10，不等长或近等长，花丝基部合生成浅杯状，有腺体或无腺体；子房3室，2室不育，可育的一室有胚珠1～2颗，花柱分离或合生。核果。种子1粒，有胚乳或无胚乳。本属约200种，分布于热带及亚热带，主产于南美洲；我国2种；紫金1种。

1. 东方古柯

Erythroxylum sinensis C. Y. Wu

叶较小，长2～4.5 cm，宽1～1.8 cm，顶端圆钝或微凹，托叶不裂。

135A. 粘木科Ixonanthaceae

乔木。叶互生。花小，白色，二歧或三歧聚伞花序，腋生；萼片5，基部合生，宿存，木质化；花瓣5，旋转排列，宿存，环绕蒴果的基部；雄蕊10或20，着生于环状或杯状花盘的外缘；子房5室，与花盘分离，中轴胎座，每室有悬垂胚珠2颗。蒴果。本科4属，约21种，分布热带地区；我国1属，2种；紫金1属，1种。

1. 粘木属Ixonanthes Jack.

属特征同科。本属3种，分布亚洲热带；我国2种；紫金1种。

1. 粘木

Ixonanthes reticulata Jack

灌木或乔木；高4～20 m。叶椭圆形或长圆形，长4～16 cm。二歧或三歧聚伞花序，生于枝近顶部叶腋内；花白色；萼片5，基部合生，卵状长圆形或三角形。

136. 大戟科Euphorbiaceae

乔木、灌木或草本，稀藤本。常有乳汁。叶互生，少有对生或轮生，单叶，稀为复叶，或叶退化呈鳞片状；叶柄基部或顶端有时具有1～2枚腺体。花单性，雌雄同株或异株，单花或组成各式花序，在大戟类中为特殊化的杯状花序；萼片分离或在基部合生，覆瓦状或镊合状排列，在特化的花序中有时萼片极度退化或无；花瓣有或无；花盘环状或分裂成为腺体状，稀无花盘；子房上位，3室，稀2或4室或更多或更少。果为蒴果，常从宿存的中央轴柱分离成分果爿，或为浆果状或核果状。本科约300属，8910种，广布于全球，但主产于热带和亚热带地区；我国连引入栽培共约70多属，约460种；紫金19属，44种。

1. 铁苋菜属Acalypha L.

一年生或多年生草本，灌木或小乔木。叶互生，通常膜质或纸质，叶缘具齿或近全缘。雌雄同株，稀异株，花序腋生或顶生，雌雄花同序或异序。蒴果，小，通常具3个分果爿，果皮具毛或软刺；种子近球形或卵圆形，种皮壳质，有时具明显种脐或种阜，胚乳肉质，子叶阔、扁平。本属约450种，广布于世界热带、亚热带地区；我国约17种，其中栽培2种；紫金1种。

1. 铁苋菜

Acalypha australis L.

一年生草本。叶膜质，长卵形、近菱状卵形或阔披针形，雌雄花同序，花序腋生，稀顶生。蒴果具3个分果爿，果皮具疏生毛和毛基变厚的小瘤体。

全草药用，清热解毒，消积，止痢，止血。治肠炎，细菌性痢疾，阿米巴痢疾，小儿疳积，肝炎，疟疾，吐血，衄血，尿血，便血，子宫出血。

2. 山麻杆属Alchornea Sw.

灌木。叶互生，叶柄顶端有2枚小托叶。雌雄异株或同株，花无花瓣，每苞片雄花多朵，花萼2～5裂，雄蕊4～8枚；每苞片有1雌花，萼片4～8枚。本属约70种，分布于全世界热带、亚热带地区；我国7种，2变种；紫金1种。

1. 红背山麻杆（红背叶）

Alchornea trewioides (Benth.) Muell. Arg.

灌木；高1～2 m。3基出脉，叶背与叶柄浅紫红色，基部2托叶，雄花序长7～15 cm，苞片三角形，果皮无小瘤体。花期3～5月；果期6～8月。

枝、叶药用，有祛湿解毒、杀虫止痒功效。

3. 五月茶属Antidesma L.

单叶。萼片合生，花无花瓣；雌花有花盘和腺体，子房1～2室，花柱2～3枚，柱头小。核果直径5～8 mm。本属约170种，广布于东半球热带及亚热带地区；我国17种，1变种；紫金1种。

1. 酸味子（日本五月茶）

Antidesma japonicum Sieb. et Zucc.

灌木；高2～8 m。叶片纸质至近革质，椭圆形至长圆状披针形，稀倒卵形，长3.5～13 cm，顶端通常尾状渐尖。总状花序顶生，长达10 cm。核果椭圆形，长5～6 mm。花期4～6月；果期7～9月。

4. 银柴属Aporusa Bl.

乔木或灌木。单叶互生，具叶柄，叶柄顶端通常具有小腺体；托叶2。花单性，雌雄异株，稀同株，多朵组成腋生穗状花序；花序单生或数枝簇生。蒴果核果状，成熟时呈不规则开裂，内有种子1～2颗；种子无种阜，胚乳肉质，子叶扁而宽。本属约75种，分布于亚洲东南部；我国4种；紫金1种。

1. 银柴

Aporusa dioica (Roxb.) Muell. Arg.

乔木。叶椭圆形、长圆状倒卵形或长圆状披针形，背面脉上被短茸毛，子房被茸毛。

5. 重阳木属Bischofia Bl.

乔木。三出复叶。植株无白色乳汁；雌雄异株；雄蕊5枚，花丝分离。核果。本属2种，分布于亚洲南部及东南部至澳大利亚和波利尼西亚；我国2种；紫金1种。

1. 秋枫（茄冬）

Bischofia javanica Bl.

常绿或半常绿大乔木；高达40 m。圆锥花序，叶基部楔形或阔楔形。花期4～5月；果期8～10月。

根、叶入药，祛风消肿、活血散结。

6. 黑面神属Breynia J. R. Forst. et G. Forst.

单叶。花雌雄同株，无花瓣，花萼6浅裂，雄花丝分离，雄蕊3枚，无不育雌蕊，雌花无花盘和腺体，子房3室，花柱分离或仅基部合生；蒴果果皮肉质。本属约26种，主要分布于亚洲东南部，少数在澳大利亚及太平洋诸岛；我国5种；紫金2种。

1. 黑面神（鬼画符、黑面叶）

Breynia fruticosa (L.) Hook. f.

灌木；高1～3 m。叶片革质，阔卵形或菱状卵形，长3～7 cm，上面深绿色，下面粉绿色，干后变黑色。雌花花萼花后增大，果顶端无喙。花期4～9月；果期5～12月。

根、叶供药用，清热解毒、活血散瘀、收敛止血。

2. 喙果黑面神

Breynia rostrata Merr.

灌木；高1～3 m。叶近革质，雌花花萼花后不增大，宿萼外折，果顶端有喙。

直立灌木或小乔木。叶片纸质，长圆形、长椭圆形或倒卵状长圆形，长3～9 cm，基部宽楔形至近圆。花果期几乎全年。

全株药用，有清热凉血、消肿解毒、安神调经作用。

7. 土蜜树属Bridelia Willd.

叶为单叶；花多朵簇生成团伞花序或聚伞花序，有花瓣，雄花萼片镊合状排列，子房每室2胚珠。核果。本属约60种，分布于东半球热带及亚热带地区；我国9种；紫金2种。

1. 禾串树（尖叶土蜜树）

Bridelia balansae Tutcher

乔木；高达17 m。叶片近革质，椭圆形或长椭圆形，长5～25 cm，顶端渐尖或尾状渐尖，边缘反卷。花期3～8月；果期9～11月。

叶入药，治慢性气管炎。

2. 土蜜树（逼迫子）

Bridelia tomentosa Bl.

8. 巴豆属Croton L.

乔木，被星状毛。叶柄顶端或叶基部有腺体。雌雄花有花瓣，稀雌花无花瓣，花丝基部被棉毛，子房3室，每室1胚珠。本属约800种；广布于全世界热带、亚热带地区；我国约21种；紫金1种。

1. 毛果巴豆（小叶双龙眼）

Croton lachnocarpus Benth.

灌木；高1～2 m。全株各部均密被星状柔毛。叶纸质，椭圆形至椭圆状卵形，长4～10 cm，基部近圆形至微心形，边缘有不明显细锯齿；叶基部或叶柄顶端有2枚具柄杯状腺体。花期4～5月。

根、叶、种子药用，有祛风除湿、散瘀消肿作用。

9. 大戟属Euphorbia L.

草本或灌木；杯状聚伞花序，雌雄花均无花被，仅1枚雄蕊；子房3室。本属约2000种，是被子植物中特大属之一，遍布世界各地，其中非洲和中南美洲较多；我国原产约66种，另有栽培和归化14种，计80种；紫金5种。

1. 桃叶猩猩草

Euphorbia heterophylla L.

一年生草本；叶卵形或椭圆形，花基部苞叶叶状，白色，总苞腺体裂口圆形。

2. 飞扬草（大飞扬、节节花）

Euphorbia hirta L.

一年生草本，茎被长粗毛，叶菱状椭圆形，长1～3 cm，宽5～17 mm，边具锯齿，花序密集呈球状，附属体小，种子具4棱。花果期6～12月。

全草药用，祛湿止痒、消炎止痢。

3. 地锦

Euphorbia humifusa Willd. ex Schlecht.

一年生匍匐草本，茎无毛，叶斜长圆形，长5～10 mm，边具微齿，两侧不对称，花序腋生，附属体白色，果无毛，与千根草、铺地草。花果期5～10月。

全草入药，有清热解毒、利尿、通乳、杀虫作用。

4. 通奶草

Euphorbia hypericifolia L.

一年生直立或斜升草本，叶椭圆形或长圆形，长1～3 cm，宽5～12 mm，边具锯齿，两侧不对称，三歧复合花序，附属体扁圆形，种子具4棱，与铺地草相似。

全草入药，通奶。

5. 斑地锦

Euphorbia maculata L.

一年生草本。茎匍匐。叶对生；叶面绿色，中部常具有一个长圆形的紫色斑点，两面无毛。杯状聚伞花序单生于节上叶腋；总苞狭杯状，腺体4，黄绿色；横椭圆形，边缘具白色附属物。雌蕊1，蒴果三角状卵形，3瓣裂，花果期4～9月。

10. 算盘子属Glochidion J. R. Forst. et G. Forst.

单叶。花雌雄同株，无花瓣，雄花丝合生，雄蕊3～8枚，无不育雌蕊，雌花无花盘和腺体，子房3～25室，花柱合生；蒴果扁球形，有3～25分果。本属约300种，分布于热带亚洲至波利尼西亚，少数在热带美洲和非洲；我国28种，2变种；紫金7种。

1. 毛果算盘子（漆大姑、漆大伯）

Glochidion eriocarpum Champ. ex Benth.

灌木。小枝密被淡黄色长柔毛。枝、叶两面被柔毛，基部钝，不偏斜，果4～5室，与算盘子相似。花果期几乎全年。

全株药用，有解漆毒、收敛止泻、祛湿止痒的功效。

2. 厚叶算盘子（大叶水榕、大洋算盘、水泡木）

Glochidion hirsutum (Roxb.) Voigt

灌木或小乔木。叶革质，卵形、长卵形或长圆形，长7～

15 cm，宽4～7 cm，顶端圆钝，基部圆或浅心形而偏斜。果顶端凹陷。花果期几乎全年。

根和叶药用。收敛固脱，祛风消肿，治风湿骨痛，跌打肿痛，牙痛。

3. 艾胶算盘子

Glochidion lanceolarium (Roxb.) Voigt

常绿灌木或乔木。枝、叶无毛，叶革质，椭圆形、长圆形或长圆状披针形，长6～16 cm，基部楔形，非心形，果顶端急尖。花期4～9月；果期7月至翌年2月。

4. 甜叶算盘子（菲岛算盘子）

Glochidion philippicum (Cav.) C. B. Rob.

乔木，叶背面被毛，叶纸质或近革质，卵状披针形或长圆形，枝被短柔毛，蒴果扁球状，花期4～8月；果期7～12月。

5. 算盘子（算盘珠、馒头果）

Glochidion puberum (L.) Hutch.

直立灌木；高1～5 m。枝、叶两面被短柔毛，基部楔形，基部不偏斜，果6～8室，与毛果算盘子相似。花期4～8月；果期7～11月。

全株药用，有活血散瘀、消肿解毒之效。

6. 白背算盘子

Glochidion wrightii Benth.

灌木或乔木；高1～8 m。小枝细长，常呈之字形弯曲。叶片纸质，长圆形或披针形，常呈镰状弯斜，长2.5～5.5 cm，叶两面无毛，基部偏斜，背面白色，果3室。

根、叶药用，用于治痢疾、湿疹、小儿麻疹。

7. 香港算盘子

Glochidion zeylanicum (Gaertn.) A. Juss

灌木或小乔木，全株无毛。叶革质，长圆形叶厚革质，叶基部心形。果顶端凹陷。花期3～8月；果熟期7～11月。

根皮、树皮、叶药用。止咳，消炎，止血。根皮治咳嗽；树皮、叶治腹痛，鼻出血。

11. 血桐属 Macaranga Thou.

乔木或灌木。叶互生，不分裂或分裂；托叶小或大，离生或合生。雌雄异株，稀同株，花序总状或圆锥状，腋生或生于已落叶腋部，花无花瓣，无花盘；雄花序的苞片小或叶状，苞腋具花数朵至多朵，簇生或排成团伞花序；蒴果果皮平滑或具软刺或具瘤体，通常具颗粒状腺体。本属约280种，分布于非洲、亚洲和大洋洲的热带地区；我国16种；紫金1种。

1. 鼎湖血桐

Macaranga sampsonii Hance

小枝被白霜，叶盾状着生，托叶三角状卵形，长6～10 mm，子房和果无刺，与盾叶木相似。

12. 野桐属 Mallotus Lour.

乔木或灌木。叶对生或互生，叶基部有腺体，背叶有颗状腺体。雌雄同株或异株，花无花瓣，雄花簇生于苞腋，排成穗状花序，花萼3～4裂，雄蕊多枚；每苞片内1朵雌花。果被有毛的软刺。本属约140种，分布亚洲热带和亚热带地区；我国25种，11变种；紫金5种。

1. 白背叶（野桐、叶下白）

Mallotus apelta (Lour.) Muell. Arg.

灌木，枝、叶柄和花序密被淡黄色星状毛和黄色腺点，叶背白色，5基出脉，基部近叶柄处有2腺体，雌花序长30 cm。

根、叶有清热、收敛、散瘀消肿、止血止痛功效。

2. 东南野桐

Mallotus lianus Croiz.

乔木或灌木；枝有棱，嫩枝、叶柄和花序密被红棕色星状毛，嫩叶两面密被红色星状毛和有黄色腺点，5基出脉，柄盾状着生，果直径8～10 mm，密被皮刺和星状毛，与毛桐相似。

3. 白楸

Mallotus paniculatus (Lam.) Muell. Arg.

乔木，枝、叶柄和花序密被星状毛，成长叶面近无毛，5基出脉，柄盾状着生，果直径10～15 mm，被皮刺和茸毛，与南平野桐相似。

4. 粗糠柴（香桂树）

Mallotus philippensis (Lam.) Muell. Arg.

乔木，嫩枝、叶柄和花序密被星状毛，叶背被星状毛和有红色腺点，3基出脉，果直径6～8 mm，被星状毛和红色腺点，与网脉野桐相似。

茎、叶药用，有祛风退热功效。

5. 石岩枫（山龙眼）

Mallotus repandus (Willd.) Muell. Arg.

攀援灌木，嫩枝、叶柄和花序密被单生或星状毛，叶背有黄色腺点，3基出脉，果直径5～10 mm，密被腺点。

根、叶入药，有祛风消肿、强筋健骨功效。

13. 小盘木属Microdesmis Hook. f. ex Hook.

乔木或灌木。叶互生，羽状脉，具短柄；托叶小。花雌雄异株，具花瓣，多朵排成团伞花序，腋生，有时雌花单生；雄花：花萼5深裂，花瓣5枚；雌花：花萼、花瓣与雄花同数，子房2室，稀3室，每室有1胚珠。核果。本属约11种，热带非洲9种，亚洲2种；我国1种；紫金1种。

1. 小盘木

Microdesmis caseariaefolia Planch.

小乔木或灌木。叶长圆状披针形或椭圆形，长3.5～16 cm，宽1.5～5 cm，顶端渐尖，基部楔形，全缘或具浅齿，两面无毛；叶柄长3～7 mm。花雌雄异株，簇生于叶腋，花黄色。核果近球形。

14. 叶下珠属Phyllanthus L.

单叶。花雌雄同株，花无花瓣，花萼3～6枚，顶端渐尖，花药隔无突起，雌花有花盘和腺体，子房3室，雄花有无育雌蕊。蒴果。本属约600种；我国33种，4变种；紫金7种。

1. 浙江叶下珠

Phyllanthus chekiangensis Croiz. et Metc.

亚灌木，嫩枝被乳头状毛，叶长圆形，长8～20 mm，宽4～7 mm，雄花2～4朵呈总状花序，雄蕊4枚，花丝合生，雌花单生。

2. 余甘子（油甘子、紫荆皮）

Phyllanthus emblica L.

乔木。叶片纸质至革质，二列，线状长圆形，宽2～6 mm，基部浅心形而稍偏斜，边缘略背卷；侧脉每边4～7条；叶柄极短；托叶小。蒴果呈核果状，圆球形，外果皮肉质。

根、叶入药，能解热清毒，治皮炎、湿疹、风湿痛等。

3. 落萼叶下珠

Phyllanthus flexuosus (Sieb. et Zucc.) Muell. Arg.

灌木，叶椭圆形，长3～6 cm，宽1～3 cm，花5～7朵簇生，雄蕊3～4枚，花丝离生，浆果红色或紫红色，无宿存萼片。

全株药用，治过敏性皮炎、小儿夜啼、鼻衄。

4. 青灰叶下珠

Phyllanthus glaucus Wall. ex Muell. Arg.

灌木，全株无毛，叶椭圆形，长3～6 cm，宽1.5～2.5 cm，花3～7朵簇生，雄蕊4～5枚，花丝离生，果紫黑色，萼宿存。

药用，根可治小儿疳积。

5. 小果叶下珠（龙眼睛、烂头钵）

Phyllanthus reticulatus Poir.

灌木，枝有短刺，叶椭圆形，长2～5 cm，宽1～2.5 cm，花2～3朵簇生，雄蕊5枚，其中3枚花丝合生，浆果紫红色。

根、叶供药用，有祛风活血、散瘀消肿、驳骨功效。

6. 叶下珠

Phyllanthus urinaria L.

一年生草本，小枝被毛，叶长圆形，长7～15 mm，宽3～6 mm，雌花梗长不及0.5 mm，果有瘤状突起，与美洲珠子草及珠子草相似。花期4～6月；果期7～11月。

全草入药，有解毒、消炎、清热止泻、利尿之效。

7. 黄珠子草

Phyllanthus virgatus Forst. f.

草本，小枝有纵棱，叶狭长圆形，长1.2～3 cm，宽2～5 mm，雌花梗长3～10 mm，果有纵列疣点。

15. 蓖麻属 Ricinus L.

灌木。叶互生，托叶合生。雌雄同株，花无花瓣及花盘，雄花生下部，雌花生上部，雄蕊极多，近千枚；雌花多朵，萼片5枚。广泛栽培于世界热带地区；我国大部分省区均有栽培；紫金有逸生。

1. 蓖麻（蓖麻子）

Ricinus communis L.

亚灌木，叶盾状着生，雄蕊极多，果有软刺或瘤体。花期6～9月。

全株药用，消肿，排脓，拔毒。种仁油（蓖麻油）：润肠通便。叶：味甘、辛，性平，有小毒。消肿拔毒，止痒。根：味淡、微辛，性平。祛风活血，止痛镇静。

16. 乌桕属 Sapium P. Br.

乔木或灌木。叶互生，叶柄顶端或叶基部有腺体。花序为穗状花序，顶生，雌雄花无花瓣，花萼杯状，雄花簇生于苞腋，雄蕊2～3枚。本属约120种，广布于全球，但主产热带地区，尤以南美洲为最多；我国9种；紫金3种。

1. 山乌桕（红乌桕）

Sapium discolor (Champ. ex Benth.) Muell. Arg.

乔大或灌木；叶椭圆形，长5～10 cm，宽3～5 cm，基部楔形，叶柄顶端2腺体，花序直立，种子有蜡质，无斑纹。花期4～6月。

根皮及叶药用，有利尿通便、解毒杀虫作用。种子油可制肥皂。

2. 白木乌桕（猛树、日本乌桕）

Sapium japonicum (Sieb. et Zucc.) Pax et Hoffm.

灌木或小乔木；叶卵形、椭圆状卵形，长6～16 cm，宽4～8 cm，叶柄长15～25 mm，顶端无腺体，种子无蜡质，有斑纹。花期5～6月。

根、叶有小毒，入药有散瘀消肿、利尿、通便之效；

3. 乌桕（白乌桕）

Sapium sebiferum (L.) Roxb.

乔木；叶菱形，长3～8 cm，宽3～9 cm，基部楔形，叶柄顶端2腺体，花序下垂，种子有蜡质，无斑纹。花期4～8月。

根皮入药，有利尿、泻下、解毒、杀虫功效。

17. 守宫木属Sauropus Bl.

灌木，稀草本或攀援灌木。单叶互生，叶片全缘；羽状脉，稀三出脉。花小，雌雄同株或异株，无花瓣。雄花簇生或单生，腋生或茎花，稀组成总状花序或在茎的基部组成长而弯曲的总状聚伞花序或短聚伞花序；雌花1～2朵腋生或与雄花混生，稀生于雄花序基部。雄花簇生或单生，腋生或茎花。蒴果扁球状或卵状，成熟时分裂为3个2裂的分果爿。本属约53种，分布于印度、缅甸、泰国、斯里兰卡、马来半岛、印度尼西亚、菲律宾、澳大利亚和马达加斯加等；我国14种2变种；紫金1种。

1. 守宫木（树仔菜）

Sauropus androgynus (L.) Merr.

灌木，总状花序腋生，雄花萼片顶端全缘，果白色。

18. 白饭树属Securinega Comm. ex Juss.

小乔木或直立灌木。单叶，互生，常二列。花小，雌雄异株，稀同株；无花瓣；雄花萼片覆瓦状排列，雄蕊常5枚；雌花花盘碟状或盘状。蒴果圆球状或三棱形，果皮3爿裂或不裂，呈浆果状；种子三棱形。本属约13种，分布热带至暖温带地区；我国有4种；紫金1种。

1. 白饭树

Securinega virosa (Roxb. ex Willd.) Baill.

落叶灌木。小枝红褐色，叶背白色，浆果成熟时白色。花期3～8月；果熟期7～12月。

全株药用，清热解毒，消肿镇痛，止痒。治寒热痧症，跌打，湿疹，疮疖。外用鲜叶捣烂敷患处。

19. 油桐属 Vernicia Lour.

落叶乔木。单叶，叶柄顶端或叶基部有腺体。雌雄花有花瓣，稀雌花无花瓣，花瓣长2～3 cm，有红色脉纹，雄花萼片镊合状排列，雄蕊8～12枚，2轮，子房3室，每室1胚珠。本属3种，分布亚洲东部地区；我国2种；紫金2种。

1. 油桐（三年桐、罂子桐、虎子桐）

Vernicia fordii (Hemsl.) Airy Shaw

落叶乔木；高达10 m。叶卵圆形，长8～18 cm，基部截平至浅心形，全缘，稀1～3浅裂；叶柄顶端有2枚扁平、无柄腺体。叶柄腺体扁球形，果无棱，平滑。花期3～4月；果期8～9月。

2. 木油桐（木油桐、皱桐）

Vernicia montana Lour.

落叶乔木；高达20 m。叶阔卵形，长8～20 cm，基部心形至截平，全缘或2～5裂，裂缺常有杯状腺体；叶柄顶端有2枚具柄的杯状腺体。叶柄腺体高脚杯形，果3棱，有皱纹。花期4～5月。

136 A. 交让木科 Daphniphyllaceae

乔木或灌木；小枝具叶痕和皮孔。单叶互生。花序总状，腋生，单生，基部具苞片，花单性异株；花萼发育，3～6裂或具3～6枚萼片，宿存或脱落；无花瓣；雄花有雄蕊5～12(～18)枚，一轮，辐射状排列，花丝短，花药大，背部或侧向压扁，侧向纵裂，药隔多少伸出；无退化子房，雌花具5～10枚不育雄蕊环绕子房或无；子房卵形或椭圆形，2室。核果。本科仅1属，约30种，分布于亚洲东南部；我国10种；紫金2种。

1. 交让木属 Daphniphyllum Bl.

属特征同科。紫金2种。

1. 牛耳枫（老虎耳）

Daphniphyllum calycinum Benth.

灌木；高1～4 m。叶纸质，阔椭圆形或倒卵形，长12～16 cm，全缘，略反卷，叶背被白粉，具细小乳突体。总状花序腋生，雄花花萼盘状，3～4浅裂；雌花萼片3～4，阔三角形。果卵圆形，基部具宿萼。花期4～6月；果期8～11月。

根和叶入药，有清热解毒、活血散瘀之功效。

2. 虎皮楠

Daphniphyllum oldhamii (Hemsl.) Rosenth.

灌木或小乔木；高5～10 m。叶革质，椭圆状披针形或长圆形，长9～14 cm，下面显著被白粉。雄花花萼小，不整齐4～6裂；雌花序长4～6 cm，萼片4～6，披针形，具齿。果基部无宿存萼片。花期3～5月；果期8～11月。

根、叶药用，清热解毒、活血散瘀。

139. 鼠刺科Escalloniaceae

灌木或乔木，常绿或落叶。单叶互生，稀对生或轮生；托叶小，早落；羽状脉。花雌雄异株或杂性，辐射对称，多数，排列成顶生或腋生总状花序或总状圆锥花序；萼筒杯状，基部与子房合生；萼片5，宿存；花瓣5，镊合状排列，花期直立或反折；雄蕊5，着生于花盘边缘而与花瓣互生；花丝钻形；子房上位或半下位。蒴果。本科7属，约150种，分布南半球；我国2属，13种；紫金1属，2种。

1. 鼠刺属Itea L.

子房2室或稀3室。蒴果，种子多数。本属15种，分布东亚，1种分布美洲；我国13种；紫金2种。

1. 鼠刺（老鼠刺）

Itea chinensis Hook. et Arn.

灌木或小乔木，叶倒卵形或卵状椭圆形，基部楔形，边缘具浅圆齿状齿，稀波状或近全缘，侧脉4～5对；苞片线状钻形，短于花梗。花期3～5月；果期5～12月。

根、花药用，治跌打、风湿、喉干咳嗽等症。

2. 矩叶鼠刺（长圆叶鼠刺）

Itea oblonga Hand.-Mazz.

灌木或小乔木；叶长圆形，稀椭圆形，基部圆形或钝圆，边缘具明显的密锯齿，侧脉5～7对；苞片大，叶状，明显长于花梗。花期3～5月；果期6～12月。

根滋补，治跌打、骨折。

142. 绣球科Hydrangeaceae

草本、灌木或藤本。叶对生或互生，稀轮生。伞房式或圆锥式复合聚伞花序或总状花序；花两性，一型或药序中央为孕性花，边缘为不孕性放射花；不孕花大，由1～5片扩大的白色花瓣状萼片组成；孕性花为完全花，小，萼筒与子房合生；花瓣5～19片；雄蕊5至多数；子房下位，由3～6枚合生心皮组成。蒴果或浆果，蒴果室背开裂。本科16属，约200种，分布温带和亚热带地区；我国10属，约100种；紫金3属，6种。

1. 常山属Dichroa Lour.

直立灌木，被非星状毛。花序无不孕性放射花，花丝两侧无翅，花柱2～6枚，细长或外展，子房1室。浆果。本属13种，分布亚洲东部；我国4种；紫金2种。

1. 常山（土常山、白常山）

Dichroa febrifuga Lour.

灌木；高1～2 m。小枝常呈紫红色。叶对生，椭圆形、倒卵形，长6～25 cm，边缘具锯齿或粗齿，两面绿色或紫色。伞房状圆锥花序顶生，有时叶腋有侧生花序；花蓝色或白色。浆果直径3～7 mm，蓝色。花期2～4月；果期5～8月。

根含有常山素 (Dichroin)，为抗疟疾要药。

2. 广东常山

Dichroa fistulosa G. H. Huang & G. Hao.

灌木，高达2 m。茎直立或近攀缘，中空。第一年小枝绿色，第二年变白，无毛，老时树皮剥落。叶对生，叶片椭圆形至披针形或倒披针形，纸质，叶面无毛，背面无毛或近无毛；叶柄0.8～2 cm，稀被微柔毛。

2. 绣球属Hydrangea L.

直立灌木，被非星状毛。花序无或有不孕性放射花，不孕性放射花大，由3～5枚花瓣状的萼片组成，花丝两侧无翅，花柱2～4枚，细长或外展，子房2～5室。蒴果。本属约73种；我国46种10变种；紫金2种。

1. 广东绣球

Hydrangea kwangtungensis Merr.

落叶灌木，小枝、叶柄花序密被开展长柔毛，叶两面被长柔毛，伞房式4～8个聚伞花序，子房和果部分至一半上位，与中国绣球相似。花期5～6月；果期11月。

2. 狭叶绣球

Hydrangea lingii G. Hoo

落叶灌木，小枝暗紫色，无毛，叶披针形，基部圆形，两侧不对称，叶背干后紫红色，与柳叶绣球相似。花期4～5月；果期9～11月。

3. 冠盖藤属Pileostegia Hook. f. et Thoms.

藤本，被非星状毛。花序无不孕性放射花，花丝两侧无翅，花柱1枚，子房4～5室。蒴果。本属2种，产亚洲东南部；我国2种均产；紫金2种。

1. 星毛冠盖藤

Pileostegia tomentella Hand.-Mazz.

藤本。小枝、花序和叶背密被锈色星状毛，叶基部多少心形。

根药用。祛风除湿，散瘀止痛。

2. 冠盖藤

Pileostegia viburnoides Hook. f. et Thoms.

常绿攀援状灌木；小枝、花序和叶背密被锈色星状毛，叶基部多少心形。花期7～8月；果期9～12月。

全株药用，补肾、接骨、活血散瘀、消肿解毒。

143. 蔷薇科Rosaceae

草本、灌木或乔木，有刺或无刺。叶互生，稀对生，单叶或复叶，有显明托叶，稀无托叶。花两性，稀单性。常用整齐，周位花或上位花；花轴上端发育成碟状、钟状、杯状、罈状或圆筒状的花托，在花托边缘着生萼片、花瓣和雄蕊；萼片和花瓣同数，常用4～5，覆瓦状排列，稀无花瓣，萼片有时具副萼；雄蕊5至多数，稀1或2，花丝离生，稀合生；心皮1至多数，离生或合生，有时与花托连合，每心皮有1至数个直立的或悬垂的倒生胚珠；花柱与心皮同数，有时连合，顶生、侧生或基生。果实为蓇葖果、瘦果、梨果或核果，稀蒴果。本科约124属3300余种，分布于全世界，北温带较多；我国约51属1000余种；紫金14属，44种。

1. 龙芽草属Agrimonia L.

草本。奇数羽状复叶，托叶与叶柄合生。圆锥花序，花小，黄色，心皮2枚，每一心皮有1颗胚珠。瘦果。本属约10种，分布在北温带和热带高山及拉丁美洲；我国4种；紫金1种。

1. 龙芽草（仙鹤草）

Agrimonia pilosa Ldb.

多年生草本；高30～120 cm。茎下部被柔毛，叶面与叶背脉上疏被柔毛，花直径6～9 mm，果直径3～4 mm。花果期5～12月。

全草入药，有收敛、止血、活血、凉血功效。

2. 樱属Cerasus Mill.

花单生或数朵着生在短总状或伞房状花序，基部常有明显苞片；子房光滑；核平滑，有沟，稀有孔穴。核果。本属100种，分布北半球温和地带，亚洲、欧洲至北美洲，主要分布我国西部和西南部以及日本和朝鲜；我国45种；紫金1种。

1. 钟花樱花

Cerasus campanulata (Maxim.) Yü et Li

乔木或灌木；高3～8 m。叶两面无毛，叶缘腺齿，叶柄顶端有1～3个腺体，花先叶开，萼片全缘，花柱无毛，果卵形。花期2～3月；果期4～5月。

早春开花，颜色鲜艳，可栽培供观赏。

3. 蛇莓属Duchesnea J. E. Smith

多年生草本，具短根茎。匍匐茎细长，在节处生不定根。基生叶数个，茎生叶互生，皆为三出复叶，有长叶柄，小叶片边缘有锯齿；托叶宿存，贴生于叶柄。花多单生于叶腋，无苞片；副萼片、萼片及花瓣各5个；副萼片大形，和萼片互生，宿存，顶端有3～5锯齿；萼片宿存；花瓣黄色；雄蕊20～30；心皮多数，离生；花托半球形或陀螺形，在果期增大，海绵质，红色；花柱侧生或近顶生。瘦果微小，扁卵形；种子1个，肾形，光滑。本属5～6种，分布于亚洲南部、欧洲及北美洲；我国2种；紫金1种。

1. 蛇莓

Duchesnea indica (Andr.) Focke

匍匐草本。托叶狭卵形至宽披针形，长5～8 mm，花梗长3～6 cm，花瓣长5～10 mm，果光滑。

全草药用，清热解毒，散瘀消肿。治感冒发热，咳嗽，小儿高热惊风，咽喉肿痛，白喉，黄疸型肝炎，细菌性痢疾，阿米巴痢疾，月经过多。

4. 枇杷属Eriobotrya Lindl.

乔木。单叶互生，托叶大；圆锥花序常被绒毛，雄蕊20枚，子房下位，2～5室，花柱2～5枚。梨果。本属约30种，分布在亚洲温带及亚热带；我国13种；紫金1种。

1. 香花枇杷

Eriobotrya fragrans Champ.

常绿小乔木或灌木；幼枝密被毛后秃净。叶片革质，长圆

状椭圆形，长7～15 cm，顶端急尖或短渐尖，边缘在中部以上具不明显疏锯齿，中部以下全缘，嫩叶两面被密毛后秃净；侧脉9～11对。花期4～5月；果期8～9月。

叶入药，清热解毒，止咳。

5. 桂樱属Laurocerasus Tourn. ex Duh.

叶常绿，花序腋生，花序梗上无叶片。花小形，10朵至多朵着生在总状花序上，苞片小形。核果。本属约80种，主要产于热带，自非洲、南亚、东南亚、巴布亚新几内亚至中、南美，少数种分布到亚热带和冷温带，自西南欧、东南欧至东亚；我国约13种；紫金4种。

1. 腺叶桂樱（腺叶野樱）

Laurocerasus phaeosticta (Hance) Schneid.

常绿灌木或小乔木；高4～12 m。叶近革质，狭椭圆形、长圆形或长圆状披针形，长6～12 cm，顶端长尾尖，下面散生黑色小腺点，基部常有2枚较大扁平基腺。花期4～5月；果期7～10月。

全株药用，有活血行瘀、镇痛利尿作用。

2. 刺叶桂樱

Laurocerasus spinulosa (Sieb. et Zucc.) S. K. Schneid.

常绿乔木。叶长圆形或倒卵状长圆形，长5～10 cm，顶端渐尖至尾尖，基部偏斜，边缘常呈波状，上部近顶端常具少数针状锐齿，两面无毛，下面无腺点；叶基具1～2对腺体，侧脉8～14对；叶柄无毛。花期9～10月；果期11～3月。

种子药用。止痢。治痢疾。

3. 尖叶桂樱

Laurocerasus undulata (D. Don) Roem.

常绿乔木，叶革质，叶两面无毛，叶背无腺点，边缘全缘，稀上部有齿，基部有2腺体，果卵形。

4. 大叶桂樱

Laurocerasus zippeliana (Miq.) Yü et Lu

常绿乔木，叶片革质，宽卵形至椭圆状长圆形或宽长圆形，叶大，长10～19 cm，宽4～8 cm，叶柄有2腺体，果长椭圆形或卵状长圆形，花期7～10月；果期冬季。

6. 苹果属Malus Mill.

落叶乔木或灌木。单叶互生，托叶小，早落；伞形总状花序，萼管钟状，雄蕊15～50枚，花药黄色，子房下位，3～5室，花柱基部合生。梨果常大。本属约35种，广泛分布于北温带，亚洲、欧洲和北美洲均产；我国约20余种；紫金1种。

1. 尖嘴林檎（尖嘴海棠、台湾海棠、山楂、野山楂）

Malus doumeri (Bois) A. Chev.

乔木；高达20 m。叶椭圆形至卵状椭圆形，长5～10 cm，边缘有圆钝锯齿。果实球形，直径1.5～2.5 cm，宿萼有长筒，萼片反折。花期5月；果期8～9月。

药用，有消积、健胃、助消化的功效。

7. 石楠属Photinia Lindl.

乔木。单叶互生，托叶小，早落；花序多种，萼片宿存，雄蕊20枚，心皮2，稀3～5枚，子房半下位，2～5室，花柱2～5枚。梨果。本属约60余种，分布在亚洲东部及南部；我国约40余种；紫金9种。

1. 闽粤石楠

Photinia benthamiana Hance

常绿乔木；叶初时两面被白色长柔毛，后变无毛，或背面脉上疏被疏柔毛，侧脉5～8对，叶柄长3～10 mm，被茸毛，总花梗和花梗轮生，密被柔毛，与绒毛石楠和中华石楠相似。

2. 椤木石楠

Photinia bodinieri H. Lév.

常绿乔木；高6～15 m。嫩枝被柔毛，叶背初时脉上被毛，后变无毛，侧脉10～12对，叶柄长8～15 mm，总花梗和花梗被短柔毛，与中华石楠相似。花期5月；果期9～10月。

根、叶药用，有清热解毒功效。

3. 光叶石楠

Photinia glabra (Thunb.) Maxim.

常绿乔木；叶两面、总花梗、花梗无毛，叶椭圆形，侧脉10～18对，叶柄长1～1.5 cm，复伞房花序，宽5～10 cm，花梗无疣点，与桃叶石楠相似。

4. 小叶石楠（牛奶子、小毛叶石楠）

Photinia parvifolia (Pritz.) Schneid.

小乔木。与毛叶石楠相似，叶椭圆形，无毛，花序有花5～8朵，果球形，无毛。

根药用。行血活血，止痛。治牙痛，黄疸，乳痈。

5. 桃叶石楠

Photinia prunifolia (Hook. et Arn.) Lindl.

常绿乔木；高10～20 m。叶革质，长圆形或长圆披针形，长7～13 cm，边缘有密生具腺的细锯齿，下面满布黑色腺点。花多数，密集成顶生复伞房花序；花瓣白色，倒卵形，顶端圆钝。花期3～4月；果期10～11月。

6. 饶平石楠

Photinia raupingensis Kuan

嫩枝被长柔毛，叶背有腺点，初时被毛，后变无毛，侧脉12～17对，叶柄长8～15 mm，总花梗和花梗被白色茸毛无疣点与中华石楠相似。

7. 绒毛石楠

Photinia schneideriana Rehd. et Wils.

常绿乔木；嫩枝被长柔毛，叶面初时疏被长柔毛，后变无毛，背面疏被茸毛，侧脉10～15对，叶柄长6～10 mm，总花梗和花梗被长柔毛，与中华石楠和椤木石楠相似。

8. 石楠

Photinia serrulata Lindl.

常绿乔木；叶两面、总花梗、花梗无毛，侧脉25～30对，叶柄长2～4 cm，复伞房花序，宽10～16 cm。

9. 毛叶石楠

Photinia villosa (Thunb.) DC.

常绿乔木；叶幼时两面被白色长柔毛，后仅背面脉上被毛，侧脉5～7对，叶柄长1～5 mm，伞房花序。

8. 委陵菜属 Potentilla L.

草本或灌木。奇数羽状或掌状复叶。花单生或聚伞、聚伞圆锥花序，花黄色、稀白色或紫色。瘦果。全世界约200余种，大多分布北半球温带、寒带及高山地区，极少数种类接近赤道；我国80多种，全国各地均产，但主要分布在东北、西北和西南各地区；紫金1种。

1. 三叶朝天委陵菜

Potentilla supina var. **ternata** Peterm.

植株分枝极多，矮小铺地或微上升，稀直立；基生叶有小叶3枚，顶生小叶有短柄或几无柄，常2～3深裂或不裂。萼与副萼顶端急尖。

9. 臀果木属Pygeum Gaertn.

常绿乔木或灌木。单叶互生，全缘，叶柄基部常有腺体。花萼果时脱落，萼5～6齿，花萼与花瓣不易区分，雄蕊多数，与花瓣一起着生于萼筒口部。核果。本属约40余种，主要产于热带，自南非、南亚、东南亚至巴布亚新几内亚、所罗门群岛和大洋洲北部；我国约6种；紫金1种。

1. 臀果木（臀形果）

Pygeum topengii Merr.

乔木；高可达20 m。叶片革质，卵状椭圆形或椭圆形，长6～12 cm，基部宽楔形，两边略不相等，上面光亮，下面被褐色柔毛，近基部有2枚黑色腺体。果实肾形，宽10～16 mm，深褐色。花期6～9月；果期冬季。

10. 梨属Pyrus L.

乔木。单叶互生，托叶小，早落；伞形总状花序，萼管钟状，雄蕊15～20枚，花药深红色或紫色，子房下位，2～5室，花柱离生。梨果常大。本属约25种，分布亚洲、欧洲至北非；我国14种；紫金1种。

1. 豆梨（鹿梨、阳檖、赤梨、糖梨、杜梨）

Pyrus calleryana Decne.

灌木或小乔木；高5～8 m。叶宽卵形至卵形，长4～8 cm，边缘有钝锯齿。伞形总状花序，具花6～12朵；萼片披针形，顶端渐尖；花瓣卵形，基部具短爪，白色。梨果球形，直径约1 cm。花期4月；果期8～9月。

根、叶药用，有止咳润肺、清热解毒功效。

11. 石斑木属Rhaphiolepis Lindl.

灌木或乔木。单叶互生，托叶小，早落；总状、伞房或圆锥花序，萼管钟状或筒状，雄蕊15～20枚，心皮2，稀3～5枚，子房下位，2室，花柱2或3枚。梨果顶端萼片脱落后有一圆环或浅窝。本属约15种，分布于亚洲东部；我国7种；紫金2种。

1. 锈毛石斑木

Rhaphiolepis ferruginea Metcalf

乔木。叶背密被锈色茸毛，边缘全缘。

2. 石斑木（车轮梅、春花木）

Rhaphiolepis indica (L.) Lindl. ex Ker

常绿灌木；叶卵形、长圆形，长2～8 cm，宽1.5～4 cm，叶面无毛，背面疏被茸毛，叶柄长5～18 mm，花梗和总花梗被锈色绒毛。花期4月；果期7～8月。

根、叶药用，有祛风、消肿功效。可栽培作观赏植物。

12. 蔷薇属Rosa L.

攀援灌木，常有刺。子房上位，心皮多数，每心皮1胚珠。瘦果着生于球形、坛形、杯形颈部缢缩的肉质萼筒内。本属约200种，广泛分布亚、欧、北非、北美各洲寒温带至亚热带地区；我国82种；紫金4种，1变种。

1. 小果蔷薇（小金樱、七姊妹）

Rosa cymosa Tratt.

攀援灌木。枝有钩状皮刺。托叶脱落，叶较小，边缘具细齿，花小，直径2～2.5 cm，多朵，花梗无刺，小枝、皮刺、叶轴、叶柄和叶两面无毛或稍被毛。花期5～6月；果期7～11月。

全株药用，根有祛风除湿，收敛固脱作用；叶有解毒消肿功效；果实治疗不孕症。

2. 软条七蔷薇

Rosa henryi Bouleng

攀援灌木。托叶全缘、宿存，小叶边缘中上部具锯齿，小叶背面、托叶无毛，伞房花序，萼片外面无毛而有腺点，花柱合生。

根、果实药用，有消肿止痛、祛风除湿、止血解毒、补脾固涩功效。

3. 金樱子（刺糖果）

Rosa laevigata Michx.

攀援灌木。枝粗壮，散生扁弯皮刺。托叶脱落，花大，直径5～8 cm，花单生，花梗有刺，果有刺。花期4～6月；果期7～11月。

根、叶、果均入药，根有活血散瘀、祛风除湿、解毒收敛及杀虫等功效。

4. 光果金樱子

Rosa laevigata var. **leiocarpa** Y. Q. Wang et P. Y. Chen

攀援灌木。与金樱子相似，果无刺。

果实药用，解毒消肿活血散瘀，祛风除湿，解毒收敛，杀虫。

5. 光叶蔷薇

Rosa wichurainana Crep.

托叶有锯齿、宿存，叶两面、托叶被柔毛，伞房花序，总花梗、花梗、萼片两面密被柔毛和腺毛，花柱合生。

13. 悬钩子属Rubus L.

灌木或草本，常有刺。子房上位，心皮多数，每心皮2胚珠。多数小核果聚生于花托上成聚合果。本属约700余种，分布于全世界，主要产地在北半球温带，少数分布到热带和南半球；我国194种；紫金13种，1变种。

1. 粗叶悬钩子

Rubus alceaefolius Poir.

攀援灌木，枝被锈色茸毛和小钩刺，单叶，边不规则3～7裂，叶面被粗毛和泡状凸起，背面密被锈茸毛和长柔毛，托叶大，羽状深裂，花梗、总花梗、萼片密被黄色长柔毛。

2. 寒莓

Rubus buergeri Miq.

小灌木，茎常伏地生根，茎、花枝密被长柔毛，无刺或疏小刺，单叶，卵形，5～7浅裂，基部心形，上面脉上被柔毛，背面密被茸毛，总状花序，白色，总花梗、花梗密被长柔毛，子房无毛。

3. 小柱悬钩子

Rubus columellaris Tutcher

攀援灌木，枝无毛，有钩刺，3小叶，小叶卵形或椭圆形，两面无毛，侧脉9～13对，边缘有锯齿，花白色，伞房花序，花梗、萼无毛，与白花悬钩子相似。

4. 山莓（三月泡、五月泡）

Rubus corchorifolius L. f.

灌木，小枝后无毛，具刺，单叶，叶面脉被毛，背面幼时密被柔毛，不育枝叶常3裂，托叶与叶轴合生，花单生或数朵生短枝，白色，花梗被毛，花萼外面无毛。花期2～3月；果期4～6月。

果、根及叶入药，有活血、解毒、止血之效。

5. 闽粤悬钩子

Rubus dunnii Metc.

攀援灌木，枝幼时被茸毛和小钩刺，单叶，边缘有粗齿，叶面无毛，背面密被锈色茸毛，总状花序，花红色，花梗、总花梗、萼片密被柔毛、腺毛和疏刺。

6. 蒲桃叶悬钩子

Rubus jambosoides Hance

攀援灌木，枝无毛，有小刺，单叶，披针形，叶两面无毛，花单生叶腋，白色，花萼外面无毛，子房密被柔毛，与宜昌悬钩子相似。

7. 白花悬钩子（泡藤）

Rubus leucanthus Hance

攀援灌木，枝无毛，有钩刺，3小叶，小叶卵形或椭圆形，两面无毛，侧脉5～8对，边缘有锯齿，花白色，伞房花序，花梗、萼无毛，与小柱悬钩子相似。花期4～5月；果期6～7月。

根入药，治腹泻、赤痢。

8. 五裂悬钩子

Rubus lobatus Yü et Lu

攀援灌木，枝密被长柔毛、腺毛和刺毛，有疏刺，单叶，近圆形，3～5裂，基部心形，两面被柔毛，圆锥花序，总花梗、花梗和萼密被腺毛、刺毛和柔毛，子房无毛。

9. 茅莓（蛇泡簕、三月泡、红梅消）

Rubus parvifolius L.

攀援灌木，枝密被柔毛和小钩刺，3小叶，小叶卵形，上面近无毛，背面密被短茸毛，花单生或圆锥花序，花梗、总花梗、萼片外面被小刺和柔毛，花紫红色，子房被毛，与插田泡相似，但非5小叶。花期5～6月；果期7～8月。

全株入药，有止痛、活血、祛风湿及解毒之效。

10. 梨叶悬钩子

Rubus pirifolius Smith

攀援灌木，小枝被粗毛，具刺，单叶，卵形，两面脉上被柔毛，后渐脱落，圆锥花序，白色，与木莓相似。

11. 锈毛莓（红泡刺）

Rubus reflexus Ker

攀援灌木，枝密被锈色茸毛，有钩刺，单叶，近圆形，3～5浅裂，叶面脉上被毛，背面密被锈色茸毛，总状花序，花梗、总花梗、萼片密被茸毛，花白色，子房无毛。花期6～7月；果期8～9月。

根入药，有祛风湿、强筋骨之效。

12. 深裂锈毛莓

Rubus reflexus var. **lanceolobus** Metc.

与锈毛莓相似，边缘3～5深裂。

根药用。味苦，性平。祛风除湿，活血消肿。治驳骨，跌打损伤，痢疾，腹痛，发热头重。

13. 空心泡（蔷薇莓、白花三月泡）

Rubus rosaefolius Smith

灌木，枝无毛或被毛，有黄色腺点，刺劲直，5～7小叶，小叶卵状披针形，被柔毛，花白色，单生或总状花序，花梗、萼片被柔毛和腺点，与红腺悬钩子相似。花期3～5月；果期6～7月。

根、嫩枝及叶入药，有清热止咳、止血、祛风湿之效。

14. 红腺悬钩子

Rubus sumatranus Miq.

灌木，枝、叶柄、花序被红色腺毛和钩刺，5～7小叶，小叶卵状披针形，两面疏被柔毛，花白色，单生或总状花序，花梗、萼片被柔毛和红色腺毛，与空心泡相似。花期4～6月；果期7～8月。

根入药，有清热、解毒、利尿之效。

14. 绣线菊属Spiraea L.

灌木；无托叶；心皮5枚；蓇葖果，种子线形或椭圆形。本属约100余种，分布在北半球温带至亚热带山区；我国50余种；紫金2种。

1. 绣球绣线菊

Spiraea blumei G. Don

落叶灌木；叶菱状卵形或倒卵形，长2～3.5 cm，宽1～1.8 cm，两面无毛，顶端圆钝，3基出脉，伞房花序，花白色，萼外面、花梗、总花梗及果无毛。

2. 中华绣线菊

Spiraea chinensis Maxim.

落叶灌木；小枝红褐色，幼时被黄色绒毛；叶菱状卵形或倒卵形，长2.5～6 cm，宽1.5～3 cm，两面被毛，伞房花序，花白色，果被毛。花期3～6月；果期6～10月。

枝、叶入药，外用洗疥疮。

146. 含羞草科 Mimosaceae

乔木或灌木，很少草本。叶互生，常用为二回羽状复叶，稀为一回羽状复叶或变为叶状柄；叶柄具显著叶枕；羽片常用对生；叶轴或叶柄上常有腺体。花小，组成头状、穗状或总状花序或再排成圆锥花序；花萼管状，常用5齿裂，裂片镊合状排列；花瓣与萼齿同数，镊合状排列，分离或合生成管状；雄蕊5～10或多数，突露于花被之外，十分显著，分离或连合成管或与花冠相连；心皮常用1枚，稀2～15，子房上位，1室。果为荚果。本科64属，约2950种，分布全球热带、亚热带地区；我国17属，65种；紫金6属，13种。

1. 金合欢属 Acacia Mill.

攀援灌木、乔木。羽片及小叶多对，总叶柄及叶轴上有腺体。花小，多数，花丝分离或仅基部合生，雄蕊多数。荚果。本属800～900种，分布全世界的热带和亚热带地区，尤以大洋洲及非洲的种类最多；我国18种，含栽培；；紫金2种。

1. 羽叶金合欢

Acacia pennata (L.) Willd.

攀援、多刺藤本；小枝和叶轴均被锈色短柔毛。总叶柄基部及叶轴上部有凸起的腺体1枚；羽片8～22对；小叶30～54对，线形，长5～10 mm，宽0.5～1.5 mm，中脉偏上。头状花序圆球形，单生或2～3个聚生，排成腋生或顶生的圆锥花序。花期3～10月；果期7月至翌年4月。

根入老茎入药，味苦、辛、微甘、涩，性微湿，祛风湿、强筋骨、活血止痛。

2. 藤金合欢（南蛇公、小样南蛇簕、小金合欢）

Acacia sinuata (Lour.) Merr.

攀援灌木，小枝多刺，羽片6～10对，小叶15～25对，长8～12 mm，宽2～3 mm，叶柄及叶轴顶端1～2对羽片间有腺体。花期4～6月；果期7～12月。

全株入药，有清热解毒、散血消肿之效。

2. 合欢属 Albizia Durazz.

乔木或藤本。总叶柄及叶轴上有腺体。花小，多数。荚果扁平，直，不开裂，种子间无横隔。本属约150种，分布亚洲、非洲、大洋洲及美洲的热带、亚热带地区；我国17种；紫金4种。

1. 楹树（牛尾木）

Albizia chinensis (Osbeck) Merr.

乔木，二回复叶，羽片6～12对，小叶20～35对，中脉紧靠上缘，小叶背面被柔毛，托叶大，心形，叶柄基部和上部叶轴有多个腺体。花期3～5月；果期6～12月。

树皮药用。固濇止泻，收敛生肌。治肠炎，腹泻，痢疾。

147. 苏木科Caesalpiniaceae

乔禾或灌木，稀藤本或草本。叶互生。花两性，很少单性，两侧对称；组成总状花序或圆锥花序，很少组成穗状花序；小苞片小或大而呈花萼状，包覆花蕾时则苞片极退化；花托极短或杯状，或延长为管状；萼片5(~4)，离生或下部合生，在花蕾时常用覆瓦状排列；花瓣常用，片，很少为1片或无花瓣，在花蕾时覆瓦状排列，上面的(近轴的)一片为其邻近侧生的二片所覆叠；雄蕊10枚或较少，稀多数，花丝离生或合生，花药2室。荚果。本科153属，约2175种，分布全世界热带和亚热带地区，少数达温带；我国21属，连引入的有113种；紫金5属，13种。

1. 羊蹄甲属Bauhinia L.

单叶。能育雄蕊常3或5枚，倘若10枚时花非花紫红色或粉红色。本属约600种，遍布于世界热带地区；我国40种，4亚种，11变种；紫金3种。

1. 阔裂叶羊蹄甲

Bauhinia apertilobata Merr. et Metc.

藤本，全株被短柔毛，叶顶端稍裂，裂片圆钝，总状花序，与龙须藤相似。花期5~7月；果期8~11月。

2. 龙须藤（九龙藤、乌郎藤）

Bauhinia championii (Benth.) Benth.

藤本，枝被锈色短柔毛，叶卵形，背面无毛，被白粉，顶端稍裂，裂片圆钝，总状花序，与阔裂叶羊蹄甲相似。花期6~10月；果期7~12月。

茎藤药用，祛风除湿，活血止痛，健脾理气。

3. 粉叶羊蹄甲

Bauhinia glauca (Wall. Ex Benth.) Benth.

藤本，叶近圆形，上面无毛，背疏被柔毛，伞房式总状花序，花白色，退化雄蕊5~7枚，果长12~32 cm，有种子10~20颗。

2. 云实属Caesalpinia L.

乔木、灌木，有刺。二回羽状复叶，羽片对生，小叶对生。两性花，常美丽，雄蕊10枚。荚果卵形、长圆形或披针形。本科约100种，分布热带和亚热带地区；我国17种；紫金4种。

1. 华南云实（假老虎簕、虎耳藤、双角龙）

Caesalpinia crista L.

攀援灌木，与鸡嘴簕相似，羽片2~3对，稀4对，小叶4~6对，果卵形，无刺，顶端具喙，种子1颗。花期4~7月；果期7~12月。

叶药用，祛瘀止痛、清热解毒；种子有行气祛瘀、消肿止痛、泻火解毒功效。

2. 云实

Caesalpinia decapetala (Roth) Alston

攀援灌木，羽片3~10对，小叶8~12对，果无刺，种子6~9颗。花果期4~10月。

根、茎及果药用，有发表散寒、活血通经、解毒杀虫之效。

3. 小叶云实

Caesalpinia millettii Hook. et Arn.

攀援灌木，羽片7～12对，小叶15～20对，互生，长7～13 mm，宽4～5 mm，花黄色，果无刺，种子1颗。

4. 喙荚云实

Caesalpinia minax Hance

攀援灌木，羽片5～8对，小叶6～12对，果有刺，托叶锥状，花白色，果有刺，果顶具喙，种子4～8颗，与刺果苏木相似，果较长，种子较多。

3. 决明属Cassia L.

乔木、灌木或草本。叶柄及叶轴有腺体，一回偶数羽状复叶，小叶对生。花有花瓣5片；雄蕊4～10枚。荚果。本属约600种，分布于全世界热带和亚热带地区，少数分布至温带地区；我国原产10余种，包括引种栽培的20余种；紫金4种。

1. 短叶决明

Cassia leschenaultiana DC.

一年生或多年生亚灌木状草本，高30～80 cm，有时可达1 m；茎直立，分枝，嫩枝密生黄色柔毛。叶长3～8 cm，在叶柄的上端有圆盘状腺体1枚；小叶14～25对，线状镰形，长8～13 mm，宽2～3 mm；叶柄腺体无柄。

2. 含羞草决明

Cassia mimosoides L.

草本。小叶20～50对，长3～4 mm，叶柄腺体无柄。

3. 望江南（野扁豆）

Cassia occidentalis L.

直立、少分枝的亚灌木或灌木；枝带草质，有棱。小叶4～5对，小叶较大，与槐叶决明相似。花期4～8月；果熟期6～10月。

全株药用。种子：清肝明目，健胃润肠。茎、叶：解毒。

4. 决明（草决明）

Cassia tora L.

一年生亚灌木状草本，小叶3对，叶轴上每小叶间有1腺体，果近四棱形。花果期8～11月。

种子叫“决明子”，有清肝明目、利水通便之功效。

4. 格木属Erythrophleum Afzef. ex R. Br.

乔木，无刺。二回羽状复叶，羽片对生，小叶互生。花小，密集成穗状花序式的总状花序，花两性。荚果长圆形，两缝线无翅。本属15种，分布非洲的热带地区、亚洲东部的热带和亚热带地区和澳大利亚北部；我国仅1种；紫金1种。

1. 格木（孤坟柴、赤叶木、斗登风）

Erythrophleum fordii Oliv.

乔木，嫩枝和幼芽被锈色短柔毛。叶互生，二回羽状复叶，羽片常3对。穗状花序排成圆锥花序，总花梗被锈色柔毛。荚果长圆形，扁平，厚革质，有网脉。种子长圆形，种皮黑褐色。花期5～6月；果期8～10月。

种子或树皮药用。强心，益气活血。治心气不足所致气虚血瘀之症。

5. 皂荚属Gleditsia L.

落叶乔木或灌木。叶互生，常簇生，一回和二回偶数羽状复叶常并存于同一植株上。小叶多数，近对生或互生，基部两侧稍不对称或近于对称，边缘具细锯齿或钝齿；托叶小，早落。花杂性或单性异株，淡绿色或绿白色，组成腋生或少有顶生的穗状花序或总状花序，稀为圆锥花序；花托钟状，外面被柔毛，里面无毛；萼裂片3～5，近相等；花瓣3～5，稍不等，与萼裂片等长或稍长；雄蕊6～10，伸出，花丝中部以下稍扁宽并被长曲柔毛，花药背着；子房无柄或具短柄，花柱短，柱头顶生；胚珠1至多数。荚果扁。全世界约16种，分布于亚洲中部和东南部和南北美洲；我国6种，2变种；紫金1种。

1. 华南皂荚

Gleditsia fera (Lour.) Merr.

乔木。刺长13 cm，一回羽片，小叶5～9对，边缘具圆齿，果长8～11 cm。

148. 蝶形花科Papilionaceae

乔木、灌木、藤本或草本，有时具刺。花两性，单生或组成总状和圆锥状花序，偶为头状和穗状花序，腋生、顶生或与叶对生；苞片和小苞片小，稀大型；花萼钟形或筒形，萼齿或裂片5，基部多少合生，最下方1枚常用较长，作上升覆瓦状排列或镊合状排列，或因上方2齿较下方3齿在合生程度上较多而稍呈二唇形；下方全部合生成1齿时则呈焰苞状；花瓣5，不等大，两侧对称，作下降覆瓦状排列构成蝶形花冠，瓣柄分离或部分连合，上面1枚为旗瓣在花蕾中位于外侧，翼瓣2枚位于两侧，对称，龙骨瓣2枚位于最内侧，瓣片前缘常连合；雄蕊10枚或有时部分退化，连合成单体或二体雄蕊管，也有全部分离的。荚果。本科425属，约12000种，分布全世界；我国128属，约1372种，183变种；紫金34属，80种。

1. 相思子属 Abrus Adans.

藤本。偶数羽状复叶；叶轴顶端具短尖；托叶线状披针形，无小托叶；小叶多对，全缘。总状花序腋生或与叶对生，苞片与小苞片小；花小，数朵簇生于花序轴的节上。荚果长圆形，扁平，开裂。本属约12种；我国4种；紫金2种。

1. 广州相思子

Abrus cantoniensis Hance

攀援灌木。羽状复叶互生；小叶6～11对，膜质，长圆形或倒卵状长圆形，宽0.3～0.5 cm，顶端截形或稍凹缺，具细尖，两面被毛；小叶柄短。花冠紫红色或淡紫色。荚果长圆形，扁平。种子黑褐色。花期8月。

根及种子入药，可清热利湿，舒肝止痛。

2. 毛相思子

Abrus mollis Hance

藤本。羽状复叶；叶柄、叶轴被黄色长柔毛；托叶钻形；小叶10～16对，膜质，长圆形，长1～2.5 cm，宽5～10 mm，顶端截平，具小尖，基部圆形。总状花序腋生；花长3～9 mm；花冠粉红色或淡紫色，荚果长圆形。花期8月；果期9月。

2. 链荚豆属Alysicarpus Neck. ex Desv.

草本。单叶或三出复叶，叶缘全缘。总状花序腋生，花萼颖状，裂片有条纹，雄蕊10枚，花丝合生成二体雄蕊。荚果。本属约30种，分布于热带非洲、亚洲、大洋洲和热带美洲；我国4种；紫金1种。

1. 链荚豆（假地豆、狗蚁草、小号野花生、山花生）

Alysicarpus vaginalis (L.) DC.

多年生草本；高30～90 cm。叶仅有单小叶；小叶通常为卵状长圆形至线状披针形，长3～6.5 cm，下部小叶为心形、近圆形或卵形，长1～3 cm。总状花序，有花6～12朵，成对排列于节上；花冠紫蓝色，略伸出于萼外。荚果扁圆柱形。花期7～9月；果期9～11月。

全草入药，治刀伤、骨折。

3. 藤槐属Bowringia Champ. ex Benth.

木质藤本。单叶，花丝分离或仅基部合生。荚果1～2粒种子。本属4种，分布东南亚和非洲热带至亚热带海岛地区；我国1种；紫金1种。

1. 藤槐（包令豆）

Bowringia callicarpa Champ. ex Benth.

攀援灌木。单叶，近革质，长圆形或卵状长圆形，长6～13 cm；叶柄两端稍膨大。总状花序或排列成伞房状，花疏生；花冠白色。荚果卵形或卵球形，长2.5～3 cm，顶端具喙，沿缝线开裂，具种子1～2粒。花期4～6月；果期7～9月。

根、叶药用，有清热、凉血作用。

4. 木豆属Cajanus DC.

灌木或藤本。复叶3小叶，背面有腺点，叶缘全缘，小托叶或缺。总状花序，花梗无关节，雄蕊10(9+1)，花丝合生成二体雄蕊。荚果线状长圆形，种子3～7粒。本属约32种，主要分布于热带亚洲、大洋洲和非洲的马达加斯加；我国7种，1变种；紫金2种。

1. 木豆（豆蓉、山豆根、扭豆）

Cajanus cajan (L.) Millsp.

直立灌木；高1～3 m。枝、叶、花序、花梗、苞片、花萼均被短柔毛。叶具羽状3小叶；小叶披针形至椭圆形，长5～10 cm。总状花序，花数朵生于花序顶部或近顶部。荚果线状长圆形；种子3～6颗，近圆形，稍扁，暗红色。花果期2～11月。

根入药能清热解毒。亦为紫胶虫的优良寄主植物。

亚灌木，茎直立，单一，密被长硬毛或长柔毛。叶为羽状三出复叶，稀为单小叶。总状花序顶生或腋生，有时组成圆锥花序，密被锈色钩状毛。荚果有荚节2～4，荚节椭圆形，疏被短柔毛，稍具网纹，全部藏于宿存萼内。

2. 蔓草虫豆

Cajanus scarabaeoides (L.) Thouars

草质藤本，叶具羽状3小叶，总状花序腋生，荚果长圆形，果长3～5 cm。

叶入药，有健胃、利尿作用。

5. 蝙蝠草属Christia Moench.

草本或灌木。三出复叶或单叶，小叶蝙蝠形，叶缘全缘。总状或圆锥花序，花萼钟状，雄蕊10枚，花丝合生成2体雄蕊。荚果节荚反复折叠藏于萼筒内。本属约13种，分布于热带亚洲和大洋洲；我国5种；紫金1种。

1. 台湾蝙蝠草

Christia campanulata (Wall.) Thoth.

6. 舞草属Codariocalyx Hassk.

亚灌木。三出复叶，顶生小叶明显大，叶缘全缘。总状花序，雄蕊10枚，花丝合生成2体雄蕊。荚果背缝线缢缩，节荚明显，沿背缝线开裂。本属仅2种，分布东南亚和热带澳洲；我国2种；紫金1种。

1. 圆叶舞草

Codariocalyx gyroides (Roxb. ex Link) Hassk.

顶生小叶倒卵形，顶端圆钝或截形，与假地豆相似，本种顶生小叶倒卵形，果开裂，假地豆是椭圆形，果不开裂。

7. 猪屎豆属Crotalaria L.

草本或灌木。三出复叶或单叶，叶缘全缘，托叶明显，无小托叶。总状花序，雄蕊10，花丝合生成单体，花药二型。荚果小。本属约550种，分布于美洲、非洲、大洋洲及亚洲热带、亚热带地区；我国40种，3变种；紫金6种。

1. 响铃豆

Crotalaria albida Heyne ex Roth

多年生灌木状草本。单叶，倒披针形，长1.5～4 cm，宽3～17 mm，托叶刚毛状，果长1 cm，种子10～15颗。花果期5～11月。

全草药用，可清热解毒、消肿止痛。

2. 大猪屎豆（马铃根、自消容、凸尖野百合、大猪屎青）

Crotalaria assamica Benth.

直立大草本，单叶，倒披针形，长5～15 cm，宽2～4 cm，托叶线形，果长7～10 mm，种子6～12颗。花果期5～12月。

叶药用。清热解毒，凉血降压，利水。治热咳、吐血。

3. 假地蓝（狗响铃、响铃草、荷猪草）

Crotalaria ferruginea Grah. ex Benth.

草本，基部常木质，单叶，椭圆形，长2～6 cm，宽1～3cm，托叶披针形，果长圆形，种子20～30颗。花果期6～12月。

全草入药，可补肾、消炎、平喘、止咳。

4. 线叶猪屎豆

Crotalaria linifolia L. f.

草本；单叶，倒披针形，长2～5 cm，宽6～10 mm，托叶细小或无，果长4～6 mm，种子6～10颗。花果期5～12月。

全草入药，有清热解毒、消肿止痛功效。

5. 猪屎豆（野花生、猪屎青、土沙苑子、大马铃）

Crotalaria pallida Ait.

草本或亚灌木；3小叶，椭圆形，长3～6 cm，宽1.5～3 cm，花萼被短柔毛，花冠黄色，直径10 mm，果长圆形，长3～4 cm。花果期9～12月。

为良好绿肥植物。全草入药，有散结、清湿热等作用。

6. 农吉利（野百合、鼠蛋草、响铃草）

Crotalaria sessiliflora L.

直立草本；单叶，线状披针形，长3～8 cm，宽5～10 mm，托叶线形，果长1 cm，种子10～15颗。与长萼猪屎豆相似。花果期5月至翌年2月。

全草药用，清热解毒、消肿止痛、破血除瘀。

8. 黄檀属Dalbergia L. f.

乔木或攀援灌木。奇数羽状复叶，圆锥花序，雄蕊(5+5)或(9+1)的二体雄蕊，花药基着药，子房有柄。荚果翅果状。本属约100种，分布于亚洲、非洲和美洲的热带和亚热带地区；我国28种，1变种；紫金6种。

1. 南岭黄檀（南岭檀、水相思、黄类树）

Dalbergia balansae Prain

乔木；高6～15 m。羽状复叶；小叶6～7对，长圆形或长椭圆形，长2～4 cm。圆锥花序腋生，疏散，长5～10 cm；花萼钟状，萼齿5；花冠白色，旗瓣圆形，龙骨瓣近半月形。

木材入药有行血止痛作用。

2. 两粤黄檀（两广黄檀）

Dalbergia benthamii Prain

藤本，有时为灌木。羽状复叶；小叶2～3对，近革质，卵形或椭圆形，长3.5～6 cm。圆锥花序腋生，长约4 cm；花萼钟状，外面被锈色茸毛；花冠白色，旗瓣椭圆形，龙骨瓣近半月形，内侧具耳。

茎入药，有活血通经功效。

3. 藤黄檀（大香藤、痛必灵、梣果藤、丁香柴）

Dalbergia hancei Benth.

木质藤本。枝纤细，小枝有时变钩状或旋扭。羽状复叶；小叶3～6对，狭长圆或倒卵状长圆形，长10～20 mm。总状花序，再集成腋生短圆锥花序；花萼阔钟状，萼齿短，阔三角形；花冠绿白色。

根、茎入药，能舒筋活络，治风湿痛。

4. 斜叶黄檀

Dalbergia pinnata (Lour.) Prain

藤本，枝被短柔毛，小叶21～41片，基部极不对称。

全株药用，治风湿、跌打、扭挫伤，有消肿止痛之效。

5. 香港黄檀

Dalbergia millettii Benth.

藤本。有时短枝钩状。羽状复叶长4～5 cm；叶柄无毛；托叶狭披针形，长2～3 mm，脱落；小叶12～17对，紧密，线形或狭长圆形，长10～15 mm，顶端截形，或微凹，两面无毛。

叶药用。清热解毒。治疗疮，痈疽，蜂窝组织炎，毒蛇咬伤。

6. 象鼻藤

Dalbergia mimosoides Franch. Pl. Delav.

灌木或为藤本，多分枝。羽状复叶长6～8(～10)cm；叶轴、叶柄和小叶柄初时密被柔毛，后渐稀疏。圆锥花序腋生，分枝聚伞花序状；总花梗、花序轴、分枝与花梗均被柔毛；花小，稍密集。

9. 假木豆属Dendrolobium (Wight et Arn.) Benth.

灌木。三出复叶或单叶，叶缘全缘。伞形花序或总状花序腋生，雄蕊10枚，花丝合生成管状。荚果多少呈念珠状。本属18种，分布亚洲和澳洲热带和亚热带；我国5种；紫金1种。

1. 假木豆

Dendrolobium triangulare (Retz.) Schindl.

灌木，高1～2 m；嫩枝三棱形，密被灰白色丝状毛。叶为三出羽状复叶叶柄长1～2.5 cm，具沟槽，被开展或贴伏丝状毛；小叶硬纸质，顶生小叶倒卵状长椭圆形，长7～15 cm，宽3～6 cm，顶端渐尖，基部钝圆或宽楔形，侧生小叶略小，基部略偏斜，上面无毛，下面被长丝状毛，脉上毛尤密。荚果3～4节。

10. 鱼藤属Derris Lour.

藤本、灌木或乔木。奇数羽状复叶，有托叶和小托叶。总状或圆锥花序，萼杯状，雄蕊10(9+1)枚为二体雄蕊。荚果背腹缝线有翅。本属约800种，主要分布于亚洲的热带和亚热带地区，南美洲、大洋洲和非洲也有分布；我国包括引入栽培有25种，2变种，主要分布于南部和西南部；紫金1种。

1. 中南鱼藤

Derris fordii Oliv.

攀援状灌木。羽状复叶，叶厚纸质或薄革质，卵状椭圆形、卵状长椭圆形或椭圆形，圆锥花序腋生，花冠白色，荚果薄革质，长椭圆形至舌状长椭圆形。

11. 山蚂蝗属Desmodium Desv.

草本或灌木。三出复叶或单叶，叶缘全缘。总状或圆锥花序，雄蕊10枚，花丝合生成2体雄蕊或单体。荚果背缝线深凹入腹缝线，节荚呈斜三角形。本属约350种，多分布于亚热带和热带地区；我国27种，5变种；紫金12种。

1. 小槐花

Desmodium caudatum (Thunb.) DC.

三出复叶，叶柄两侧有窄翅。

2. 大叶山蚂蝗

Desmodium gangeticum (L.) DC.

茎柔弱，稍具棱。叶具单小叶。总状花序顶生和腋生，但顶生者有时为圆锥花序，花2～6朵生于每一节上，节疏离。荚果密集，略弯曲，腹缝线稍直，背缝线波状，有荚节6～8。

3. 假地豆（异果山绿豆、假花生、大叶青、稗豆）

Desmodium heterocarpon (L.) DC.

亚灌木，三出复叶，小叶倒卵形、顶端圆钝或截形，与圆叶舞草相似，本种顶生小叶椭圆形、果不开裂，并较小。

全株供药用，有消肿止痛、清热利水功效。

4. 大叶拿身草

Desmodium laxiflorum DC.

亚灌木，三出复叶，顶生小叶上面散生贴伏毛，背面密被黄色丝状毛，花冠紫堇色或白色，果长2～6 cm。

5. 小叶三点金

Desmodium microphyllum (Thunb.) DC.

多年生草本。茎纤细，多分枝，通常红褐色。匍匐草本，三出复叶，木质化高，5～6朵花组成总状花序，小叶不同形。

根供药用，有解毒散瘀、消食利尿、通经之效。

6. 显脉山绿豆

Desmodium reticulatum Champ. ex Benth.

灌木，三出复叶，顶生小叶卵形，卵状椭圆形，长3～5 cm，宽1～2 cm，花冠红色，后变蓝色。

7. 南美山蚂蝗

Desmodium tortuosum (Sw.) DC.

亚灌木，三出复叶，与大叶山蚂蝗相似，但花序大，非单叶。

8. 长波叶山蚂蝗

Desmodium sequax Wall.

直立灌木；三出复叶，顶生小叶长4～10 cm，宽4～6 cm，托叶披针形，长4～5 mm，单体雄蕊。

根药用，润肺止咳、驱虫；果实用于内伤出血；全草用于目赤肿痛。

9. 广东金钱草（金钱草、落地金钱、铜钱草、假地豆、马蹄香、广金钱草）

Desmodium styracifolium (Osbeck) Merr.

草本。单小叶或为3小叶，叶圆形或近圆形。

全草药用。味甘、淡，性凉。清热去湿，利尿，排石。

10. 三点金（三花山绿豆、八字草）

Desmodium triflorum (L.) DC.

多年生平卧草本。三出复叶，不木质化，常1朵花单生或2～3簇生，小叶同形。花果期6～10月。

全草入药，有解表、消食之效。

11. 绒毛山蚂蝗

Desmodium velutinum (Willd.) DC.

小灌木或亚灌木。单小叶，叶背密被黄色茸毛；总状花序腋生和顶生。荚果狭长圆形，密被黄色直毛和混有钩状毛。

12. 单叶拿身草

Desmodium zonatum Miq.

叶具单小叶。总状花序通常顶生。荚果线形，腹背两缝线均为浅波状，有荚节6～8，荚节扁平，长圆状线形，长12～20 mm，宽约2 mm，密被黄色小钩状毛。

12. 山黑豆属Dumasia DC.

藤本。三出复叶，叶缘全缘，叶背密被粗毛，有托叶和小托叶。总状花序，花萼筒状，顶端截平，雄蕊10 (9+1)，花丝合生成二体雄蕊。荚果线形。本属约10种，分布于非洲南部、亚洲东部及南部；我国9种，1变种；紫金1种。

1. 山黑豆

Dumasia truncata Sieb. et Zucc.

藤本。茎、叶柄无毛，花萼圆筒状，果长4 cm。

13. 野扁豆属Dunbaria Wight et Arn.

藤本。复叶3小叶，背面有腺点，叶缘全缘，小托叶或缺。总状花序，花梗无关节，雄蕊10(9+1)，花丝合生成二体雄蕊。荚果刀状，种子3～8粒。本属约25种，分布于热带亚洲和大洋洲；我国8种；紫金2种。

1. 长柄野扁豆

Dunbaria podocarpa Kurz

3小叶藤本，顶生小叶菱形，长宽近相等，两面密被毛，子房有长7 mm柄，果颈长15～17 mm。

2. 圆叶野扁豆（罗网藤、假绿豆）

Dunbaria rotundifolia (Lour.) Merr.

3小叶藤本，顶生小叶圆菱形，长宽近相等，顶端较圆，两面近无毛，子房及果无柄，与毛野扁豆相近。

根入药，清热解毒、消肿、止血生肌。

14. 鸡头薯属Eriosema (DC.) G. Don

草本。三出复叶，叶缘全缘，托叶大，无小托叶。总状花序，雄蕊10(9+1)，花丝合生成二体雄蕊。荚果小。本属约130种，产热带和亚热带地区，但大部分产于热带美洲和非洲东部；我国2种；紫金1种。

1. 鸡头薯

Eriosema chinense Vog.

有纺锤形的块根，全株密被长柔毛，极短的总状花序，1～2朵花，果菱状椭圆形，长8～10 mm，被长硬毛。

15. 千斤拔属Flemingia Roxb. ex W. T. Ait.

草本或灌木。三出复叶或单叶，叶缘全缘，托叶明显，无小托叶。聚伞花序再组成总状花序，苞片贝状，雄蕊10枚(9+1)，花丝合生成二体雄蕊。荚果小，种子1～2粒。本属约40种，分布于热带亚洲、非洲和大洋洲；我国16种，1变种；紫金2种。

1. 大叶千斤拔

Flemingia macrophylla (Willd.) Prain

直立灌木；高0.8～2.5 m。叶具指状3小叶；顶生小叶宽披针形至椭圆形，长8～15 cm，侧生小叶稍小，偏斜。荚果椭圆形，长1～1.6 cm，顶端具小尖喙，种子1～2颗。花期6～9月；果期10～12。

根供药用，能祛风活血、强腰壮骨。

2. 千斤拔

Flemingia prostrata Roxb. f. ex Roxb.

直立或披散亚灌木。3小叶，顶端圆钝。荚果椭圆状，花果期夏秋季。

16. 长柄山蚂蝗属Hylodesmum H. Ohashi & R. R. Mill.

草本或亚灌木。复叶有小叶3～7枚，叶缘全缘。总状或圆锥花序，雄蕊10枚，花丝合生成管状，有长的子房柄。荚果背缝线深凹入腹缝线，节荚呈斜三角形。本属约14种，主产亚洲，少数分布美洲；我国7种，4变种；紫金3种，1变种。

1. 疏花长柄山蚂蝗（长果柄山蚂蝗、疏花山绿豆）

Hylodesmum laxum (DC.) H. Ohashi & R. R. Mill.

直立草本。三出复叶，顶生小叶卵形，长5～12 cm，侧生小叶略小，偏斜。总状花序，通常有分枝，长达50 cm。荚果通常有荚节2～4，腹缝线于节间凹入几达背缝线而成一深缺口，荚节略呈宽的半倒卵形。花果期8～10月。

全草药用。降血压，消炎。治高血压，肺炎，肾炎。

2. 细长柄山蚂蝗

Hylodesmum leptopus (A. Gray ex Benth.) H. Ohashi & R. R. Mill.

直立草本。羽状三出复叶，小叶3片；托叶披针形；小叶纸质，卵形至卵披针形，长10～15 cm，宽3.5～6 cm，顶端渐尖，基部楔形或圆形。总状花序或圆锥花序，顶生或腋生。荚果，果颈长5～10 mm。花果期8～11月。

3. 长柄山蚂蝗

Hylodesmum podocarpum (DC.) H. Ohashi et R. R. Mill

顶生小叶阔卵形，长4～7 cm，宽3.5～6 cm，托叶钻形，长约7 mm，宽1 mm。

4. 尖叶长柄山蚂蝗

Hylodesmum podocarpum subsp. **oxyphyllum** (DC.) H. Ohashi et R. R. Mill

直立草本或亚灌木；高0.5～2 m。三出复叶，顶生小叶椭圆状菱形，长5～11 cm，侧生小叶较小。顶生圆锥花序或腋生总状花序，长达30 cm。荚果通常有荚节2，腹缝线收缩几达背缝线，荚节呈半倒卵状三角形。花果期7～9月。

全株供药用，能解表散寒、祛风解毒。

17. 鸡眼草属Kummerowia Schindl.

草本，被丁字毛。三出复叶，叶缘全缘，托叶大，膜质，缩存。花1～2朵簇生叶腋，花丝合生成二体雄蕊。荚果小，种子1粒。本属2种，分布俄罗斯西伯利亚至中国、朝鲜、日本；紫金1种。

1. 鸡眼草（人字草、三叶人字草、掐不齐、老鸦须、铺地锦）

Kummerowia striata (Thunb.) Schindl.

一年生草本；3小叶，花单生或2～3朵簇生，果倒卵形，长3.5～5 mm。花期7～9月；果期8～10月。

全草供药用，有利尿通淋、解热止痢之效；又可作饲料和绿肥。

18. 胡枝子属Lespedeza Michx.

灌木。复叶3小叶，叶缘全缘，无小托叶。苞片内2朵花，花梗无关节，雄蕊10(9+1)，花丝合生成二体雄蕊。荚果小，种子1粒。本属约60余种，分布于东亚至澳大利亚东北部及北美；我国26种；紫金3种。

1. 中华胡枝子

Lespedeza chinensis G. Don

灌木；小叶长1.5～4 cm，宽1～1.5 cm，顶端圆钝或微凹，具小尖头，上面近无毛，背面密被平伏毛，花序比叶短，花黄白色或白色，果长约4 mm。

2. 截叶铁扫帚（铁扫帚、铁马鞭、苍蝇翼、三叶公母草、鱼串草）

Lespedeza cuneate G. Don

小灌木；小叶长1～3 cm，宽2～5 mm，顶端截平，具小尖头，上面近无毛，背面密被平伏毛，花序比叶短，花黄白色或白色，果长2.5～3.5 mm。花期7～8月；果期9～10月。

全草入药，清热解毒、利湿消积。

3. 美丽胡枝子（马扫帚、白花羊牯枣、夜关门、三妹木、假蓝根）

Lespedeza formosa (Vog.) Koehne

直立灌木；高1～2 m。小叶宽1～3 cm，顶端急尖或钝，花序比叶长，花紫红色，果长8 mm。花期7～9月；果期9～10月。

全草入药，根可清肺热、祛风湿、散瘀血；茎叶治小便淋痛；花能清热凉血。

19. 崖豆藤属Millettia Wight et Arn.

藤本、灌木或乔木。奇数羽状复叶，托叶刺状或刚毛状。圆锥花序，萼钟状，雄蕊10(9+1)枚为二体雄蕊。荚果扁平或肿胀。本属约200种，分布热带和亚热带的非洲、亚洲和大洋洲；我国35种，11变种；紫金5种，1变种。

1. 香花崖豆藤

Millettia dielsiana Harms

小叶2对，披针形或椭圆形，圆锥花序，旗瓣被毛，基部无胼胝体，2体雄蕊，果密被茸毛。

2. 亮叶崖豆藤（光叶崖豆藤）

Millettia nitida Benth.

攀援灌木。小叶2对，卵状披针形，叶面光亮，背面疏柔毛，圆锥花序，旗瓣有绢毛，基部2枚胼胝体，2体雄蕊，果密被茸毛，与皱果崖豆藤和香花崖豆藤相似。花期5～9月；果期7～11月。

藤茎药用，祛风活血。

3. 丰城崖豆藤

Millettia nitida var. **hirsutissima** Z. Wei

与亮叶崖豆藤相似，小叶面无光，背面密被红褐色硬毛。

4. 厚果崖豆藤

Millettia pachycarpa Benth.

大藤本；长达15 m。羽状复叶；小叶6～8对，单体雄蕊，果厚，种子黑色。花期4～6月；果期6～11月。

根可散瘀消肿；种子可消炎止痛。

5. 网络崖豆藤（鸡血藤、昆明鸡血藤）

Millettia reticulata Benth.

藤本。小叶2～4对，卵状长椭圆形或卵状长圆形，圆锥花序，旗瓣无毛，基部无胼胝体，2体雄蕊，果无毛。花期5～11月。

根、藤药用，补血祛风、通经活络。

6. 牛大力（美丽崖豆藤、猪脚笠、倒吊金钟）

Millettia speciosa Champ. ex Benth.

藤本。小叶常6对，长圆形或椭圆状披针形，圆锥花序，旗瓣基部2枚胼胝体，2体雄蕊。

根药用，补虚润肺，强筋活络。治腰肌劳损，风湿性关节炎，肺结核，慢性支气管炎，慢性肝炎，遗精，白带。

20. 黧豆属Mucuna Adans.

藤本。三出复叶，叶大，叶缘全缘，有小托叶。总状花序，花萼钟状，雄蕊10(9+1)，花丝合生成二体雄蕊，花柱不旋卷。荚果较大，常肿胀。本属约160种，多分布于热带和亚热带地区；我国约15种；紫金1变种。

1. 白花油麻藤（血藤、鸡血藤、禾雀花、鲤鱼藤、大蓝布麻）

Mucuna birdwoodiana Tutch.

常绿、大型木质藤本。三出羽状复叶；小叶近革质，顶生小叶椭圆形，卵形或略呈倒卵形，长9～16 cm，顶端具长渐尖头，侧生小叶明显偏斜，叶脉两面凸起；无小托叶。常呈束状；花冠白色或带绿白色。荚果带形。花期4～6月；果期6～11月。

根茎入药，能通经络、强筋骨。

21. 红豆属Ormosia Jacks.

乔木。奇数羽状复叶稀单叶，花丝分离或仅基部合生。荚果两缝线无翅，2瓣裂。本属100种，分布热带美洲、东南亚和澳大利亚西北部；我国35种，2变种；紫金7种。

1. 凹叶红豆

Ormosia emarginata (Hook. et Arn.) Benth.

灌木。枝无毛，小叶3～7片，顶端凹缺，果瓣有膈膜，种子1～4颗，红色，与光叶红豆相似。

2. 锈枝红豆

Ormosia ferruginea R. H. Chang

灌木。枝、芽、叶柄、叶轴被锈色茸毛，小叶13～19片，顶端圆钝，微凹，果瓣有膈膜，种子1～4颗，红色。

3. 肥荚红豆

Ormosia fordiana Oliv.

乔木；幼枝、幼叶密被锈褐色柔毛。小叶7～9片，果瓣无膈膜，果近无毛，种子1～4颗，长2 cm以上，与软荚红豆相似。花期6～7月；果期11月。

4. 茸荚红豆

Ormosia pachycarpa Champ.

乔木；枝、叶、花、果密被灰白毡毛，小叶5～7片，果瓣无膈膜，种子1～2颗。

5. 软荚红豆

Ormosia semicastrata Hance

常绿乔木；枝密被黄褐色柔毛，小叶3～11片，果瓣无膈膜，果光亮，果柄长2～3 mm，种子1颗，红色，与肥荚红豆相似。花期4～5月。

6. 荔枝叶红豆

Ormosia semicastrata f. **litchifolia** How

本变型与原变型区别为：树皮白色或暗灰色，小叶2～3对，有时达4对，叶片椭圆形或披针形，上面光亮像荔枝叶。

7. 木荚红豆

Ormosia xylocarpa Chun ex L. Chen

常绿乔木；枝密被贴生黄褐色短柔毛，小叶5～7片，顶端急尖，果瓣有膈膜，种子1～5颗，红色，与小叶红豆相似。花期6～7月；果期10～11月。

22. 排钱树属 Phyllodium Desv.

灌木。三出复叶，叶缘全缘。总状圆锥花序腋生，叶状总苞片大，圆形，雄蕊10枚，花丝合生成管状。荚果。本属6种，分布热带亚洲及大洋洲；我国4种；紫金2种。

1. 毛排钱树

Phyllodium elegans (Lour.) Desv.

灌木；顶生小叶比侧生的长1倍，小叶两面被毛。

根、叶供药用，有消炎解毒、活血利尿之效。

2. 排钱树（排钱草、虎尾金钱、钱串草）

Phyllodium pulchellum (L.) Desv.

灌木；高0.5～2 m。小叶3，近革质，顶生小叶卵形，椭圆形或倒卵形，长6～10 cm，侧生小叶较小，基部偏斜，叶面近无毛。花期7～9月；果期10～11月。

根、叶供药用，有解表清热、活血散瘀之效。

23. 葛属 Pueraria DC.

藤本。三出复叶，有时4～7小叶，叶缘全缘，托叶盾状着生。总状花序，花萼钟形，雄蕊10或(9+1)，花丝合生成单或二体雄蕊。荚果线形，有或无横隔。本属约35种，分布于印度至日本，南至马来西亚；我国8种，2变种；紫金2种。

1. 葛麻姆

Pueraria montana var. **montana** (Lour.) van der Maesen

藤本；3小叶，顶生小叶宽卵形，长大于宽，顶端渐尖，基部近圆形，通常全缘，侧生小叶略小而偏斜，两面均被长柔毛，下面毛较密；花冠紫色。花期7～9月；果期10～12月。

2. 粉葛

Pueraria montana var. **thomsonii** (Benth.) Wiersema ex D. B. Ward

粗壮藤本，全体被黄色长硬毛，小叶三裂，顶生小叶宽卵形或斜卵形，荚果长椭圆形，花期9～10月；果期11～12月。

24. 密子豆属Pycnospora R. Br. ex Wight et Arn.

亚灌木状草本。叶为羽状三出复叶或有时仅具1小叶。花小，排成顶生总状花序，雄蕊二体花药一式；子房无柄，胚珠多数，花柱丝状，内弯，柱头头状，小。荚果长椭圆形，膨胀，有横脉纹，无横隔，亦不分节，有种子8～10颗。本属仅1种，产热带非洲、亚洲至澳大利亚东部。紫金1种。

1. 密子豆

Pycnospora lutescens (Poir.) Schindl.

亚灌木状草本，全株被毛，小叶近革质，倒卵形或倒卵状长圆形，总状花序，荚果长圆形，花果期8～9月。

25. 鹿藿属Rhynchosia Lour.

攀援、匍匐或缠绕藤本。叶具羽状3小叶。花组成腋生的总状花序或复总状花序，雄蕊二体(9+1)，花药一式；子房无柄或近无柄，通常有胚珠2颗，稀1颗；花柱常于中部以上弯曲，常仅于下部被毛，柱头顶生。荚果扁平或膨胀，顶端常有小喙；种子2颗，稀1颗，通常近圆形或肾形，种阜小或缺。本属约200种，分布于热带和亚热带地区，但以亚洲和非洲最多；我国13种；紫金1种。

1. 鹿藿

Rhynchosia volubilis Lour.

草质藤本，顶生小叶菱形，长3～8 cm，宽3～5.5 cm，两面被柔毛，背面有小腺点。

根祛风和血、镇咳祛痰，治风湿骨痛、气管炎。叶外用治疥疮。

26. 田菁属Sesbania Scop.

草本或灌木。偶数羽状复叶。总状花序，萼钟状，雄蕊10(9+1)枚为二体雄蕊。荚果为细长的长圆柱形。本属约50种，分布于全世界热带至亚热带地区；我国5种，1变种；紫金1种。

1. 田菁（小野蚂蚱豆）

Sesbania cannabina (Retz.) Poir.

一年生草本，小叶20～30对，宽2.5～4 mm，叶轴无刺，花序有花2～6朵，花长不及2 cm，果宽约3 mm。花果期7～12月。

根药用，清热利尿、凉血解毒。

27. 坡油甘属Smithia Ait.

草本。偶数羽状复叶，叶缘全缘，托叶盾状着生，无小托叶。总状花序，雄蕊10(5+5)枚，花丝合生成二体雄蕊。荚果叠藏于萼管内。本属约35种，分布非洲和亚洲的热带地区；我国5种；紫金2种。

1. 缘毛合叶豆

Smithia ciliata Royle

草本。数小叶5对，小叶长6～12 mm，宽2～4 mm，边缘有刺毛，花序有花12朵或更多，花萼具网脉，果6～8节。

2. 坡油甘（田基豆）

Smithia sensitiva Ait.

草本。偶数小叶3～10对，小叶长4～10 mm，宽1.5～3 mm，边缘有刺毛，花序有花1～6朵或更多，花萼具纵脉，果4～6节。

全株药用。解毒消肿，止咳。治疮毒，咳嗽，蛇伤。

28. 密花豆属Spatholobus Hassk.

木质攀援藤本。羽状复叶具3小叶。圆锥花序腋生或顶生；花小而多，通常数朵密集于花序轴或分枝的节上，苞片和小苞片小。雄蕊二体；子房具短柄或无柄，有胚珠2颗，花柱稍弯，无毛或被毛。荚果压扁，具网纹，密被短柔毛或绒毛，具1种子，熟时顶部开裂，下部不开裂；种子扁平。本属约40种，分布于中南半岛、马来半岛和非洲热带地区；我国10种，1变种；紫金1种。

1. 密花豆

Spatholobus suberectus Dunn

大藤本；3小叶复叶，侧生小叶两侧不对称，基部偏斜，花白色。

茎入药，是中药鸡血藤的主要来源之一，有祛风活血、舒筋活络之功效。主治腰膝酸痛、麻木瘫痪、月经不调等症。

29. 笔花豆属Stylosanthes Sw.

多年生草本或亚灌木，直立或开展，稍具腺毛。羽状复叶具3小叶。花小，多朵组成密集的短穗状花序，腋生或顶生；雄蕊10，单体；花药二型；子房线形，无柄，具2～3胚珠，花柱细长，柱头极小，顶生，帽状。荚果小，扁平，长圆形或椭圆形，顶端具喙，具荚节1～2个；种子近卵形，种脐常偏位，具种阜。本属约25种，分布于美洲、非洲和亚洲的热带和亚热带地区；我国仅1种；紫金1种。

1. 圭亚那笔花豆

Stylosanthes guianensis (Aubl.) Sw.

直立草本，3小叶，疏被刚毛，边缘小刺状齿，托叶鞘状，长4～25 mm，果1节，卵形。

本种为优良牧草，可作绿肥、覆盖植物。

30. 葫芦茶属Tadehagi Ohashi

亚灌木。单叶，叶柄有宽翅，叶缘全缘。总状花序，雄蕊10枚，花丝合生成2体雄蕊。荚果背缝线缢缩，节荚明显。本属约6种，分布亚洲热带、太平洋群岛和澳大利亚北部；我国2种；紫金2种。

1. 蔓茎葫芦茶

Tadehagi pseudotriquetrum (DC.) Yang et Huang

草本。茎蔓生，花萼长5 mm，果有网脉。

2. 葫芦茶（剃刀柄、虫草、金剑草）

Tadehagi triquetrum (L.) Ohashi

亚灌木；茎直立，花萼长3 mm，果无网脉。花期6～10月；果期10～12月。

全株供药用，能清热解毒、健脾消食、利尿、杀虫。

31. 灰毛豆属Tephrosia Pers.

草本或灌木。奇数羽状复叶，背面密被柔毛，无小托叶。总状花序，萼钟状，雄蕊10(9+1)枚为二体雄蕊。荚果线形或长圆形。本属约400种，广布热带和亚热带地区，多数产非洲，欧洲不产；我国11种，3变种；紫金2种。

1. 白灰毛豆

Tephrosia candida DC.

灌木。羽状复叶，总状花序顶生或侧生，花冠色、淡黄色或淡红色，花期10～11月；果期12月。

2. 灰毛豆

Tephrosia purpurea (L.) Pers. Syn.

灌木。小叶4～8对，仅背面被平伏柔毛，侧脉7～11对，果长4～5 cm，疏被平伏毛。

枝叶可作绿肥，捣烂投水中可毒鱼；又为良好的固砂及堤岸保土植物。

32. 狸尾豆属 Uraria Desv.

多年生草本、亚灌木或灌木。叶为单小叶、三出或奇数羽状复叶，小叶1～9片。顶生或腋生总状花序或再组成圆锥花序；花细小，极多，通常密集；雄蕊二体，花药一式；子房几无柄，有胚珠2～10，花柱线形，内弯，柱头头状。荚果小，荚节2～8，反复折叠，荚节不开裂，每节具1种子。本属约20种，主要分布于热带非洲、亚洲和澳大利亚；我国9种；紫金1种。

1. 猫尾草

Uraria crinita (L.) Desv. ex DC.

多年生草本。3～7小叶复叶，长椭圆形，宽3～8 cm。果2～4节。

全草供药用，有散瘀止血、清热止咳之效。

33. 野豌豆属 Vicia L.

草本，茎有翅。偶数羽状复叶，小叶2～12对，叶轴顶端有卷须或尖头，叶缘全缘。总状花序腋生，旗瓣瓣柄与雄蕊管分离，雄蕊10枚，花丝合生成二体雄蕊。荚果。本属约200种，分布北半球温带至南美洲温带和东非，为北温带(全温带)间断分布，但以地中海地域为中心；我国43种，5变种；紫金1种。

1. 小巢菜（小麦豆）

Vicia hirsuta (L.) S. F. Gray

一年生草本。茎细柔有棱，攀援或蔓生。小叶4～8对，线形或狭长圆形，长0.5～1.5 cm，顶端平截。荚果长圆菱形，长0.5～1 cm，表皮密被棕褐色长硬毛，种子2。花果期2～7月。

全草入药，有活血、平胃、明目、消炎等功效。

34. 豇豆属 Vigna Savi

藤本。复叶3小叶，叶缘全缘，托叶基部下延，有小托叶。单花或总状花序，花序轴花梗着生处有腺体，雄蕊10(9+1)，花丝合生成二体雄蕊，柱头侧生。荚果线形。本属约150种，分布于热带地区；我国16种，3亚种，3变种；紫金1种。

1. 贼小豆（山绿豆）

Vigna minima (Roxb.) Ohwi et Ohashi

一年生缠绕草本。羽状复叶具3小叶；小叶的形状和大小变化颇大，卵形、卵状披针形、披针形或线形，长2.5～7 cm。荚果圆柱形，长3.5～6.5 cm，开裂后旋卷；种子4～8颗。花果期8～10月。

种子药用，有清湿热、利尿、消肿之效。

151. 金缕梅科 Hamamelidaceae

乔木和灌木。叶互生，稀对生；托叶线形，或为苞片状，早落、少数无托叶。花排成头状花序、穗状花序或总状花序，两性，或单性而雌雄同株，稀雌雄异株，有时杂性；异被，放射对称，或缺花瓣，少数无花被；常为周位花或上位花，稀下位花；萼筒与子房分离或多少合生，萼裂片4～5数，镊合状或覆瓦状排列；花瓣与萼裂片同数，线形、匙形或鳞片状；雄蕊4～5数，或更多，有为不定数的，花药常用2室，直裂或瓣裂，药隔突出；退化雄蕊存在或缺；子房半下位或下位，亦有为上位，2室，上半部分离。果为蒴果。本科27属约140种，主要分布于亚洲东部，少数分布美洲、澳大利亚和非洲；我国17属，80种，14变种；紫金9属，11种。

1. 蕈树属Altingia Noronha

乔木。羽状脉，有托叶。无花瓣。果序球形，无宿存的花萼和花柱。本属约12种，分布我国至中南半岛，印度，马来西亚及印度尼西亚；我国8种；紫金2种。

1. 蕈树（阿丁枫）

Altingia chinensis (Champ.) Oliv. ex Hance

常绿乔木；高达20 m。叶倒卵形，长7～13 cm，宽3～4.5 cm，果序有15～26颗果。花期3～4月。

枝、叶、根药用，有祛风除湿、舒根活络功效。

2. 细柄蕈树（细柄阿丁枫）

Altingia gracilipes Hemsl.

乔木，老枝灰色，有皮孔。叶倒卵状披针形，长4～7 cm，1.5～2.5 cm，果序有5～6颗果。花期4月，果熟期10月。

2. 蜡瓣花属Corylopsis Sieb. et Zucc.

灌木或乔木。叶边有锯齿，羽状脉，第一对侧脉分枝。总状或穗状花序，花两性，5数，花黄色，花瓣匙形，子房半下位，宿存的萼筒与蒴果连生。种子1粒。29种。本属20种，6个变种，主要分布长江流域及其南部各地，日本、朝鲜、印度有少量分布；我国20种，6个变种；紫金1种。

1. 瑞木

Corylopsis multiflora Hance

落叶或半常绿灌木或小乔木；嫩枝及芽有绒毛。叶薄革质，倒卵形，倒卵状椭圆形，宽4～8 cm，顶端尖锐或渐尖，基部心形；侧脉7～9对，明显上凹下凸，脉上略被毛，时背带灰白。总状花序，基部有1～5片叶；总苞状鳞片卵形，长1.5～2 cm，外面被毛，雄蕊突出花冠外。果序长5～6 cm，蒴果硬木质。花期2～4月。

3. 假蚊母树属Distyliopsis P. K. Endress

乔木。叶边全缘或有小齿，羽状脉。穗状总状花序，花单性或杂性，无花瓣，子房上位，萼筒筒壶状，果时不规则裂。种子1粒。本属约5种，分布我国；紫金1种。

1. 尖叶假蚊母树

Distyliopsis dunnii (Hemsl.) P. K. Endress

乔木，叶长圆形或倒卵形，长6～9 cm，宽2.5～4.5 cm，总状花序，有短花梗。

4. 蚊母树属Distylium Sieb. et Zucc.

乔木或灌木。叶边全缘或有锯齿，羽状脉。总状花序，花单性或杂性，子房上位，无花瓣，萼筒极短，果时不存在。种子1粒。本属18种，主产亚洲，少数分布中美洲；我国12种，3个变种；紫金2种。

1. 大叶蚊母树

Distylium macrophyllum Chang

常绿灌木或小乔木。嫩枝有鳞垢及棱。叶革质，椭圆形或卵状椭圆形，长7～12 cm，顶端急尖或略钝，边全缘或上部有2～3个小齿突。总状花序腋生，花红色。蒴果卵圆形，长约1.5 cm，宿存花柱长2～4 mm，外侧有黄褐色星状毛。花期4～5月。

根药用，可治跌打损伤、手足浮肿。

2. 杨梅叶蚊母树

Distylium myricoides Hemsl.

乔木。嫩枝、顶芽有鳞秕，叶长圆形或长圆状披针形，长5～11 cm，宽2～4 cm，上部有齿，顶端锐尖，老时叶背无鳞秕，与蚊母树相似。

根药用。利水渗湿，祛风活络。

5. 秀柱花属 Eustigma Gardn. et Champ

灌木或乔木。叶边全缘或有锯齿，羽状脉，第一对侧脉不分枝。总状或穗状花序，花两性，5数，花黄色，花瓣鳞片状，子房半下位，宿存的萼筒与蒴果连生。种子1粒。本属3种，分布于我国南部各地；紫金1种。

1. 秀柱花

Eustigma oblongifolium Gardn. et Champ.

常绿灌木或小乔木。叶背及嫩枝无毛，叶长圆形。雄蕊插生于萼齿基部，彼此对生，花丝极短，蒴果长2 cm，无毛。

6. 马蹄荷属 Exbucklandia R. W. Brown

乔木。掌状脉，叶基部心形，托叶大，椭圆形，脱落后留下环状斑痕。花序与果序均头状。本属4种，分布亚洲；我国3种；紫金1种。

1. 大果马蹄荷

Exbucklandia tonkinensis (Lec.) Steenis

常绿乔木；高达30 m。嫩枝绿色，节膨大。叶革质，阔卵形，长8～13 cm，基部阔楔形，全缘或幼叶为掌状3浅裂；托叶狭长圆形，稍弯曲，长2～4 cm。头状花序，有花7～9朵。花两性，稀单性，萼齿鳞片状；无花瓣。花期4～8月。

速生树种，材质坚硬，可供造船、家具、建筑等用材；亦可用于培植香菇、木耳。树皮、根药用，治偏瘫。树形美观，为优良观赏树种。

7. 枫香树属 Liquidambar L.

乔木。叶3～5掌状裂，叶基部心形或圆形，掌状脉，托叶线形。蒴果有尖锐的宿萼和花柱。本属5种，分布亚洲，北美洲及中美洲各1种；我国3种；紫金1种。

1. 枫香树（枫香树、路路通、大叶枫、枫子树、鸡爪枫、白胶香）

Liquidambar formosana Hance

落叶乔木；高达30 m。叶薄革质，阔卵形，掌状3裂，中央裂片较长，顶端尾状渐尖；两侧裂片平展，下面有短柔毛，边缘有锯齿。头状果序圆球形，直径3～4 cm。花期4～6月。

根、叶及果实入药，有祛风除湿、通络活血功效。冬季叶黄、红色，为美丽的彩叶树种。

8. 檵木属Loropetalum R. Br.

乔木或灌木。叶边全缘，羽状脉。假头状或短穗状花序，花两性，四基数，花瓣狭带状，子房半下位，宿存的萼筒与蒴果连生。种子1粒。本属4种，1变种，分布亚洲东部；我国3种，1变种；紫金1种。

1. 檵木（桎木柴、坚漆）

Loropetalum chinense (R. Br.) Oliver

灌木或小乔木。叶革质，卵形，长2～5 cm，基部钝，不等侧，上面略有粗毛，下面被星状毛。蒴果卵圆形，顶端圆，被褐色星状绒毛，萼筒长为蒴果的2/3。花期3～4月。

根及叶药用，有通经活络、去瘀生新功效。

9. 半枫荷属Semiliquidambar H. T. Chang

乔木。羽状脉，叶基部有三出脉，有托叶。无花瓣。果序球形，有宿存的花萼和花柱。本属3种，3变种，分布我国长江以南地区；紫金1种。

1. 半枫荷

Semiliquidambar cathayensis Chang

常绿或半常绿乔木；高达20 m。叶簇生于枝顶，革质，异型，不分裂、掌状3裂、单侧分裂均有，边缘有具腺锯齿。头状果序直径2.5 cm，有蒴果22～28个。花期5月。

树皮、根供药用，有祛风除湿、活血通络功效。

154. 黄杨科Buxaceae

灌木、小乔木或草本。单叶，互生或对生，全缘或有齿牙，羽状脉或离基三出脉，无托叶。花小，整齐，无花瓣；单性，雌雄同株或异株；花序总状或密集的穗状，有苞片；雄花萼片4，雌花萼片6，均二轮，覆瓦状排列，雄蕊4，与萼片对生，分离，花药大，2室，花丝多少扁阔；雌蕊常用由3心皮组成，子房上位，3室，稀2室。果实为室背裂开的蒴果，或肉质的核果状果。本科4属，约100 种，分布热带和温带地区；我国4属，27种；紫金1属，1种。

1. 黄杨属Buxus L.

枝有四棱。叶对生，羽状脉。雌花单生于花序顶端。蒴果，室背形裂。本属约有70余种，分布亚洲、欧洲、热带非洲以及古巴、牙买加等处；我国约18种；紫金1种。

1. 大叶黄杨

Buxus megistophylla Lévl.

灌木；高0.6～2 m。叶革质，卵形、椭圆状或长圆状披针形，长4～8 cm，顶端渐尖，顶钝或锐，中脉在两面均凸出，侧脉多，通常两面均明显。花期3～4月；果期6～7月。

156. 杨柳科Salicaceae

落叶乔木或灌木。单叶互生，稀对生，不分裂或浅裂，全缘，锯齿缘或齿牙缘；托叶鳞片状或叶状，早落或宿存。花单性，雌雄异株，罕有杂性；柔荑花序，直立或下垂，先叶开放，或与叶同时开放，稀叶后开放，花着生于苞片与花序轴间，苞片脱落或宿存；基部有杯状花盘或腺体，稀缺如；雄蕊2至多数，花药2室，纵裂，花丝分离至合生；雌花子房无柄或有柄，雌蕊由2～

4(～5)心皮合成，子房1室。蒴果。本科3属，约620多种，分布寒温带、温带和亚热带；我国3属，约320种；紫金1属，1种。

1. 柳属Salix L.

枝髓心近心形，无顶芽，芽鳞1数。叶片较狭而长。雌雄花序直立，苞片顶端全缘，无杯状花盘。本属约520多种，主产北半球温带地区，寒带次之，亚热带和南半球极少，大洋洲无野生种；我国257种，122变种，33变型；紫金1种。

1. 粤柳

Salix mesnyi Hance

小乔木。叶革质，长圆形，狭卵形或长圆状披针形，长7～9 cm，顶端长渐尖或尾尖，基部圆形或近心形，幼叶两面有锈色短柔毛，叶缘有粗腺锯齿。花期3月；果期4月。

159. 杨梅科Myricaceae

乔木或灌木。单叶互生。花常单性，穗状花序；雌雄异株或同株；雄花单生于苞片腋内；雌蕊由2枚心皮合生而成，无柄，子房1室，具1直生胚珠；胚珠无柄，生于子房室基底或近基底处，具1层珠被，珠孔向上；具2，稀1或3，细长的丝状或薄片状的柱头。核果。本科2属约40余种，主要分布于两半球的热带、亚热带和温带地区；我国1属，4种，1变种；紫金1种。

1. 杨梅属Myrica L.

常绿或落叶乔木或灌木，雌雄同株或异株。单叶，无托叶。核果小坚果状而具薄的果皮。本属约50种，分布于两半球热带、亚热带及温带；我国4种，1变种；紫金1种。

1. 杨梅（树梅、珠红）

Myrica rubra (Lour.) Sieb. et Zucc.

常绿乔木。叶常密集枝端，倒卵形或长椭圆状倒卵形，全缘或中部以上具少数锐锯齿，下面被稀疏的金黄色腺体。核果球状，径1～3 cm，外果皮肉质，成熟时深红色、紫红色或白色。4月开花；6～7月果实成熟。

根皮药用，散瘀消肿、止血止痛。

162. 桦木科Betulaceae

落叶乔木或灌木；小枝及叶有时具树脂腺体或腺点。单叶，互生，叶缘具重锯齿或单齿。花单性，雌雄同株；雄花序顶生或侧生，春季或秋季开放；雄蕊2～20枚(很少1枚)插生在苞鳞内，花丝短，花药2室，药室分离或合生，纵裂；雌花序为球果状、穗状、总状或头状，直立或下垂，具多数苞鳞(果时称果苞)；子房2室或不完全2室；花柱2枚，分离，宿存。果序球果状、穗状、总状或头状；果为小坚果或坚果；胚直立，子叶扁平或肉质，无胚乳。本科6属，100余种，分布于北温带，中美洲和南美洲；我国6属均有分布，共约70种；紫金1属，1种。

1. 鹅耳枥属Carpinus L.

乔木或灌木。叶互生，边缘有锯齿。花单性，雌雄同株；雄花排成葇荑花序，无花被，子房下位，不完全2室，每室有2或1颗胚珠。坚果，藏于果苞内。本属约40种，分布于北温带及北亚热带地区。我国25种15变种；紫金1种。

1. 雷公鹅耳枥

Carpinus viminea Wall.

乔木。叶缘具重锯齿，叶柄长1.5～3 cm，无毛，果苞基部两侧有裂片。

163. 壳斗科Fagaceae

乔木，稀灌木。单叶，互生。花单性同株，稀异株；雄花有雄蕊4～12枚，花丝纤细，花药基着或背着，2室，纵裂；雌花1～3～5朵聚生于一壳斗内，有时伴有可育或不育的短小雄蕊，子房下位，花柱与子房室同数，柱头面线状，近于头状，或浅裂的舌状，或几与花柱同色的窝点，子房室与心皮同数，或因隔膜退化而减少，3～6室，每室有倒生胚珠2颗，仅1颗发育，中轴胎座；雄花序下垂或直立，整序脱落，由多数单花或小花束，即变态的二岐聚伞花序簇生于花序轴；雌花序直立，花单朵散生或3数朵聚生成簇，分生于总花序轴上成穗状，有时单或2～3花腋生。由总苞发育而成的壳斗包着坚果。本科7属，约900余种，除热带非洲和南非地区不产外几全世界分布，以亚洲的种类最多；我国7属，约320种；紫金4属，40种。

1. 锥属Castanopsis (D. Don) Spach

常绿乔木，有顶芽。雄花序穗状；雌花单生或组成穗状花序，子房3室。壳斗开裂成数瓣，或不开裂但有纵向裂痕，坚果无3棱脊。本属约120种，分布亚洲热带及亚热带地区；我国58种；紫金12种。

1. 米槠

Castanopsis carlesii (Hemsl.) Hayata

乔木；高达20 m。叶小，披针形，长4～12 cm，宽1～3.5 cm，壳斗近球状，果无刺，每壳头1坚果。花期3～6月；果8～12月成熟。

木材坚硬，耐腐，纹理致密，供建筑、家具及薪炭等用材。

2. 锥（桂林锥、中华锥、锥栗）

Castanopsis chinensis Hance

大乔木，树皮纵裂，枝无毛，叶披针形，长7～18 cm，宽2～5 cm，边缘中部以上具尖锯齿。花期5～7月，果翌年9～11月成熟。

木材坚硬，耐腐，纹理致密，供建筑、家具及薪炭等用材。

3. 甜槠

Castanopsis eyrei (Champ.) Tutch.

乔木；高达20 m。枝无毛，叶卵形或卵状披针形，长5～10 cm，宽2～3.5 cm，叶不对称，边全缘或顶部1～2齿，果刺长。花期4～6月；果期6～12月。

枝皮、果实入药治胃痛、肠炎痢疾；根皮有止泻功效；种仁能健胃燥湿。

木材坚硬，耐腐，纹理致密，供建筑、家具及薪炭等用材。

4. 罗浮栲

Castanopsis fabri Hance

乔木；高8～20 m。叶革质，卵形，狭长椭圆形或披针形，长8～18 cm，基部近于圆，常偏斜，顶部有1～5对锯齿，背面有红褐色鳞秕，每壳斗2～3坚果，果无毛，与鹿角锥相似，但叶上部具锯齿。花期4～5月；果期6～12月。

木材坚硬，耐腐，纹理致密，供建筑、家具及薪炭等用材。

5. 栲

Castanopsis fargesii Franch.

乔木；叶狭椭圆形，长6.5～8 cm，宽1.8～3.5 cm，背被鳞秕，与红锥相似，但枝被铁锈色毛、无皮孔、叶较大，顶端常有齿。

木材坚硬，耐腐，纹理致密，供建筑、家具及薪炭等用材。

6. 罴蒴锥

Castanopsis fissa (Champ. ex Benth.) Rehd. et Wils.

乔木；高约10 m。叶大，长11～23 cm，宽5～9 cm，侧脉15～20对，果无刺。花期4～5月；果7～12月成熟。

木材薪炭等用材。

7. 南岭栲（毛锥）

Castanopsis fordii Hance

常绿大乔木；叶长圆形，长9～14 cm，宽3～7 cm，背密被长毛，边全缘。

8. 红锥

Castanopsis hystrix Miq.

常绿大乔木；老树皮块状剥落。叶狭椭圆形，长4～9 cm，宽1.5～2.5 cm，背被鳞秕，与川鄂栲似，但枝被淡褐色毛、具皮孔、叶较小，果刺长尖。花期4～6月；果翌年8～11月成熟。

种子药用。滋养强壮，健胃消食。治食欲不振，脾虚泄泻。木材坚硬，耐腐，纹理致密，供建筑、家具及薪炭等用材。

9. 吊皮锥

Castanopsis kawakamii Hay

常绿大乔木，高可达28 m，树皮片状吊着，枝无毛，叶卵形或卵状披针形，长6～12 cm，宽2～5 cm，边全缘或顶部具1～2小齿，果刺长。花期3～4月；果翌年8～10月成熟。

木材坚硬，耐腐，纹理致密，供建筑、家具及薪炭等用材。

10. 鹿角锥

Castanopsis lamontii Hance

乔木；高达25 m。叶长圆形，长12～20 cm，宽3～8 cm，每壳斗2～3坚果，果被毛，与罗浮栲相似，叶近全缘，顶端稀有锯齿。花期3～5月；果6～12月成熟。

木材坚硬，耐腐，纹理致密，供建筑、家具及薪炭等用材。

11. 黑叶锥

Castanopsis nigrescens Chun et Huang

乔木。幼枝被微毛，叶卵状椭圆形，长7～15 cm，宽3～5.5 cm，边全缘，像鹿角锥，刺粗短。

木材坚硬，耐腐，纹理致密，供建筑、家具及薪炭等用材。

12. 钩锥

Castanopsis tibetana Hance

乔木。木材红色，枝无毛，叶大，硬，长椭圆形，长14～22 cm，宽5～10 cm，背被鳞秕，中部以上有锯齿。

木材坚硬，耐腐，纹理致密，供建筑、家具及薪炭等用材。

2. 青冈属Cyclobalanopsis Oerst.

常绿乔木。雄花序穗状，无退化雌蕊；雌花单生或组成穗状花序，子房3室。壳斗不开裂，壳斗小苞片轮状排列，愈合成同心环，坚果无3棱脊。本属150种，主要分布亚洲热带、亚热带；我国69种；紫金9种。

1. 竹叶青冈

Cyclobalanopsis bambusaefolia (Hance) Chun ex Y. C. Hsu et H. W. Jen

乔木。嫩枝被长柔毛，叶狭披针形，长窄3～11.5 cm，宽5～20 mm，全缘或顶端有1～2对锯齿，无毛，壳斗碟状，包裹果底部，果椭圆形。

木材坚硬，耐腐，纹理致密，供建筑、家具及薪炭等用材。

2. 槟榔青冈

Cyclobalanopsis bella (Chun et Tsiang) Chun ex Y. C. Hsu et H. W. Jen

乔木。叶长椭圆状披针形，长6～17 cm，宽2～4 cm，上部有齿，柄长1～2.5 cm，壳斗碟状，包裹果底部，果扁球形。

木材坚硬，耐腐，纹理致密，供建筑、家具及薪炭等用材。

3. 岭南青冈

Cyclobalanopsis championi (Benth.) Oerst.

常绿乔木，老树皮薄片状开裂。枝被星状毛，叶倒卵形，长3.5～8 cm，宽1.7～3.5 cm，全缘，背密被星状毛，柄长0.7～1.5 cm，壳斗浅碗状，包裹果底部，果卵形。花期12月至翌年3月；果期11～12月。

木材坚硬，耐腐，纹理致密，供建筑、家具及薪炭等用材。

4. 福建青冈

Cyclobalanopsis chungii (Metc.) Y. C. Hsu et H. W. Jen ex Q. F. Zhang

常绿乔木，高达15 m。嫩枝被绒毛，叶椭圆形，长5.5～12.5 cm，宽2～6 cm，顶端有齿，稀全缘，密被星状毛，壳斗碟状，包裹果底部，果扁球形。

木材坚硬，耐腐，纹理致密，供建筑、家具及薪炭等用材。

5. 饭甑青冈

Cyclobalanopsis fleuryi (Hick & A. Camus) Chun ex Q.F.Zheng

常绿乔木；高达25 m。叶长椭圆形或卵状长椭圆形，长10～22 cm，宽3.5～9 cm，全缘，柄长2～5 cm，壳斗杯状，包裹果达2/3。花期3～4月；果期6～12月。

木材坚硬，耐腐，纹理致密，供建筑、家具及薪炭等用材。

6. 青冈

Cyclobalanopsis glauca (Thunb.) Oerst.

常绿乔木；高达20 m。枝无毛，叶倒卵状椭圆形，长6～14.5 cm，宽2～6.5 cm，中上部有锯齿，老时无毛，壳斗碗状，包裹果底部，果卵形。花期4～5月；果期10月。

木材坚硬，耐腐，纹理致密，供建筑、家具及薪炭等用材。

7. 大叶青冈

Cyclobalanopsis jenseniana (Hand.-Mazz.) Cheng et T. Hong

常绿乔木，枝无毛，叶长椭圆形，长10～22 cm，宽4.5～9 cm，全缘，无毛，壳斗碗状，包裹果近1/2，果卵形。

8. 小叶青冈

Cyclobalanopsis myrsinifolia (Blume) Oersted

常绿乔木，高20 m。枝无毛，叶卵状披针形，长4～12 cm，宽1～5 cm，中上部有锯齿，无毛，壳斗碗状，包裹果

近1/2，果椭圆形。

木材坚硬，耐腐，纹理致密，供建筑、家具及薪炭等用材。

9. 毛果青冈（杨梅叶青冈）

Cyclobalanopsis pachyloma (Seem.) Schott.

常绿乔木；高20 m。嫩枝被星状毛，叶倒卵状长圆形，长4～18 cm，宽1.3～7 cm，中部以上有锯齿，幼时被卷曲毛，壳斗杯状，包裹果1/2～2/3，果椭圆形。花期3～4月；果期5～11月。

果药用，有收敛止泄功效。木材坚硬，耐腐，纹理致密，供建筑、家具及薪炭等用材。

3. 柯属Lithocarpus Bl.

乔木。雄花序穗状，有退化雌蕊；雌花单生或组成穗状花序，子房3室。壳斗不开裂，坚果无3棱脊。本属300余种，主要分布亚洲，分布中心在亚洲东南部及南部，少数分布至东部；我国122种，1亚种，14变种；紫金17种。

1. 杏叶柯

Lithocarpus amygdalifolius (Skan) Hayata

嫩枝被卷柔毛，叶披针形或狭椭圆形，长8～20 cm，宽2～4 cm，全缘，壳斗球形，包坚果全部。

2. 美叶柯

Lithocarpus calophyllus Chun

乔木；高达28 m。嫩枝被微柔毛，叶硬革质，阔椭圆形或卵形，长8～24 cm，宽3.5～10 cm，全缘，壳斗碟形，包坚果底部。花期6～7月；果8～12月成熟。

木材坚硬，耐腐，纹理致密，供建筑、家具及薪炭等用材。

3. 烟斗柯

Lithocarpus corneus (Lour.) Rehd.

乔木。嫩枝被短柔毛，叶椭圆形或卵形，长4～20 cm，宽1.5～7 cm，中部以上边缘有齿，壳斗半球形，与紫玉盘柯相似。花果期8～10月。

木材坚硬，耐腐，纹理致密，供建筑、家具及薪炭等用材。

4. 鱼蓝柯

Lithocarpus cyrtocarpus (Drake) A. Camus

嫩枝被短柔毛，叶卵状椭圆形，长6～8.5 cm，宽2～4 cm，边缘有浅齿，背被星状毛，壳斗碟状。

木材坚硬，耐腐，纹理致密，供建筑、家具及薪炭等用材。

5. 厚斗柯

Lithocarpus elizabethae (Tutch.) Rehd.

乔木。嫩枝无毛，叶披针形，长8.5～14.5 cm，宽2.4～3.8 cm，缘全，无毛，壳斗半球形，包裹果大部分。花期7～10月；果期翌年8～11月。

木材坚硬，耐腐，纹理致密，供建筑、家具及薪炭等用材。

6. 柯（稠木、稠、石栎）

Lithocarpus glaber (Thunb.) Nakai

乔木；高7～15 m。嫩枝被绒毛，叶倒卵状椭圆形或披针形，长8～14 cm，宽2.5～5 cm，缘全或上部2～4浅齿，壳斗浅碗形，包裹果下部。花果期7～11月。

木材坚硬，耐腐，纹理致密，供建筑、家具及薪炭等用材。

7. 菴耳柯（耳柯）

Lithocarpus haipinii Chun

乔木；高达30 m。叶边缘明显背卷，嫩枝被长柔毛，叶阔椭圆形，中脉凹陷，与挺叶柯相似。花期4～5月；果期6～12月。

木材坚硬，耐腐，纹理致密，供建筑、家具及薪炭等用材。

8. 硬壳柯

Lithocarpus hancei (Benth.) Rehd.

乔木；嫩枝被长柔毛，叶厚革质，椭圆形或披针形，长8～14 cm，宽2.5～5 cm，缘全或上部2～4浅齿，壳斗浅碗形，包裹果下部。

木材坚硬，耐腐，纹理致密，供建筑、家具及薪炭等用材。

9. 港柯

Lithocarpus harlandii (Hance) Rehd.

乔木；除花序外无毛，叶厚革质，椭长圆形，长8～15 cm，宽3.5～6.5 cm，上部波状齿或全缘，壳斗浅碗形，包裹果下部。

木材坚硬，耐腐，纹理致密，供建筑、家具及薪炭等用材。

10. 挺叶柯

Lithocarpus ithyphyllus Chun ex H. T. Chang

乔木；叶边缘明显背卷，与耳柯相似，嫩枝无毛，叶披针形，中脉不凹陷。

木材坚硬，耐腐，纹理致密，供建筑、家具及薪炭等用材。

11. 木姜叶柯（多穗稠、甜茶）

Lithocarpus litseifolius (Hance) Chun

乔木；高11～15 m。叶有甜味，枝无毛，叶椭圆形，长9～12 cm，宽2.5～3.5 cm，全缘，壳斗碟形，包坚果底部。花期5～9月；果7～10月成熟。

木材坚硬，耐腐，纹理致密，供建筑、家具及薪炭等用材。

12. 粉叶柯

Lithocarpus macilentus Chun et Huang

乔木；嫩枝密被短柔毛，叶披针形，长5～10.5 cm，宽1.5～3 cm，全缘，壳斗浅碗形，包坚果底部。

木材坚硬，耐腐，纹理致密，供建筑、家具及薪炭等用材。

13. 水仙柯

Lithocarpus naiadarum (Hance) Chun

乔木；枝、叶无毛，叶长椭圆形或披针形，长7.5～19 cm，宽1.5～2.5 cm，全缘，壳斗浅碟形，包坚果底部。

木材坚硬，耐腐，纹理致密，供建筑、家具及薪炭等用材。

14. 榄叶柯

Lithocarpus oleifolius A. Camus

乔木；高8～15 m。嫩枝被长柔毛，叶狭椭圆形或披针形，长8～16 cm，宽2～4 cm，全缘，壳斗球形，包坚果全部。花期8～9月；果10～12月成熟。

木材坚硬，耐腐，纹理致密，供建筑、家具及薪炭等用材。

15. 大叶苦柯

Lithocarpus paihengii Chun et Tsiang

乔木；高达15 m。枝、叶无毛，叶卵状椭圆形或长椭圆形，长14.5～23 cm，宽5.5～8.5 cm，全缘，壳斗近球形，包坚果绝大部分。花期5～6月；果10～12月成熟。

木材坚硬，耐腐，纹理致密，供建筑、家具及薪炭等用材。

16. 南川柯

Lithocarpus rosthornii (Schott.) Barn.

乔木；嫩枝被卷曲长柔毛，叶倒卵状椭圆形，长11～30 cm，宽3.5～11 cm，全缘，壳斗深碗形，包坚果过半。

木材坚硬，耐腐，纹理致密，供建筑、家具及薪炭等用材。

17. 紫玉盘柯

Lithocarpus uvariifolius (Hance) Rehd.

小乔木至乔木，高5～20 m。嫩枝被长柔毛，叶椭圆形或卵形，长12～23 cm，宽3.5～8.5 cm，上部边缘有齿，壳斗半球形，与烟斗柯相似。花期5～7月；果8～12月成熟。

木材坚硬，耐腐，纹理致密，供建筑、家具及薪炭等用材。

4. 栎属Quercus L.

常绿、落叶乔木，稀灌木。叶螺旋状互生；花单性，雌雄同株；雌花序为下垂柔黄花序，花单朵散生或数朵簇生于花序轴下；雌花单生，簇生或排成穗状，单生于总苞内；坚果当年或翌年成熟，坚果顶端有突起柱座，底部有圆形果脐。本属约300种，广布于亚、非、欧、美4洲；我国35种；紫金2种。

1. 槲栎

Quercus aliena Bl.

落叶，嫩枝近无毛，叶长椭圆状倒卵形，长11～21 cm，宽7～14 cm，边缘波状，叶柄长1.5～4.5 cm，壳斗碗形。

木材坚硬，耐腐，纹理致密，供建筑、家具及薪炭等用材。

2. 乌冈栎

Quercus phillyraeoides A. Gray

常绿灌木或小乔木，高达10 m。常绿，枝被毛，叶卵圆形，长3～4 cm，宽1～2 cm，叶柄长4～7 mm。花期3～4月；果期9～10月。

木材坚硬，耐腐，纹理致密，供建筑、家具及薪炭等用材。

165. 榆科Ulmaceae

乔木或灌木。单叶，常绿或落叶，互生，稀对生，常二列，有锯齿或全缘，基部偏斜或对称，羽状脉或基部三出脉，稀基部五出脉或掌状三出脉，有柄；托叶常呈膜质，侧生或生柄内。单被花两性，稀单性或杂性，雌雄异株或同株，少数或多数排成疏或密的聚伞花序，或因花序轴短缩而似簇生状，或单生，生于当年生枝或去年生枝的叶腋，或生于当年生枝下部或近基部的无叶部分的苞腋；花被浅裂或深裂，花被裂片常4～8，覆瓦状排列，宿存或脱落；雄蕊着生于花被的基底；雌蕊由2心皮连合而成。果为翅果、核果、小坚果。本科16属，约230种，广布于全世界热带至温带地区；我国8属，46种，10变种；紫金2属，7种。

1. 朴属Celtis L.

叶基部明显三出脉，叶脉在未达边之前弯曲。萼片分离，覆瓦状排列，雄蕊萼片果时脱落。果为核果。本属约60种，广布于全世界热带和温带地区；我国11种，2变种；紫金3种。

1. 黑弹朴（紫弹树、朴树、中筋树、沙楠子树、香丁、小叶朴）

Celtis biondii Pamp.

落叶小乔木至乔木；高达18 m。叶革质，干时黑色，尾状尖，中部以上有尖齿，果直径6 mm，柄长12～15 mm。花期4～5月；果期9～10月。

根皮、茎枝、叶入药，清热解毒、祛痰、利小便。

2. 朴树（小叶牛筋树）

Celtis sinensis Pers.

落叶乔木；高达20 m。叶纸质，干时褐色，中部以上有齿，果直径5 mm，柄长5～10 mm。花期4月；果10月成熟。

树皮纤维作造纸和人造棉原料。种子油可作润滑油。根皮药用，散瘀止泻。

3. 假玉桂

Celtis timorensis Span.

乔木，叶近革质，基部三出脉，全缘或顶部有齿，果直径8 mm。

2. 山黄麻属Trema Lour.

叶基部明显三出脉，叶脉在末达边之前弯曲。萼片基部稍合生，镊合状排列，雄蕊萼片果时宿存。果为核果。本属约15种，我国6种，1变种；紫金4种。

1. 狭叶山黄麻

Trema angustifolia (Planch.) Bl.

灌木或小乔木。叶狭小，长4～8 cm，宽8～20 mm，基部圆钝，背密被短柔毛。花期4～6月；果期8～11月。

2. 光叶山黄麻

Trema cannabina Lour.

灌木或小乔木。叶长4～10 cm，宽1.8～4 cm，基部圆钝或微心形，叶面疏被毛，背面近无毛或疏被毛。花期7～9月；果期9～10月。

要皮药用，有健脾利水、化瘀生新功效。

3. 山油麻

Trema cannabina var. **dielsiana** (Hand.-Mazz.) C. J. Chen

灌木或小乔木。叶长3～10 cm，宽1.5～5 cm，基部圆钝或微心形，叶面被粗毛，背面疏被毛。

4. 异色山黄麻（山麻木、山角麻、九层麻、麻桐树、山王麻）

Trema orientalis (L.) Blume

乔木。叶长6～18 cm，宽3～8 cm，基部心形，背密被银灰色长柔毛。花期3～5月；果期6～11月。

叶药用。消肿，止血。治跌打瘀肿；鲜根皮捣烂，酒炒，外敷。

167. 桑科Moraceae

乔木或灌木，藤本，稀为草本。叶互生稀对生。花小，单性，雌雄同株或异株，无花瓣；花序腋生，典型成对，总状，圆锥状，头状，穗状或壶状，稀为聚伞状，花序托有时为肉质，增厚或封闭而为隐头花序或开张而为头状或圆柱状。果为瘦果或核果状，围以肉质变厚的花被，或藏于其内形成聚花果，或隐藏于壶形花序托内壁，形成隐花果，或陷入发达的花序轴内，形成大型的聚花果。本约53属，1400种，分布热带，亚热带，少数分布温带地区；我国12属，153种，59亚种、变种及变型；紫金6属，30种。

1. 桂木属Artocarpus J. R. & G. Forst.

乔木。雌雄同株，花密集于球形至圆筒形、椭圆形的花序轴上，雄蕊1枚。本属约50种，分布热带亚洲至巴布亚新几内亚至所罗门群岛等地；我国约15种，2亚种；紫金3种。

1. 白桂木（将军木、胭脂木、狗卵果）

Artocarpus hypargyreus Hance

乔木，高达10 m。叶椭圆形，长7～22 cm，宽3～8.5 cm，背面被灰色短绒毛，果直径4 cm。花期春夏季；果期5～7月。

根药用，有祛风活血、除湿消肿功效。树形优美，可作园林观赏树种。

2. 二色波罗蜜

Artocarpus styracifolius Pierre

常绿大乔木；树皮粗糙；嫩枝密被白毛。叶椭圆形，长3.5～12.5 cm，宽1.5～3.5 cm，背面被毛，果直径4 cm。花期秋初；果期秋末冬初。

根药用。祛风除湿，舒筋活血。治风湿关节痛，腰肌劳损，跌打损伤。

3. 胭脂

Artocarpus tonkinensis A. Chev. ex Gagnep.

乔木；高达14～16 m。叶倒卵状椭圆形，长8～27 cm，宽3～11 cm，背面被开展疏柔毛，果直径6.5 cm。花期夏秋；果秋冬季。

2. 构属Broussonetia L'Hert. ex Vent.

乔木或藤本。雌花组成头状花序或密集于球形至圆筒形、椭圆形的花序轴上，雄花葇荑花序，花丝蕾中内折。每一果序上有很多果，果不包藏于宿萼内。本属约4种，分布亚洲东部和太平洋岛屿；我国4种；紫金2种。

1. 葡蟠

Broussonetia kaempferi Sieb.

蔓生藤状灌木。叶互生，螺旋状排列，卵状椭圆形，长

3.5～8 cm，基部心形或截形，边缘锯齿细，齿尖具腺体，不裂，稀为2～3裂。花雌雄异株。花期4～6月；果期5～7月。

全株药用，有消炎止痛作用。

2. 构树

Broussonetia papyrifera (L.) L'Hér. ex Vent.

乔木。叶螺旋状排列，广卵形至长椭圆状卵形。花雌雄异株；聚花果成熟时橙红色，肉质；瘦果具与等长的柄，表面有小瘤，龙骨双层，外果皮壳质。

3. 柘属**Cudrania** Tréc.

攀援灌木或乔木。雌雄异株，头状花序；雄蕊4枚。本属约6种，分布于大洋洲至亚洲；我国5种；紫金3种。

1. 构棘（穿破石、金蝉退壳、黄龙退壳、牵扯入石、葨芝）

Cudrania cochinchinensis (Lour.) Kudo et Masam.

直立或攀援状灌木。枝具粗壮的腋生刺，刺长约1 cm。叶革质，椭圆状卵形或倒披针状长圆形，长3～10 cm，全缘，两面无毛聚合果肉质，直径2～5 cm，成熟时橙红色。花期4～5月；果期6～8月。

茎皮及根皮药用，称“黄龙退壳”，有消炎利水作用；根入药，称“穿破石”，有活血舒筋、祛风湿、清肺功效。

2. 毛柘藤（黄桑簕、金蛇退壳、黄品簕树）

Cudrania pubescens Trec.

木质藤状灌木。枝具腋生刺，幼枝密被黄褐色短柔毛，老枝灰绿色。叶纸质，卵形或卵状椭圆形，长4～12 cm，背面密被黄褐色长柔毛。聚花果近球形，直径1.5～2 cm，成熟时橙红色，肉质。花期4～5月；果期7～9月。

根药用，祛风散寒、止咳。

3. 柘树

Cudrania tricuspidata (Carr.) Bur. ex Lavallee

落叶灌木或小乔木。叶卵形或菱状卵形，偶为三裂，表面深绿色，背面绿白色，无毛或被柔毛。聚花果近球形，直径约2.5 cm，肉质，成熟时橘红色。

根药用，祛风散寒、止咳。

4. 桑草属**Fatoua** Gaud.

草本。叶互生，边缘具锯齿；托叶早落。花单性同株，雌雄花混生，组成腋生头状聚伞花序，具小苞片；雄花被片4深裂；雌花被4～6裂。瘦果小，斜球形，微扁，为宿存花被包围。本属2种；我国2种；紫金1种。

1. 水蛇麻

Fatoua villosa (Thunb.) Nakai

一年生草本，高30～80 cm，枝直立，叶膜质，卵圆形至宽卵圆形。紧密的聚伞花序，雌雄同序。

5. 榕属Ficus L.

乔木或灌木，或藤本。花多数，生于隐头花序内。本属约1000种，主要分布热带、亚热带地区；我国约98种，3亚种，43变种，2变型；紫金15种，5变种。

1. 石榕树

Ficus abelii Miq.

灌木；高1～2.5 m。叶倒披针形，长2.5～12 cm，宽1～4 cm，背面被粗毛，顶端急尖，果梨形，肉质，直径5～17 mm，与舶梨榕相似。花果期几乎全年。

叶药用，有消肿止痛、去腐生新作用。

2. 天仙果（水风藤、牛乳茶、牛奶子、野枇杷、山牛奶、鹿饭榕）

Ficus erecta Thunb.

落叶小乔木或灌木；高2～7 m。叶椭圆状倒卵形，长6～22 cm，宽3～13 cm，叶面稍粗糙，两侧不对称，基部心形，果球形，直径5～20 mm。花果期4～8月。

根药用，有强筋健骨、祛风除湿功效。

3. 黄毛榕（猫卵子）

Ficus esquiroliana Lévl.

乔木，叶阔卵形，果着生叶腋内，叶背面及果密被黄色绒毛。瘦果斜卵圆形，表面有瘤体。花期5～7月；果期7月。

4. 水同木（哈氏榕）

Ficus fistulosa Reinw ex Bl.

常绿小乔木。树皮黑褐色，枝粗糙。叶长圆形，长7～32 cm，宽3～19 cm，果簇生于茎干上，直径1～1.5 cm，与青果榕相似。花果期5～7月。

根、皮、叶入药。补气润肺、活血、渗湿利尿。

5. 台湾榕（细叶牛奶树、石榨、长叶牛奶树）

Ficus formosana Maxim.

常绿灌木，高1.5～3 m；叶倒披针形，长4～12 cm，宽

1.5～3.5 cm，叶面有瘤体，果卵形，直径6～8 mm。花期4～7月。

全株入药。味甘、微涩，性平。柔肝和脾、清热利湿。

6. 细叶台湾榕（窄叶台湾榕）

Ficus formosana var. **shimadai** (Hayata) W. C. Chen

本变种与台湾榕不同在于：叶狭长圆状披针形或线状披针形，有时稍弯，长5～16 cm，宽0.7～2.8 cm，侧脉从中脉几成直角展出，在近边缘处联结，网脉不明显。花果期全年。

7. 粗叶榕

Ficus hirta Vahl

灌木，全株被粗硬毛，叶互生，卵形，长6～33 cm，宽2～30 cm，不裂至3～5裂，果直径1～2 cm。

8. 大果粗叶榕

Ficus hirta var. **roxburghii** (Miq.) King

叶通常掌状分裂。小枝和叶柄被褐色长糙毛。榕果大，近球形，直径25～30 mm，表面被褐色糙毛和灰绿色长柔毛，基生苞片卵状披针形，长6～8 mm，雄花和瘿花花被片不为齿裂。

9. 对叶榕

Ficus hispida L.

小乔木，叶通常对生，厚纸质，卵状长椭圆形或倒卵状长圆形，花果期6～7月。

10. 九丁树（突脉榕）

Ficus nervosa Heyne ex Roth

常绿乔木。乔木，叶椭圆形，长6～15 cm，宽2～7 cm，叶脉明显突起，总花梗长1 cm，果直径1～1.2 cm。花果期1～8月。

11. 琴叶榕（牛奶子树、铁牛入石、倒吊葫芦）

Ficus pandurata Hance

小灌木；高1～2 m。叶提琴形，长3～15 cm，宽1.2～6 cm，果梨形，直径6～10 mm。花期5～11月。

根、叶药用，能行气活血、舒筋活络、调经。

12. 薜荔（凉粉果、王不留行、爬墙虎、木馒头）

Ficus pumila L.

攀援或匍匐藤本。叶两型，叶卵状椭圆形，长4～12 cm，宽1.5～4.5 cm，果倒锥形，大，直径3～4 cm。花果期4～12月。

藤叶药用，能祛风利湿、活血解毒。植株可作攀援垂直绿化植物。

13. 舶梨榕

Ficus pyriformis Hook. et Arn.

灌木；小枝被糙毛。叶倒披针形，长4～17 cm，宽1～5 cm，顶端尾尖，背面无毛，有小腺点，果梨形，肉质，直径1～2 cm，与石榕相似。花期12月至翌年6月。

茎药用。清热止痛，利水通淋。治小便淋沥，尿路感染，水肿，胃脘痛，腹痛。

14. 珍珠莲

Ficus sarmentosa var. **henryi** (King ex Oliv.) Corner

攀援藤状灌木。与藤榕相似，叶长圆状披针形，长6～25 cm，宽2～9 cm，果直径达17 mm，被长毛。花果期全年。

根、茎入药，有祛风除湿、消肿止痛、解毒杀虫功效。

15. 竹叶榕

Ficus stenophylla Hemsl.

小灌木；高1～3 m。叶线状披针形，长4～15 cm，宽5～18 mm，边脉联结，果直径5～10 mm，与狭叶台湾榕相似。花果期5～12月。

根、茎入药，有行气活血、止痛功效。

16. 笔管榕（笔管树、雀榕）

Ficus subpisocarpa Gagnep.

落叶乔木，叶长圆形，长6～15 cm，宽2～7 cm，总花梗长2～5 mm，果直径5～8 mm，与黄葛树相似。花果期4～6月。

叶入药，有解毒杀虫之效。

17. 杂色榕

Ficus variegata Bl.

叶阔卵形，长7.5～15 cm，宽6～12.5 cm，果着生于无叶茎干上，直径2.2～3 cm，与大果榕相似。

18. 青果榕

Ficus variegata Blume

叶阔卵形，长达20 cm，果着生于无叶茎干上，直径1～2.5 cm，与水同木相似。

19. 变叶榕

Ficus variolosa Lindl. ex Benth.

灌木。叶椭圆形，长4～15 cm，宽1.2～5.7 cm，边脉联结，果直径5～15 mm。花果期全年。

茎入药，可清热利尿；叶外敷治跌打损伤；根有补肝肾、强筋骨、祛风湿功效。

20. 黄葛树

Ficus virens var. **sublanceolata** (Miq.) Corner

落叶乔木，叶长圆形，长6～15 cm，宽2～7 cm，无总花梗，果直径5～8 mm，与笔管榕相似。

6. 桑属Morus L.

乔木或灌木。叶较小，非近圆形。花雌雄同株或异株，雌、雄花序为穗状或头状花序、葇荑花序或总状花序。本属约16种，主要分布在北温带，但在亚洲热带山区达印度尼西亚，在非洲南达热带，在美洲可达安第斯山；我国11种；紫金1种。

1. 长穗桑

Morus wittiorum Hand.-Hazz.

大乔木，长于山林中，花序长达12 cm。

169. 荨麻科Urticaceae

草本、亚灌木或灌木，稀乔木或攀援藤本，有时有刺毛；钟乳体点状、杆状或条形，在叶或有时在茎和花被的表皮细胞内隆起。茎常富含纤维，有时肉质。叶互生或对生，单叶。花极小，单性，稀两性，花被单层，稀2层；花序雌雄同株或异株，若同株时常为单性，有时两性，稀具两性花而成杂性，由若干小的团伞花序排成聚伞状、圆锥状、总状、伞房状、穗状、串珠式穗状、头状，有时花序轴上端发育成球状、杯状或盘状多少肉质的花序托，稀退化成单花。果实为瘦果。本科有47属，约1 300种，分布于两半球热带与温带；我国25属，352种，26亚种，63变种；紫金9属，20种。

1. 舌柱麻属Archiboehmeria C. J. Chen

灌木或半灌木，无刺毛。叶互生，边缘有齿，两面绿色，具三出基脉，钟乳体细点状；托叶腋生，2裂，脱落。花序雌雄同株，二歧聚伞状，成对腋生；苞片鳞片状。花单性或两性；雄花：花被片(4～)5；雄蕊(4～) 5；退化雌蕊倒卵形，顶端具细尖的残留柱头。雌花：花被膜质，管状，在口部稍收缩，有4(～5)齿；子房被花被管所包裹，但彼此离生，无柄；花柱短；柱头舌状，在其一侧着生无数曲柔毛，宿存。瘦果卵形，由宿存花被所包被，外果皮壳质，呈小坚果状。种子具丰富的油质胚乳，子叶小，近圆形。本属仅1种，产我国广西、广东和湖南南部；紫金1种。

1. 舌柱麻

Archiboehmeria atrata (Gagnep.) C. J. Chen

亚灌木，3基出脉，叶基不偏斜，托叶合生。

2. 苎麻属Boehmeria Jacq.

草本或灌木，小枝被灰白色柔毛。叶互生，基部不歪斜，叶背被白色绵毛。雌花被片合生成管，无退化雄蕊；雌花有花柱，伸出花被管外，柱头丝状。本属约120种，分布于热带或亚热带，少数分布到温带地区；我国约32种；紫金4种。

1. 大叶苎麻

Boehmeria longispica Steud.

亚灌木或多年生草本；叶对生，卵形、卵圆形，长6～19 cm，宽3～17 cm，顶端渐尖或不明显3骤尖，边有锯齿，花序串珠状。花果期6～9月。

叶药用，可清热解毒、消肿。

2. 水苎麻

Boehmeria macrophylla Hornem.

叶对生，同对不等大，卵形或椭状卵形，长6～13 cm，宽3～7 cm，顶端渐尖或微心形，中上部边有锯齿，花序串珠状。

3. 苎麻（白麻、青麻、家苎麻、圆麻）

Boehmeria nivea (L.) Gaudich.

亚灌木或灌木；叶互生，卵圆形或阔卵形，叶背灰白色，被白色绵毛，团伞花序排成圆锥花序状，花序顶无小叶。花果期6～11月。

根、叶药用，根为利尿解热药，并有安胎作用；叶为止血剂。

4. 青叶苎麻

Boehmeria nivea var. **tenacissima** (Gaudich.) Miq.

与苎麻的区别：茎和叶柄密或疏被短伏毛；叶片多为卵形或椭圆状卵形，顶端长渐尖，基部多为圆形，常较小，下面疏被短伏毛，绿色，或有薄层白色毡毛；托叶基部合生。

3. 楼梯草属Elatostema J. R. et G. Forst.

小灌木，亚灌木或草本。叶互生，在茎上排成二列。花序雌雄同株或异株，无梗或有梗，雄花序有时分枝呈聚伞状，花序托常呈盘形，稀呈梨形。雄花：花被片(3～)4～5，椭圆形，基部合生，在外面顶部之下常有角状突起；雄蕊与花被片同数，并与之对生。雌花：花被片极小，长在子房长度的一半以下，3～4片；退化雄蕊小，常3片，狭条形；子房椭圆形，柱头小，画笔头状，花柱不存在。瘦果狭卵球形或椭圆球形，稍扁，稀光滑或有小瘤状突起。本属约350种，分布于亚洲、大洋洲和非洲的热带和亚热带地区；我国约137种；紫金1种。

1. 盘托楼梯草

Elatostema dissectum Wedd.

草本，叶斜长圆形，长8～10 cm，宽2～3 cm，近无柄，两面无毛，雄花序托椭圆形，长1 cm。

4. 糯米团属Gonostegia Turcz.

草本或灌木。叶对生或变互生，等大，全缘，叶基部一对侧脉无分枝，托叶分离或合生。团伞花序单生，雌花花被片合生成管状，柱头丝状，花后脱落。本属约12种，分布于亚洲热带和亚热带地区及澳大利亚；我国4种；紫金1种。

1. 糯米团（糯米草、糯米藤、糯米条）

Gonostegia hirta (Bl.) Miq.

多年生草本。茎蔓生、铺地或渐升，长50～100 cm，叶对生，草质或纸质，宽披针形至狭披针形、长圆状披针形，长3～10 cm，上面稍粗糙，基出脉3～5条。团伞花序腋生。瘦果卵球形，白色或黑色，有光泽。花期5～9月。

全草药用，治消化不良、食积胃痛等症。

5. 紫麻属Oreocnide Miq.

灌木和乔木，无刺毛。叶互生，基出3脉或羽状脉，钟乳体点状；托叶离生，脱落。花单性，雌雄异株；花序二至四回二歧聚伞状分枝、二叉分枝或呈簇生状，团伞花序生于分枝的顶端，密集成头状。雄花被片和雄蕊3～4，退化雌蕊多少被绵毛。雌花被片合生成管状，稍肉质。瘦果，花托肉质包着果的大部分。本属约18种；我国10种；紫金1种。

1. 紫麻

Oreocnide frutescens (Thunb.) Miq.

灌木至小乔，高1～3 m；小枝常褐紫色，被毛。叶常生枝顶，草质，卵形、狭卵形、稀倒卵形，宽1.5～6 cm，顶端渐尖或尾状渐尖，边缘具粗齿，叶面略被疏毛，叶背常被灰白色毡毛；基出脉3，网脉明显。花期3～5月；果期6～10月。

6. 赤车属Pellionia Gaudich.

草本。叶互生，基部极歪斜。花序轴顶端不膨大成花序托，边缘无总苞，雌花被片4～5片，分离或仅基部合生；有退化雄蕊；雌花无花柱。本属约70种，主要分布亚洲热带地区，少数种类分布到亚洲亚热带地区以及大洋洲一些岛屿；我国约24种；紫金4种。

1. 短叶赤车

Pellionia brevifolia Benth.

小草本；长12～30 cm。匍匐肉质草本，叶斜椭圆形，长1～3 cm，宽6～20 mm，顶端圆钝，不对称，柄长1～2 mm，与小赤车相似。花期5～7月。

全草药用，消炎止痛。

2. 华南赤车（福建赤车）

Pellionia grijsii Hance

多年生草本。茎密被粗毛，叶斜长椭圆形，长10～16 cm，宽3～6 cm，顶端渐尖，不对称，柄长1～4 mm。花期冬季至翌年春季。

3. 赤车

Pellionia radicans (Sieb. et Zucc.) Wedd.

匍匐草本，叶斜狭卵形，长2～5 cm，宽1～2 cm，顶端急尖，不对称，边缘波状齿，柄长1～4 mm。5月至10月开花。

全草药用，有消肿、祛瘀、止血之效。

4. 蔓赤车

Pellionia scabra Benth.

亚灌木状草本；叶斜菱状披针形，长2～8 cm，宽1～3 cm，不对称，柄长1～3 mm。花期春季至夏季。

全草药用，有清热解毒、凉血散瘀作用。

7. 冷水花属Pilea Lindl.

草本。叶对生，异型，同对稍不等大，托叶合生。团伞花序单生，雌花花被片分离或基部合生，柱头画笔状。本属约400种，分布美洲、亚洲、非洲热带和亚热带；我国约90种；紫金5种。

1. 波缘冷水花

Pilea cavaleriei Lévl.

草本；高5～30 cm。叶集生于枝顶部，同对的常不等大，宽卵形、菱状卵形或近圆形，长8～20 mm，顶端钝或近圆形，基部宽楔形、近圆形，在近叶柄处常有不对称的小耳突，边缘波状。雌雄同株。花期5～8月；果期8～10月。

全草入药，有解毒消肿之效。

2. 山冷水花

Pilea japonica (Maxim.) Hand.-Mazz.

肉质草本，叶同对不等大，卵形或菱状卵形，长2～6 cm，宽2～3 cm，顶端尾状尖，基部偏斜，上部有粗锯齿。

3. 小叶冷水花（透明草、玻璃草）

Pilea microphylla (L.) Liebm.

纤细小草本；高3～17 cm。铺散或直立，茎肉质，多分枝，干时常变蓝绿色。叶同对的不等大，倒卵形至匙形，长3～7 mm，边缘全缘，稍反曲。花期夏秋季。

全草药用，能清热解毒、安胎；外用于烧、烫伤。

4. 冷水花

Pilea notata C. H. Wright

多年生草本；高25～70 cm。茎肉质，纤细。叶纸质，卵形至卵状披针形，长4～11 cm，边缘有浅锯齿，稀有重锯齿，基出脉3条；叶柄纤细，长17 cm。花期6～9月；果期9～11月。

全草药用，有清热利湿、生津止渴和退黄护肝之效。

5. 透茎冷水花（美青豆、直苎麻）

Pilea pumila (L.) A. Gray

一年生草本；高5～50 cm。茎肉质，直立。叶近膜质，菱状卵形或宽卵形，长1～9 cm，边缘有锯齿，两面疏生透明硬毛。花期6～8月；果期8～10月。

根、茎药用，有利尿解热和安胎之效。

8. 雾水葛属Pouzolzia Gaudich.

草本或亚灌木。叶互生，基部不歪斜。团伞花序组成腋生头状花序，雌花被片合生成管，无退化雄蕊；雌花有花柱，伸出花被管外，柱头丝状。本属约60种，分布于热带和亚热带地区；我国8种；紫金2种。

1. 雾水葛（啜脓膏、粘榔根）

Pouzolzia zeylanica (L.) Benn.

多年生草本；高12～60 cm，枝条不分枝或有少数极短的分枝。叶对生，或茎顶部的对生；叶片草质，卵形或卵状披针形，长1.5～4 cm。团伞花序通常雌雄花混生花期秋季。

全草药用，可清热利湿、去腐生肌、消肿散毒。

2. 多枝雾水葛

Pouzolzia zeylanica var. **microphylla** (Wedd.) W. T. Wang

与“雾水葛”的区别在于：茎常铺地，多分枝，末回小枝常多数，生有很小的叶子；茎下部叶对生，上部叶及分枝的叶通常全部互生，叶形变化较大，卵形、狭卵形至披针形。

9. 藤麻属Procris Comm. ex Juss.

草本。叶对生，异型，大小差异大。数枚团伞花序簇生。本属约16种，分布于亚洲及非洲热带地区；我国1种；紫金1种。

1. 藤麻（平滑楼梯草、石羊草、金玉叶）

Procris wightiana Wall. ex Wedd.

草本，茎肉质，异型叶对生，1片正常，1片退化。

全草药用。水肿拔毒，清热凉肝，润肺止咳，治肺病，水泻，痈疮疖肿，脓成未溃，枪炮伤等。

170. 大麻科Cannabaceae

草本。叶互生或下部为对生，掌状全裂，边缘具锯齿；托叶侧生，分离。花单性异株，稀同株；雄花为疏散大圆锥花序，腋生或顶生；小花柄纤细，下垂；花被5片，覆瓦状排列；雄蕊5，花丝极短，在芽时直立，退化子房小；雌花丛生于叶腋，每花有1叶状苞片；花被退化，膜质，贴于子房，子房无柄。瘦果单生于苞片内。本科2属，3种；我国2属，2种；紫金1属，1种。

1. 葎草属Humulus L.

一年生或多年生草本，茎粗糙，具棱。叶对生，3～7裂。花单性，雌雄异株；雄花为圆锥花序式的总状花序；花被5裂，雄蕊5，在花芽时直立，雌花少数，生于宿存覆瓦状排列的苞片内，排成一假柔荑花序，结果时苞片增大，变成球果状体，每花有一全缘苞片包围子房，花柱2。果为扁平的瘦果。本属3种，分布北温带；我国1种；紫金1种。

1. 葎草

Humulus scandens (Lour.) Merr.

藤本，茎有钩刺，叶对生，3～7掌状裂，两面被粗毛，花雌雄异株。

全草药用，清热解毒，利尿消肿。治肺结核潮热，胃肠炎，痢疾等。

171. 冬青科Aquifoliaceae

乔木或灌木。单叶，互生，稀对生或假轮生。花小，辐射对称，单性，稀两性或杂性，雌雄异株，排列成腋生，腋外生或近顶生的聚伞花序、假伞形花序、总状花序、圆锥花序或簇生，稀单生；花萼4～6片，覆瓦状排列，宿存或早落；花瓣4～6，分离或基部合生，常用圆形，或先端具1内折的小尖头，覆瓦状排列，稀镊合状排列；雄蕊与花瓣同数，且与之互生，花丝短，花药2室，内向，纵裂；或4～12，一轮，花丝短而粗或缺，药隔增厚，花药延长或增厚成花瓣状；花盘缺；子房上位，心皮2～5，合生，2至多室。果常用为浆果状核果。本科1属，约50种，分布中心为热带美洲和热带至暖带亚洲；我国约204种，分布于秦岭南坡、长江流域及其以南地区；紫金17种。

1. 冬青属Ilex L.

属特征同科。约500种，分布于两半球的热带、亚热带至温带地区，主产中南美洲和亚洲热带；我国约200余种；紫金17种。

1. 梅叶冬青（秤星树）

Ilex asprella (Hook. et Arn.) Champ. ex Benth.

落叶灌木，有短枝，有明显皮孔，叶倒卵形，长2～5 cm，宽1～3.5 cm，顶端急尖，边有锯齿，果黑色，球形，直径7 mm，4分核。

2. 凹叶冬青

Ilex championii Loes.

乔木，枝具棱，叶卵形、倒卵形，长2～4 cm，宽1.5～2.5 cm，无毛，顶端圆钝或微凹，全缘，果扁球形，直径3～4 mm，4分核。

3. 沙坝冬青

Ilex chapaensis Merr.

落叶乔木，叶卵状椭圆形，长5～11 cm，宽3～5.5 cm，顶端渐尖，无毛，边有浅圆齿，果黑色，球形，直径1.5～2 cm，6或7分核。

4. 黄毛冬青

Ilex dasyphylla Merr.

小乔木，密被黄色短硬毛，叶椭圆形，长3～11 cm，宽1～3.2 cm，全缘或中上部有小齿，聚伞花序单生，果球形，直径5～7 mm，4～5分核。

5. 显脉冬青

Ilex editicostata Hu et Tang

全株无毛，枝具棱，叶披针形，长10～17 cm，宽3～8.5 cm，全缘，聚伞花序单生，果球形，直径6～10 mm，4～6分核。

6. 厚叶冬青

Ilex elmerrilliana S. Y. Hu

小乔木，无毛，枝具棱，叶厚革质，椭圆形，长5～9 cm，宽2～3.5 cm，无毛，边全缘，果球形，直径5 mm，6或7分核，与谷木冬青相似。

7. 榕叶冬青

Ilex ficoidea Hemsl.

乔木，枝具棱，叶长圆状椭圆形，长4.5～10 cm，宽1.5～3.5 cm，无毛，边有圆齿，果球形，直径5～7 mm，4分核。

8. 青茶冬青

Ilex hanceana Maxim.

乔木，无毛，枝具棱，叶倒卵形或倒卵状长圆形，长2.5～3.5 cm，宽1～2 cm，顶端圆钝或微凹，边全缘，果球形，直径5 mm，4分核。

9. 广东冬青

Ilex kwangtungensis Merr.

小乔木，叶干后黑色，卵状椭圆形，长7～16 cm，宽3～7 cm，后无毛，有小齿或近全缘，反卷，花序单生，果椭圆形，直径7～9 mm，4分核。

10. 木姜冬青

Ilex litseaefolia Hu et Tang

小乔木，叶椭圆状披针形，长5～8 cm，宽2～4 cm，全缘，稍反卷，聚伞花序单生，果球形，直径5～7 mm，4～5分核。

11. 矮冬青

Ilex lohfauensis Merr.

灌木，被柔毛，叶长圆形，长1～2.5 cm，宽5～12 mm，顶端凹陷，边全缘，稍反卷，果球形，直径约3.5 mm，4分核。

12. 小果冬青

Ilex micrococca Maxim.

落叶乔木，叶卵形、卵状椭圆形，长7～13 cm，宽3～5 cm，顶端长尖，无毛，边有芒状齿，果球形，直径3 mm，6～8分核。

13. 毛冬青

Ilex pubescens Hook. et Arn.

灌木，枝具棱，密被硬毛，叶椭圆形，长2～6 cm，宽1.5～3 cm，两面密被硬毛，有锯齿，果扁球形，直径4 mm，6分核。

14. 铁冬青

Ilex rotunda Thunb.

乔木，枝具棱，叶椭圆形，长4～9 cm，宽2～4 cm，无毛，全缘，反卷，花序单生，果椭圆形，直径4～6 mm，5～7分核。

15. 香冬青

Ilex suaveolens (Lévl.) Loes.

乔木，枝具棱，叶卵形或椭圆形，长5～6.5 cm，宽2～2.5 cm，无毛，边有小齿，花序单生，果长圆形，长9 mm，4分核。

16. 三花冬青

Ilex triflora Bl.

灌木，枝具棱，叶椭圆形，长2.5～10 cm，宽1～4.5 cm，背面有腺点，边有圆齿，雄花序1～3朵，果球形，直径6～7 mm，4分核。

17. 绿冬青

Ilex viridis Champ. ex Benth.

灌木，枝具棱，叶倒卵形或椭圆形，长2.5～7 cm，宽1.5～3 cm，背面有腺点，边有圆齿，雄花序1～5朵，果球形，直径6～7 mm，4分核。

173. 卫矛科Celastraceae

乔木、灌木或藤本。单叶对生或互生，稀轮生。花两性或退化为功能性不育的单性花，杂性同株，较少异株；聚伞花序1至多次分枝，具有较小的苞片和小苞片；花4～5数，花部同数或心皮减数，雄蕊与花瓣同数，着生花盘之上或花盘之下，花药2室或1室，心皮2～5，合生，子房下部常陷入花盘而与之合生或与之融合而无明显界线，或仅基部与花盘相连，大部游离，子房室与心皮同数或退化成不完全室或1室。多为蒴果，亦有核果、翅果或浆果。本科约60属，850种，分布热带、亚热带及温暖地区，少数达寒温带；我国12属，201种；紫金4属，11种。

1. 南蛇藤属Celastrus L.

攀援灌木。叶互生。花常单性，雌雄异株。蒴果；种子有假种皮。本属30余种，分布亚洲、大洋洲、南北美洲及马达加斯加的热带及亚热带地区；我国约24种；紫金5种。

1. 圆叶南蛇藤

Celastrus kusanoi Hay.

落叶藤状小灌木。叶纸质，阔椭圆形到近圆形，蒴果近球状，花期2～4月。

2. 独子藤

Celastrus monospermus Roxb.

攀援灌木。叶阔椭圆形，长7～15 cm，宽3～8 cm，背面白色，果1室。

3. 过山枫

Celastrus oblanceifolius C. H. Wang et P. C. Tsoong

木质藤本。叶椭圆形或长方形，长5～10 cm，基部阔楔形稀近圆形，边缘上部具疏浅细锯齿，常呈淡红棕色。聚伞花序短，腋生或侧生，通常3花；蒴果近球状，直径7～8 mm。花期3～4月；果期8～9月。

根皮入药，用于白血病、风湿痹症、痛风、水肿、胆囊炎、高血压症。

4. 显柱南蛇藤

Celastrus stylosus Wall.

小枝通常光滑稀具短硬毛，叶片长方椭圆形，稀近长方倒卵形，聚伞花序腋生及侧生，花3～7朵。蒴果近球状，花期3～5月；果期8～10月。

5. 青江藤

Celastrus tonkinensis Pitard

常绿木质藤本。叶长圆形，长7～12 cm，宽1.5～6 cm，果1室。花期5～7月；果期7～10月。

根入药，行气活血、消肿解毒功效。

2. 卫矛属Euonymus L.

灌木或小乔木。叶对生。子房半下位，与扁平的花盘合生，4～5室，蒴果，种子有假种皮。本属约有220种，分布东西两半球的亚热带和温暖地区，仅少数种类北伸至寒温带；我国111种，10变种；紫金3种。

1. 扶芳藤

Euonymus fortunei (Turcz.) Hand.-Mazz.

常绿攀援灌木；小枝方棱不明显。叶薄革质，椭圆形、阔椭圆形或长倒卵形，宽1.5～4 cm，顶端钝或急尖，基部楔形，边缘齿浅不明显；叶柄短。花期6月；果期10月。

茎叶入药，味苦、性平，舒筋活络，止血消瘀。

2. 疏花卫矛（山杜仲、飞天驳、土杜仲、木杜仲）

Euonymus laxiflorus Champ. ex Benth.

灌木；高达4 m。叶纸质或近革质，卵状椭圆形、长圆状椭圆形或窄椭圆形，长5～12 cm，全缘或具不明显的锯齿。聚伞花序分枝疏松，5～9花。花期3～6月；果期7～11月。

皮部药用，作土杜仲用，滋补活血、强筋壮骨。

3. 中华卫矛（杜仲藤）

Euonymus nitidus Benth.

常绿灌木；高1～5 m。叶近革质，倒卵形、长圆状椭圆形或长圆状阔披针形，长4～13 cm。聚伞花序1～3次分枝，3～15花，花序梗及分枝均较细长；花白色或黄绿色，4数。花期3～5月；果期6～10月。

树形优美，可栽培作园林绿化。

3. 假卫矛属Microtropis Wall. ex Meisn.

灌木或小乔木，常绿或落叶。小枝常多少四棱形，叶对生，无托叶，叶全缘，二歧聚伞花序或为密伞花序，花冠多为白色或黄白色，花瓣通常覆瓦状排列，蒴果多为椭圆状，果皮光滑，无假种皮。本属约60种，分布于东亚、东南亚及美洲和非洲的温暖地区；我国约24种1变种；紫金2种。

1. 福建假卫矛

Microtropis fokienensis Dunn

小乔木或灌木，叶厚纸质或近革质，窄倒卵形、阔倒披针形、倒卵椭圆形或菱状椭圆形，蒴果椭圆状或倒卵椭圆状，长1～1.4 cm，直径5～7 mm。

2. 密花假卫矛

Microtropis gracilipes Merr. et Metc.

灌木，叶近革质，阔倒披针形、长方形、长方倒披针形或长椭圆形，密伞花序或团伞花序腋生或侧生。蒴果阔椭圆状，种子椭圆状，种皮暗红色。

4. 雷公藤属Tripterygium Hook. f.

攀援灌木，小枝有4～5纵棱。叶互生。花常两性或杂性异株。翅果；种子无假种皮。本属只有3种，分布东亚；我国3种；紫金1种。

1. 雷公藤（昆明山海棠、紫金藤）

Tripterygium wilfordii Hook. f.

攀援灌木，高1～3 m，小枝棕红色，具4细棱，被密毛及细密皮孔。叶椭圆形、倒卵椭圆形或卵形，长4～7.5 cm，顶端急尖或短渐尖，边缘有细锯齿，侧脉4～7对；叶柄密被锈色毛。花期7～8月；果期9～10月。

根入药。味苦、辛，性凉，大毒。能祛风除湿、通络止痛、消肿止痛、解毒杀虫。

178. 翅子藤科Hippocrateaceae

藤本、灌木或小乔木。单叶，对生，偶有互生。花两性，辐射对称，簇生或为二歧聚伞花序；萼片5，覆瓦状排列，花瓣5，分离，覆瓦状或镊合状排列；花盘杯状或垫状，有时不明显；雄蕊3，稀有2、4或5，着生于花盘边缘，与花瓣互生，花丝舌状，扁平；花药基着，子房上位，多少与花盘愈合，3室，胚珠每室2～12颗，双行排列。果为蒴果或浆果。种子有时压扁状，具翅。本科约13属，250余种。主产于世界热带和亚热带地区；我国3属，约19种；紫金1属，1种。

1. 翅子藤属Loeseneriella A. C. Smith

木质藤本，小乔木或灌木。开花时花瓣常扩展，花盘明显，杯状而凸起，高1～1.5 mm。蒴果压扁状，种子有膜质翅。本属约20种，分布热带亚洲和非洲；我国5种；紫金1种。

1. 程香仔树（短柄翅子藤）

Loeseneriella concinna A. C. Smith

藤本，小枝纤细，无毛，具明显粗糙皮孔。叶纸质，长圆状椭圆形，长3～7 cm，顶端钝或短尖，叶缘具明显疏圆齿；侧脉4～6对，网脉显著；叶柄长2～4 mm。蒴果倒卵状椭圆形，顶端圆形而微凹。花期5～6月；果期10～12月。

179. 茶茱萸科Icacinaceae

乔木、灌木或藤本，有些具卷须或白色乳汁。单叶互生，稀对生。花两性或有时退化成单性而雌雄异株，极稀杂性或杂性异株，辐射对称，常用具短柄或无柄，排列成穗状、总状、圆锥或聚伞花序，花序腋生、顶生或稀对叶生；花萼小，常用4～5裂，裂片覆瓦状排列，稀镊合状排列，有时合成杯状，常宿存但不增大；花瓣(3～)4～5，极稀无花瓣；雄蕊与花瓣同数对生，花药2室，常用内向，花丝在花药下部常有毛；子房上位，3(～2)心皮合生，1室，很少3～5室。果核果状。本科约58属，400种，广布于热带地区，以南半球较多；我国13属，25种；紫金1属，1种。

1. 定心藤属Mappianthus Hand.-Mazz.

木质大藤本。茎有卷须。叶对生，全缘。花冠漏斗状，花药背着药，花丝细长，向上渐宽成药隔。本属2种，分布我国南岭以南至东南亚；我国1种；紫金1种。

1. 定心藤（定心藤、马比花、铜钻、藤蛇总管、黄狗骨）

Mappianthus iodoides Hand.-Mazz.

木质藤本；嫩枝被毛具棱，小枝圆柱形，渐无毛，具皮孔；卷须粗壮，与叶轮生。叶对生，长椭圆形至长圆形，长8～17 cm，顶端渐尖至尾状，叶脉在背面凸起明显；叶柄被毛。核果椭圆形，熟时橙红色，甜。花期4～8月；果期6～12月。

根入药，味微苦、涩，性平。能祛风活络，消肿，解毒。

182. 铁青树科Olacaceae

常绿或落叶乔木、灌木或藤本。单叶、互生。花小、常为两性，辐射对称，排成总状花序状、穗状花序状、圆锥花序状、头状花序状或伞形花序状的聚伞花序、或二歧聚伞花序；花萼筒小，杯状或碟状，花后不增大或增大，下部无副萼或有副萼；花瓣4～5片，稀3或6片，离生或部分花瓣合生或合生成花冠管；子房上位，基部与花盘合生或子房半埋在花盘内并与花盘合生而成半下位，1～5室或基部2～5室、上部1室。核果或坚果。本科约26属，260余种，主产热带地区，少数种分布到亚热带地区；我国5属，9种，1变种；紫金1属，2种。

1. 青皮木属Schoepfia Schreb.

乔木或灌木。无卷须。叶互生，叶脉羽状。花排成腋生的蝎尾状或螺旋状的聚伞花序，稀花单生；花萼筒与子房贴生，结实时增大。本属约40种，分布热带、亚热带地区；我国3种；紫金2种。

1. 华南青皮木（管花青皮木、香芙木、退骨王、碎骨仔树）

Schoepfia chinensis Gardn. et Champ.

落叶小乔木；高2～6 m。叶纸质或坚纸质，长椭圆形、椭圆形或卵状披针形，长5～9 cm。花2～3朵排成短穗状或近似头状花序式的聚伞花序；果椭圆状或长圆形，长约1 cm，成熟时紫红色转蓝黑色。花期2～4月；果期4～6月。

树形美观，可栽培观赏。根药用，清热利湿、消肿止痛。

2. 青皮木

Schoepfia jasminodora Sieb. et Zucc.

落叶小乔木或灌木，树皮灰褐色，叶纸质，卵形或长卵形，花3～9朵，花冠钟形或宽钟形，白色或浅黄色，果椭圆状或长圆形，花叶同放。

183. 山柚子科 Opiliaceae

常绿小乔木、灌木或木质藤本。叶互生，单叶，全缘，无托叶，穗状花序、总状花序或圆锥花序状的聚伞花序，核果。本科约9属，60种，大多数种类分布于亚洲和非洲的热带地区，少数种类产澳大利亚东北部和美洲的热带地区；我国5属，5种，产云南、广西、广东及台湾等地区；紫金1属，1种。

1. 山柑藤属Cansjera Juss.

攀援灌木，有时有刺。叶互生，单叶，全缘，无托叶。穗状花序，核果。本属约5种；分布于亚洲和澳大利亚的热带地区；我国仅产1种；紫金1种。

1. 山柑藤

Cansjera rheedei J. F. Gmel.

攀援灌木，有时有刺，小枝、花序均被淡黄色短绒毛。穗状花序。核果长椭圆状或椭圆状，无毛，顶端有小突尖，成熟时橙红色，内果皮脆壳质。

185. 桑寄生科Loranthaceae

半寄生性灌木，亚灌木，稀草本，寄生于木本植物的茎或枝上，稀寄生于根部为陆生小乔木或灌木。叶对生，稀互生或轮生，叶片全缘或叶退化呈鳞片状。花两性或单性，雌雄同株或雌雄异株，辐射对称或两侧对称，排成总状、穗状、聚伞状或伞形花序等；雄蕊与花被片等数，对生，且着生其上，花丝短或缺，花药2～4室或1室，多室；心皮3～6枚，子房下位，贴生于花托，1室，稀3～4室，特立中央胎座或基生胎座，稀不形成胎座。果实为浆果。本科约65属，1300余种，主产两半球热带和亚热带地区，少数种类分布于温带；我国11属，64种，10变种；紫金7属，9种。

1. 栗寄生属Korthalsella Van Tiegh.

小枝扁平，相邻节间排列在同一平面上。叶为鳞片状。聚伞花序，花单性，无副萼，花被萼片状，小，离生，花药2室。本属约25种，共分3组；分布于非洲东部和马达加斯加，亚洲南部、东南部、太平洋岛屿至日本，大洋洲澳大利亚和新西兰；我国1种；紫金1种。

1. 栗寄生

Korthalsella japonica (Thunb.) Engl.

寄生灌木；高5～15 cm。小枝扁平，通常对生，节间狭倒卵形至倒卵状披针形，干后中肋明显。叶退化呈鳞片状，成对合生呈环状。果椭圆状或梨形，淡黄色。花果期几全年。

茎枝入药，祛风除湿、养血安神。

2. 桑寄生属Loranthus Jacq.

穗状花序，花两性或单性，5～6数，副萼杯状，花被花瓣状，离生，每朵花仅1枚苞片。本属约10种，分布欧洲和亚洲的温带和亚热带地区；我国6种；紫金1种。

1. 椆树桑寄生

Loranthus delavayi Van Tiegh.

寄生灌木；高0.5～1 m。叶对生或近对生，纸质或革质，卵形至长椭圆形，长6～10 cm，基部阔楔形，稍下延。果椭圆状或卵球形，淡黄色。花期1～3月；果期9～10月。

枝叶入药，有补肝肾，强筋骨，除风湿，通经络功效。

3. 鞘花属Macrosolen (Blume) Reichb.

花两性，副萼杯状，花被花瓣状，每朵花有1枚苞片和2枚合生或离生的小苞片。本属约40种，分布亚洲南部和东南部；我国5种；紫金1种。

1. 鞘花（杉寄生、枫鞘花寄生）

Macrosolen cochinchinensis (Lour.) Van Tiegh.

寄生灌木；高0.5～1.3 m。叶革质，阔椭圆形至披针形，长5～10 cm。总状花序，1～3个腋生或生于小枝已落叶腋部，具花4～8朵；花冠橙色，长1～1.5 cm，冠管膨胀，具六棱，裂片6枚，披针形，反折。果近球形，直径7 mm，橙色。花期2～6月；果期5～8月。

全株药用，以寄生于杉树上的为佳品，称“杉寄生”，有清热、止咳等效。

4. 梨果寄生属Scurrula L.

攀援灌木。茎、叶发达，有正常的绿色叶片。本属约10种，分布于亚洲中南部、东南部至大洋洲南部；我国6种，2变种；紫金1种。

1. 红花寄生

Scurrula parasitica L.

灌木。叶长圆形、卵形，长5～6 cm，宽2～3 cm，两性花，总状花序，花瓣合生，红色，果梨形。

全株药用：味苦，性平。补肝肾，祛风湿，降血压，养血安胎。治腰膝酸痛，风湿性关节炎，坐骨神经痛，高血压病，四肢麻木，胎动不安，先兆流产。

5. 钝果寄生属Taxillus Van Tiegh.

总状或穗状花序，花两性，4数，副萼杯状，花被合生成管状，裂片外折，花冠两侧对称，每朵花仅1枚苞片，花托或果的下半部不变狭。本属约25种，分布于亚洲东南部和南部；我国15种，5变种；紫金2种。

1. 广寄生（桑寄生）

Taxillus chinensis (DC) Danser

寄生灌木；高0.5～1 m。嫩枝、叶密被锈色星状毛，稍后呈粉状脱落。叶厚纸质，卵形至长卵形，长3～6 cm。果椭圆状，果皮密生小瘤体。花果期4月至翌年1月。

全株入药，药材称“广寄生”，有祛风除湿、消肿止痛作用。以寄生于桑树、桃树、马尾松的疗效较佳；寄生于夹竹桃的有毒。

2. 锈毛钝果寄生

Taxillus levinei (Merr.) H. S. Kiu

寄生灌木；高0.5～2 m。嫩枝、叶、花序和花均密被锈色。叶革质，卵形，长4～8 cm，下面被绒毛。伞形花序腋生，具花2朵；花红色。果卵球形，黄色，果皮具颗粒状体，被星状毛。花期9～12月；果期翌年4～5月。

全株药用，有祛风除湿功效。

6. 大苞寄生属Tolypanthus (Blume) Reichb.

花两性，副萼杯状，花被合生成管状，裂片花瓣状，每朵花仅1枚苞片，苞片大，轮生，总苞状，花5数，花冠两侧对称。本属约5种，分布亚洲南部和东部；我国2种；紫金1种。

1. 大苞寄生（柳榆寄生）

Tolypanthus maclurei (Merr.) Danser

寄生灌木；高0.5～1 m。叶革质，对生或簇生短枝，长圆形或长卵形，长2.5～7 cm。密簇聚伞花序，1～3个生于小枝已落叶腋部或腋生，具花3～5朵；苞片长卵形，淡红色，长12～22 mm。花期4～7月；果期8～10月。

全株入药，有祛风除湿、清热、补肝肾。

7. 槲寄生属Viscum L.

小枝圆柱形或扁平，相邻节间互相垂直。叶有叶片或鳞片状。花单生或聚伞花序，花单性，无副萼，花被萼片状，小，离生，花药多室。本属约70种，分布东半球，主产热带和亚热带地区，少数种类分布于温带地区；我国11种；紫金2种。

1. 槲寄生

Viscum coloratum (Kom.) Nakai

有正常叶，叶长圆形，长3～7 cm，宽7～15 mm，枝明显扁平，节间宽3～5 mm，果球形，无瘤状体。

2. 棱枝槲寄生

Viscum diospyrosicolum Hayata

枝不明显扁平，节间宽约2 mm，果卵形，长4～6 mm。

186. 檀香科Santalaceae

草本或灌木，稀小乔木，常为寄生或半寄生，稀重寄生植物。单叶，互生或对生，有时退化呈鳞片状。苞片多少与花梗贴生，小苞片单生或成对，常用离生或与苞片连生呈总苞状。花小，辐射对称，两性，单性或败育的雌雄异株，稀雌雄同株，集成聚伞花序、伞形花序、圆锥花序、总状花序、穗状花序或簇生，有时单花，腋生；花被一轮，常稍肉质；雄花：雄蕊与花被裂片同数且对生，常着生于花被裂片基部，花丝丝状，花药基着或近基部背着，2室，平行或开叉，纵裂或斜裂；雌花或两性花具下位或半下位子房，子房1室或5～12室。核果或小坚果。本科约30属，400种，分布全世界的热带和温带；我国8属，35种，6变种；紫金2属，2种。

1. 寄生藤属Dendrotrophe Miq.

攀援灌木。茎、叶发达，有正常的绿色叶片。本属约10种，分布于亚洲中南部、东南部至大洋洲南部；我国6种，2变种；紫金1种。

1. 寄生藤（上树酸藤、大叶酸藤、黄藤、堂仙公、酸藤公）

Dendrotrophe varians (Bl.) Miq.

木质藤本，常呈灌木状。枝三棱形，扭曲。叶厚，软革质，倒卵形至阔椭圆形，长3～7 cm。核果卵状或卵圆形，带红色，长1～1.2 cm，顶端有内拱形宿存花被，成熟时棕黄色至红褐色。花期1～3月；果期6～8月。

全株供药用，消肿、止痛、散瘀、接骨。

2. 重寄生属Phacellaria Benth.

寄生植物，无叶。花序多少木质化，常簇生，具纵沟或纵条纹，不分枝或分枝。花小，单生或簇生于苞片腋部，两性或单性，通常雌雄同株，稀雌雄异株，无花梗。核果，顶端具宿存花被裂片和花盘残痕，内果皮脆骨质，内面上部5～6室，下部1室；种子具5条纵沟槽。本属约8种，分布于亚洲东南部热带和亚热带地区；我国5种；紫金1种。

1. 长序重寄生

Phacellaria tonkinensis Lecomte

灌木，重寄生在寄主上。无绿色叶，无总苞片，花序柔软，无毛。

189. 蛇菰科 Balanophoraceae

肉质草本，无正常根，靠根茎上的吸盘寄生于寄主植物的根上。根茎粗，常用分枝，表面常有疣瘤或星芒状皮孔，顶端具开裂的裂鞘。花茎圆柱状，出自根茎顶端，常为裂鞘所包着；花序顶生，肉穗状或头状，花单性，雌雄花同株(序)或异株(序)；雄花常比雌花大，有梗或无梗；子房上位，1～3室，花柱1～2枚；胚珠每室1枚，无珠被或具单层珠被，珠柄很短或不存在。坚果。本科18属，约120种，分布于全世界热带至亚热带；我国2属，20种；紫金1属，1种。

1. 蛇菰属 Balanophora Forst. et Forst. f.

花柱1枚；胚珠悬垂，倒生；花序无盾状鳞片；花茎有鳞苞片；根茎内含大量的蜡质物。本属约80种，分布于亚洲和大洋洲热带和亚热带；我国19种；紫金1种。

1. 红冬蛇菰

Balanophora harlandii Hook. F.

根状茎表面粗糙，密被小斑点，雌雄异序，雄花3数，聚药雄蕊长小于宽。

全株药用，止血，补血。治贫血。

190. 鼠李科Rhamnaceae

灌木或乔木，稀草本，常具刺。单叶互生或近对生。花小，整齐，两性或单性，稀杂性，雌雄异株，常排成聚伞花序、穗状圆锥花序、聚伞总状花序、聚伞圆锥花序，或有时单生或数个簇与，常用四基数，稀五基数；萼钟状或筒状，淡黄绿色，萼片镊合状排列，常坚硬，内面中肋中部有时具喙状突起，与花瓣互生；花瓣常用较萼片小，极凹，匙形或兜状，基部常具爪，或有时无花瓣，着生于花盘边缘下的萼筒上；雄蕊与花瓣对生，为花瓣抱持；花丝着生于花药外面或基部，与花瓣爪部离生，花药2室，纵裂，花盘明显发育，贴生于萼筒上，或填塞于萼筒内面，杯状、壳斗状或盘状，全缘，具圆齿或浅裂；子房上位、半下位至下位，常用3或2室，稀4室，每室有1基生的倒生胚珠，花柱不分裂或上部3裂。核果、浆果状核果、蒴果状核果或蒴果。本科约58属，900种，分布温带至热带地区；我国14属，133种，32变种；紫金6属，9种。

1. 勾儿茶属Berchemia Neck. ex DC.

攀援灌木，枝光滑。叶羽状脉，干时背面非银灰色。花有梗。核果柱状卵形或柱状长圆形，无翅。本属约31种，主要分布于亚洲东部至东南部温带和热带地区；我国18种，6变种；紫金1种。

1. 多花勾儿茶（勾儿茶、黄鳝藤）

Berchemia floribunda (Wall.) Brongn.

藤状灌木。幼枝黄绿色，光滑无毛。叶纸质，卵形至卵状披针形，长4～10 cm。花多数，萼三角形，顶端尖；花瓣倒卵形。核果圆柱状椭圆形，熟时紫黑色，长7～10 cm。花期7～10月；果期翌时年4～7月。

根入药，有祛风除湿、活血止痛功效。

2. 枳椇属Hovenia Thunb.

乔木。叶五出脉。花序轴果时膨大、扭曲，味甜可食。本属有3种，2变种，分布中国、朝鲜、日本和印度；我国3种；紫金1种。

1. 枳椇（拐枣、万字果）

Hovenia acerba Lindl.

落叶乔木；高10～25 m。嫩枝、叶柄、花序被棕褐色短柔毛。叶纸质，宽卵形、椭圆状卵形，长8～17 cm，边缘具锯齿。二歧式聚伞圆锥花序；萼片具网状脉或纵条纹；花瓣椭圆状匙形，具短爪。果序轴果熟时明显肥厚、肉质，熟时棕色。花期5～6月；果期9～12月。

种子入药，除烦止渴、解酒、利二便。

3. 马甲子属Paliurus Tourn ex Mill.

灌木或小乔木，枝有托叶刺。叶三出脉。核果杯状或草帽状，周围有木栓质翅。本属6种，分布欧洲南部和亚洲东部及南部；我国5种；紫金1种。

1. 马甲子（铁篱笆、企头簕、雄虎刺）

Paliurus ramosissimus (Lour.) Poir.

灌木；高达6 m。叶宽卵状椭圆形或近圆形，长3～6 cm，基部稍偏斜，边缘具细锯齿，基生三出脉；叶柄基部有2个紫红色斜向直立的针刺。核果杯状，周围具木栓质3浅裂的窄翅，直径1～1.7 cm。花期5～8月；果期9～10月。

木材坚硬，可作农具柄；枝具针刺，常栽培作绿篱。全株药用，有解毒消肿、止痛活血之效。种子榨油可制烛。

4. 鼠李属Rhamnus L.

灌木或乔木，有时短枝变成刺。叶羽状脉。花有梗。核果浆果状。本属约200种分布于温带至热带，主要分布亚洲东部和北美洲的西南部，少数也分布于欧洲和非洲；我国57种，14变种；紫金3种。

1. 山绿柴

Rhamnus brachypoda C. Y. Wu ex Y. L. Chen

灌木；高1.5～3 m。有短枝，具枝刺，被短柔毛，叶长圆形，长3～10 cm，宽1.5～4.5 cm，老叶背无毛。花期5～6月；果期7～11月。

2. 长叶冻绿（黄药）

Rhamnus crenata Sieb. et Zucc.

落叶灌木，无刺，无短枝，高达1.5 m。叶倒卵形，长4～8 cm，宽2～4 cm，叶面幼时被毛，后无毛，背面被柔毛。花期5～8月；果期7～11月。

根、叶药用，消炎解毒、杀虫止痒。根和果实可作黄色染料。

3. 长柄鼠李

Rhamnus longipes Merr. et Chun

直立灌木或小乔木，高达8 m，无刺；幼枝和小枝紫褐色，无毛或被疏毛。叶近革质，椭圆形或长圆状披针形，长6～11 cm，宽2～4 cm，顶端渐尖，基部楔形或近圆形，边缘稍背卷，具疏细钝齿，两面无毛，稀下面沿脉被疏硬毛，有光泽，干时黄绿色，中脉粗壮，上面下陷，下面凸起，侧脉每边7～10条。

5. 雀梅藤属Sageretia Brongn.

攀援灌木，小乔木，有时短枝变成刺。叶羽状脉。花无梗。核果浆果状。本属约39种，主要分布于亚洲南部和东部，少数种在美洲和非洲也有分布；我国16种，3变种；紫金2种。

1. 亮叶雀梅藤

Sageretia lucida Merr.

攀援灌木。叶长圆形，长6～12 cm，宽2.5～4 cm，两面无毛或背脉腋被毛，柄长5～12 mm，花无梗，花序轴长2～3 cm，无毛或疏被短柔毛。

2. 雀梅藤（酸梅簕、对节刺、碎m子、抗癌藤）

Sageretia thea (Osbeck) Johnst.

藤状或直立灌木。小枝具刺，被短柔毛。叶纸质，通常椭圆形，长圆形或卵状椭圆形，长1～4.5 cm，边缘具细锯齿。核果近圆球形，成熟时黑色或紫黑色。花期7～11月；果期翌年3～5月。

叶可代茶，也可供药用，治疮疡肿毒；根降气化痰。

6. 翼核果属Ventilago Gaertn.

攀援灌木。叶羽状脉，干时背面非银灰色。花有梗。核果球形，顶端有长达5 cm的翅。本属约35种，分布亚洲热带和亚热带地区；我国6种；紫金1种。

1. 翼核果（血风根、血风藤、红蛇根、青筋藤、铁牛入石、血宽根）

Ventilago leiocarpa Benth.

藤状灌木。叶薄革质，卵状长圆形或卵状披针形，长4～8 cm，边缘有不明显的疏细锯齿。核果近球形，顶部具翅，翅长圆形，长3～5 cm。花期3～5月；果期4～7月。

根入药，有补气血、舒筋络功效。

191. 胡颓子科Elaeagnaceae

直立灌木或攀援藤本，稀乔木，有刺或无刺，全体被银白色或褐色至锈盾形鳞片或星状绒毛。单叶互生，稀对生或轮生，全缘，羽状叶脉，具柄，无托叶。花两性或单性，稀杂性。单生或数花组成叶腋生的伞形总状花序，常用整齐，白色或黄褐色，具香气，虫媒花；花萼常连合成筒，顶端4裂，稀2裂，在子房上面常用明显收缩，花蕾时镊合状排列；无花瓣；雄蕊着生于萼筒喉部或上部，与裂片互生，或着生于基部，与裂片同数或为其倍数，花丝分离，短或几无，花药内向，2室纵裂，背部着生，常用为丁字药，花粉粒钝三角形或近圆形；子房上位。果实为瘦果或坚果。本科3属，80种，分布于亚洲东南地区，亚洲其他地区、欧洲及北美洲也有；我国2属，约60种；紫金1属，3种。

1. 胡颓子属Elaeagnus L.

常绿或落叶灌木或小乔木，直立或攀援，通常具刺，稀无刺，全体被银白色或褐色鳞片或星状绒毛。单叶互生。花两性或杂性，花萼4裂，雄蕊4枚，与花萼裂片互生。本属约80种，分布亚洲东部及东南部的亚热带和温带，少数种类分布亚洲其他地区及欧洲温带地区，北美也有；我国约55种；紫金3种。

1. 蔓胡颓子

Elaeagnus glabra Thunb.

有时有棘刺，叶椭圆形，长5～12 cm，宽5 cm，花多呈总状花序，萼筒长5～8 mm。

2. 鸡柏紫藤

Elaeagnus loureirii Champ.

攀援灌木。叶椭圆形，长4～13.5 cm，宽2～3.5 cm，花单生或2朵生，萼筒长8～12 mm。

3. 胡颓子（牛奶子根、半春子、半含春、石滚子、四枣、柿模）

Elaeagnus pungens Thunb.

常绿直立灌木；高3～4 m。刺顶生或腋生。叶革质，椭圆形或阔椭圆形，长5～10 cm，边缘微反卷或皱波状，下面密被银白色和少数褐色鳞片。果实椭圆形，长12～14 mm，成熟时红色。花期9～12月；果期次年4～6月。

种子、叶和根可入药，种子可止泻；叶治肺虚短气；根祛风利湿、去瘀止痛。

193. 葡萄科Vitaceae

攀援木质藤本，稀草质藤本，具有卷须，或直立灌木，无卷须。单叶、羽状或掌状复叶，互生；托叶常用小而脱落，稀大而宿存。花小，两性或杂性同株或异株，排列成伞房状多歧聚伞花序、复二歧聚伞花序或圆锥状多歧聚伞花序，四至五基数；萼呈碟形或浅杯状，萼片细小；花瓣与萼片同数，分离或凋谢时呈帽状黏合脱落；雄蕊与花瓣对生，在两性花中雄蕊发育良好，在单性花雌花中雄蕊常较小或极不发达，败育；花盘呈环状或分裂，稀极不明显；子房上位，常用2室，每室有2颗胚珠，或多室而每室有1颗胚珠，果实为浆果。本科16属，约700余种，主要分布于热带和亚热带，少数种类分布于温带；我国9属，150余种；紫金6属，16种。

1. 蛇葡萄属Ampelopsis Michaux

藤本，卷须与叶对生，2～3分枝，顶端无吸盘。单叶或掌状、羽状复叶。花5数，花瓣分离，雄蕊离生，花盘发达，5浅裂。本属约30余种，分布亚洲、北美洲和中美洲；我国17种；紫金5种。

1. 广东蛇葡萄

Ampelopsis cantoniensis (Hook. et Arn.) Planch.

木质藤本。卷须2叉分枝，相隔2节间断与叶对生。叶为二回或上部为一回羽状复叶，二回羽状复者基部1对小叶常为3小叶。花序为伞房状多歧聚伞花序，与叶对生。果实近球形，直径0.5～0.6 cm。花期4～7月；果期8～11月。

全株入药，清热解毒、润肠。

2. 异叶蛇葡萄

Ampelopsis glandulosa var. **heterophylla** (Thunb.) Momiy.

枝被毛，单叶，心形、卵形，顶端不裂或3～5中裂，有时不裂。

3. 牯岭蛇葡萄

Ampelopsis glandulosa var. **kulingensis** (Rehder) Momiy.

藤本。枝被短柔毛或无毛，单叶，五角形、心形，顶端不裂或3～5中裂。

4. 显齿蛇葡萄

Ampelopsis grossedentata (Hand.-Mazz.) W. T. Wang

木质藤本。卷须2叉分枝，相隔2节间断与叶对生。二回羽状复叶，最下羽片有3小叶，小叶革质，长圆状披针形或狭椭圆形，长2～5 cm，边缘每侧有2～5个锯齿。花期5～8月；果期8～12月。

茎藤入药，有清热利湿、平肝降压、活血通络功效。

5. 大叶蛇葡萄

Ampelopsis megalophylla Diels et Gilg

叶为二回羽状复叶，即基部1对为3小叶，小枝、叶柄和花序轴无柔毛，与广东蛇葡萄相似。

2. 乌蔹莓属Cayratia Juss.

藤本，卷须2～3分枝，顶端无吸盘。指状3或5小叶。花序腋生或假腋生，稀对生，花4数，花瓣分离，雄蕊离生，花柱明显，柱头不裂。本属30余种，分布于亚洲、大洋洲和非洲；我国16种；紫金2种。

1. 角花乌蔹莓

Cayratia corniculata (Benth.) Gagnep.

草质藤本。卷须2叉分枝，与叶对生。叶为鸟足状5小叶，中央小叶长椭圆状披针形，长3.5～9 cm，边缘每侧有5～7个锯齿或细牙齿，侧生小叶稍小。果近球形，直径0.8～1 cm。花期4～5月；果期7～9月。

块茎入药，有清热解毒、祛风化痰的作用。

2. 毛乌蔹莓

Cayratia japonica var. **mollis** (Wall.) Momiyama

本变种与原种区别在于：叶下面满被或仅脉上密被疏柔毛。花期5～7月；果期7月至翌年1月。

全株药用，有清热解毒、消肿止痛功效。

3. 白粉藤属Cissus L.

木质或半木质藤本。卷须不分枝或2叉分枝，稀总状多分枝。单叶或掌状复叶，互生。花4数，两性或杂性同株，花序为复二歧聚伞花序或二级分枝集生成伞形，与叶对生；花瓣各自分离脱落；雄蕊4；花盘发达，边缘呈波状或微4裂；花柱明显，柱头不分裂或2裂；子房2室，每室有2个胚珠。果实为一肉质浆果，有种子1～2颗。种子倒卵椭圆形或椭圆形，种脐在种子背面基部或近基部。本属约160余种，主要分布于泛热带；我国15种；紫金2种。

1. 苦郎藤

Cissus assamica (Laws.) Craib.

枝圆柱形，被丁字毛，卷须2分枝，叶阔心形，长5～7 cm，宽4～14 cm，顶端急尖，基部心形。

2. 翼茎白粉藤

Cissus pteroclada Hayata

枝具4翅棱，卷须2分枝，叶卵圆形，长5～12 cm，宽4～9 cm，顶端急尖，基部心形。

4. 地锦属Parthenocissus Planch.

藤本，卷须总状分枝，顶端有吸盘。单叶或掌状5小叶。花5数，花瓣分离，雄蕊离生。本属约13种，分布亚洲和北美；我国10种；紫金2种。

1. 异叶地锦（吊岩风、爬山虎、三叶爬山虎、上树蛇、异叶爬山虎）

Parthenocissus dalzielii Gagnep.

木质藤本。卷须总状5～8分枝，卷须顶端膨大，遇附着物扩大呈吸盘状。叶两型，短枝上常为3小叶，长枝上为单叶；单叶卵圆形，长3～7 cm，边缘有细牙齿，3小叶者，中央小叶长椭圆形，侧生小叶基部极不对称。花期5～7月；果期7～11月。

秋季叶色鲜红，十分美丽，用作城市垂直绿化。全株药用，有祛风除湿、散瘀活络、消肿止痛、接骨功效。

2. 绿叶地锦

Parthenocissus laetevirens Rehd.

卷须总状，叶为掌状5小叶。

5. 崖爬藤属Tetrastigma (Miq.) Planch.

藤本，卷须不分枝或2分枝，顶端无吸盘。掌状复叶或指状3或5～7小叶，稀单叶。花序腋生或假腋生，稀对生，花4数，花瓣分离，雄蕊离生，花柱不明显，柱头4裂。本属约100余种，分布亚洲至大洋洲；我国45种；紫金2种。

1. 三叶崖爬藤（三叶扁藤、丝线吊金钟、三叶青、小扁藤、骨碎藤）

Tetrastigma hemsleyanum Diels et Gilg

草质藤本。卷须不分枝。叶为3小叶，小叶披针形至卵状披针形，长3～10 cm，侧生小叶基部不对称，边缘有锯齿。浆果红色，近球形或倒卵球形，直径约0.6 cm。花期4～6月；果期8～11月。

全株供药用，有活血散瘀、解毒、化痰的作用。

2. 扁担藤

Tetrastigma planicaule (Hook.) Gagnep.

木质大藤本。茎扁压，深褐色。卷须不分枝，相隔2节间断与叶对生。叶为掌状5小叶，小叶长圆状披针形、卵状披针形，长9～16 cm，边缘每侧有5～9个锯齿。浆果近球形，直径2～3 cm，多肉质。花期4～6月；果期8～12月。

藤茎供药用，有祛风除湿、舒根活络之效。

6. 葡萄属 Vitis L.

藤本，有卷须。单叶或掌状、羽状复叶。花瓣基部分离，顶端黏合，花后整个帽状脱落，雄蕊离生。本属60余种，分布于世界温带或亚热带；我国约38种；紫金3种。

1. 小果葡萄

Vitis balanseana Planch.

木质藤本。卷须2叉分枝。叶心状卵圆形、或阔卵形，长4～14 cm，基部心形，边缘有细齿。圆锥花序疏散，长4～13 cm；花瓣5，花盘5裂。浆果球形，成熟时紫黑色，直径0.5～0.8 cm。花期2～8月；果期6～11月。

果味甜，可食用。藤和叶入药，有祛湿消肿、利尿功效。

2. 闽赣葡萄

Vitis chungii Metcalf

木质藤本。无毛。卷须2叉分枝，每隔2节间断与叶对生。单叶，长椭圆卵形或卵状披针形，长4～15 cm，顶端渐尖或尾尖，边缘有7～9个齿，嫩叶背常带紫色；基生三出脉，网脉两面突出。花期4～6月；果期6～8月。

全株药用，消肿拔毒，疮痈疖肿。

3. 华东葡萄

Vitis pseudoreticulata W. T. Wang

枝被丝状绒毛，卷须2分枝，叶卵圆形，长6～13 cm，宽5～11 cm，基部心形，两侧裂片分开，果直8～10 mm。

194. 芸香科Rutaceae

乔木，灌木或草本，稀攀援性灌木。常用有油点，有或无刺。单叶或复叶。花两性或单性，稀杂性同株，辐射对称，很少两侧对称；聚伞花序，稀总状或穗状花序，更少单花，甚或叶上生花；萼片4或5片，离生或部分合生；花瓣4或5片，稀2～3片，离生，极少下部合生，覆瓦状排列，稀镊合状排列，极少无花瓣与萼片之分，则花被片5～8片，且排列成一轮；雄蕊4或5枚，或为花瓣数的倍数，花丝分离或部分连生成多束或呈环状，花药纵裂，药隔顶端常有油点；雌蕊常用由4或5个、稀较少或更多心皮组成，心皮离生或合生，蜜盆明显，环状，有时变态成子房柄，子房上位，稀半下位，花柱分离或合生，柱头常增大。果为蓇葖、蒴果、翅果、核果，或具革质果皮、或具翼、或果皮稍近肉质的浆果。本科约150属，1600种，全世界分布，主产热带和亚热带，少数分布至温带；我国连引进栽培的共28属，约151种，28变种；紫金7属，16种。

1. 山油柑属Acronychia J. R. et G. Forst.

常绿乔木。指状复叶，单小叶。花两性或单性，心皮合生。核果。本属约42种，分布于亚洲热带、亚热带及大洋洲各岛屿，主产澳大利亚；我国2种；紫金1种。

1. 山油柑

Acronychia pedunculata (L.) Miq.

叶常椭圆形，花两性，花瓣椭圆形。

2. 吴茱萸属Evodia J. R. Forst. et G. Forst.

乔木，枝无刺。叶对生，羽状复叶或3小叶。心皮离生。果为蓇葖果。约150种，分布于亚洲、非洲东部及大洋洲；我国约20种，5变种；紫金4种。

1. 三椏苦（三叉苦、小黄散、鸡骨树、三丫苦、三枝枪、三叉虎）

Evodia lepta (Spreng.) Merr.

灌木或小乔木。嫩枝的节部常呈压扁状，小枝的髓部大。3小叶，有时偶有2小叶或单小叶同时存在，小叶长椭圆形。聚伞花序排成伞房花序式。分果瓣淡黄或茶褐色，散生肉眼可见的透明油点。花期4～6月；果期7～10月。

茎皮、根、叶供药用，有小毒，有消肿止痛、祛风解表之效。

2. 华南吴萸

Evodia austro-sinensis Hand.-Mazz.

乔木；高6～20 m。嫩枝及芽密被灰或红褐色短绒毛。叶有小叶5～13片，小叶卵状椭圆形或长椭圆形，长7～15 cm，叶两面有柔毛。分果瓣淡紫红至深红色，油点微凸起。花期6～7月；果期9～11月。

果入药，温中散寒、行气止痛。

3. 楝叶吴萸（野吴芋、野荠子、山辣子、臭油林、米辣子、辣树）

Evodia glabrifolia (Champ. ex Benth.) Huang

落叶乔木，树高达20 m。树皮灰白色，不开裂，密生皮孔。羽状复叶，小叶常7～11片，小叶斜卵状披针形，宽2.5～4 cm，两则明显不对称，油点不明显，叶缘有细钝齿或全缘，无毛。花期7～9月；果期10～12月。

速生树种。根、果入药，有健胃、祛风、镇痛、消肿之功效。

4. 吴茱萸

Evodia rutaecarpa (Juss.) Benth.

小乔木。5～11小叶，椭圆形，长6～12 cm，宽3～6 cm，两面有时被毛，背面较密，油点大，花5数。

果实药用，治胃腹冷痛，恶心呕吐，泛酸嗳气，腹泻，蛲虫病。

3. 金橘属**Fortunella** Swingle

灌木或乔木，常有硬刺。指状复叶，单小叶。雄蕊为花瓣3倍以上，子房2～5室。浆果有汁胞。本属约6种，分布亚洲东南部；我国5种；紫金1种。

1. 山橘（金豆、猴子柑、山金桔）

Fortunella hindsii (Champ. ex Benth.) Swingle

灌木；分枝多，刺短小。指状复叶或偶有少数单叶，小叶椭圆形或卵状椭圆形，长4～6 cm，近顶部边缘有细裂齿，翼叶线状或明显。花多单生。果圆球形或扁圆形。种子3～4颗，阔卵形。

根和果实药用。根：味辛、苦，性温。醒脾行气。果：味辛、酸、甘，性温。宽中化痰下气。

4. 山小桔属**Glycosmis** Correa

灌木或小乔木。单叶或羽状复叶。花近无梗，两性，花瓣覆瓦状排列，花柱短，宿存，心皮合生。浆果。本属约50余种，分布于亚洲南部及东南部、澳大利亚东北部；我国11种，1变种，见于南岭以南、云南南部及西藏东南部各地；紫金1种。

1. 小花山小橘

Glycosmis parviflora (Sims) Kurz

3～5小叶，聚伞圆锥花序，花无梗，浆果扁球形，直径1 cm。

5. 茵芋属**Skimmia** Thunb.

常绿灌木。单叶。花单性或杂性，心皮合生。核果。本属约6种，分布于亚洲东南部大陆及附近一些岛屿，东至日本南部、东北至萨哈林岛；我国5种；紫金2种。

1. 乔木茵芋

Skimmia arborescens T. Anders. ex. Gamble

小乔木，单叶，椭圆形，最宽处在中部以上，两面无毛，心皮合生，核果蓝黑色。

2. 茵芋

Skimmia reevesiana (Fortune) Fort.

灌木，单叶，椭圆形，最宽处在中部以下，脉上被毛，心皮合生，核果红色。

6. 飞龙掌血属Toddalia A. Juss.

攀援灌木，有钩刺。三出复叶。花单性，心皮合生。核果，有小核4～10粒。本属1种，分布于亚洲东及东南部及非洲东及西南部；紫金1种。

1. 飞龙掌血（血见飞、大救驾、三百棒、簕钩、上山虎、下山虎）

Toddalia asiatica (L.) Lam.

木质攀缘藤本；老茎具木栓层，茎枝及叶轴具钩刺。指状三出叶，互生，小叶卵形至椭圆形，中部以上具钝圆齿。核果橙红或朱红色，近球形，含胶液。种子肾形，褐黑色。花期春夏季；果期秋冬季。

根、叶药用。散瘀止血，祛风除湿，消肿解毒。

7. 花椒属Zanthoxylum L.

乔木或灌木，常有刺。单叶或羽状复叶，互生。心皮离生，果为蓇葖果。本属约250种，广布亚洲、非洲、大洋洲、北美洲的热带和亚热带地区，温带较少；我国39种，14变种；紫金6种。

1. 椿叶花椒

Zanthoxylum ailanthoides Sieb. Et Zucc.

小乔木，羽状11～27小叶，小叶长圆形，长9～13 cm，宽3～5 cm，小叶多油点，叶背被白粉，花被片2轮。

根皮药用。祛风通络，活血散瘀，解蛇毒。

2. 簕欓花椒

Zanthoxylum avicennae (Lam.) DC.

羽状13～18(～25)小叶，小叶斜方形、倒卵形，长4～7 cm，宽1.5～2.5 cm，不对称，花被片2轮。

3. 大叶臭花椒

Zanthoxylum myriacanthum Wall. ex Hook. f.

落叶乔木；茎干有鼓钉状锐刺，花序轴及小枝顶部有较多劲直锐刺，叶轴及小叶无刺。奇数羽状复叶，小叶7～17片；小叶对生，叶两面无毛，油点多且大，叶缘具浅圆裂齿。

根皮、树皮及嫩叶入药。味辛，苦。有祛风除湿，活血散瘀，消肿止痛功效。

4. 两面针（光叶花椒、入地金牛）

Zanthoxylum nitidum (Roxb.) DC.

木质藤本。老茎有翼状蜿蜒而上的木栓层，茎枝及叶轴、叶两面均有弯钩锐刺。叶有小叶5～11片，小叶对生，硬革质，阔卵形或狭长椭圆形，长3～12 cm，顶端有明显凹口，凹口处有油点。

全株入药，有活血、散瘀、镇痛、消肿等功效，亦作驱蛔虫药。根的水提液和酒精浸析液对溶血性链球菌和黄金色葡萄球菌有显著抑制作用。根的提取液对坐骨神经痛有明显疗效。

5. 花椒簕

Zanthoxylum scandens Bl.

攀援灌木，羽状7～23小叶，小叶卵形、椭圆形，长3～8 cm，宽1.5～3 cm，顶端尾状骤尖，两侧不对称，花被片2轮。

根和叶药用。祛风活血。治跌打。

6. 青花椒（香椒子）

Zanthoxylum schinifolium Sieb. et Zucc.

灌木；常高1～3 m。茎枝有短刺，刺基部两侧压扁状。叶有小叶7～19片；小叶纸质，对生，几无柄，卵形至披针形或卵状菱形，长5～10 mm。

果可作花椒代品，名为青椒，作食品调味料。根、叶及果均入药，有发汗、散寒、止咳、除胀、消食功效。

195. 苦木科Simaroubaceae

乔木或灌木；树皮常用有苦味。叶互生，有时对生，常用成羽状复叶。花序腋生，成总状、圆锥状或聚伞花序，很少为穗状花序；花小，辐射对称，单性、杂性或两性；萼片3～5，镊合状或覆瓦状排列；花瓣3～5，分离，少数退化，镊合状或覆瓦状排列；花盘环状或杯状；雄蕊与花瓣同数或为花瓣的2倍，花丝分离，常用在基部有一鳞片，花药长圆形，丁字着生，2室，纵向开裂；子房常用2～5裂。果为翅果、核果或蒴果。本科约20属，120种，分布热带和亚热带地区；我国5属，11种，3变种；紫金1属，1种。

1. 苦树属 Picrasma Bl.

乔木。奇数羽状复叶，小叶边缘有锯齿，叶面无毛。每心皮或子房有1胚珠。果为核果，果上有宿存的萼片。本属约9种，多分布于美洲和亚洲的热带和亚热带地区；我国2种，1变种；紫金1种。

1. 苦树

Picrasma quassioides (D. Don) Benn.

乔木。全株苦味，9～15小叶，果有缩萼，核果。

全株药用。治肺热咳嗽，毒蛇咬伤，痈疖肿毒，疥癣等。

196. 橄榄科Burseraceae

乔木或灌木，具芳香树脂或油脂。奇数羽状复叶，互生，常集生小枝上部，小叶全缘或具齿。圆锥花序，稀总状或穗状花序，腋生或顶生，花小，三至五基数，辐射对称，单性、两性或杂性，雌雄同株或异株。萼片、花瓣3～6枚，花盘杯状、盘状或坛状。核果，外果皮肉质，内果皮骨质。本科约16属，550种，分布两个半球的热带地区；我国3属，13种；紫金1属，1种。

1. 橄榄属Canarium L.

常绿乔木。叶螺旋状排列，常集中于枝顶，奇数羽状复叶，具托叶，小叶对生或近对生，全缘至具浅齿。聚伞圆锥花序，有苞片，花三基数，单性，雌雄异株。核果，外果皮肉质，核骨质。本属约75种，分布热带非洲、亚洲至大洋洲和太平洋岛屿；我国7种；紫金1种。

1. 橄榄（白榄）

Canarium album (Lour.) Raeusch.

乔木，树皮灰白色。托叶早落，小叶3～6对，纸质至革质，披针形或椭圆形，长6～14 cm，背面有细小疣状凸起，基部偏斜，全缘。花序腋生，雄花序为聚伞圆锥花序，雌花序为总状。果卵圆形至纺锤形，熟时黄绿色。花期4～5月，果熟期10～12月。

岭南佳果之一，生津止渴；也可作园林绿化。

197. 楝科Meliaceae

乔木或灌木。叶互生，很少对生，常用羽状复叶，很少3小叶或单叶。花两性或杂性异株，辐射对称，常用组成圆锥花序，间为总状花序或穗状花序；常用五基数，间为少基数或多基数；萼小，常浅杯状或短管状，4～5齿裂或为4～5萼片组成，芽时覆瓦状或镊合状排列；花瓣4～5，少有3～7枚的，芽时覆瓦状、镊合状或旋转排列，分离或下部与雄蕊管合生；雄蕊4～10，花丝合生成一短于花瓣的圆筒形、圆柱形、球形或陀螺形等不同形状的管或分离；子房上位，2～5室，少有1室的。果为蒴果、浆果或核果。本科50属，约1400种，分布热带和亚热带，少数达温带地区；我国15属，60种；紫金3属，3种。

1. 麻楝属Chukrasia A. Juss.

乔木。偶数羽状复叶。花丝全部合生成管，花药着生于雄蕊管上部边缘，全部外突，子房3～5室，每室有多颗胚珠。种子有翅。我国1种，1变种；紫金1种。

1. 麻楝

Chukrasia tabularis A. Juss.

乔木；高达12 m。叶通常为偶数羽状复叶，小叶10～16枚，互生，纸质，卵形至长圆状披针形，长7～12 cm，基部偏斜。蒴果灰黄色或褐色，近球形或椭圆形，宽3.5～4 cm。

木材芳香，坚硬，为建筑、造船、家具等良好用材。树皮药用，退热、祛风止痒。树形优美，常作行道树栽培。

2. 楝属Melia L.

乔木。羽状复叶，边缘有齿。花丝全部合生成管，子房每室有1～2颗胚珠。本属3种，分布非洲热带，亚洲热带至温带；我国2种；紫金1种。

1. 楝（苦楝皮、楝树果、楝枣子）

Melia azedarach L.

落叶乔木；高达10 m以上。叶为二至三回奇数羽状复叶；小叶对生，卵形、椭圆形至披针形，长3～7 cm，边缘有钝锯齿。核果球形至椭圆形，长1～2 cm，内果皮木质。

根皮可驱蛔虫和钩虫。

3. 香椿属Toona M. Roem.

乔木。奇数羽状复叶。花丝仅基部合生，上部分离，子房5室，子房柄短而厚，每室有胚珠6～12颗。蒴果，有5纵棱；种子有翅。本属约5种，分布亚洲，澳大利亚；我国4种，6变种；紫金1种。

1. 香椿

Toona sinensis (A. Juss.) Roem.

乔木。14～28小叶，两面无毛，雄蕊10枚，果椭圆形，长1.5～2 cm。

根皮、叶、果实药用，祛风利湿，止血止痛。

198. 无患子科Sapindaceae

乔木或灌木，稀草质或藤本。羽状复叶或掌状复叶，稀单叶。聚伞圆锥花序顶生或腋生；花常用单性，稀杂性或两性；雄花：萼片4或5，有时6片；花瓣4或5，很少6片，离生，覆瓦状排列；花盘肉质，环状、碟状、杯状或偏于一边，稀无花盘；雄蕊5～10，常8，偶有多数；雌花：花被和花盘与雄花相同，不育雄蕊的外貌与雄花中能育雄蕊常相似，但花丝较短，花药有厚壁；雌蕊由2～4心皮组成，子房上位，常用3室，很少1或4室，全缘或2～4裂。果为室背开裂的蒴果，或不开裂而浆果状或核果状。本科约150属，约2000种，分布全世界的热带和亚热带，温带很少；我国25属，53种，2亚种，3变种；紫金3属，3种。

1. 倒地铃属Cardiospermum L.

草质藤本。花序第一对分枝变态为卷须；蒴果膨胀呈囊状。本属约12种，多数分布在美洲热带，但有少数种类广布于全世界热带和亚热带地区；本属约12种，分布在热带和亚热带美洲；我国1种；紫金1种。

1. 倒地铃

Cardiospermum halicacabum L.

藤本，二回三出复叶，总花梗有卷须，蒴果倒三角状陀螺形。

2. 伞花木属Eurycorymbus Hand.-Mazz.

乔木。一回奇数羽状复叶。花雌雄异株。蒴果不膨胀，无翅，果皮革质，脉纹不明显；种子无假种皮。单种属，我国特有；紫金1种。

1. 伞花木

Eurycorymbus cavaleriei (Lévl.) Rehd. et Hand.-Mazz.

4～10对小叶，边缘有疏浅齿，聚伞圆锥花序顶生，果近球形，直径7 mm。

3. 无患子属Sapindus L.

乔木。偶数羽状复叶。花瓣5片，有2个耳状鳞片。核果，种子无假种皮，种皮骨质，种脐线形。本属约13种，分布亚洲、澳大利亚、北美洲和南美洲的温暖地区；我国4种，1变种，分布长江流域及其以南各地；紫金1种。

1. 无患子

Sapindus saponaria L.

乔木，偶数5～8对小叶，长圆状披针形，两面无毛，花瓣5片，核果，果皮有皂素，可代肥皂。

198B. 伯乐树科 Bretschneideraceae

乔木。叶互生，奇数羽状复叶。花大，两性，两侧对称，组成顶生、直立的总状花序；花萼阔钟状，5浅裂；花瓣5片，分离，覆瓦状排列，不相等，后面的2片较小，着生在花萼上部；雄蕊8枚，基部连合，着生在花萼下部，较花瓣略短，花丝丝状，花药背着；雌蕊1枚，子房无柄，上位，3～5室，中轴胎座，每室有悬垂的胚珠2颗，花柱较雄蕊稍长，柱头头状，小。蒴果，3～5瓣裂。本科1属，1种，分布于我国和越南；紫金1属，1种。

1. 伯乐树属 Bretschneidera Hemsl.

属的特征与科相同。

1. 伯乐树

Bretschneidera sinensis Hemsl.

乔木，7～15小叶，总状花序，花大，淡红色，直径4 cm，萼钟状，果椭圆形，长3～5.5 cm，直径2～3.5 cm。

树皮药用，治筋骨疼痛。

200. 槭树科Aceraceae

乔木或灌木。冬芽具多数覆瓦状排列的鳞片，稀仅具2或4枚对生的鳞片或裸露。叶对生，具叶柄，无托叶，单叶稀羽状或掌状复叶，不裂或掌状分裂。花序伞房状、穗状或聚伞状，由着叶的枝的几顶芽或侧芽生出；花序的下部常有叶，稀无叶，叶的生长在开花以前或同时，稀在开花以后；花小，绿色或黄绿色，稀紫色或红色，整齐，两性、杂性或单性，雄花与两性花同株或异株；萼片5或4，覆瓦状排列；花瓣5或4，稀不发育；花盘环状或褥状或现裂纹，稀不发育；生于雄蕊的内侧或外侧；雄蕊4～12，常用8；子房上位，2室。果实系小坚果常有翅。本科仅有2属，131种，分布亚、欧、美三洲的北温带地区，我国2属，101种；紫金1属，5种。

1. 槭树属Acer L.

属的特征与科同。紫金1属，5种。

1. 紫果槭

Acer cordatum Pax

乔木。叶卵状长圆形，长5～9 cm，宽2～4.5 cm，两面无毛，上部边缘有疏齿，稀2～3浅裂，三出脉，叶柄紫色，萼紫色，果翅长1.6 cm。

花药用，凉血解毒，止咳化痰。

2. 青榨槭

Acer davidii Franch

落叶乔木；叶卵形，长6～14 cm，宽4～9 cm，边缘不整齐锯齿，侧脉11～12对，叶面无毛，背面脉被毛，总状花序，果翅长2.5～3 cm，与南岭槭相似，顶端尾尖。花期4月；果期9月。

生长迅速，树冠整齐，可用为绿化和造林树种。树皮纤维较长，含丹宁，可作工业原料。

3. 罗浮槭（蝴蝶果、红翅槭、红槭、费伯槭）

Acer fabri Hance

常绿乔木；叶披针形、长圆状披针形，长7～11 cm，宽2～3 cm，叶面无毛，背面脉腋被毛，全缘，侧脉4～7对，叶柄长1 cm，果翅长2.5～3 cm，与海滨槭相似。花期3～4月；果期9月。

果实入药，可治声沙嘶哑。

4. 滨海槭

Acer sino-oblongum Metc.

乔木。叶椭圆形，长6～9 cm，宽2～4 cm，两面无毛，背面粉白色，全缘，侧脉5～7对，叶柄长1～3 cm，果翅长2.2 cm，与罗浮槭相似。

5. 岭南槭

Acer tutcheri Duthie

落叶乔木。叶长10～14 cm，宽7～11 cm，3裂，裂片顶端锐尖，边有锯齿，3基出脉，叶面无毛，背面幼时被毛，果翅长1.5～2.2 cm，与青榨槭相似，顶端3裂。花期4月；果期9月。

树形优美，可栽培供观赏。

201. 清风藤科Sabiaceae

乔木、灌木或攀援木质藤本。叶互生，单叶或奇数羽状复叶。花两性或杂性异株，辐射对称或两侧对称；常用排成腋生或顶生的聚伞花序或圆锥花序，有时单生；萼片5片，很少3或4片，分离或基部合生，覆瓦状排列，大小相等或不相等；花瓣5片，很少4片，覆瓦状排列，大小相等，或内面2片远比外面的3片小；雄蕊5枚，稀4枚，与花瓣对生，基部附着于花瓣上或分离，全部发育或外面3枚不发育，花药2室，具狭窄的药隔或具宽厚的杯状药隔；花盘小，杯状或环状；子房上位，无柄，常用2室，很少3室，每室有半倒生的胚珠2或1颗。核果。本科3属，约100余种，分布于亚洲和美洲的热带地区，有些种广布于亚洲东部温带地区；我国2属，45种，5亚种，9变种；紫金2属，8种。

1. 泡花树属Meliosma Bl.

乔木或直立灌木。单叶或羽状复叶。圆锥花序，雄蕊仅2枚发育。本属约50种，分布于亚洲东南部和美洲中部及南部；我国约有29种，7变种；紫金4种。

1. 香皮树（罗浮泡花树）

Meliosma fordii Hemsl.

常绿乔木；高可达10 m。小枝、叶柄、叶背及花序被褐色平伏柔毛。单叶，近革质，倒披针形或披针形，长9～25 cm，全缘或近顶部有数锯齿。圆锥花序，多回分枝。花期5～7月；果期8～10月。

树皮及叶药用，有滑肠通便功效。

2. 笔罗子

Meliosma rigida Sieb. Et Zucc.

单叶倒披针形，长8～25 cm，宽2.5～4.5 cm，叶面脉被毛，背面被柔毛，侧脉9～18对。

3. 樟叶泡花树

Meliosma squamulata Hance

常绿乔木；高可达15 m。单叶，具纤细、长2.5～10 cm的叶柄，叶片薄革质，椭圆形或卵形，长5～12 cm，全缘，叶面有光泽，叶背粉绿色，密被黄褐色小鳞片。花期夏季；果期9～10月。

4. 山様叶泡花树

Meliosma thorelii Lecomte

乔木；高6～14 m。单叶，近革质，倒披针状椭圆形或倒披针形，长12～25 cm，基部下延至叶柄，全缘或中上部有锐尖的小锯齿，脉腋有髯毛。花期夏季；果期10～11月。

根药用，祛风除湿、消肿止痛。

2. 清风藤属Sabia Colebr.

攀援灌木。单叶。聚伞花序或呈圆锥花序或总状花序式，雄蕊全部发育。本属约30种，分布于亚洲南部及东南部；我国约16种，5亚种，2变种；紫金4种。

1. 革叶清风藤

Sabia coriacea Rehd. et Wils.

常绿木质藤本。聚伞花序有花4～10朵，叶背无毛，侧脉弯曲。

2. 灰背清风藤

Sabia discolor Dunn.

常绿木质藤本。叶纸质，卵形，椭圆状卵形或椭圆形，长4～9 cm，叶背苍白色。聚伞花序呈伞状，有花4～5朵；花瓣5片，卵形或椭圆状卵形，有脉纹。花期3～4月；果期5～8月。

根、枝入药，祛风除湿、止痛。

3. 柠檬清风藤

Sabia limoniacea Wallich ex J. D. Hooker & Thomson

常绿攀援木质藤本。叶革质，椭圆形、长圆状椭圆形或卵状椭圆形，宽4～6 cm，顶端短渐尖或急尖，基部阔楔形或圆形，两面均无毛；侧脉每边6～7条。花期8～11月；果期翌年1～5月。

4. 尖叶清风藤（海南清风藤、伞序清风藤、台湾清风藤）

Sabia swinhoei Hemsl. ex Forb. et Hemsl.

常绿木质藤本。小枝纤细，被长而垂直的柔毛。叶纸质，椭圆形、卵状椭圆形、卵形，长5～12 cm，顶端渐尖或尾状尖，叶背被短柔毛或仅在脉上有柔毛。花期3～4月；果期7～9月。

全株药用，活血化瘀、舒筋活络。

204. 省沽油科Staphyleaceae

乔木或灌木。叶对生或互生，奇数羽状复叶或稀为单叶；叶有锯齿。花整齐，两性或杂性，稀为雌雄异株，在圆锥花序上花少；萼片5，分离或连合，覆瓦状排列；花瓣5，覆瓦状排列；雄蕊5，互生，花丝有时多扁平，花药背着，内向；花盘常用明显，且多少有裂片，有时缺；子房上位，3室，稀2或4，联合，每室有1至几个倒生胚珠，花柱各式分离到完全联合。果实为蒴果状，常为多少分离的蓇葖果或不裂的核果或浆果。本科5属，约60种，产热带亚洲和美洲及北温带；我国4属，22种；紫金2属，3种。

1. 野鸦椿属 Euscaphis Sieb. et Zucc.

灌木或小乔木。叶对生，奇数羽状复叶或单叶。花萼基部多少合生，花盘明显，心皮基部合生。蓇葖果。本属3种，分布日本至中南半岛；我国2种；紫金1种。

1. 野鸦椿

Euscaphis japonica (Thunb.) Dippel

灌木。叶对生，5～11小叶，蓇葖果。

根和果实药用，祛风散寒，行气止痛，治月经不调，疝痛，胃痛。

2. 山香圆属Turpinia Vent.

灌木或小乔木。叶对生，奇数羽状复叶或单叶。花萼基部多少合生，但不呈筒状，花盘明显，心皮完全合生。浆果。本属40种，分布印度、斯里兰卡和日本、北美洲；我国13种；紫金2种。

1. 锐尖山香圆（两指剑、千打捶、山香圆、七寸钉）

Turpinia arguta (Lindl.) Seem.

落叶灌木；高1～3 m。单叶，对生，近革质，长椭圆形或椭圆形状披针形，长7～22 cm，顶端渐尖，边缘具疏锯齿，齿尖具硬腺体。顶生圆锥花序较叶短，密集或较疏松，花白色，花梗中部具二枚苞片。

根药用，活血止痛、解毒消肿。

2. 山香圆

Turpinia montana (Bl.) Kurz.

小乔木。叶对生，羽状复叶，小叶5枚，对生，纸质，长圆形至长圆状椭圆形，长5～6 cm，宽2～4 cm，顶端尾状渐尖，边缘具疏圆齿或锯齿，两面无毛。花果期8～12月。

叶药用。清热解毒，利咽消肿，活血止痛。

205. 漆树科Anacardiaceae

乔木或灌木，稀藤本或草本。叶互生，稀对生，单叶，掌状三小叶或奇数羽状复叶。花小，辐射对称，两性或多为单性或杂性，排列成顶生或腋生的圆锥花序；常用为双被花，稀为单被或无被花；花萼多少合生，3～5裂，极稀分离，有时呈佛焰苞状撕裂或呈帽状脱落；花瓣3～5，分离或基部合生，常用下位，覆瓦状或镊合状排列，脱落或宿存，雄蕊着生于花盘外面基部或有时着生在花盘边缘，与花盘同数或为其2倍，稀仅少数发育和杧果属，极稀更多；心皮1～5，稀较多，分离，仅1个发育或合生，子房上位，少有半下位或下位，常用1室，少有2～5室，每室有胚珠1颗。果多为核果，有的花后花托肉质膨大呈棒状或梨形的假果。本科约60属，600余种，分布全球热带、亚热带，少数延伸到北温带地区；我国16属，59种；紫金4属，5种。

1. 南酸枣属Choerospondias Burtt et Hill.

乔木。奇数羽状复叶。花杂性，花瓣覆瓦状排列，雄蕊10枚，子房5室，花柱分离。核果，肉质，椭圆形。为单种属；紫金1种。

1. 南酸枣（五眼果、四眼果、酸枣树）

Choerospondias axillaris (Roxb.) Burtt. et Hill.

落叶乔木；高达25 m。奇数羽状复叶，有小叶3～6对；小叶卵形至卵状披针形，长4～12 cm，全缘或幼株叶边缘具粗锯齿。核果椭圆形，成熟时黄色，径约2 cm，果核顶端具5个小孔。花期春季；果期秋季。

树皮和果入药，有消炎解毒、止血止痛之效。

2. 盐肤木属 Rhus (Tourn.) L. emend. Moench

落叶灌木或乔木。叶互生，奇数羽状复叶、3小叶或单叶，叶轴具翅或无翅。聚伞圆锥花序或复穗状花序，核果球形，略压扁，被腺毛和具节毛或单毛，成熟时红色。约250种，分布亚热带和暖温带地区；我国6种；紫金1种。

1. 盐肤木

Rhus chinensis Mill.

乔木。7～13小叶，背面密被灰褐色绵毛，叶轴有翅，杂性花，花有花瓣，子房1室，核果小，有咸味。

根和叶药用，热解毒，散瘀止血。

3. 槟榔青属 Spondias L.

乔木。叶互生，单叶或一至二回奇数羽状复叶；小叶对生或互生，全缘或具齿，具边缘脉或无。花序顶生而复出或侧生单出，先叶开放或与叶同出，花小，杂性，排列成圆锥花序或总状花序；花萼小，4～5裂；花瓣4～5，镊合状排列；雄蕊8～10，着生于花盘基部，花丝线形而平滑或宽而具乳突体；心皮4～5(稀1)，子房4～5室，每室具1胚珠。果为肉质核果，内果皮木质，具坚硬的角状或刺状突起或无，核内有薄壁组织消失后的大空腔，与子房室互生。本属约11种，分布热带美洲和热带亚洲；我国3种；紫金1种。

1. 岭南酸枣

Spondias lakonensis Pierre

11～29小叶，小叶面有泡状体，子房4～5室，核果近球形，红色。

4. 漆属 Toxicodendron (Tourn.) Mill.

乔木。奇数羽状复叶。花序腋生，杂性，花瓣5片，雄蕊5枚或多或较少；雌花中有退化雄蕊，子房1室。核果。本属约20种，分布亚洲和北美；我国15种；紫金2种。

1. 木蜡树（漆木、痒漆树、野漆树）

Toxicodendron succedaneum (L.) O. Kuntze

落叶小乔木；高达10 m。奇数羽状复叶互生，有小叶3～6对，叶轴和叶柄密被黄褐色绒毛；小叶纸质，卵形或卵状椭圆形或长圆形，长4～10 cm，全缘，叶两面被柔毛。

根、茎皮药用，散瘀消肿、止血生肌。

2. 漆

Toxicodendron vernicifluum (Stokes) F. A. Barkl.

落叶小乔木；枝及叶被黄色长柔毛，9～13小叶，长6～13 cm，宽3～6 cm。

206. 牛栓藤科Connaraceae

灌木，小乔木或藤本。叶互生，奇数羽状复叶，有时仅具1～3小叶。花两性，稀单性，辐射对称；花序腋生，顶生或假顶生，为总状花序或圆锥花序。萼片5，稀为4，离生或在基部合生，常宿存，包围在果实基部，芽时覆瓦状或镊合状稀拳卷状排列；花瓣5，稀4，离生稀在中部连合；雄蕊10或5稀4＋4，成2轮，内轮雄蕊常较短，或不发育，花丝离生或基部连合，花药2室，纵裂，内向，花盘小或缺；心皮5(～3)或1，离生，子房上位，1室，花柱钻状或丝状，柱头近似头状。果为蓇葖果。本科24属，约390种，主要分布在非洲及亚洲热带地区，少数在亚热带地区，极少数分布到拉丁美洲；我国6属，9种；紫金1属，2种。

红叶藤属Rourea Aubl.

攀援藤本，灌木或小乔木。奇数羽状复叶，经常具多对小叶，稀仅具1小叶。聚伞花序排成圆锥花序。蓇葖果单生。本属90余种，分布非洲、美洲、大洋洲的热带地区以及亚洲东南部沟谷雨林中。我国华南和西南地区产3种；紫金2种。

1. 小叶红叶藤（牛栓藤、牛见愁、荔枝藤、霸王藤）

Rourea microphylla (Hook. et Arn.) Planch.

攀援灌木；高1～4 m。嫩叶红色。奇数羽状复叶；小叶通常7～17片，坚纸质至薄革质，卵形或椭圆形，长1.5～4 cm。花期3～9月；果期5月至翌年3月。

全株入药，有活血通经、收敛止痛功效。

2. 红叶藤

Rourea minor (Gaertn.) Leenh.

藤本或攀援灌木，奇数羽状复叶，3～7小叶，叶片顶端短尖。圆锥花序腋生，成簇，雄蕊长2～6 mm；心皮离生，长4 mm，无毛。果实弯月形或椭圆形而稍弯曲。

207. 胡桃科Juglandaceae

乔木。奇数或稀偶数羽状复叶。花单性，雌雄同株；雄性葇荑花序，或生于雌性花序下方，共同形成一下垂的圆锥式花序束；或者生于新枝顶端而位于一顶生的两性花序(雌花序在下端、雄花序在上端)下方；雄蕊3～40枚；雌花序穗状，顶生，或有多数雌花而成下垂的葇荑花序；雌花生于1枚不分裂或3裂的苞片腋内，苞片与子房分离或与2小苞片愈合而贴生于子房下端，或与2小苞片各自分离而贴生于子房下端，或与花托及小苞片形成一壶状总苞贴生于子房；花被片2～4枚，贴生于子房；雌蕊1，由2心皮合生，子房下位。果实由小苞片及花被片或仅由花被片、或由总苞以及子房共同发育成核果状的假核果或坚果状。本科8属，约60种，大多数分布在北半球热带到温带；我国7属，27种，1变种；紫金2属，3种。

1. 黄杞属Engelhardtia Leschen. ex Bl.

乔木，枝髓部坚实，呈薄片状。雌花组成穗状或总状花序。小坚果无翅，包藏于膜质3裂的苞片内。本属约15种，产亚洲东部热带及亚热带地区以及中美洲；我国6种；紫金2种。

1. 少叶黄杞（白皮黄杞）

Engelhardtia fenzelii Merr.

乔木；高3～18 m。小叶1～2对，对生或近对生，叶片椭圆形至长椭圆形，长5～13 cm，全缘，基部歪斜。果实球形，苞片托于果实，膜质，3裂。花期7月；果期9～10月。

2. 黄杞（黄榉、仁杞、土厚朴）

Engelhardtia roxburghiana Wall.

半常绿乔木；高达10 m。小叶3～5对，小叶近于对生，革

质，长6～14 cm，长椭圆状披针形至长椭圆形，基部歪斜。果序长达15～25 cm；果实球形，3裂的苞片托于果实基部。花期5～6月；果期8～9月。

茎皮入药，行气化湿、清热止痛。

2. 枫杨属Pterocarya Kunth.

乔木，枝髓部疏松，呈薄片状。小坚果有2展开的翅。本属8种，其中1种产俄罗斯高加索，1种产日本和中国山东，1种产越南北部和中国云南东南部；其余5种为我国特有；紫金1种。

1. 枫杨（麻柳树、水麻柳、小鸡树）

Pterocarya stenoptera C. DC.

大乔木；高达30 m。羽状复叶长20～40 cm，叶轴具翅；小叶10～16枚，对生，长椭圆形，长8～12 cm，基部歪斜，边缘有向内弯的细锯齿。果序长20～45 cm；果长椭圆形，翅狭，条形或阔条形。花期4～5月；果期8～9月。

作庭园树或行道树。茎皮含鞣质，可提取栲胶，亦可作纤维原料。果实可作饲料和酿酒。茎皮入药，有祛风、杀虫、消毒作用。

209. 山茱萸科Cornaceae

落叶乔木或灌木，稀常绿或草木。单叶对生，稀互生或近于轮生，常用叶脉羽状，稀为掌状叶脉，边缘全缘或有锯齿。花两性或单性异株，为圆锥、聚伞、伞形或头状等花序，有苞片或总苞片；花3～5数；花萼管状与子房合生，顶端有齿状裂片3～5；花瓣3～5，常用白色，稀黄色、绿色及紫红色，镊合状或覆瓦状排列；雄蕊与花瓣同数而与之互生，生于花盘的基部；子房下位，1～4(～5)室，每室有1枚下垂的倒生胚珠。果为核果或浆果状核果。本科15属，约119种，分布于全球各大洲的热带至温带以及北半球环极地区，而以东亚为最多；我国9属，60种；紫金2属，3种。

1. 桃叶珊瑚属Aucuba Thunb.

灌木或乔木。叶对生，叶边缘有齿。花单性异株。本属11种，分布于中国、不丹、印度、缅甸、越南及日本等；我国11种；紫金1种。

1. 桃叶珊瑚

Aucuba chinensis Benth.

常绿小乔木或灌木。叶革质，对生，椭圆形或阔椭圆形，长10～20 cm，顶端锐尖或钝尖，边缘微反卷，常具5～8对锯齿或腺状齿，侧脉6～8对。花期1～2月；果熟期翌年2月。

叶药用。清热解毒，消肿镇痛。

2. 四照花属Dendrobenthamia Hutch.

乔木或灌木。叶对生，叶边全缘。头状花序顶生，有4枚白色叶状的总苞片，花两性。果为聚合果的核果。本属10种，分布于喜马拉雅至东亚各地区；我国全有，变种12；紫金2种。

1. 香港四照花

Dendrobenthamia hongkongensis Hemsl.

乔木。嫩叶两面被短柔毛，后渐无毛，顶端急尖，侧脉(3～)4对，总苞片阔椭圆形，长2.8～4 cm，宽1.7～3.5 cm。

叶和花药用，收敛止血。

2. 褐毛四照花

Dendrobenthamia hongkongensis subsp. **ferruginea** (Y. C. Wu) Q. Y. Xiang

乔木。嫩叶面被粗毛，后渐无毛，背面被粗毛，顶端短尖，侧脉4(～5)对，总苞片倒卵状椭圆形，长4～4.5 cm，宽2.5～3 cm。

210. 八角枫科Alangiaceae

乔木或灌木。单叶互生，全缘或掌状分裂，基部两侧常不对称，羽状叶脉或由基部生出3～7条主脉成掌状。花序腋生，聚伞状，极稀伞形或单生，小花梗有节；苞片线形、钻形或三角形，早落；花两性，淡白色或淡黄色，常用有香气，花萼小，萼管钟形与子房合生，具4～10齿状的小裂片或近截形，花瓣4～10，线形，在花芽中彼此密接，镊合状排列，基部常互相黏合或否，花开后花瓣的上部常向外反卷；雄蕊与花瓣同数而互生或为花瓣数目的2～4倍，花丝略扁，线形，分离或其基部和花瓣微黏合，内侧常有微毛，花药线形，2室，纵裂；花盘肉质，子房下位，1(～2)室。核果。本科1属，约30余种，分布于亚洲、大洋洲和非洲；我国9种；紫金3种。

1. 八角枫属Alangium Lam.

属的特征与科同。

1. 八角枫（大枫树、八角王）

Alangium chinense (Lour.) Harms

落叶小乔木或灌木，高3～15 m。小枝略呈“之”字形，幼枝紫绿色。叶纸质，近圆形或椭圆形、卵形，基部两侧不对称，长13～26 cm，不分裂或3～9裂。核果卵圆形，幼时绿色，成熟后黑色。花果期5～11月。

本种药用，有消肿止痛、活血散瘀功效。

2. 小花八角枫

Alangium faberi Oliv.

落叶灌木；高1～4 m。叶薄纸质，不裂或2～3裂，不裂者长圆形或披针形，基部倾斜，近圆形或心形，长7～19 cm。核果近卵圆形或卵状椭圆形，直径4 mm，幼时绿色，成熟时淡紫色。花期6月；果期9月。

根、叶药用，有清热解毒、活血散瘀、消积食功效。

3. 毛八角枫

Alangium kurzii Craib.

乔木。叶近圆形或椭圆形，长12～14 cm，宽7～9 cm，背面被丝质绒毛，花长2～2.5 cm，雄蕊6～8枚，药隔有毛。

211. 蓝果树科Nyssaceae

落叶乔木，稀灌木。单叶互生，有叶柄，无托叶，卵形、椭圆形或长圆状椭圆形，全缘或具齿。花序头状、总状或伞形；花单性或杂性，异株或同株，常无花梗或有短花梗；雄花萼小，花瓣5稀更多，雄蕊常为花瓣的2倍或较少，常2轮；雌花花萼管常与子房合生。果实为核果或翅果，顶端有宿存的花萼和花盘。本科3属，10余种。我国3属，10余种；紫金2属，2种。

1. 喜树属 Camptotheca Decne.

乔木。花杂性，组成头状花序。果为翅果。本属仅1种，我国特产；紫金1种。

1. 喜树

Camptotheca acuminata Decne.

乔木。叶椭圆形，花组成头状花序。翅果。

根、树枝、根皮、叶及果实药用。抗癌，清热，杀虫。

2. 蓝果树属Nyssa Gronov. ex L.

乔木或灌木。叶互生，全缘或有锯齿，常有叶柄，无托叶。花杂性，异株，无花梗或有短花梗，花序头状、伞形或总状；雄花的花托盘状、杯状或扁平，雌花或两性花的花托较长，常成管状、壶状或钟状；花萼细小，裂片5～10；花瓣通常5～8。核果长圆形、长椭圆形或卵圆形，顶端有宿存的花萼和花盘。本属约10余种，产亚洲和美洲；我国7种；紫金1种。

1. 蓝果树

Nyssa sinensis Oliv.

落叶乔木；树皮粗糙，常裂成薄片脱落；小枝具皮孔。叶纸质或薄革质，互生，椭圆形或长椭圆形，稀卵形或近披针形，宽5～6 cm，顶端短急锐尖，基部近圆形，边缘略呈浅波状，叶背略被毛；叶柄淡紫绿色。核果，熟时深蓝色。花期4月；果期9月。

212. 五加科Araliaceae

乔木、灌木或藤本，稀草本，有刺或无刺。叶互生，稀轮生，单叶、掌状复叶或羽状复叶；托叶常用与叶柄基部合生成鞘状，稀无托叶。花整齐，两性或杂性，稀单性异株，聚生为伞形花序、头状花序、总状花序或穗状花序，常用再组成圆锥状复花序；苞片宿存或早落；小苞片不显著；花梗无关节或有关节；萼筒与子房合生，边缘波状或有萼齿；花瓣5～10，在花芽中镊合状排列或覆瓦状排列，常用离生，稀合生成帽状体；雄蕊与花瓣同数而互生，有时为花瓣的两倍，或无定数，着生于花盘边缘；花丝线形或舌状；花药长圆形或卵形，丁字状着生；子房下位，2～15室，稀1室或多室至无定数。果实为浆果或核果。本科约80属，900多种，分布两半球热带至温带地区；我国22属，160多种；紫金7属，15种。

1. 楤木属Aralia L.

乔木或灌木，有皮刺。二至五回羽状复叶，对生羽片于叶轴着生处有一对小叶。子房5(～2)室。核果有5(～2)条纵棱。本属约30多种，大多数分布于亚洲，少数分布于北美洲；我国30种；紫金4种。

1. 虎刺楤木（楤木、广东楤木）

Aralia armata (Wall.) Seem.

多刺灌木；刺短，顶端通常弯曲。叶为三回羽状复叶；托叶和叶柄基部合生；各轴疏生细刺；羽片有小叶5～9，基部有小叶1对；小叶片纸质，长圆状卵形，长4～11 cm，顶端渐尖，基部歪斜，两面脉上疏生小刺，边缘有齿。花期8～10月；果期9～11月。

根皮入药，散瘀消肿、祛风除湿、止痛。

2. 秀丽楤木

Aralia debilis J. Wen

枝生6～7 mm长皮刺，小叶5～11枚，长3～6 cm，宽1.2～2 cm，两面无毛，花序小。

3. 长刺楤木

Aralia spinifolia Merr.

灌木。各部具刺和刺毛；刺扁直，刺毛细针状。二回羽状复叶；小叶5～9，基部有小叶1对；小叶片薄纸质或近膜质，长圆状卵形或卵状椭圆形，长7～11 cm，顶端渐尖或长渐尖，基部有时略歪斜；边缘有齿或重锯齿。

根入药，能解毒消肿、止痛、驳骨。

4. 黄毛楤木

Aralia decaisneana Hance

枝、叶、伞梗密被黄棕色绒毛，枝、叶轴、伞梗有皮刺，伞形花序再组成圆锥花序，二回羽状。

2. 罗伞属 Brassaiopsis Decne. Planch.

灌木或小乔木，小枝有皮刺或无刺。掌状复叶，(3～)5～9小叶，叶柄长12 cm以上，小叶有明显的柄。本属约45种，分布于亚洲，我国11种；紫金1种。

1. 罗伞（鸭脚罗伞）

Brassaiopsis glomerulata (Bl.) Regel

掌状复叶，小叶5～7枚，有柄。

3. 树参属Dendropanax Decne. & Planch.

乔木或灌木，茎无皮刺。单叶，无毛，常有腺点，掌状脉。伞形花序单生或数枚集生成复伞形花序。本属约80种，分布于热带美洲及亚洲东部；我国16种；紫金2种。

1. 树参（半枫荷）

Dendropanax dentiger (Harms) Merr.

小乔木或灌木；高2～8 m。叶革质，密生粗大半透明红棕色腺点，叶形变异很大，不分裂叶片通常为椭圆形、椭圆状披针形；分裂叶片倒三角形，掌状2～3深裂或浅裂。

根、茎药用，祛风湿、通经络、散瘀血、壮筋骨。

2. 变叶树参（三层楼、白半枫荷）

Dendropanax proteum (Champ.) Benth.

直立灌木；高1～3 m。叶形大小、形状变异很大，不分裂或2～3裂，从线状披针形至椭圆形，叶边全缘或有细齿，叶背无腺点。

根、茎有祛除风湿、活血通络之效。

4. 五加属Eleutherococcus Maxim.

灌木或小乔木，小枝有皮刺。掌状复叶，3～5小叶，叶柄长不及12 cm，小叶无柄或柄极短。本属约35种，分布于亚洲；我国26种；紫金3种。

1. 五加（南五加皮、刺五加、刺五甲）

Eleutherococcus nodiflorus (Dunn) S. Y. Hu

落叶藤状灌木。枝软弱而下垂，蔓生状，节上通常疏生反曲扁刺。叶有小叶5，在长枝上互生，在短枝上簇生；叶柄长3～8 cm，常有细刺；小叶倒卵形至倒披针形，长3～8 cm，几无小叶柄。花期4～8月；果期6～10月。

根皮药用，有祛风湿、强筋骨之效。

2. 刚毛白簕

Eleutherococcus setosus (Li) Y. R. Ling

藤状灌木。3(～5)小叶，小叶长椭圆形或披针形，边缘具重锯齿，齿尖有刺毛（刚毛）。

3. 白簕（白簕花、白簕根、三叶五加、三加皮、刺三加）

Eleutherococcus trifoliatus (L.) S. Y. Hu

藤状灌木。枝软弱披散，常依持他物上升，老枝灰白色，疏生下向刺。叶有小叶3，叶柄长2～6 cm；小叶椭圆状卵形至椭圆状长圆形，两侧小叶片基部歪斜，边缘有细锯齿或钝齿。花期7～11月；果期9～12月。

根有祛风除湿、舒筋活血、消肿解毒之效。

5. 常春藤属 Hedera L.

攀援灌木，靠气根攀爬向上，无皮刺。单叶。本属约有5种，分布于亚洲、欧洲和非洲北部；我国2变种；紫金1种。

1. 常春藤

Hedera sinensis (Tobler) Hand.-Mazz.

攀援灌木，叶三角形、菱形或卵形。

全株药用，活血消肿，祛风除湿。

6. 幌伞枫属 Heteropanax Seem.

乔木，无皮刺。二至五回羽状复叶，羽片于叶轴着生处无小叶。子房2室。核果有2条纵沟。本属约5种，分布于亚洲南部和东南部；我国5种；紫金1种。

1. 短梗幌伞枫（短梗罗汉伞）

Heteropanax brevipedicellatus Li

常绿灌木或小乔木；高3～9 m。新枝、叶轴、花序主轴和分枝密生暗锈色绒毛。叶四至五回羽状复叶，长达90 cm；小叶纸质，椭圆形至狭椭圆形，全缘，稀在中部以上疏生不规则细锯齿。

根和树皮入药，舒根活络、消炎生肌。

7. 鹅掌柴属 Schefflera J. R. G. Forst.

灌木或乔木，小枝无刺。掌状复叶，托叶与叶柄合生成鞘状。子房2(～5)室。本属约200种，广布于两半球的热带地区；我国37种；紫金3种。

1. 穗序鹅掌柴

Schefflera delavayi (Franch.) Harms ex Diels.

小乔木，枝、叶背、叶柄、花序被星状毛，4～7小叶，小叶柄长4～10 cm。

根药用，祛风活血，补肝肾，强筋骨。

2. 鹅掌柴

Schefflera heptaphylla (L.) Frodin

乔木，6～9小叶，小叶长椭圆形。

根、根皮和叶药用，清热解毒，止痒消肿散瘀。

3. 星毛鸭脚木

Schefflera minutistellata Merr. ex Li

小乔木，枝、叶背、花序被星状毛，小叶7～15枚，小叶椭圆形，小叶柄极等长，中央小叶柄长3～7 cm，侧小叶柄长约1 cm。

213. 伞形科Umbelliferae

草本，稀灌木。茎常圆形，稍有棱和槽，或有钝棱，空心或有髓。叶互生，叶片常用分裂或多裂，一回掌状分裂或一至四回羽状分裂的复叶，或一至二回三出式羽状分裂的复叶，稀单叶；叶柄的基部有叶鞘。花小，两性或杂性，成顶生或腋生的复伞形花序或单伞形花序，稀头状花序；伞形花序的基部有总苞片，全缘、齿裂、很少羽状分裂；小伞形花序的基部有小总苞片，全缘或很少羽状分裂；花萼与子房贴生，萼齿5或无；花瓣5，基部窄狭，有时成爪或内卷成小囊，顶端钝圆或有内折的小舌片或顶端延长如细线；雄蕊5，与花瓣互生；子房下位，2室，每室有一个倒悬的胚珠，顶部有盘状或短圆锥状的花柱基。果实在大多数情况下是干果，常用裂成两个分生果，很少不裂。本科约200余属，2500种，广布于全球温热带；我国约90余属，500种；紫金8属，11种。

1. 当归属 Angelica L.

草本，有强烈气味，有粗壮纺锤形的根。叶为三出式羽状分裂或羽状多裂，末回裂片大。有总苞及小苞片，花瓣黄色，中脉不显著。果棱有翅。本属约80种，大部分产于北温带和新西兰；我国26种，5变种，1变型；紫金1种。

1. 紫花前胡

Angelica decursiva (Miq.) Franch. Et Sav.

全株有强烈香味，主根纺锤形，茎紫色，一至二回羽状全裂，一回裂片3～5，再3～5裂，叶轴翅状，末回裂片狭卵形或长椭圆形，长5.5～12 cm，宽2.5～6 cm，叶柄基部鞘状，花紫色。

2. 芹菜属Apium L.

草本，植物无粉霜，气味不强烈。叶一回羽状或三出式羽状多裂。小伞序有时无总花梗，总苞及小苞片缺，花瓣黄色，中脉不显著。果长圆形。本属20种，分布于全世界温带地区；我国2种；紫金1种。

1. 旱芹（芹菜、香芹、药芹菜、洋芹茶菜）

Apium graveolens L.

多年生草本；高15～150 cm。植株有强烈香气。茎有棱角和直槽。基生叶柄长2～26 cm，基部略扩大成膜质叶鞘；叶长7～18 cm，通常3裂达中部或3全裂，边缘有圆锯齿或锯齿；上部的茎生叶有短柄，通常分裂为3小叶。

全草及果入药，有清热止咳、健胃、利尿和降血压等功效。

3. 积雪草属Centella L.

匍匐草本。单叶，圆形，具掌状脉。单个伞形花序，总苞小或无，花瓣覆瓦状排列，心皮有5条纵棱，有网纹。本属约20种，分布于热带与亚热带地区，主产南非；我国1种；紫金1种。

1. 积雪草（崩大碗、雷公根、钱凿菜）

Centella asiatica (L.) Urban

多年生草本。茎匍匐，细长，节上生根。叶圆形、肾形或马蹄形，宽1.5～5 cm，边缘有钝锯齿，叶柄长1.5～27 cm，基部叶鞘透明，膜质。伞形花序2～4个，聚生于叶腋；每一伞形花序有花3～4，聚集呈头状。

全草入药，清热利湿、消肿解毒。

4. 鸭儿芹属Cryptotaenia DC.

多年生直立草本，茎多数叉状分枝。三出复叶，边有粗齿。花瓣基部不内弯。果线状长圆形，伞辐或小花梗长短不一。本属5～6种；我国1种，1变型；紫金1种。

1. 鸭儿芹（鸭脚板、鹅脚板）

Cryptotaenia japonica Hassk.

多年生草本；高20～100 cm。基生叶或中部叶有长柄，叶鞘边缘膜质；通常为3小叶；中间小叶片呈菱状倒卵形；两侧小叶片斜倒卵形至长卵形；叶边缘有不规则的尖锐重锯齿；上部的茎生叶近无柄。

全草入药，温肺止咳、发表散寒、活血调经。

5. 刺芹属Eryngium L.

多年生草本。头状花序，非明显的伞形花序，总苞片和叶有针刺状齿。本属约220余种，广布于热带和温带地区；我国2种；紫金1种。

1. 刺芹（洋芫荽、假芫荽、山芫荽、香信、马刺、簕芫荽、大叶芫荽、刺芫荽）

Eryngium foetidum L.

多年生直立草本，有特殊香气。基生叶革质，披针形或倒披针形，长5～25 cm，具膜质叶鞘，边缘有骨质尖锐锯齿；茎生叶着生分枝基部，对生，边缘具深锯齿。花果期4～12月。

全草药用。疏风解热，健胃。感冒，麻疹内陷，气管炎，肠炎，腹泻，急性传染性肝炎。

6. 天胡荽属Hydrocotyle L.

匍匐草本。单叶，圆形或肾形，具掌状脉。单个伞形花序，总苞小或无，花瓣镊合状排列，心皮有3条纵棱，无网纹。本属约75种，分布在热带和温带地区；我国10余种；紫金2种，1变种。

1. 红马蹄草（接骨草、大叶天胡荽、大雷公根）

Hydrocotyle nepalensis Hk.

多年生草本；高5～45 cm。茎匍匐，有斜上分枝，节上生根。叶圆形或肾形，宽3.5～9 cm，边缘通常5～7浅裂，基部心形；叶柄长4～27 cm。

全草入药，散瘀消肿、止血止痛。

2. 天胡荽（盆上芫荽、满天星）

Hydrocotyle sibthorpioides Lam.

多年生草本。茎细长而匍匐，平铺地上成片，节上生根。叶圆形或肾圆形，宽0.8～2.5 cm，基部心形，两耳有时相接，不分裂或5～7裂，裂片阔倒卵形，边缘有钝齿；叶柄长0.7～9 cm。

全草入药，清热、利尿、消肿、解毒。

3. 破铜钱

Hydrocotyle sibthorpioides var. **batrachium** (Hance) Hand.-Mazz. ex Shan

与原种的区别在于：叶片较小，3～5深裂几达基部，侧裂片间有一侧或两侧仅裂达基部1/3处，裂片均呈楔形。

全草入药，功效同天胡荽。

7. 水芹属 Oenanthe L.

披散草本，无强烈气味。叶一至三回羽状深裂。果球形，果棱木栓质，油管明显，伞辐或小花梗长近等长。本属约30种，分布于北半球温带和南非洲；我国9种，1变种；紫金2种。

1. 水芹（水芹菜、野芹、小叶芹、野芹菜）

Oenanthe javanica (Bl.) DC.

多年生草本；高15～80 cm。叶一至二回羽状分裂，末回裂片卵形至菱状披针形，长2～5 cm，边缘有牙齿或圆齿状锯齿。复伞形花序顶生。

全草药用，有祛风清热、镇痛、降血压的功效。

2. 卵叶水芹

Oenanthe javanica subsp. **rosthornii** (Diels) F. T. Pu

多年生草本；高50～70 cm。叶一至二回羽状分裂；末回裂片菱状卵形或长圆形，长3～5 cm，边缘有楔形齿和近于突尖。复伞形花序顶生和侧生。

入药有清热利湿，消炎解毒功效。

8. 变叶菜属 Sanicula L.

直立草本。叶为掌状分裂。花排成复伞形花序，萼齿明显，宿存，子房有皮刺。本属约37种，主要分布于热带和亚热带地区；我国15种，1变种；紫金1种。

1. 薄片变豆菜

Sanicula lamelligera Hance

多年生草本，高13～50 cm。基生叶掌状3全裂，中裂片楔状倒卵形至菱形，侧裂片阔卵状披针形或斜倒卵形，通常2深

裂或在外侧边缘有1缺刻；最上部的茎生叶小，3裂至不分裂。

全草入药，润肺止咳、清热解表、行血调经。

214. 桤叶树科 Clethraceae

灌木或乔木；嫩枝和嫩叶常有星状毛或单毛。单叶互生，往往集生枝端，脱落，稀常绿，有叶柄，无托叶。花两性，稀单性，整齐，常成顶生稀腋生的单总状花序或分枝成圆锥状或近于伞形状的复总状花序，花序轴和花梗有星状毛、簇状毛，少有单伏毛；雄蕊10(～12)，下位，分离，有时基部与花瓣黏合，无花盘，排成2轮，外轮与花瓣对生，内轮与萼片对生，花丝钻状或侧扁；花粉粒平滑，有3孔或有3沟孔；子房上位，被毛，3室，每室有多数倒生胚珠，花柱圆柱形，细长。果为蒴果，近球形，有宿存的花萼及宿存的花柱，室背开裂成3果瓣；种子多而小，有一层疏松而透明的种皮。本科1属，约70余种，分布于亚洲、非洲西北部及美洲。我国17种，18变种；紫金2种。

1. 桤叶树属 Clethra (Gronov.) L.

属的特征与科同。

1. 革叶桤叶树

Clethra bodinieri var. **coriacea** L. C. Hu

小乔木；叶椭圆形，柄长6～10 mm，叶两面无毛或背中脉被毛，花瓣内侧被毛，花柱不裂，花序被单毛。宿存花柱长6～9 mm。

2. 云南桤叶树（贵定桤叶树）

Clethra delavayi Franch.

叶卵状椭圆形，长5～11 cm，宽1.5～3.5 cm，顶端渐尖，嫩叶两面被星状毛，花瓣内侧无毛，花柱无毛，3裂，花序被星状毛。

215. 杜鹃花科Ericaceae

灌木或乔木。叶革质，少有纸质，互生，极少假轮生，稀交互对生。花单生或组成总状、圆锥状或伞形总状花序，顶生或腋生，两性，辐射对称或略两侧对称；具苞片；花萼4～5裂，宿存，有时花后肉质；花瓣合生成钟状、坛状、漏斗状或高脚碟状，稀离生，花冠常用5裂，稀4、6、8裂，裂片覆瓦状排列；雄蕊为花冠裂片的2倍，少有同数，稀更多，花丝分离，稀略黏合，除杜鹃花亚科外，花药背部或顶部常用有芒状或距状附属物，或顶部具伸长的管，顶孔开裂，稀纵裂；除吊钟花属为单分体外，花粉粒为四分体；花盘盘状，具厚圆齿；子房上位或下位，(2～)5(～12)室，稀更多，每室有胚珠多数，稀1枚；花柱和柱头单一。蒴果或浆果，少有浆果状蒴果。本科约103属，3350种，全世界分布；我国14属，约757种；紫金3属，14种。

1. 吊钟花属Enkianthus Lour.

灌木或小乔木。花冠钟形，花萼裂片覆瓦状排列，雄蕊内藏，花药有芒，芒位于花药顶端。蒴果球形，背开裂。本属约13种，分布于日本、中国东部至西南部、越南北部、缅甸北部至东喜马拉雅地区；我国9种；紫金2种。

1. 吊钟花

Enkianthus quinqueflorus Lour.

灌木。叶倒卵形，长6～12 cm，宽2～4 cm，边全缘，花白色或淡红色，果直立。

2. 齿缘吊钟花

Enkianthus serrulatus (Wils.) Schneid.

落叶灌木；高2.6～6 m。叶密集枝顶，厚纸质，长圆形或长卵形，长6～8 cn，边缘具细锯齿，背面中脉被白色柔毛。伞形花序顶生。花期4月；果期5～7月。

根药用，有祛风除湿、活血功效。

2. 马醉木属Pieris D. Don

灌木或小乔木。总状或圆锥花序，花冠卵圆形或圆筒形壶状，花萼裂片覆瓦状排列，雄蕊内藏，花药有芒，芒位于花药背面，反曲。蒴果球形，背开裂。本属约7种，产于亚洲东部、北美东部、西印度群岛。我国现3种；紫金2种。

1. 长萼马醉木

Pieris swinhoei Hemsl.

灌木；叶狭披针形，长6～8.5 cm，宽1.2～2 cm，背面有腺体，花序长18～40 cm，果直径5 mm。

2. 马醉木

Pieris japonica (Thunb.) D. Don ex G. Don

灌木；叶椭圆状披针形，长3～8 cm，宽1～2 cm，背面无腺体，花序长8～14 cm，果直径3～5 mm。

3. 杜鹃属Rhododendron L.

乔木或灌木。花冠常阔钟形、漏斗形或漏斗状钟形，雄蕊外伸，花药无芒。蒴果室间开裂。本属约960种，广泛分布于欧洲、亚洲、北美洲，主产东亚和东南亚，形成本属的两个分布中心，2种分布至北极地区，1种产大洋洲；我国约542种；紫金10种。

1. 紫花杜鹃（岭南杜鹃、异叶杜鹃）

Rhododendron amesiae Rehd. et Wils.

常绿灌木；高1～3 m。叶近革质，椭圆状披针形至椭圆状倒卵形，长3～8 cm，边缘微反卷，下面散生红棕色糙伏毛；叶柄密被红棕色或深褐色糙伏毛。伞形花序顶生，具花7～16朵；花冠紫色。花期3～6月；果期7～11月。

全株入药，清热解毒、活血、镇咳。

2. 刺毛杜鹃（粘毛杜鹃）

Rhododendron championiae Hooker

小乔本，嫩枝、叶被腺毛，叶披针形，表面粗糙，子房被毛，果长圆柱状，与羊角杜鹃相似。

根药用，祛风解表，活血止痛。

3. 弯蒴杜鹃（罗浮杜鹃）

Rhododendron henryi Hance

常绿灌木或小乔木。幼枝、叶柄及叶下面中脉被刚毛。叶革质，常集生枝顶，近于轮生，椭圆状卵形或长圆状披针形，长5.5～11 cm，顶端短渐尖，边缘微反卷，无毛或有毛。

4. 白马银花

Rhododendron hongkongense Hutch.

幼枝被腺毛，叶倒披针形，长4～5.5 cm，宽1.5～2 cm，顶端短尖，叶中脉被毛，花单生，花萼边缘密被腺毛，果卵圆形，长6～8 mm。

5. 鹿角杜鹃

Rhododendron latoucheae Franch.

小乔木，除花丝外无毛，叶长圆状椭圆形，花单生，白色，花萼二型，子房无毛，果长圆柱状，与羊角杜鹃相似。

花蕾、根药用。祛风止痛，清热解毒。

6. 南岭杜鹃

Rhododendron levinei Merr.

植株有鳞片状腺点，叶椭圆形，长4.5～8 cm，两面后变无毛，有2～4花，白色，与岩谷杜鹃相似。

7. 满山红

Rhododendron mariesii Hemsl. et Wils.

落叶灌木；高1～4 m。叶近革质，常2～3集生枝顶，卵状披针形或三角状卵形，长4～7 cm，基部钝或近于圆形。花通常2朵顶生，淡紫红色或紫红色，长3～3.5 cm，裂片5，上方裂片具紫红色斑点。

叶药用，有活血调经、消肿止血、平喘止咳、祛风利湿功效。

8. 毛棉杜鹃花（毛棉杜鹃）

Rhododendron moulmainense Hook. f.

灌木或小乔木；高2～8 m。叶厚革质，集生枝端，长圆状披针形，长5～15 cm，边缘反卷，下面淡黄白色或苍白色。伞形花序生枝顶叶腋。蒴果圆柱状，长3.5～6 cm。花期4～5月；果期7～12月。

花艳丽，可栽培作园林观赏植物。

9. 马银花（卵叶杜鹃）

Rhododendron ovatum (Lindl.) Planch. ex Maxim.

常绿灌木；高2～6 m。叶革质，卵形或椭圆状卵形，长3.5～5 cm，基部圆形。花单生枝顶叶腋；花萼5深裂，花冠淡紫色、紫色或粉红色，内面具粉红色斑点。蒴果阔卵球形，为增大而宿存的花萼所包围。

10. 杜鹃（杜鹃、满山红、杜鹃花、艳山红、艳山花、清明花、映山红）

Rhododendron simsii Planch.

落叶灌木；高0.5～2 m。叶近革质，卵形、椭圆状卵形或倒卵形，长1.5～5 cm，边缘微反卷，具细齿，两面被糙伏毛。花2～6朵簇生枝顶；花冠阔漏斗形，鲜红色或暗红色，上部裂片具深红色斑点。

全株供药用，行气活血、补虚。

216. 越桔科Vacciniaceae

灌木或小乔木。叶互生，稀假轮生。总状花序，顶生，腋生或假顶生，稀腋外生，或花少数簇生叶腋，稀单花腋生；常用有苞片和小苞片；花小形；花梗顶端不增粗或增粗，与萼筒间有或无关节；花萼(4～)5裂，稀檐状不裂；花冠坛状、钟状或筒状，5裂，裂片短小，稀4裂或4深裂至近基部，裂片反折或直立；雄蕊10或8，稀4，内藏稀外露，花丝分离，被毛或无毛，花药顶部形成2直立的管，管口圆形孔裂，或伸长缝裂，背部有2距，稀无距；花盘垫状，无毛或被毛；子房与萼筒常用完全合生，稀与萼筒的大部分合生，(4～)5室，或因假隔膜而成8-10室，每室有多数胚珠；花柱不超出或略超出花冠，柱头截平形，稀头状。浆果。本科22属，约400种，分布全世界北温带；我国5属，80种；紫金1属，3种。

1. 乌饭树属Vaccinium L.

灌木或小乔木。花5数，花冠浅裂，裂片开展或外折；雄蕊10枚。本科22属，约400种，分布全世界北温带；我国5属，80种；紫金1属，3种。

1. 南烛（乌饭叶、谷粒木、南烛子、牛筋、乌草、乌饭草、泪木、乌饭树）

Vaccinium bracteatum Thunb.

常绿灌木；高2～6 m。叶薄革质，椭圆形、菱状椭圆形、卵形，长3～6 cm，边缘有细锯齿。浆果直径5～8 mm，熟时紫黑色。

果和树皮入药，有强筋骨、益气力、固精功效。

2. 小叶南烛

Vaccinium bracteatum var. **chinense** (Lodd.) Chun ex Sleumer

与原种区别于，叶小，长1.5～2.5 cm，宽1 cm，边缘疏钝齿。

3. 黄背越桔

Vaccinium iteophyllum Hance

枝、叶柄、花轴、花梗、花萼被短柔毛，叶椭圆形，长6～8 cm，宽2～3 cm，顶端短尖，边缘有锯齿，花疏生，花柱无毛。

221. 柿树科Ebenaceae

乔木或直立灌木，少数有枝刺。叶为单叶，互生，很少对生，排成二列，全缘。花多半单生，常雌雄异株，或为杂性，雌花腋生，单生，雄花常生在小聚伞花序上或簇生，或为单生，整齐；花萼3～7裂，多少深裂，在雌花或两性花中宿存，常在果时增大，裂片在花蕾中镊合状或覆瓦状排列，花冠3～7裂，早落，裂片旋转排列，很少覆瓦状排列或镊合状排列；雄蕊离生或着生在花冠管的基部，常为花冠裂片数的2～4倍，稀和花冠裂片同数而与之互生，花丝分离或两枚连生成对，花药基着，2室，内向，纵裂，雌花常具退化雄蕊或无雄蕊；子房上位，2～16室。浆果多肉质。本科3属，500余种，分布于两半球热带地区；我国1属，约57种；紫金1属，5种。

1. 柿属Diospyros L.

落叶或常绿乔木或灌木。无顶芽。叶互生，偶或有微小的透明斑点。花单性，雌雄异株 或杂性；浆果肉质，基部通常有增大的宿存萼；种子较大，通常两侧压扁。本属约500种，分布全世界的热带地区；我国57种，6变种，1变型，1栽培种；紫金5种。

1. 乌材（乌材子、乌蛇）

Diospyros eriantha Champ. ex Benth.

乔木；嫩枝、嫩叶及花序被锈色硬毛。叶纸质，长椭圆形或披针状长椭圆形，长5～15 cm，全缘。聚伞花序腋生，雄花1～3朵簇生于叶腋，花冠白色，高脚碟状，外密被粗伏毛，雌花单生于叶腋。果实椭圆形。

根和果实药用。治风湿，疝气痛，心气痛。

2. 野柿

Diospyros kaki var. **silvestris** Makino

落叶小乔木，与原种区别于，叶较小，叶柄密被短柔毛，果直径不及5 cm。

根药用，治风湿关节痛。

3. 罗浮柿（山柿）

Diospyros morrisiana Hance

乔木；高可达20 m。叶薄革质，长椭圆形或卵形，长5～10 cm，叶缘微背卷。果球形，直径约1.8 cm，黄色；宿存萼平展，近方形；果柄很短。

茎皮、叶、果入药，有解毒消炎、收敛之效。

4. 延平柿

Diospyros tsangii Merr.

灌木或小乔木；高可达7 m。叶纸质，长圆形或长圆椭圆形，长4～9 cm；叶柄上面有沟，略显红色。雄花聚伞花序短小；雌花单生叶腋，比雄花大；花冠白色。果扁球形，直径2～3.5 cm，成熟时黄色。

5. 岭南柿

Diospyros tutcheri Dunn

落叶小乔木；树皮粗糙。叶薄革质，椭圆形，长8～12 cm，顶端渐尖，基部钝或近圆形，边缘微背卷，上面有光泽，叶脉在两面均明显，侧脉每边5～6条。果球形，直径约2.5 cm。

222. 山榄科Sapotaceae

乔木或灌木，有时具乳汁。单叶互生，近对生或对生。花单生或常用数朵簇生叶腋或老枝上，有时排列成聚伞花序，稀成总状或圆锥花序，两性，稀单性或杂性，辐射对称，具小苞片；花萼裂片常用4～6，稀至12，覆瓦状排列，或成2轮，基部联合；花冠合瓣，具短管，裂片与花萼裂片同数或为其2倍，覆瓦状排列，常用全缘，有时于侧面或背部具撕裂状或裂片状附属物；能育雄蕊着生于花冠裂片基部或冠管喉部，与花冠裂片同数对生，或多数而排列成2～3轮，分离，花药2室，药室纵裂，常用外向；退化雄蕊有或无，如存在则与雄蕊互生，鳞片状至花瓣状，常用无残存花药；雌蕊1，子房上位，心皮4或5(1～14)，合生。果为浆果。本科74属，约800种，分布东半球和美洲热带地区；我国13属，27种；紫金1属，1种。

1. 铁榄属Sinosideroxylon (Engl.) Aubr.

乔木。萼仅基部合生，花冠裂片不再分裂，也无附属体，有不育雄蕊。果小，长圆形，种子有基生圆形疤痕。本属4种，分布于越南北部至我国广东、广西南部，贵州南部及云南东南部；紫金1种。

1. 革叶铁榄（铁榄）

Sinosideroxylon wightianum (Hook. et Arn.) Aubreville

乔木；高5～12 m。叶革质，卵形或卵状披针形，长7～9 cm，顶端渐尖。花1～3朵簇生于腋生的花序梗上；花浅黄色，花冠5裂。浆果卵球形，长约2.5 cm，具花后延长的花柱。

222 A. 肉实树科Sarcospermataceae

乔木或小乔木，具乳汁。单叶对生或近对生，稀互生，全缘，近革质，具柄，侧脉羽状，下面凸起，在有些种中，叶下面侧脉腋内或上面常有不规则的腺槽，第三次脉平行，并明显地垂直于中肋。花小，单生或成簇排列成腋生的总状或圆锥花序；苞片小，三角形；花萼裂片5，圆形，覆瓦状排列，花冠阔钟形，冠管短，裂片5，卵圆形，芽时覆瓦状排列，能育雄蕊5，着生于花冠管上并与花冠裂片对生，花丝极短，花药卵状长圆形，基着，内向或侧向纵裂；退化雄蕊。果核果状。本科1属，8～9种，分布于印度、马来西亚、印度尼西亚、菲律宾、中南半岛至我国南部；我国4种；紫金1种。

1. 肉实树属Sarcosperma Hook. f.

常绿乔木或小乔木，具乳汁。花小，单生或成簇排列成腋生的总状或圆锥花序。果核果状，椭圆形，具白粉，果皮极薄。本属8～9种，分布于印度、马来西亚、印度尼西亚、菲律宾、中南半岛至我国南部；我国4种；紫金1种。

1. 肉实树（水石梓）

Sarcosperma laurinum (Benth.) Hook. f.

叶匙形，上部最宽，叶背脉上有明显纵棱纹。

223. 紫金牛科Myrsinaceae

灌木、乔木或攀援灌木，稀藤本或近草本。单叶互生，稀对生或近轮生。总状花序、伞房花序、伞形花序、聚伞花序及上述各式花序组成的圆锥花序或花簇生，腋生、侧生、顶生或生于侧生特殊花枝顶端，或生于具覆瓦状排列的苞片的小短枝顶端；具苞片，有的具小苞片；花常用两性或杂性，稀单性，有时雌雄异株或杂性异株，辐射对称，覆瓦状或镊合状排列，或螺旋状排列，4或5数，稀6数；花萼基部连合或近分离，或与子房合生，常用具腺点，宿存；花冠常用仅基部连合或成管，稀近分离，裂片各式，常用具腺点或脉状腺条纹；雄蕊与花冠裂片同数，对生，着生于花冠上，分离或仅基部合生；花丝长、短或几无；花药2室，纵裂，稀孔裂或室内具横隔，有时在雌花中常退化；雌蕊1，子房上位，稀半下位或下位，1室。浆果核果状。本科35属，1000余种，主要分布于南、北半球热带和亚热带地区，南非及新西兰亦有；我国6属，129种，18变种；紫金5属，26种。

1. 紫金牛属Ardisia Swartz

小乔木或灌木。有特殊的花枝，伞房、伞形、聚伞花序，或再组成圆锥花序，子房上位，花萼基部或花梗无小苞片。核果状浆果，果圆形；种子1粒，球形。本属约300种，分布于热带美洲，太平洋诸岛，印度半岛东部及亚洲东部至南部，少数分布于大洋洲；我国68种，12变种；紫金14种。

1. 九管血（小罗伞树）

Ardisia brevicaulis Diels

灌木；直立茎高10～15 cm。具匍匐生根的根茎。叶坚纸质，卵状披针形至近长圆形，长7～14 cm，近全缘，具不明显的边缘腺点。伞形花序，着生于侧生特殊花枝顶端；花瓣粉红色，卵形。果球形，鲜红色。

全株入药，有祛风解毒之功效。

2. 小紫金牛（紫金牛）

Ardisia chinensis Benth.

亚灌木状小灌木；高约25 cm。叶狭卵形或卵状披针形，近全缘，背面腺点明显，与山血丹相似，边缘腺点不明显。

全株有活血散瘀、解毒止血作用。

3. 硃砂根（圆齿紫金牛、大罗伞）

Ardisia crenata Sims

灌木；高1～2 m。叶椭圆形或椭圆状披针形，长7～10 cm，宽2～4 cm，边缘皱波状或波状齿，齿尖有腺点，萼片、果有腺点。

根叶入药，可祛风除湿、散瘀止痛、通经活络。

4. 百两金（小罗伞、八爪金龙、八爪龙、铁雨伞、八爪根、开喉箭）

Ardisia crispa (Thunb.) A. DC.

灌木；高60～100 cm。叶椭圆状披针形，长7～12 cm，宽1.5～3 cm，边全缘，有明显的边缘腺点，两面无腺点，顶端长渐尖，萼片、果有腺点。

根、叶入药，有清热利咽、舒筋活血等功效。

5. 大罗伞树

Ardisia hanceana Mez.

灌木；叶椭圆状披针形，长9～12 cm，宽2.5～4 cm，有圆齿，齿间有腺点，侧脉于边缘联结，叶背、萼片无腺点。

根和叶药用，散瘀止痛。

6. 紫金牛（矮地茶、矮茶风、矮脚樟、平地木、地青杠、不出林）

Ardisia japonica (Thunb) Blume

直立小灌木，幼时被微毛，叶对生或近轮生，叶椭圆形，长4～7cm，宽1.5～4cm，边具细齿，基部楔形，与九节龙相似。

全株及根供药用，活血散瘀、解毒消肿、止咳止血。

7. 山血丹（斑叶朱砂根、血党、腺点紫金牛、出血丹、细罗伞）

Ardisia lindleyana D. Dietr.

灌木；高1～2m。与九管血相似，边缘腺点明显。

根可调经、通经、活血、祛风、止痛，亦作洗药，可去无名肿毒。

8. 心叶紫金牛

Ardisia maclurei Merr.

小灌木，幼时被锈色长柔毛，叶互生，叶长圆状椭圆形，长4～6cm，宽2.5～4cm，边具粗齿，基部心形，与紫金牛相似。

9. 虎舌红（红毛紫金牛、毛青杠、红毛毡、老虎脷、毛凉伞、红胆）

Ardisia mamillata Hance

小灌木，枝密被红色卷曲长硬毛，叶常紫红色，两面密被糙伏毛。花期6～7月；果期11月至翌年1月。

全草有清热利湿、活血止血、去腐生肌等功效。

10. 光萼紫金牛

Ardisia omissa C. M. Hu

矮小灌木。叶呈莲座状，萼片无毛，与莲座紫金牛相似。花期6～7月；果期11～12月。

11. 莲座紫金牛

Ardisia primulaefolia Gardn. et Champ.

矮小灌木。叶呈莲座状，萼有腺点及被毛，与光萼紫金牛相似。

全株药用，祛风通络，散瘀止血，解毒消痈。

12. 九节龙（细小紫金牛、五托莲、毛不出林、地茶、猴接骨）

Ardisia pusilla A. DC.

匍匐小灌木，幼时密被长柔毛，叶对生或近轮生，叶椭圆形，长3～6 cm，宽1.5～3.5 cm，边具细齿，基部楔形，叶面密被糙伏毛，背面被柔毛，与紫金牛相似。

全草药用，有消肿止痛的功效；又治蛇咬伤。

13. 罗伞树（高脚罗伞树、高脚罗伞、五角紫金牛）

Ardisia quinquegona Bl.

灌木或小乔木；高2～6 m。枝、叶背被鳞片，叶长圆状披针形，长8～16 cm，宽2～4 cm，两面无毛，全缘，边缘腺点不明显或无。

全株入药，有消肿、清热解毒的作用；亦作兽用药。

14. 圆果罗伞

Ardisia thyrsiflora D. Don

枝灌木或大灌木。与罗伞树相似，但果实圆形，无棱脊。

2. 酸藤子属Embelia Burm. f.

攀援灌木。总状花序，稀圆锥花序式或伞房花序式，子房上位，花萼基部或花梗无小苞片。核果状浆果，果圆形；种子1粒，球形。本属约140种，分布于太平洋诸岛，亚洲南部及非洲等热带及亚热带地区，少数种类分布于大洋洲；我国20种；紫金5种，1变种。

1. 酸藤子（酸果藤、酸藤果、山盐酸鸡、酸醋藤、信筒子、入地龙）

Embelia laeta (L.) Mez

攀援灌木或藤本。叶坚纸质，倒卵形或长圆状倒卵形，顶端圆形、钝或微凹，长3～6 cm，全缘。总状花序，生于前年无叶枝上，有花3～8朵。

根、叶入药，可散瘀止痛、收敛止泻。

2. 白花酸藤子

Embelia ribes Burm. f.

攀援灌木或藤本，枝条有毛，老枝具明显皮孔。叶坚纸质，长5～10 cm，两面无毛，叶柄具窄翅。圆锥花序顶生；花瓣淡绿色或白色，分离。

根和果实药用。活血调经，清热利湿，消肿解毒。

3. 厚叶白花酸藤子

Embelia ribes var. **pachyphylla** Chun ex C. Y. Wu et C. Chen

枝被毛，叶肉质，倒卵状椭圆形，长5～8 cm，宽2.5～3.5 cm，边全缘。

4. 网脉酸藤子（大样酸藤子、了哥脷）

Embelia rudis Hand.-Mazz.

攀援灌木。枝条密布皮孔。叶坚纸质，长圆状卵形或卵形，长5～10 cm，边缘具细或粗锯齿，细脉网状，明显隆起。

根、茎可供药用，有清凉解毒、滋阴补肾的作用。

5. 平叶酸藤子（大叶酸藤、酸盘子、长叶酸藤果、马桂花、吊罗果）

Embelia undulata (Wall.) Mez

常绿攀援灌木或藤本；无毛。叶坚纸质，倒披针形或狭倒卵形，基部楔形，长6～12 cm，全缘，两面无毛，叶面脉较平，背脉明显隆起，侧脉且常连成边缘脉。

全株入药，有利尿消肿，散瘀痛的功效，治产后腹痛、肾炎水肿、肠炎腹泻、跌打散瘀等。

6. 多脉酸藤子

Embelia vestita Roxb.

攀援灌木。枝无毛，叶长圆状卵形，长5～10 cm，宽2～4 cm，边缘有细密锯齿。

果实药用。驱蛔虫、绦虫，腹泻。

3. 杜茎山属Maesa Forsk.

灌木。子房半下位或下位，花萼基部或花梗上有1对小苞片。种子多数，有棱角。本属约200种，主要分布于东半球热带地区；我国29种，1变种；紫金3种。

1. 杜茎山（野胡椒、鱼子花、踏天桥、山茄子）

Maesa japonica (Thunb.) Moritzi.

灌木；高1～3 m。叶革质或纸质，椭圆形至披针状椭圆形，或倒卵形，长约10 cm，全缘或中部以上具疏锯齿。总状花序或圆锥花序，单1或2～3个腋生；花冠白色，长钟形，具明显的脉状腺条纹，裂片边缘略具细齿。

全株药用，有祛风寒、消肿止痛功效。

2. 鲫鱼胆（空心花、嫩肉木、丁药）

Maesa perlarius (Lour.) Merr.

常绿灌木；小枝被毛。叶纸质或近坚纸质，广椭圆状卵形至椭圆形，基部楔形，长7～11 cm，边缘除基部外具粗锯齿，初被密毛后仅面脉和叶背被毛，侧脉直达齿尖；叶柄长7～10 mm，被毛。总状花序或圆锥花序。

全株入药，有消肿去腐、生肌接骨的功效，用于跌打刀伤，亦用于疔疮、肺病。

3. 柳叶杜茎山

Maesa salicifolia Walker

常绿灌木；枝无毛，叶狭长圆状披针形，长10～20 cm，宽1.5～2 cm。

4. 铁仔属Myrsine L.

灌木或小乔木。花近头状花序，基部有1苞片，子房上位，花萼基部或花梗无小苞片。核果状浆果，果圆形；种子1粒，球形。本属约7种，从亚速尔群岛经非洲、马达加斯加、阿拉伯、阿富汗、印度至我国中部；我国4种；紫金2种。

1. 针齿铁仔

Myrsine semiserrata Wall.

灌木或小乔木；高3～7 m。小枝常具棱角。叶坚纸质至近革质，椭圆形至披针形，有时成菱形，长5～9 cm，边缘通常于中部以上具刺状细锯齿。果球形，红色变紫黑色，具蜜腺点。

2. 光叶铁仔

Myrsine stolonifera (Koidz.) Walker

灌木；高达2 m。叶坚纸质至近革质，椭圆状披针形，长6～8 cm，全缘或有时中部以上具1～2对齿，仅边缘具腺点，其余密布小窝孔。果球形，红色变蓝黑色。

5. 密花树属Rapanea Aubl.

乔木。花排成伞形或近头状花序，着生于覆瓦状排列苞片的小短枝顶端，子房上位，花萼基部或花梗无小苞片。核果状浆果，果圆形；种子1粒，球形。本属约200种，分布于南北半球的热带和亚热带或温带地区；我国7种，1变种；紫金1种。

1. 密花树（打铁树、鹅骨梢）

Rapanea neriifolia (Sieb. et Zucc.) Mez

灌木或小乔木；高2～12 m。叶革质，长圆状倒披针形或倒披针形，基部楔形，多少下延，长7～17 cm，全缘。果球形或近卵形，灰绿色或紫黑色。

根煎水服，可治膀胱结石；叶可敷外伤。

224. 安息香科Styracaceae

乔木或灌木，常被星状毛或鳞片状毛。单叶，互生，无托叶。总状花序、聚伞花序或圆锥花序，很少单花或数花丛生；花两性，很少杂性，辐射对称；花萼杯状、倒圆锥状或钟状，部分至全部与子房贴生或完全离生，常用顶端4～5齿裂，稀2或6齿或近全缘；花冠合瓣，极少离瓣，裂片常用4～5，很少6～8，花蕾时镊合状或覆瓦状排列，或为稍内向覆瓦状或稍内向镊合状排列；雄蕊常为花冠裂片数的2倍，稀4倍或为同数而与其互生，花药内向，两室，纵裂，花丝常用基部扁，部分或大部分合生成管，极少离生，常贴生于花冠管上；子房上位、半下位或下位，3～5室或有时基部3～5室，而上部1室，稀有不完全5室，每室有胚珠1至多颗。核果而有一肉质外果皮或为蒴果，稀浆果。本科约11属，180种，主要分布于亚洲东南部至马来西亚和美洲东南部，只有少数分布至地中海沿岸；我国9属，50种，9变种；紫金2属，5种。

1. 赤杨叶属Alniphyllum Matsum.

乔木。冬芽裸露。先叶后花开放，花梗与花萼间有关节，花丝下部合生成管，药隔不延伸，花柱1枚。蒴果，5瓣裂，种子有翅。本属3种，分布我国南部各地至越南和印度；紫金1种。

1. 赤杨叶

Alniphyllum fortunei (Hemsl.) Makino

落叶乔木；高15～20 cm。叶纸质，椭圆形至倒卵状椭圆形，长8～20 cm，边缘具疏离锯齿，两面被星状短柔毛或星状绒毛。总状花序或圆锥花序；花白色或粉红色。蒴果长圆形或长椭圆形。

2. 安息香属Styrax L.

乔木或灌木。冬芽裸露。子房上位，核果，不开裂或3瓣裂，种子无翅。本属约130种，分布亚洲东部至马来西亚和北美洲的东南部经墨西哥至安第斯山，只有1种分布至欧洲地中海周围；我国约30种，7变种；紫金4种。

1. 白花龙

Styrax faberi Perk.

灌木；高1～2 m。叶纸质，椭圆形、倒卵形或长圆状披针形，长4～11 cm，边缘具细锯齿。果倒卵形或近球形，长6～8 mm，密被星状短柔毛。

果实药用，治头晕发热。

2. 芬芳安息香

Styrax odoratissimus Champ.

小乔木；高4～10 m。叶纸质，卵形或卵状椭圆形，长4～15 cm，边全缘或上部有疏锯齿。果近球形，顶端骤缩而具弯喙，密被灰黄色星状绒毛。

3. 栓叶安息香（红皮树、栓皮树、粘高树、赤血仔）

Styrax suberifolius Hook. et Arn.

乔木；高4～20 m。树皮红褐或灰褐色，粗糙；叶革质，椭圆形、椭圆状披针形，长5～15 cm，边全缘，下面密被褐色星状绒毛。

根和叶药用，可祛风除湿、理气止痛。

4. 越南安息香

Styrax tonkinensis (Pierre) Craib. ex Hartw.

乔木；高6～30 m。叶纸质至薄革质，椭圆形、椭圆状卵形至卵形，长5～18 cm，下面密被灰色至粉绿色星状绒毛。果近球形，直径10～12 mm，外面密被星状绒毛。

医药上是贵重药材，并可制造高级香料。

225. 山矾科Smyplocaceae

灌木或乔木。单叶，互生。花辐射对称，两性稀杂性，排成穗状花序、总状花序、圆锥花序或团伞花序，很少单生；常为1枚苞片和2枚小苞片所承托；萼3～5深裂或浅裂，常用5裂，裂片镊合状排列或覆瓦状排列，常用宿存；花冠裂片分裂至近基部或中部，裂片3～11片，常用5片，覆瓦状排列；雄蕊常用多数，稀4～5枚，着生于花冠筒上，花丝呈各式连生或分离，排成1～5列，花药近球形，2室，纵裂；子房下位或半下位，顶端常具花盘和腺点，2～5室，常用3室，花柱1，纤细，柱头小，头状或2～5裂；胚珠每室2～4颗。果为核果。本科1属，300种，分布亚洲、大洋洲和美洲热带和亚热带；我国82种；紫金13种。

1. 山矾属Symplocos Jacq.

属的特征与科同。

1. 薄叶山矾

Symplocos anomala Brand

小乔木或灌木。幼枝被短绒毛，叶狭椭圆形，长5～7 cm，宽1.5～3 cm，全缘或具浅齿，两面无毛，总状花序，果倒卵形，与四川山矾相似，但枝圆柱形。

果实药用，有清热解毒、平肝泻火功效。

2. 华山矾（土常山、狗屎木、华灰木）

Symplocos chinensis (Lour.) Druce

灌木；嫩枝、叶柄、叶背及花序被卷柔毛或近无毛，叶椭圆卵形，倒卵形，长4～11 cm，宽2～4 cm，圆锥花序，核果无毛。

根、叶药用清热解毒、祛风除湿、止血止痢。种子油可制肥皂。

3. 越南山矾

Symplocos cochinchinensis (Lour.) S. Moore

乔木；各部被红褐色绒毛。幼枝、叶柄、叶背中脉被红褐绒毛，叶椭圆形或倒卵状椭圆形，长9～20 cm，宽3～6 cm，边全缘或具腺尖齿，叶背被柔毛，穗状花序，果球形。

4. 密花山矾

Symplocos congesta Benth.

常绿乔木或灌木。幼枝被卷曲柔毛，叶椭圆形或倒卵形，长8～10 cm，宽2～6 cm，全缘或有腺质疏细齿，两面无毛，团伞花序，果圆柱形。

根药用，治跌打损伤。

5. 美山矾

Symplocos decora Hance

除花序外无毛，叶卵形、椭圆形，长4～11 cm，宽2.5～4 cm，边缘具浅齿，总状花序，果坛形。

6. 长毛山矾

Symplocos dolichotricha Merr.

嫩枝、叶两面及叶柄被开展长毛，叶椭圆形，长6～13 cm，宽2～5 cm，全缘或有疏细齿，团伞花序，果近球形。

7. 三裂山矾

Symplocos fordii Hance

灌木，叶薄革质，干后黄绿色，卵形或狭卵形，穗状花序短，花冠白色，核果狭卵形，花果期5～11月，边开花边结果。

8. 光叶山矾（刀灰树、滑叶常山）

Symplocos lancifolia Sieb. et Zucc.

小乔木。叶纸质，卵形至阔披针形，长3～6 cm，顶端尾状渐尖，边缘具稀疏的浅钝锯齿。穗状花序长1～4 cm；花萼长5裂，裂片卵形；花冠淡黄色，5深裂几达基部。

叶可作茶。全株药用，和肝健脾、止血生肌。

9. 黄牛奶树

Symplocos laurina (Retz.) Wall.

小乔木。枝无毛，叶卵形、倒卵状椭圆形，长5.5～11 cm，宽2～5 cm，边缘具细锯齿，叶两面无毛，穗状花序，果球形，与厚皮灰木相似。

树皮药用。散寒清热，治伤风头痛，热邪口燥及感冒身热等症。

10. 南岭山矾

Symplocos pendula var. **hirtistylis** (C. B. Clarke) Noot.

花序、苞片、花萼被柔毛，叶椭圆形，长5～12 cm，宽2～4.5 cm，边全缘或具疏圆齿，总状花序，果球形，被毛。

11. 老鼠矢（星状山矾）

Symplocos stellaris Brand

常绿乔木。小枝粗，髓心中空，具横隔；芽、嫩枝、嫩叶柄、苞片和小苞片均被红褐色绒毛。叶厚革质，披针状椭圆形或狭长圆状椭圆形，长6～20 cm；叶面有光泽，叶背粉褐色。

根药用，治跌打损伤。

12. 山矾

Symplocos sumuntia Buch.-Ham. ex D. Don

除花序外无毛，叶狭椭圆形，长3.5～8 cm，宽1.5～3 cm，边缘具浅波状齿或全缘，总状花序，果坛形，无毛。

13. 卷毛山矾

Symplocos ulotricha Ling

嫩枝被红色绒毛，叶厚革质，长圆状卵形或卵形，长7～15 cm，宽3～4 cm，全缘或小圆点腺齿，团伞花序。

228. 马钱科Loganiaceae

乔木、灌木、藤本或草本。单叶对生或轮生，稀互生；常为羽状脉，稀3～7条基出脉。花两性，辐射对称，单生或孪生，或组成2～3歧聚伞花序，再排成圆锥花序、伞形花序或伞房花序、总状或穗状花序，稀头状花序或为无梗的花束；有苞片和小苞片；花萼4～5裂，裂片覆瓦状或镊合状排列；合瓣花冠，4～5裂，稀8～16裂，裂片在花蕾时为镊合状或覆瓦状排列，稀旋卷状排列；雄蕊常用着生于花冠管内壁上，与花冠裂片同数，且与其互生，稀退化为1枚，内藏或略伸出，花药基生或略呈背部着生，2室，稀4室，纵裂，内向，基部浅或深2裂，药隔凸尖或圆；子房上位，稀半下位，常用2室，稀为1室或3～4室。果为蒴果、浆果或核果。本属约28属，550种，分布热带至温带地区；我国8属，54种，9变种；紫金4属，4种。

1. 醉鱼草属Buddleja L.

灌木。叶羽状脉，常被星状毛或腺毛。花4数。果为蒴果。本属约100种，分布于美洲、非洲和亚洲的热带至温带地区；我国29种，4变种；紫金1种。

1. 白背枫（白花洋泡、驳骨丹）

Buddleja asiatica Lour.

灌木，高1～3 m。嫩枝四棱形，老枝圆柱形；幼枝、叶下面、叶柄和花序均密被短绒毛。叶对生。总状花序窄长，由多

数小聚伞花序组成，再排列成圆锥花序；花芳香，白色。蒴果椭圆状，长3～5 mm。

根和叶供药用，有祛风消肿、行气活络、驳骨散瘀功效。

2. 蓬莱葛属Gardneria Wall.

藤本。叶羽状脉。花4或5数。果为浆果。本属约6种，分布于亚洲东部及东南部；我国均有分布；紫金1种。

1. 蓬莱葛

Gardneria multiflora Makino

木质藤本。叶片纸质至薄革质，椭圆形、长椭圆形或卵形，长5～15 cm，顶端渐尖或短渐尖。浆果圆球状，直径约7 mm，熟时红色。

根、叶可供药用，有祛风活血之效，主治关节炎、坐骨神经痛等。

3. 胡蔓藤属Gelsemium Juss.

藤本。叶羽状脉。花5数。果为蒴果，种子围生薄翅。本属约2种，1种产于亚洲东南部，另1种产于美洲；我国1种；紫金1种。

1. 钩吻（胡蔓藤、断肠草、大茶药、大炮叶、黄猛菜、黄花苦蔓）

Gelsemium elegans (Gardn. et Champ.) Benth.

常绿木质藤本。叶对生，纸质，卵形、卵状长圆形或卵状披针形，长5～12 cm。花密集，组成顶生和腋生的三歧聚伞花序；花冠黄色，漏斗状。蒴果卵形或椭圆形，长10～15 mm，明显地具有2条纵槽。

全株有剧毒，误食可致命；全株药用，有消肿止痛、拔毒杀虫之效；可作兽医药，对猪、牛、羊有驱虫功效；可作土农药，防治水稻螟虫。

4. 马钱属 Strychnos L.

木质藤本，稀灌木至小乔或草本。常具腋生卷须或刺钩。叶对生，全缘，具3～7条基出脉，稀羽状脉；叶柄短。聚伞花序花腋生或顶生，再排成圆锥花序式或头状花序式；苞片鳞片状；花5数，稀4数；花萼裂片镊合状排列；花冠高脚碟状或近辐状，裂片薄肉质。浆果常圆球状或椭圆状，肉质。本属约190种；我国10种，2变种；紫金1种。

1. 华马钱（三脉马钱）

Strychnos cathayensis Merr.

木质藤本。嫩枝被短柔毛；有腋生成对曲钩。叶片近革质，对生，全缘，长椭圆形至窄长圆形，长6～10 cm，顶端急尖至短渐尖，无毛，常基三出脉。浆果圆球状，直径1.5～3 cm。

229. 木犀科Oleaceae

乔木，直立或藤状灌木。叶对生，稀互生或轮生，单叶、三出复叶或羽状复叶，稀羽状分裂，全缘或具齿。花辐射对称，两性，稀单性或杂性，雌雄同株、异株或杂性异株，常聚伞花序排列成圆锥花序，或总状、伞状、头状花序，稀花单生；花萼4裂，有时多达12裂，稀无花萼；花冠4裂，有时多达12裂，浅裂、深裂至近离生，或有时在基部成对合生，稀无花冠，花蕾时呈覆瓦状或镊合状排列；雄蕊2枚，稀4枚，着生于花冠管上或花冠裂片基部，花药纵裂，花粉常用具3沟；子房上位，由2心皮组成2室。果为翅果、蒴果、核果、浆果或浆果状核果。本科约27属，400种，广布于两半球的热带和温带地区，亚洲地区种类尤为丰富；我国12属，178种，6亚种，25变种，15变型；紫金4属，10种。

1. 梣属Fraxinus L.

乔木。奇数羽状复叶。单翅果。本属约60余种，大多数分布在北半球暖温带，少多伸展至热带森林中；我国27种，1变种；紫金2种。

1. 白蜡树

Fraxinus chinensis Roxb.

小叶5～7枚，花与叶同时开放。其他种类叶花后开放。

2. 苦枥木

Fraxinus insularis Hemsl.

落叶乔木；高10～20 m。羽状复叶；小叶3～7枚，纸质或近革质，长圆形、卵形或卵状披针形，长6～12 cm，基部两侧不等大，上部叶缘具浅锯齿，叶背色淡白。翅果红色至褐色，长匙形，长2～4 cm，翅下延至坚果上部。

2. 素馨属Jasminum L.

攀援灌木。叶三出脉。花冠裂片在花蕾时呈镊合状排列。浆果，种子无胚乳。本属约200余种，分布于非洲、亚洲、澳大利亚以及太平洋南部诸岛屿，南美洲仅1种；我国47种，1亚种，4变种，4变型；紫金2种。

1. 清香藤

Jasminum lanceolarium Roxb.

攀援灌木。三出复叶，聚伞花序圆锥状，顶生小叶与侧生等大。

根和茎药用，治风湿筋骨痛，腰痛，无名肿毒，跌打损伤。

2. 华素馨

Jasminum sinense Hemsl.

大型缠绕藤本。小枝圆柱形，密被锈色长柔毛。叶对生，三出复叶；小叶纸质，卵形、宽卵形或卵状披针形，叶缘反卷，两面被锈色柔毛；顶生小叶片较侧生小叶片大。

3. 女贞属Ligustrum L.

灌木或小乔木。叶羽状脉。花冠裂片在花蕾时呈镊合状排列。浆果，种子有胚乳。本属约45种，分布亚洲温暖地区，向西北延伸至欧洲，另经马来西亚至新几内亚、澳大利亚；我国29种，1亚种，9变种，1变型；紫金4种。

1. 华女贞

Ligustrum lianum Hsu

常绿灌木或小乔木；幼枝被毛。叶对生，革质，椭圆形、长圆状椭圆形、卵状长圆形或卵状披针形，长4～13 cm，基部沿叶柄下延，叶缘反卷，叶面常具乳突，仅中脉常被毛，中脉上平下凸，侧脉4～8对。

2. 女贞（女贞子、爆格蚤、冬青子）

Ligustrum lucidum Ait.

灌木或乔木；高3～15 m。叶革质，卵形、长卵形或椭圆形至宽椭圆形，长5～12 cm，两面无毛，中脉在上面凹入。果肾形或近肾形，长7～10 mm，蓝黑色，被白粉。

用作绿篱、行道树及放养白蜡虫。木材作细工原料。种子油可制肥皂；花可提取芳香油；果含淀粉，可供酿酒或制酱油。果入药称女贞子，为强壮剂；叶有解热镇痛的功效。

3. 小蜡

Ligustrum sinense Lour.

灌木，叶有不明显的腺点，叶长2～7 cm，宽1.5～3 cm，幼枝、花序轴被短柔毛。

叶药用。清热解毒，抑菌杀菌，消肿止痛，去腐生肌。

4. 光萼小蜡

Ligustrum sinense var. **myrianthum** (Diels) Hofk.

灌木，叶无腺点，叶背密被锈色毛，幼枝、花序轴密被锈色柔毛和硬毛。

4. 木犀属Osmanthus Lour.

乔木或灌木。单叶。花簇生于叶腋或组成短小的圆锥花序，花冠裂片在花蕾时呈覆瓦状排列。核果。本属约30种，分布亚洲东南部和美洲；我国25种，3变种；紫金栽培2种。

1. 牛矢果

Osmanthus matsumuranus Hayata

乔木。叶片边缘不反卷，叶片倒披针形，稀狭长圆形，边缘上部有小齿，侧脉10～12对。

叶药用。杀菌，消炎，治烂疮。

2. 小叶月桂

Osmanthus minor P. S. Green

小乔木。叶片边缘不反卷，叶狭椭圆形，边缘全缘，侧脉5～8对。

230. 夹竹桃科Apocynaceae

乔木，直立灌木或木质藤木，稀草本。单叶对生、轮生，稀互生。花两性，辐射对称，单生或多杂组成聚伞花序，顶生或腋生；花萼裂片5枚，稀4枚，基部合生成筒状或钟状，裂片常为双盖覆瓦状排列，基部内面常用有腺体；花冠合瓣，高脚碟状、漏斗状、坛状、钟状、盆状稀辐状，裂片5枚，稀4枚，覆瓦状排列，基部边缘向左或向右覆盖，稀镊合状排列，花冠喉部常用有副花冠或鳞片或膜质或毛状附属体；雄蕊5枚，着生在花冠筒上或花冠喉部，内藏或伸出，花丝分离，花药长圆形或箭头状，2室，分离或互相黏合并贴生在柱头上；花盘环状、杯状或成舌状，稀无花盘；子房上位，稀半下位，1～2室，或为2枚离生或合生心皮所组成。果为浆果、核果、蒴果或蓇葖。本科约250属，2000种，分布全世界热带、亚热带地区，少数在温带地区；我国46属，176种，33变种；紫金7属，7种。

1. 链珠藤属Alyxia Banks ex R. Br.

藤本。叶对生或轮生。花冠裂片向左覆盖，无花盘。核果链珠状。本属约112种，分布亚洲南部及太平洋群岛；我国18种；紫金1种。

1. 链珠藤（瓜子藤、念珠藤、阿利藤、过山香、满山香、春根藤）

Alyxia sinensis Champ. ex Benth

藤状灌木。植株具乳汁。叶革质，对生或3枚轮生，通常圆形或卵圆形、倒卵形，顶端圆或微凹，长1.5～3.5 cm，边缘反卷。核果卵形，长约1 cm，2～3颗组成链珠状。

根有小毒，具有清热镇痛、消痈解毒功效。

2. 鳝藤属Anodendron A. DC.

木质藤本。叶对生。花冠高脚碟状，花盘环状或杯状，雄蕊彼此黏合，花药箭头形，顶端内藏，不伸出花冠喉部外。蓇葖果，种子有喙。本属约18种，分布斯里兰卡、印度、越南和马来西亚；我国6种，2变种；紫金1种。

1. 鳝藤

Anodendron affine (Hook. et Arn.) Druce

攀援灌木。有乳汁。叶长圆状披针形，长3～10 cm。聚伞花序总状式，顶生；花萼裂片经常不等长；花冠白色或黄绿色，裂片镰状披针形。

茎、叶药用，祛风行气，燥湿健脾，通经络，解毒。

3. 山橙属Melodinus J. R. Forst. et G. Forst.

藤本，无有刺。花萼或花冠裂片5片，花冠裂片向左覆盖，雌蕊由2心皮组成，子房2室。浆果。本属约53种，分布于亚洲热带、亚热带和大洋洲至太平洋沿岸；我国11种；紫金1种。

1. 尖山橙（竹藤、乳汁藤）

Melodinus fusiformis Champ. ex Benth.

木质藤本，具乳汁；幼枝、嫩叶、叶柄、花序被短柔毛，老渐无毛。单叶对生，近革质，椭圆形或长椭圆形，长4.5～12 cm，顶端渐尖。花6～12朵；花冠白色。浆果橙红色，椭圆形，顶端短尖。

全株入药，可活血、祛风、补肺、通乳和治风湿性心脏病等。

4. 帘子藤属 Pottsia Hook. et Arn.

藤本。花萼裂片非叶状，花冠裂片向左覆盖，雄蕊彼此黏合，花药箭头形，顶端伸出花冠喉部外，心皮及蓇葖离生。蓇葖果。本属约5种，分布亚洲东南部；我国3种；紫金1种。

1. 帘子藤

Pottsia laxiflora (Bl.) O. Ktze.

藤本。花萼外面被毛，花冠长约7 mm，开花时裂片向上展，子房无毛。

根和茎药用，祛风除湿，活血通络。

5. 羊角拗属 Strophanthus DC.

木质藤本。叶对生。花冠裂片有线状长尾，雄蕊彼此黏合，花药箭头形，顶端内藏，不伸出花冠喉部外。蓇葖果。本属约60种，分布于热带非洲和亚洲；我国2种；紫金1种。

1. 羊角拗（羊角藤、羊角扭、黄葛扭、羊角树、牛角藤）

Strophanthus divaricatus (Lour.) Hook. et Arn.

藤状灌木。叶纸质，椭圆状长圆形或椭圆形，边全缘。花冠漏斗状，花冠裂片黄色，基部卵状披针形，顶端延长成一长尾带状，长达10 cm。

全株有毒，尤以种子为甚，误食可致死。药用强心剂，强心消肿、止痛杀虫、止痒。

6. 络石属 Trachelospermum Lem.

木质藤本。叶对生。花萼5深裂，萼内面基部有5～10枚腺体，花冠高脚碟状，花盘杯状，5浅裂，雄蕊彼此黏合，花药箭头形，顶端内藏，不伸出花冠喉部外。蓇葖果，种子无喙。本属约30种，分布于亚洲热带和亚热带地区、稀温带地区；我国10种，6变种；紫金1种。

1. 络石（石龙藤、感冒藤、爬墙虎）

Trachelospermum jasminoides (Lindl.) Lem.

常绿木质藤本。植株具乳汁。叶革质或近革质，椭圆形至卵状椭圆形或宽倒卵形，长2～10 cm。蓇葖双生，叉开，线状披针形，长10～20 cm。花果期3～12月。

乳汁有毒。全株药用，有祛风活络、止痛消肿、清热解毒功效。

7. 花皮胶藤属 Ecdysanthera Hook. et Arn.

木质大藤本，具乳汁，叶对生，无腺点。雄蕊5枚，着生在花冠筒基部，花丝短，花药披针状箭头形，顶端到达花冠喉部，腹部贴生在柱头上，基部具耳；花盘环状，全缘或5裂，蓇葖双生，叉开，圆筒状；种子顶端具种毛。本属约15种，分布于我国、印度、越南、马来西亚和印度尼西亚；我国2种；紫金1种。

1. 酸叶胶藤

Urceola rosea (Hook. et Arn.) D. J. Middleton

叶有酸味，花冠近坛状，对称，蓇葖果圆柱形，基部不膨大。

231. 萝藦科 Asclepiadaceae

草本、藤本或灌木。叶对生或轮生；叶柄顶端常用具有丛生的腺体。聚伞花序常伞形，有时成伞房状或总状；花两性，整齐，5数；花萼筒短，裂片5，双盖覆瓦状或镊合状排列，内面基部常有腺体；花冠合瓣，辐状、坛状，稀高脚碟状，顶端5裂片，裂片旋转，覆瓦状或镊合状排列；副花冠常用存在，为5枚离生或基部合生的裂片或鳞片所组成，有时双轮，生在花冠筒上或雄蕊背部或合蕊冠上，稀退化成2纵列毛或瘤状突起；雄蕊5，与雌蕊黏生成中心柱，称合蕊柱；花药连生成一环而腹部贴生于柱头基部的膨大处；花丝合生成为1个有蜜腺的筒，称合蕊冠，或花丝离生，药隔顶端常用具有阔卵形而内弯的膜片；雌蕊1，子房上位，由2个离生心皮所组成，花柱2，合生，柱头基部具五棱。蓇葖果。本科180属，2200种，分布世界热带、亚热带，少数温带地区；我国44属，245种，33变种；紫金8属，10种。

1. 鹅绒藤属 Cynanchum L.

藤本。花小，直径不足1 cm，花药顶端有膜片，副花冠1轮，环状，生于合蕊冠基部，副冠裂片非镰刀状，花粉器有花粉块2个，花粉块下垂。本属约200种，分布非洲东部、地中海地区及欧、亚大陆的热带、亚热带及温带地区；我国53种，12变种；紫金1种。

1. 刺瓜（乳蚕、小刺瓜、野苦瓜、刺果牛皮消）

Cynanchum corymbosum Wight

多年生草质藤本。块根粗壮肥厚；嫩茎被柔毛。叶对生，薄纸质，近无毛，宽卵形至卵状长圆形，长宽4.5～8 cm，基部心形，叶背苍白色。蓇葖果纺锤状，具弯刺，长9～12 cm。

块根药用，养阴清热、润肺止咳。

2. 眼树莲属Dischidia R. Br.

肉质有叶植物。叶片小，小于2 cm。花冠坛状，副花冠裂片锚状。本属约80种，分布于亚洲和大洋洲的热带和亚热带地区；我国7种；紫金1种。

1. 眼树莲（上树瓜子、瓜子金、石仙桃、小耳环、乳汁藤）

Dischidia chinensis Champ. ex Benth.

藤本，常攀附于树上或石上，全株含有乳汁；茎肉质，节上生根，绿色，无毛。叶肉质，卵圆状椭圆形，长1.5～2.5 cm，宽1 cm，顶端圆形，叶柄极短。

全株供药用，有清肺热、化疟、凉血解毒之效。

3. 匙羹藤属Gymnema R. Br.

藤本。花药顶端有膜片，副花冠1轮，生于花冠上，副花冠裂片非镰刀状，花粉器有花粉块2个。本属约25种，分布于亚洲热带和亚热带地区、非洲南部和大洋洲；我国8种；紫金1种。

1. 匙羹藤（武靴藤、金刚藤、蛇天角、饭杓藤）

Gymnema sylvestre (Retz.) Schult.

木质藤本，具乳汁；幼枝被微毛。叶倒卵形或卵状长圆形，长3～8 cm，仅叶脉上被微毛；侧脉每边4～5条；叶柄被毛，顶端具丛生腺体。花期5～9月；果期10月至翌年1月。

植株有小毒。全株可药用，治风湿痹痛、脉管炎、毒蛇咬伤；外用治痔疮、消肿。

4. 醉魂藤属Heterostemma Wight et Arn.

木质藤本，具乳汁。叶对生，具长柄，通常在叶基有3～5条脉，有时具羽状脉。伞形状或短总状的聚伞花序腋生，花冠辐状，肉质，花药顶端有膜片，副花冠1轮，生于合蕊冠顶端，裂片与花冠筒等长，花粉器有花粉块2个，花粉块直立。本属约30种，分布中国、印度、印度尼西亚、老挝、马来西亚、缅甸、尼泊尔、新几内亚、菲律宾、斯里兰卡、泰国、越南、澳大利亚；我国9种；紫金1种。

1. 醉魂藤

Heterostemma alatum Wight

木质藤本，长达4 m。叶纸质，宽卵形或长卵圆形，长8～15 cm，宽5～8 cm，顶端渐尖，基部圆形或阔楔形，很少近心形，幼嫩时两面均被微毛，尤以背面脉上为多，老渐光滑无毛；基出脉3～5，初成翅形，后渐扁平；叶柄扁平，长2～5 cm，粗壮，被柔毛，顶端具丛生小腺体。伞形状聚伞花序腋生，长2～6 cm，着花10～15朵。

5. 球兰属 Hoya R. Br.

灌木或半灌木，附生或卧生。叶肉质或革质，稀膜质。聚伞花序腋间或腋外生，伞形状，着花多数；花萼短，5深裂，在裂片的内面基部经常具有腺体；花冠肉质，辐状，5裂，裂片在花蕾时，镊合状排列，开放后扁平或反折；副花冠5裂，着生于雄蕊背部而成星状开展，其上面为扁平，但其两侧却反折而成背面的中空现象，其内角经常成1小齿倚靠在花药上；花药靠合在柱头上，其顶端有1薄质膜片；花粉块在每个药室有1个，直立，长圆形，边缘有透明的薄膜；柱头垂直地扁平。蓇葖细长，顶端渐尖，平滑；种子顶端具有白色绢质种毛。本属约200余种，分布于亚洲东南部至大洋洲各岛；我国22种，3变种，2变型；紫金2种。

1. 球兰

Hoya carnosa (L. f.) R. Br.

攀援灌木，附生于树上或石上；茎节上生气根。叶对生，肉质，卵圆形至卵圆状长圆形，顶端钝，基部圆形；侧脉不明显，约有4对。聚伞花序伞形状，腋生，着花约30朵。

2. 铁草鞋

Hoya pottsii Traill

附生攀援灌木，除花冠内面外，无毛。叶肉质，干后呈厚革质，卵圆形至卵圆状长圆形，顶端急尖，基部圆形至近心形。外果皮有黑色斑点；种子线状长圆形，长约4 mm；种毛白色绢质。

6. 黑鳗藤属Jasminanthes Bl.

藤本。花冠高脚碟状或漏斗状，肉质，花药顶端有膜片，副花冠1轮，宽大，高达花药背面，生于雄蕊背面，花粉器有花粉块2个，花粉块直立。本属约15种；我国4种；紫金1种。

1. 黑鳗藤（华千金子藤）

Jasminanthes mucronata (Blanco) W. D. Stevens et P. T. Li

藤本。花的液汁紫色，花冠筒长约2 cm，裂片长约3 cm。

全株药用。补虚益气，调经。治产后虚弱，经闭，腰骨酸痛。

7. 萝藦属Metaplexis R. Br.

藤本或草本。花冠近辐状，花冠筒短，裂片5，向左覆盖；副花冠环状，着生于合蕊冠上，花药顶端具内弯的膜片；花粉块每室1个，下垂。本属约6种，分布于亚洲东部；我国2种；紫金1种。

1. 华萝藦

Metaplexis hemsleyana Oliv.

叶卵状心形，长5～11 cm，宽2.5～10 cm，基心形，蓇葖果双生，外果皮粗糙。

8. 娃儿藤属Tylophora R. Br.

藤本。花冠辐状，花药顶端有膜片，副花冠1轮，生于合蕊冠背面，裂片与花冠筒不等长而且非镰刀状，花粉器有花粉块2个，花粉块平展。本属约60种；我国32种，2变种；紫金2种。

1. 通天连

Tylophora koi Merr.

藤本。全株无毛，叶长圆形或长圆状披针形，聚伞花序近伞房状，腋生或腋外生，蓇葖通常单生，线状披针形，花期6～9月；果期7～12月。

全株药用。解毒，消肿。治感冒，跌打，毒蛇咬伤，疮疖。

2. 娃儿藤

Tylophora ovata (Lindl.) Hook. ex Steud.

攀援灌木。全株被锈柔毛，叶卵形，长2.5～6 cm，宽2～5.5 cm，基部浅心形，蓇葖果无毛。花期4～8月；果期8～12月。

全株可药用，祛风、止咳、化痰、催吐、散瘀。

232. 茜草科Rubiaceae

乔木、灌木、草本、或藤本。叶对生或有时轮生；托叶常用生叶柄间，较少生叶柄内，分离或程度不等地合生。花序各式，均由聚伞花序复合而成，很少单花或少花的聚伞花序；花两性、单性或杂性，常用花柱异长；萼常用4～5裂，很少更多裂，极少2裂，裂片常用小或几乎消失，有时其中1或几个裂片明显增大成叶状，其色白或艳丽；花冠合瓣，管状、漏斗状、高脚碟状或辐状，常用4～5裂，很少3裂或8～10裂，裂片镊合状、覆瓦状或旋转状排列，整齐，很少不整齐，偶有二唇形；雄蕊与花冠裂片同数而互生，偶有2枚，着生在花冠管的内壁上，花药2室，纵裂或少有顶孔开裂；雌蕊常用由2心皮、极少3或更多个心皮组成，合生，子房下位，极罕上位或半下位。浆果、蒴果或核果。本科637属，10700种，分布全世界热带和亚热带，少数分布至北温带；我国98属，约676种；紫金28属，59种。

1. 水团花属Adina Salisb.

乔木或灌木。顶芽不明显，托叶顶端2裂。花多密集组成头状花序，头状花序顶生与腋生。果每室有种子多颗。本属3种，分布于日本和越南；我国2种；紫金1种。

1. 水团花（水石榴、小叶团花、白消木、鱼串鳃、水杨梅）

Adina pilulifera (Lam.) Franch. ex Drade

常绿灌木至小乔木；高1～5 m。叶对生，厚纸质，椭圆形至椭圆状披针形，长4～12 cm，叶柄长2～10 mm。头状花序明显腋生。果序直径8～10 mm。花期6～7月。

全株药用，清热解毒、散瘀止痛。

2. 茜树属Aidia Lour

灌木或乔木。聚伞花序腋生或与叶对生，花两性，花5数，花冠高脚碟状，裂片旋转状排列。子房2室。果每室有种子4颗以上。本属50多种，分布于非洲热带地区，亚洲南部和东南部至大洋洲；我国7种；紫金3种。

1. 香楠

Aidia canthioides (Champ. ex Benth.) Masam.

灌木或小乔木，高2～12 m。嫩枝无毛，叶长圆状披针形，长4～9 cm，宽1.5～7 cm，总花梗近无，花梗长5～16 mm，花萼外面被毛。花期4～6月；果期5月至翌年2月。

2. 茜树

Aidia cochinchinensis Lour.

灌木或乔木，高2～15 m。嫩枝无毛，叶椭圆形，长5～22 cm，宽2～8 cm，有总花梗，花梗长常不及5 mm，花萼外面无毛，裂片三角形。花期3～6月；果期5月至翌年2月。

3. 多毛茜草树

Aidia pycnantha (Drake) Tirveng.

灌木或乔木，高2～12 m。嫩枝密被锈色柔毛，叶长圆状椭圆形，长10～20 cm，宽3～8 cm。花期3～9月；果期4～12月。

3. 白香楠属Alleizettella Pitard

灌木。花序生于侧生短枝顶端或老枝节上，花两性，花5数，花冠高脚碟状，裂片旋转状排列。子房2室。果每室有种子2～3颗。本属约2种，分布于越南和我国；我国1种；紫金1种。

1. 白果香楠

Alleizettella leucocarpa (Champ. ex Benth.) Tirveng.

常绿无刺灌木，有时呈攀援状；小枝被毛后脱落。叶纸质或薄革质，对生，长圆状倒卵形、长圆形、狭椭圆形或披针形。聚伞花序有花数朵，顶生或生老枝节上；花冠白色。浆果球形，淡黄白色。花期4～6月；果期6月至翌年2月。

4. 丰花草属Borreria G. Mey

草本或亚灌木，茎四棱形。托叶与叶柄合生成稍。数花簇簇生或聚伞花序无总花梗，花萼4裂，镊合状排列。蒴果。本属约150种，分布于热带和亚热带地区；我国5种；紫金1种。

1. 阔叶丰花草

Borreria latifolia (Aubl.) K. Schum.

多年生草本；高30～80 cm。茎和枝均为明显的四棱柱形，棱上具狭翅。叶椭圆形或卵状长圆形，长2～7 cm；托叶膜质，顶部有数条长于鞘的刺毛。蒴果椭圆形，被毛，成熟时从顶部纵裂至基部。花果期5～7月。

5. 鱼骨木属Canthium Lam

灌木或乔木。聚伞花序，花两性，花萼管顶部截平或4～5浅裂，花冠裂片镊合状排列，冠喉部被毛。果为核果，每室仅1粒种子，种子无翅。本属约50余种，广布于亚洲热带地区、非洲和大洋洲；我国3种，1变种；紫金1种。

1. 鱼骨木

Canthium dicoccum (Gaertn.) Teysmann et Binnedijk

植株无刺，近无毛，叶卵形，长4～10 cm，宽1.5～4 cm，侧脉3～5对。

6. 山石榴属Catunaregam Wolf

有刺灌木或小乔木。花冠钟状，裂片旋转状排列。子房2室。果大，直径3～4 cm，每室有种子2颗以上。本属约10种，分布于亚洲南部和东南部至非洲；我国1种；紫金1种。

1. 山石榴（猪肚勒、假石榴、刺子、山蒲桃）

Catunaregam spinosa (Thunb.) Tirveng

有刺小乔木，花冠钟状，裂片旋转，果大，球形，有纵棱，直径2～4 cm，与猪肚木、鸡爪簕相似。花期3～6月；果期5月至翌年1月。

根、叶、果药用。散瘀消肿。

7. 流苏子属Coptosapelta Korth.

藤本。花冠裂片覆瓦状排列。种子边缘有流苏状的翅。本属约13种，分布于亚洲南部和东南部，南至巴布亚新几内亚；我国1种；紫金1种。

1. 流苏子（牛老药、牛老药藤、凉藤、棉陂藤）

Coptosapelta diffusa (Champ. ex Benth.) Van Steenis

木质藤本。叶近革质，卵形、卵状长圆形至披针形，长3～7 cm。藤本，花冠裂片覆瓦状排列，种子边缘有流苏状翅。花期5～7月；果期5～12月。

根入药，祛风止痒。

8. 狗骨柴属Diplospora DC.

灌木或乔木。雌雄异株，花4(～5)数，花冠高脚碟状，裂片旋转状排列。子房2室。果每室有种子1～6颗。本属20多种，分布于亚洲的热带和亚热带地区；我国3种；紫金1种。

1. 狗骨柴（狗骨仔、青凿树、三萼木）

Diplospora dubia (Lindl.) Masam.

灌木或乔木。叶近革质，卵状长圆形、长圆形、披针形，长4～13 cm，两面无毛。花腋生密集成束或组成稠密的聚伞花序。浆果近球形，成熟时红色，顶部有萼檐残迹。花期4～8月；果期5月至翌年2月。

根入药，清热解毒；消肿散结。

9. 拉拉藤属Galium L.

草本。叶轮生稀对生，常仅1脉，托叶叶状。聚伞花序，花4数，花冠裂片镊合状排列。果为小果，每室仅1粒种子，种子无翅。本属约300种，广布于全世界，主产温带地区，热带地区极少；我国58种，1亚种，38变种；紫金1变种。

1. 猪殃殃（拉拉藤）

Galium aparine var. **tenerum** (Gren. et Godr.) Rchb.

蔓生或攀延状草本；通常高30～90 cm。茎有4棱角；棱上、叶缘、叶脉均有倒生的小刺毛，触感明显粗糙。叶4～8片轮生，带状披针形或长圆状倒披针形，长1～5.5 cm。聚伞花序。花期3～7月；果期4～11月。

全草药用，清热解毒、消肿止痛、利尿、散瘀。

10. 栀子属Gardenia Ellis

灌木。花冠裂片旋转状排列。子房1室。果有纵棱，果每室有种子2颗以上。本属约250种，分布于东半球的热带和亚热带地区；我国5种，1变种；紫金2种。

1. 栀子（黄栀子、黄枝子、黄果树、水黄枝、山栀子、红枝子）

Gardenia jasminoides Ellis

灌木；高0.5～3 m。叶近革质，对生，少为3枚轮生，通常为长圆状披针形、倒卵状长圆形、椭圆形，长3～15 cm。花芳香，单朵生于枝顶；萼管倒圆锥形，有纵棱，顶部5～8裂；花冠白色或乳黄色，高脚碟状。果椭圆形，黄色或橙红色，长1.5～7 cm，有翅状纵棱5～8条。花期2～7月。

果实、根入药，清热利湿、凉血散瘀。

2. 狭叶栀子

Gardenia stenophylla Merr.

灌木；叶狭披针形，长3～12 cm，宽0.5～2.3 cm。

11. 爱地草属 Geophila D. Don

多年生草本。叶对生，具长柄；托叶生叶柄间，通常卵形，全缘。花通常小，单生或数朵排成顶生和腋生的伞形花序，无梗或近无梗，着生于总花梗的顶端；苞片小，通常线形；萼管倒卵形，萼檐短，4裂或5～7裂，裂片宿存；花冠管状漏斗形，喉部被毛，4裂或5～7裂。核果肉质，含2枚分核。本属约30余种；我国1种；紫金1种。

1. 爱地草

Geophila herbacea (Jacq.) K. Schum.

纤细匍匐草本，叶心形，直径1～3 cm，花单生枝顶，果球形，红色。花期7～9月；果期9～12月。

12. 耳草属 Hedyotis L.

草本或亚灌木。花4数，花冠裂片镊合状排列，花冠管状或漏斗状。果每室有种子多粒，种子有棱角，无翅，果纵裂或不裂。本属400多种，主要分布于热带和亚热带地区，少数分布至温带；我国63种，3变种；紫金11种。

1. 金草（锐棱耳草）

Hedyotis acutangula Champ ex Benth.

直立粗壮草本，茎方具翅，叶卵状披针形，长5～12 cm，宽1.5～2.5 cm，干后边缘反卷，与似金草近似。花期5～8月；果期6～12月。

全草药用。治肝胆实大，喉痛，咳嗽，小便不利，淋沥赤浊。

2. 耳草（鲫鱼胆草、节节花）

Hedyotis auricularia L.

多年生、近直立或平卧的粗壮草本；小枝被粗毛，叶披针形，长3～8 cm，宽1～2.5 cm，托叶呈鞘状，花超过10朵腋生，果不开裂。花期3～8月。

全草入药有清热、解毒、散淤消肿之效。

3. 剑叶耳草（披针形耳草、少年红、长尾耳草、千年茶、铁扫把）

Hedyotis caudatifolia Merr. et Metcalf

直立无毛草本，嫩枝方形，叶披针形，长6～13 cm，宽1.5～2.5 cm，尾状尖，基部楔形，圆锥花序式，花冠管内面被毛，果开裂，花期5～6月。

全草药用。润肺止咳，消积，止血。

4. 伞房花耳草（水线草）

Hedyotis corymbosa (L.) Lam.

一年生草本。茎和枝方柱形，纤细，直立或蔓生。叶近无柄，膜质，线形，长1～2 cm。花序腋生，伞房花序式排列，有花2～4朵。花果期几全年。

全草入药，有清热解毒、利尿消肿、活血止痛的功效，对恶性肿瘤、肝炎、泌尿系统感染、支气管炎有一定疗效。

5. 白花蛇舌草（蛇舌草、蛇舌癀、蛇针草、蛇总管、二叶律、蛇脷草）

Hedyotis diffusa Willd

一年生纤细披散草本。茎稍扁，从基部开始分枝。叶无柄，膜质，线形，长1～3 cm。花单生或双生于叶腋；萼管球形，萼檐裂片长圆状披针形；花冠白色。蒴果膜质，扁球形，萼裂片宿存。花期春季。

全草入药，清热解毒、利尿消肿、消炎止痛。

6. 牛白藤（广花耳草、土五加皮、涂藤头、亚婆巢、牛奶藤、土加藤）

Hedyotis hedyotidea (DC.) Merr.

藤本；长3～5 m。触之有粗糙感。叶纸质，长卵形或卵形，长4～10 cm，上面粗糙，下面被柔毛。花序腋生和顶生，由10～20朵花集聚而成一伞形花序。蒴果近球形，宿存萼檐裂片外反。花期4～7月。

全株入药，清热解毒、润肺止咳。

7. 粤港耳草

Hedyotis loganioides Benth.

无毛草本，叶长圆形，长2.5～5 cm，宽1.4～3 cm，两端急尖，三歧稠密聚伞花序，果开裂。

8. 长瓣耳草

Hedyotis longipetala Merr.

亚灌木，无毛，茎圆柱形，叶线状披针形，长3～8 cm，宽4～12 mm，顶端长渐尖，基部楔形，腋生的1至数朵成束，顶生的集成头状。

9. 粗毛耳草

Hedyotis mellii Tutch

直立粗壮草本；高30～90 cm。茎和枝近方柱形。叶纸质，卵状披针形，长5～9 cm，两面均被疏短毛。聚伞花序顶生和腋生，多花，稠密，排成圆锥花序式。蒴果椭圆形，疏被短硬毛，脆壳质，成熟时开裂为两个果爿。花期6～7月。

全草入药，清热解毒、消食化积、消肿、止血。

10. 纤花耳草（虾子草、鸡口舌）

Hedyotis tenelliflora Bl.

柔弱披散草本；高15～40 cm。枝的上部方柱形，有4锐棱。叶无柄，薄革质，线形或线状披针形，长2～5 cm，上面变黑色，密被圆形、透明的小鳞片。花无梗，1～3朵簇生于叶腋内；花冠白色。花期4～11月。

全草入药，清热解毒、消肿止痛、行气活血。

11. 粗叶耳草

Hedyotis verticillata (L.) Lam.

披散草本，叶披针形，长2.5～5 cm，宽0.6～2 cm，仅中脉，两面被角质短硬毛，触之刺手，果无毛，果迟裂或仅顶端开裂。

全草药用。清热解毒，消肿止痛。

13. 粗叶木属Lasianthus Jack

灌木或小乔木。花序腋生，花冠裂片镊合状排列，子房3～9室。核果，3～9分核，橘瓣状。本属约1170种，分布于亚洲的热带和亚热带，大洋洲和非洲也有；我国34种，10变种；紫金5种。

1. 粗叶木

Lasianthus chinensis (Champ.) Benth.

花簇生于叶腋内，无花梗，无苞片，花萼裂片三角形，叶大，干后黑色，长圆形，长12～22 cm，宽2.5～6 cm，下面脉上被短柔毛，果直径6～7 mm。

2. 焕镛粗叶木

Lasianthus chunii Lo

灌木，高1～3 m。枝密被硬毛，花簇生于叶腋内，近无花梗，常无苞片，花萼裂片三角形，叶披针形，长8～15 cm，宽2～5.5 cm，下面脉被短硬毛，侧脉7～8对，果直径约5 mm。核果扁球形，成熟时黑色。

3. 罗浮粗叶木

Lasianthus fordii Hance

常绿灌木；枝无毛，花簇生于叶腋内，无花梗，苞片极小，花萼裂片线形，叶长圆状披针形，长5～12 cm，宽2～4 cm，顶端尾状尖，两面无毛或背面脉上被硬毛，侧脉4～6对，果无毛。花期春季；果期秋季。

4. 伏毛粗叶木

Lasianthus henryi Hutch.

常绿灌木；叶长圆形，长7～8 cm，宽1.5～2.5 cm，下面脉上被贴伏硬毛，侧脉7～8对。花簇生于叶腋内，无花梗，苞片小，花萼裂片长三角形。

5. 榄绿粗叶木

Lasianthus japonicus var. **lancilimbus** (Merr.) Lo

常绿灌木；叶片披针形，叶干后呈榄绿色，有光泽，下面中脉上无毛。花期5～8月；果期9～10月。

根药用。味辛、苦，性平。通经脉，活血止痛。治跌打损伤，风湿痹痛。

14. 黄棉木属Metadina Bakh. f.

乔木。花多密集组成头状花序，多数头状花序排成伞房花序式，侧生花序轴分枝；花萼裂片比萼管长。果每室有种子多颗。本属仅1种，分布广东、广西、云南、湖南；紫金1种。

1. 黄棉木

Metadina trichotoma (Zoll. ex Mor.) Bakh. f.

乔木，头状花序顶生，多数，叶长披针形，长6～15 cm，宽2～4 cm，基部楔形，与水杨梅和鸡仔木相似。花果期4～12月。

15. 盖裂果属 Mitracarpus Zucc. ex J. A. Schultes et J. H. Schultes

直立草本。叶非圆形。头状花序，花萼4裂或5～7裂，镊合状排列。蒴果，中部盖裂。本属约40多种，主要分布于热带美洲，其次是非洲和大洋洲，亚洲仅有2种，印度1种；我国1种；紫金1种。

1. 盖裂果

Mitracarpus villosus (Sw.) DC. Prodr.

草本，茎上部四棱，被粗毛，叶长圆形或披针形，长3～4.5 cm，宽7～15 mm，叶面粗糙，被短毛，背面毛较密，果球形，盖裂。

16. 巴戟天属Morinda L.

藤本。花多花聚合成头状，花冠裂片镊合状排列。果为聚花果，每室仅1粒种子，种子无翅。本属约102种，分布于世界热带、亚热带和温带地区；我国26种，1亚种，6变种；紫金3种。

1. 大果巴戟

Morinda cochinchinensis DC.

藤本。枝、叶密被伸展长茅毛，果大直径1～2 cm。

2. 巴戟天（鸡肠风、鸡眼藤、黑藤钻、兔仔肠、三角藤、糠藤）

Morinda officinalis How

藤本。嫩枝被短粗毛，叶长圆形，长6～13 cm，宽3～6 cm，侧脉5～7对，聚花果橙色，近球形，直径5～11 mm。花期5～7月；果熟期10～11月。

根入药，其肉质根晒干即成药材“巴戟天”。味辛、甘，性微温。有补肾壮阳、强筋骨、祛风湿的作用。

3. 羊角藤

Morinda umbellata subsp. **obovata** Y. Z. Ruan

藤本。枝、叶无毛，叶倒卵形、倒卵状披针形，长6～9 cm，宽2～3.5 cm，侧脉4～5对，聚花果橙红色，近球形扁球形，直径7～12 mm。花期6～7月；果熟期10～11月。

全株入药，味苦、性寒。杀虫止痒，外洗皮肤疥疮、清热泻火。

17. 玉叶金花属Mussaenda L.

藤本、灌木或乔木。花冠裂片镊合状排列，其中常有1枚花瓣状白色而有柄。浆果，每室有种子2粒以上，种子无翅。本属约120种，分布于热带亚洲、非洲和太平洋诸岛；我国约32种，1变种，1变型；紫金4种。

1. 楠藤

Mussaenda erosa Champ.

攀援灌木；小枝无毛，叶长圆形，长6～12 cm，宽3.5～5 cm，两面无毛，“花叶”阔椭圆形，长4～6 cm。花期4～7月；果期9～12月。

2. 黐花（贵州玉叶金花）

Mussaenda esquirolii Lévl.

直立或藤状灌木；花萼裂片近叶状，长约1 cm，叶宽卵形，长10～20 cm，宽5～10 cm，叶柄长1.5～3.5 cm，枝、花萼和花冠被贴伏短柔毛，“花叶”倒卵形，长3～4 cm。花果期4～10月。

根药用，祛风除湿；枝、叶有清热解毒、消炎止痛作用。

3. 广东玉叶金花

Mussaenda kwangtungensis Li

攀援灌木；小枝被短柔毛，叶披针状椭圆形，长7～8 cm，宽2～3 cm，两面被柔毛或近无毛，“花叶”长圆状卵形，长3.5～5 cm，宽1.5～2.5 cm。花期5～9月。

根药用。散热解表。

4. 玉叶金花（白纸扇、山甘草、凉口茶、仙甘藤、蝴蝶藤、凉藤子）

Mussaenda pubescens Ait. f.

攀援灌木。小枝密被短柔毛，叶卵状披针形，长5～8 cm，宽2.5 cm，上面近无毛，下面密被短柔毛，“花叶”阔椭圆形，长2.5～5 cm。花期4～6月。

茎和叶有清凉消暑、清热疏风的功效。

18. 腺萼木属Mycetia Reinw.

小灌木，枝被金黄色毛。花序顶生，花二型，花冠裂片镊合状排列，无花瓣状萼裂片。浆果，2室，每室有种子2粒，种子无翅。本属30余种，分布于亚洲热带和南亚热带；我国15种，1变种，3变型；紫金1种。

1. 华腺萼木

Mycetia sinensis (Hemsl.) Craib

灌木，叶长圆状披针形，长8～20 cm，宽3～5 cm，花萼外面被毛，花冠外面无毛。

根药用。除湿利水，治小便不利。

19. 新耳草属Neanotis W. H. Lewis

草本。花4数，花冠裂片镊合状排列，花冠管状或漏斗状。果每室有种子多粒，种子无棱角，无翅，果纵裂。本属30余种，主产于热带亚洲和澳大利亚；我国8种，1变种，1变型；紫金2种。

1. 薄叶新耳草

Neanotis hirsuta (L. f.) Lewis

匍匐草本。茎无毛，叶椭圆形，长4～6 cm，宽约2 cm，叶面被短柔毛。花期7～10月。

可栽培作林下地被植物。

2. 广东新耳草

Neanotis kwangtungensis (Merr. et Metcalf) Lewis

草本。全株无毛，叶椭圆形，长4～6 cm，宽约2 cm。

20. 蛇根草属Ophiorrhiza L.

草本。花5数，花冠裂片镊合状排列，花冠管状或漏斗状，花盘2裂。蒴果僧帽状或倒心形，每室有种子多粒，种子无翅，果纵裂。本属约200种；我国已知72种；紫金3种。

1. 广州蛇根草

Ophiorrhiza cantoniensis Hance

匍匐草本或亚灌木，常仅花序和嫩枝被毛。小苞片果时宿存，叶长12～16 cm。花期冬春季；果期春夏季。

根和茎药用。清肺止咳，镇静安神，消肿止痛。治劳伤咳嗽，霍乱吐泻，神志不安，月经不调，跌打损伤。

2. 日本蛇根草

Ophiorrhiza japonica Bl.

草本；高20～50 cm。小苞片果时宿存，叶长4～10 cm。花期5～6月。

全草入药，行气补血、调经止痛、止咳。

3. 短小蛇根草（小蛇根草）

Ophiorrhiza pumila Champ. ex Benth.

直立矮小草本；无小苞片。花期早春。

根和叶药用。消炎，清热，润肠通便，和血平肝。

21. 鸡矢藤属Paederia L.

藤本，枝叶有臭味。本属20～30种，大部产于亚洲热带地区，其他热带地区亦有少量分布；我国11种，1变种；紫金2种。

1. 狭序鸡矢藤

Paederia stenobotrya Merr.

枝散生睫毛状粗毛，叶长圆状或椭圆有关方面卵形，长7～12 cm，宽4～6 cm，花无梗或近无梗，果球形。

2. 鸡矢藤

Paederia scandens (Lour.) Merr.

缠绕藤本。枝近无毛，叶卵形、卵状长圆形，长5～10 cm，宽1～4 cm，两面近无毛，花序末级分枝蝎尾状，果球形。花期5～7月。

茎和叶入药，有清热解毒、消炎镇痛功效。

22. 大沙叶属Pavetta L.

灌木。聚伞花序顶生，小苞片离生，花4数，花冠高脚碟状或漏斗状，裂片旋转状排列，花柱伸长达花冠外面。子房2室。果每室有种子1颗。本属约400多种，分布于非洲南部、亚洲热带地区和澳大利亚北部；我国6种，1变型；紫金1种。

1. 香港大沙叶（茜木、广东大沙叶、大叶满天星）

Pavetta hongkongensis Bremek.

灌木或小乔木。叶膜质，长圆形或椭圆状倒卵形，长8～15 cm，托叶宽卵状三角形。伞房状聚伞花序生于侧枝顶部，多花，花四基数，萼筒钟形，花冠白色。果球形。花期3～4月；果期6～12月。

全株药用。清热解暑，活血去瘀。治中暑，感冒发热，肝炎，跌打损伤。

23. 九节属Psychotria L.

灌木或小乔木。托叶在叶柄内。伞房花序式圆锥花序式聚伞花序，稀头状花序，无总苞片，冠管直，较短，花冠裂片镊合状排列，子房2室。核果。本属约1500种左右，广布全世界的热带和亚热带地区，美洲尤盛；我国17种，1变种；紫金4种。

1. 溪边九节

Psychotria fluviatilis Chun ex W. C. Chen

小灌木，叶倒披针形，长5～11 cm，宽1～4 cm，无毛，干时榄绿色，果长圆形。花期4～10月；果期8～12月。

2. 九节（山大颜、九节木、山大刀）

Psychotria rubra (Lour.) Poir.

大灌木，叶背仅脉腋内被毛，聚伞花序顶生。花期几乎全年。

根和叶入药，有清热解毒和消肿拔毒及祛风除湿功效。

3. 蔓九节（葡萄九节、穿根藤）

Psychotria serpens L.

攀缘或匍匐藤本。嫩枝稍扁，有细直纹，攀附枝有1列短而密的气根。叶纸质或革质，叶形变化很大，长0.7～9 cm。聚伞花序顶生，常三歧分枝，圆锥状或伞房状。花期4～6月；果期全年。

全株药用，舒筋活络、壮筋骨、祛风止痛、凉血消肿。

4. 假九节

Psychotria tutcheri Dunn

灌木，叶长圆状披针形，长6～22 cm，宽2～6 cm，无毛，干时红色或红褐色，果球形。花期4～7月；果期6～12月。

24. 墨苜蓿属Richardia L.

直立草本。托叶与叶柄合生成稍。头状花序无总花梗，有叶状总苞，花萼4裂，镊合状排列。蒴果。本属约15种，分布于中、南美洲，多为旷野或耕地杂草，现广布于全世界的热带和亚热带；我国仅1种；紫金1种。

1. 墨苜蓿

Richardia scabra L.

草本，叶卵形、椭圆形，长1～5 cm，宽0.5～2 cm，头状花序顶生，近无总梗，有1或2对叶状总苞，若是2对时，内侧的较小。花期春夏间。

全草入药，解毒、催吐。

25. 茜草属Rubia L.

直立或攀援草本，通常有糙毛或小皮刺，茎有直棱或翅。叶无柄或有柄，通常4～6个有时多个轮生，极罕对生而有托叶，具掌状脉或羽状脉。花小，通常两性，有花梗，聚伞花序腋生或顶生；萼管卵圆形或球形，萼檐不明显；花冠辐状或近钟状，裂片5，稀4；雄蕊5，稀4。果肉质浆果状，2裂。本属约70余种；我国36种，2变种；紫金2种。

1. 东南茜草

Rubia argyi (Lévl. et Vaniot) Hara ex L. A. Lauener et D. K.

草本。叶4～6片轮生，心形，长不及宽的3倍，长2～5 cm，宽1～4.5 cm。

根药用，凉血止血，活血去瘀。

2. 茜草

Rubia cordifolia L.

草质攀援藤木；茎有4棱，棱上倒生皮刺。叶通常4片轮生，纸质，披针形或长圆状披针形，长0.7～3.5 cm，顶端渐尖，基部心形，边缘有齿状皮刺，两面粗糙；基出脉3条。花期8～9月；果期10～11月。

26. 乌口树属Tarenna Gaertn

灌木或乔木。聚伞花序顶生，花两性，花5数，花冠漏斗状或高脚碟状，裂片旋转状排列。子房2室。果每室有种子4颗以上。本属约370种，分布于亚洲的热带和亚热带、大洋洲和非洲热带地区；我国17种，1变型；紫金2种。

1. 尖萼乌口树

Tarenna acutisepala How ex W. C. Chen

灌木，嫩枝被短硬毛，叶长圆形或披针形，长4～20 cm，宽1.5～6 cm，叶面近无毛，背面被短柔毛和乳头状毛，侧脉5～7对，果有9～31粒种子。花期3～9月；果期5～11月。

2. 白花苦灯笼（密毛乌口树、毛达仑木）

Tarenna mollissima (Hook. et Arn.) Rob.

灌木，全株密被灰褐色柔毛，叶披针形，长4.5～25 cm，宽1～10 cm，侧脉8～12对。花期5～7月。

根和叶入药，有清热解毒、消肿止痛之功效。

27. 钩藤属Uncaria Schreber.

攀援灌木，茎有钩状刺。头状花序球形。本属34种，其中2种分布于热带美洲，3种分布于非洲及马达加斯加，29种分布于亚洲热带和澳大利亚等地；我国11种，1变型；紫金1种。

1. 钩藤（双钩藤、鹰爪风、吊风根、金钩草、倒挂刺）

Uncaria rhynchophylla (Miq.) Miq. ex Havil.

木质藤本；嫩枝较纤细，方柱形或略有4棱，叶无毛，纸质，背面有白粉，叶椭圆形，长5～12 cm，宽3～7 cm，花无梗，果序直径1～1.2 cm。

带钩藤茎入药，清血平肝、息风定惊；有降血压作用。

28. 水锦树属 Wendlandia Bartl. ex DC. nom. cons.

乔木或灌木。叶对生或轮。花序顶生，圆锥花序式聚伞花序，裂片覆瓦状排列。蒴果每室有种子多粒。本属约90种，绝大多数分布在亚洲的热带和亚热带地区，仅极少数分布在大洋洲；我国30种，10亚种，3变种；紫金1种。

1. 水锦树

Wendlandia uvariifolia Hance

灌木。叶阔椭圆形，长7～26 cm，宽4～14 cm，叶面被短硬毛，托叶反折的裂片是小枝的二倍。

根和叶药用，祛风除湿，散瘀消肿，止血生肌。

233. 忍冬科Caprifoliaceae

灌木、藤本或小乔木，稀草本。叶对生，很少轮生，叶柄短，有时两叶柄基部连合。聚伞或轮伞花序，或由聚伞花序集合成伞房式或圆锥式复花序，有时因聚伞花序中央的花退化而仅具2朵花，排成总状或穗状花序，极少花单生；花两性，极少杂性，整齐或不整齐；苞片和小苞片存在或否，稀小苞片增大成膜质的翅；萼筒贴生于子房，萼裂片或萼齿5～4(～2)枚，宿存或脱落，较少于花开后增大；花冠合瓣，辐状、钟状、筒状、高脚碟状或漏斗状，裂片5～4(～3)枚，覆瓦状或稀镊合状排列，有时两唇形，上唇二裂，下唇三裂，或上唇四裂，下唇单一。果实为浆果、核果或蒴果。本科13属，约500种，主要分布于北温带和热带高海拔山地，东亚和北美东部种类最多，个别属分布在大洋洲和南美洲；我国12属，200余种；紫金3属，13种。

1. 忍冬属Lonicera L.

藤本或小乔木。花冠两侧对称。浆果。本属约200种，产北美洲、欧洲、亚洲和非洲北部的温带和亚热带地区，在亚洲南达菲律宾群岛和马来西亚南部；我国98种；紫金7种。

1. 淡红忍冬

Lonicera acuminata Wall.

枝、叶柄、花梗被卷曲糙毛，叶卵状长圆形，长4～8.5 cm，宽2～3 cm，顶端渐尖，基部近心形，两面疏被糙毛，叶柄长3～5 mm。

2. 华南忍冬

Lonicera confusa (Sweet) DC.

藤本。枝、叶柄、花梗、花萼，密被卷曲黄色短柔毛，叶卵状长圆形，长3～6 cm，宽2～4 cm，顶端短尖，基部近心形，两面嫩时被柔毛，叶柄长2～5 mm，雄蕊和花柱伸出花冠外。

花蕾、叶、藤药用。治痈肿疔疮，喉痹，丹毒，热毒血痢，风热感冒，温热发病。

3. 菰腺忍冬（红腺忍冬）

Lonicera hypoglauca Miq.

藤本。枝、叶柄、花梗被短柔毛和糙毛，叶卵形，长6～9 cm，宽2.5～3.5 cm，背被红色蘑菇状腺体。

药用花蕾、花、藤。清热解毒，疏散风热，凉血止痢。治痈肿疔疮，喉痹，丹毒，热毒血痢，风热感冒，温热发病。

4. 长花忍冬（金银花）

Lonicera longiflora (Lindl.) DC.

藤本。嫩枝常无毛，叶长圆形或长圆状披针形，长5～8 cm，宽2～4 cm，雌雄蕊伸出花冠外。花期3～6月；果期6～10月。

茎叶药用，清热解毒、凉血止痢。

5. 大花忍冬

Lonicera macrantha (D. Don) Spreng

半常绿藤本。嫩枝密被短柔毛和长糙毛，叶卵状椭圆形，长5～12 cm，宽2～7 cm，顶端渐尖，基部圆形或近心形，叶面脉和背被糙毛和腺毛，花冠长4.5～7 cm。花期4～5月；果期7～8月。

全株入药，有镇惊、祛风、败毒、清热功效。

6. 短柄忍冬（贵州忍冬）

Lonicera pampaninii Lévl.

藤本。叶薄革质，有时3片轮生，狭椭圆形至卵状披针形，长3～10 cm，边缘略背卷；叶柄短，长2～5 mm。花芳香；总花梗极短或几不存；花冠白色而常带微紫红色，后变黄色。

花入药，清热解毒，舒筋通络，截疟。

7. 皱叶忍冬（金银花）

Lonicera rhytidophylla Hand.-Mazz.

常绿藤本。嫩枝密被黄褐色茸毛状短糙毛，叶椭圆形，长3～10 cm，宽1～4 cm，叶背被毡毛，叶背脉隆呈蜂窝状。花期6～7月；果期10～11月。

花供药用，作“金银花”使用。

2. 接骨木属 Sambucus L.

草本或灌木。叶羽状复叶。本属20余种，分布极广，几遍布于北半球温带和亚热带地区；我国5种；紫金1种。

1. 接骨草

Sambucus chinensis Lindl.

草本。枝无皮孔，聚伞花序排成复伞形花序状，具棒杯状不孕花。

全株药用。散瘀消肿，祛风活络。

3. 荚蒾属 Viburnum L.

灌木或小乔木。花冠辐射对称，雄蕊5枚，等长；子房1室；萼裂片花后不增大。核果。本属约有200种，分布于温带和亚热带地区，亚洲和南美洲种类较多；我国约74种；紫金5种。

1. 南方荚蒾（火柴树、火斋、满山红、苍伴子）

Viburnum fordiae Hance

灌木；冬芽有鳞片，枝密被黄褐色簇生茸毛，叶阔卵形、菱状卵形，长4～7 cm，宽2～6 cm，两面被黄褐色簇毛，背面更密，无腺点，侧脉5～7条，核果长6～7 mm。

根、茎药用，祛风活血、消炎止痛。

2. 蝶花荚蒾

Viburnum hanceanum Maxim.

灌木；高达2 m。有不孕花，侧脉5～7对，两面长方格纹不明显，花序第一级辐状枝常5条。

3. 珊瑚树（沙糖木、香柄树、枫饭树、麻油香、早禾树、猪耳木）

Viburnum odoratissimum Ker-Gawl.

常绿灌木或小乔木，高达10 m；圆锥花序，叶椭圆形，长7～20 cm，宽3.5～8 cm，背面脉腋有趾蹼状小孔，果浑圆。

叶、树皮、根药用。清热祛湿，通经活络，拔毒生肌。治感冒，风湿，跌打肿痛，骨折。

4. 大果鳞斑荚蒾

Viburnum punctatum var. **lepidotulum** (Merr. et Chun) Hsu

小乔木。冬芽裸露，植物体各部分被铁锈色毛，花冠辐状，绿白色，果大，长14～15 mm。

5. 常绿荚蒾（坚荚蒾、冬红果）

Viburnum sempervirens K. Koch

常绿灌木；冬芽有鳞片，嫩枝四棱形，叶椭圆形，长4～12 cm，宽2.5～5 cm，背面有灰黑色小腺点，侧脉3～4条，核果直径3～4 mm。

枝、叶药用，消肿止痛、活血散瘀。

235. 败酱科 Valerianaceae

草本，稀亚灌木。叶对生或基生，常用一回奇数羽状分裂。聚伞花序组成的顶生密集或开展的伞房花序、复伞房花序或圆锥花序，稀为头状花序；花小，两性或极少单性，常稍左右对称；具小苞片；花萼小，萼筒贴生于子房，萼齿小，宿存，果时常稍增大或成羽毛状冠毛；花冠钟状或狭漏斗形，冠筒基部一侧囊肿，有时具长距，裂片3～5，稍不等形，花蕾时覆瓦状排列；雄蕊3或4，有时退化为1～2枚。果为瘦果。本科13属，约400种，大多数分布于北温带，有些种类分布于亚热带或寒带；我国3属，约30余种；紫金1属，3种。

1. 败酱属 Patrinia Juss.

雄蕊4，极少退化至1～3；萼齿5，直立或外展，果时不冠毛状。本属约20种，产亚洲东部至中部和北美洲西北部；我国10种，3亚种，2变种；紫金3种。

1. 斑花败酱

Patrinia punctiflora Hsu et H. J. Wang

草本。叶有腺点，花淡黄色，雄蕊4枚，果有翅状果苞。

2. 败酱

Patrinia scabiosaefolia Fisch. ex Trev.

草本。花黄色，果无翅状果苞。

3. 攀倒甑（苦斋、胭脂麻、白花败酱）

Patrinia villosa (Thunb.) Juss.

多年生草本；高0.5～1.5 m。叶无腺点，花白色，果有翅状果苞。花果期6～11月。

全草药用与“黄花败酱”相同。幼苗嫩叶作蔬菜食用，也作猪饲料用。

238. 菊科Compositae

草本、亚灌木或灌木，稀为乔木。花两性或单性，极少有单性异株，整齐或左右对称，五基数，少数或多数密集成头状花序或为短穗状花序，为1层或多层总苞片组成的总苞所围绕；头状花序单生或数个至多数排列成总状、聚伞状、伞房状或圆锥状；花序托平或凸起，具窝孔或无窝孔，无毛或有毛；具托片或无托片；萼片不发育，常用形成鳞片状、刚毛状或毛状的冠毛；花冠常辐射对称，管状，或左右对称，两唇形，或舌状，头状花序盘状或辐射状，有同形的小花，全部为管状花或舌状花，或有异形小花，即外围为雌花，舌状，中央为两性的管状花；雄蕊4～5枚，着生于花冠管上；子房下位，合生心皮2枚，1室，具1个直立的胚珠。果为瘦果。本科约1528属，约22300种，广布于全世界，热带较少；我国约222属，2300种；紫金48属，90种。

1. 刺苞果属 Acanthospermum Schrank.

一年生草本，茎多分枝，被柔毛或糙毛。叶对生，有锯齿或稍尖裂。头状花序小，单生于两叉分枝的顶端或腋生，有短花序梗或近无花序梗，有异形小花，放射状，周围有1层结果实的雌花，中央有不结果实的两性花；总苞钟状；总苞片2层，基部紧密包裹雌花，开放后膨大，上部包围瘦果；雌花花冠舌状，舌片小，淡黄色，上端三齿裂；花柱两裂；两性花花冠管状，黄色，上部钟状，有5浅裂片。本属约3种，分布于美洲南部；我国1种；紫金1种。

1. 刺苞果

Acanthospermum australe (L.) Kuntze

一年生草本，叶对生，椭圆形，长2～4 cm，宽1～1.5 cm，内层总苞顶端具2枚长约2 mm直刺。成熟的瘦果倒卵状长三角形，长8 mm，基部稍狭，顶端截形，有两个不等长的开展的硬刺，周围有钩状的刺。

2. 下田菊属 Adenostemma J. R. et G. Forst.

草本。叶对生，大。花序与胜红蓟相近。本属约20种，主要分布于热带美洲；我国1种，2变种；紫金1种。

1. 下田菊

Adenostemma lavenia (L.) O. Kuntze

一年生草本，叶对生，长圆状或椭圆状披针形，长4～12 cm，宽2～5 cm，基部楔形，边缘具锯齿。

3. 藿香蓟属 Ageratum L.

一年生或多年生草本或灌木。叶对生或上部叶互生。瘦果有5纵棱。冠毛膜片状或鳞片状，5个，急尖或长芒状渐尖，分离或联合成短冠状；或冠毛鳞片10～20个，狭窄，不等长。本属约30种。全世界约30种，主要产于中美洲；我国2种；紫金1种。

1. 藿香蓟

Ageratum conyzoides L.

一年生草本，叶互生，有时上部对生，卵形或长卵形，长3～8 cm，宽2～5 cm，基部阔楔形。

4. 兔儿风属 Ainsliaea DC.

草本，基生叶莲座状。花序总状、穗状或聚伞花序式。冠毛羽毛状。本属约70种，分布于亚洲东南部；我国44种，4变种；紫金4种。

1. 蓝兔儿风

Ainsliaea caesia Hand.-Mazz.

茎中部以下叶呈莲座状，披针形，长4.5～7 cm，宽1.4～3 cm，顶端短尖，基部楔形，3基出脉，组成穗状花序式。

2. 杏香兔儿风

Ainsliaea fragrans Champ.

叶呈莲座状，卵形、狭卵状或卵状长圆形，长2～11 cm，宽1.5～5 cm，顶端钝，基部心形，边有缘毛。

3. 灯台兔儿风

Ainsliaea macroclinidioides Hayata

茎上叶呈假轮生，阔卵形或卵状披针形，长4～10 cm，宽2.5～6.5 cm，顶端凸尖，基部心形，3基出脉，组成总状花序式。

4. 三脉兔耳风

Ainsliaea trinervis Y. C. Tseng

叶呈假轮生状，狭椭圆形或披针形，长5～9.5 cm，宽5～13 mm，顶端长渐尖，基部楔形，3基出脉，组成圆锥花序式。

5. 山黄菊属Anisopappus Hook. et Arn.

有异型花，舌状花大，顶端有3齿。瘦果顶端有2～5枚细芒。本属约3种，分布于热带非洲的东部及喀麦隆、亚洲南部；我国1种；紫金1种。

1. 山黄菊

Anisopappus chinensis (L.) Hook. & Arn.

一年生草本，叶互生，叶卵状披针形，长3～6 cm，宽1～2 cm，舌状花黄色，顶端3齿。

6. 蒿属Artemisia L.

亚灌木。常有挥发性气味，茎枝的纵棱。叶一至四回羽状分裂。花序小，盘状。本属约300多种，主产亚洲、欧洲及北美洲的温带、寒温带及亚热带地区，少数种分布到亚洲南部热带地区及非洲北部、东部、南部及中美洲和大洋洲地区；我国186种，44变种；紫金6种。

1. 艾（艾叶、艾蒿、家艾）

Artemisia argyi Lévl. ex Vant.

多年生草本或略成亚灌状，高可达2 m。茎、枝、叶均被毛。叶厚纸质，上面被灰白柔毛及腺点，背面密被灰白绒毛；中下部叶羽状深裂，各裂片再具2～3小裂齿。

地上部分入药，味苦、性温，有温经、去湿、散寒、止血、消炎、平喘、止咳、安胎、抗过敏等作用。嫩叶可食。

2. 茵陈蒿

Artemisia capillaris Thunb.

多年生草本，有浓烈香气，基生叶莲座状，叶阔卵形或近圆形，长2～3 cm，宽1.5～2.5 cm，一至二回丝状分裂，花序直径1.5～2 mm，被长柔毛。

3. 五月艾

Artemisia indices Willd.

多年生草本，有浓烈的挥发气味，叶卵形或长卵形，长5～8 cm，宽3～5 cm，一至二回大头羽状分裂，叶面嫩时密绒毛，背面被灰白色蛛丝状毛，花序直径2～2.5 mm。

4. 牡蒿

Artemisia japonica Thunb.

多年生草本，有香气，叶匙形，长2.5～3.5 cm，宽0.5～1.5 cm，顶端3～5浅裂，基部楔形，两面无毛，花序直径1.5～2.5 mm。

5. 白苞蒿

Artemisia lactiflora Wall. ex DC.

多年生草本，叶卵形或长卵形，长5.5～12.5 cm，宽4.5～8.5 cm，一至二回羽状分裂，叶嫩时被毛，后变无毛，花序直径1.5～2.5 mm。

6. 魁蒿

Artemisia princeps Pamp

多年生草本，叶卵形或卵状椭圆形，长6～12 cm，宽4～8 cm，一回羽状分裂，叶面无毛，背面密被蛛丝状毛，花序直径1.5～2.5 mm。

7. 紫菀属Aster L.

草本或亚灌木。头状花序辐射状，有1层舌状花。本属250种，广泛分布于亚洲、欧洲及北美洲；我国123种；紫金6种。

1. 三脉紫菀

Aster ageratoides Turcz.

多年生草本；高40～100 cm。叶纸质，卵状披针或椭圆形，长2～15 cm，边缘有3～7对锯齿，上面被短糙毛，下面被短茸毛；离基三出脉，侧脉3～4对。

全草入药，清热解毒、止咳去痰、止血、利尿。

2. 三脉紫菀——毛枝变种

Aster ageratoides var. **lasiocladus** (Hayata) Hand.-Mazz.

茎被黄褐色绒毛，茎中部叶长圆状披针形，长4～8 cm，宽1～3 cm。

3. 三脉紫菀——宽伞变种

Aster ageratoides var. **laticorymbus** (Vant.) Hand.-Mazz.

茎多分枝，茎中部叶长圆状披针形，下部渐狭，边缘7～9对齿，舌状花白色。

4. 白舌紫菀

Aster baccharoides (Benth.) Steetz.

木质草本或亚灌木；茎下部叶匙状长圆形，长4～10 cm，宽1～1.8 cm，总包片4～7层，舌状花白色。

全株药用，清热解毒、止血生肌、杀虫。

5. 短舌紫菀

Aster sampsoni Hemsl.

草本；茎下部叶匙状长圆形，长2.5～7 cm，宽0.5～2 cm，总包片4层，舌状花白色或浅红色。

6. 钻叶紫菀（钻形紫菀）

Aster subulatus Michx.

一年生草本；高25～150 cm。叶线状披针形，顶端长渐尖，基部渐狭，花序小，直径约3 mm。

全草药用，清热利湿，解毒。

8. 鬼针草属Bidens L.

羽状复叶或单叶。冠毛为2～4枚芒刺。本属约230余种，广布于全球热带及温带地区，尤以美洲种类最为丰富；我国9种，2变种；紫金3种。

1. 狼杷草

Bidens tripartita Linnaeus

草本。中部为三出复叶，无舌状花。

2. 鬼针草（刺针草、盲肠草、一包针、粘身草、婆婆针）

Bidens pilosa L.

一年生草本；中部为三出复叶，无舌状花。

全草入药，有清热解毒、散瘀活血的功效。

3. 白花鬼针草

Bidens pilosa var. **radiata** Sch.-Bip.

植株较大，中部叶为三出复叶，花序大，直2～4 cm，舌状花白色，大，长达5 mm。

9. 艾纳香属Blumea DC.

常有香味。花序筒状或钟状，有异型花。叶边缘有齿。本属80余种，分布热带、亚热带的亚洲、非洲及大洋洲；我国30种；紫金5种。

1. 台北艾纳香

Blumea formosana Kitam.

多年生草本，叶倒卵状长圆形，长12～20 cm，宽4～6.5 cm，顶端急尖，基部渐狭，花冠绒毛黄色。

2. 见霜黄

Blumea lacera (Burm. f.) DC.

多年生草本，叶倒卵形或倒卵状长圆形，长7～15 cm，宽3～8 cm，顶端圆钝，基部渐狭，下延，有时琴状花果期7～12月。花冠黄色，与柔毛艾纳香相似。

3. 东风草

Blumea megacephala (Randeria) Chang et Tseng

攀援草本。花序少数，直径15～20 mm，排成总状式，与假东风草相似。

全草药用。清热解毒，利尿消肿。

4. 柔毛艾纳香

Blumea mollis (D. Don) Merr.

多年生草本，叶倒卵形，长7～9 cm，宽3～4 cm，顶端圆钝，基部渐狭，下延，两面被绢状长柔毛，背面较密，花冠紫色，与柔见霜黄相似。花期全年。

全草入药，有清热解毒、消炎功效。

5. 长圆叶艾纳香

Blumea oblongifolia Kitam

多年生草本，叶狭椭圆状长圆形，长9～14 cm，宽3.5～5.5 cm，顶端急尖，基部楔形，有明显的总花梗，与台北艾纳香相似，花冠绒毛白色。

全草入药，有清热、利尿、消肿功效。

10. 石胡荽属Centipeda Lour.

匍匐小草本。花序小单生叶腋。与球菊相近。本属6种，分布亚洲、大洋洲及南美洲；我国1种；紫金1种。

1. 石胡荽（鹅不食草、球子草、地胡椒、三牙戟、小拳头）

Centipeda minima (L.) A. Br. et Aschers

一年生小草本；高5～20 cm。茎匍匐状。叶互生，楔状倒披针形，长7～18 mm，顶端钝，边缘有少数锯齿。头状花序小，扁球形，直径约3 mm，单生于叶腋。

本种即中草药“鹅不食草”，能通窍散寒、祛风利湿、散瘀消肿。

11. 蓟属 Cirsium Mill. emend. Scop.

常有肉质根。叶边缘有针刺，基部常抱茎。花序较大，筒状或钟状，花红色或紫红色。冠毛羽毛状。本属约300种，广布欧、亚、北非、北美和中美大陆；我国50种；紫金1种。

1. 蓟

Cirsium japonicum Fisch. ex DC.

多年生草本。叶卵形、长圆形、椭圆形，长8～20 cm，宽4～8 cm，羽状深裂或全裂，6～12对裂片，不等大，中部裂片二回状，叶基部扩大半抱茎。

肉质根或全草药用。凉血止血，散瘀消肿。

12. 白酒草属Conyza Less.

亚灌木状草本。与一年蓬相近。本属约100种，主要分布于东、西半球的热带和亚热带地区；我国10种，1变种；紫金3种。

1. 香丝草

Conyza bonariensis (L.) Cronq.

一或二年生草本；高20～50 cm。下部叶倒披针形，长3～5 cm，宽3～10 mm，花序直径8～10 mm，雌花无小舌片。

全草入药，清热祛湿、行气止痛。

2. 小蓬草

Conyza canadensis (L.) Cronq.

草本；下部叶倒披针形，长6～10 cm，宽10～15 mm，花序直径3～4 mm，雌花有小舌片。

3. 白酒草（假蓬 山地菊）

Conyza japonica (Thunb.) Less.

一或二年生草本；高20～45 cm。下部叶倒卵形、匙形或长圆形，长3.5～5 cm，宽5～15 mm，雌花无小舌片。

根或全草药用，消肿镇痛、祛风化痰。

13. 山芫荽属 Cotula L.

一年生小草本。叶互生羽状分裂或全裂。头状花序小，有柄，异型，盘状，单生枝端或叶腋或与叶成对生；边花数层，雌性，能育，无花冠或为极小的2齿状；盘花两性能育，花冠筒状，黄色，冠檐4～5裂。总苞半球形或钟状；总苞片2～3层，少数，不等大，长圆形，草质，绿色，边缘常狭膜质；花托无托毛，平或凸起。花药基部钝；花柱分枝顶端截形或钝，或花柱不分枝。瘦果长圆形或倒卵形，压扁，被腺点，边缘有宽厚的翅常伸延于瘦果顶端，成芒尖状或几无翅，基部，尤以边缘小花瘦果的基部有花托乳突伸长所形成的果柄。无冠状冠毛。本属约75种，主产于南半球；我国2种；紫金1种。

1. 芫荽菊

Cotula anthemoides L.

一年生匍匐草本，叶长圆形或椭圆形，长1.5～2 cm，宽7～10 mm，一回或二回羽状分裂，花序单生茎、枝顶端或叶腋。

14. 野茼蒿属 Crassocephalum Moench

叶近肉质。花序与三七相近，冠毛毛状。本属约21种，主要分布于热带非洲；我国仅1种；紫金1种。

1. 野茼蒿

Crassocephalum crepidioides (Benth.) S. Moore

一年生草本，叶肉质，卵形或长圆状椭圆形，长5～15 cm，宽2～6 cm，基部楔形下延成翅，边羽状浅裂，与菊芹相似。

全草药用。治消化不良，脾虚浮肿。

15. 菊属Dendranthema (DC) Des Moul.

叶羽状深裂。花序较大，盘状，边缘一层黄色舌状花。本属30余种，主要分布我国以及日本、朝鲜、俄罗斯；我国17种；紫金1种。

1. 野菊（野菊花、路边菊、野黄菊、苦薏）

Dendranthema indicum (L.) Des Moul.

多年生草本；高0.2～1 m。叶一回羽状分裂，野生植物，叶顶端及裂片顶端尖，舌状花黄色。

全草入药，清热解毒、疏风散热、散瘀、明目、降血压。

16. 鱼眼菊属Dichrocephala DC.

叶大头羽状裂。花序小，形如鱼眼。本属约6种，分布亚洲、非洲及大洋洲的热带地区；我国3种；紫金1种。

1. 鱼眼草（鱼眼菊、胡椒草、山胡椒菊、茯苓菜、蚯蚓草、泥鳅菜）

Dichrocephala auriculata (Thunb.) Druce

草本；高12～50 cm。一年生草本，叶互生，卵状披针形、椭圆形，长3～12 cm，宽2～4.5 cm，大头羽状分裂，花序直径3～5 mm。

全草药用，活血调经、解毒消肿。

17. 东风菜属 Doellingeria Nees

亚灌木。舌状花1层，瘦果除边肋外，一面有1肋，另一面有2肋。本属约7种，分布于亚洲东部；我国2种；紫金1种。

1. 短冠东风菜

Doellingeria marchandii (Lévl.) Ling

中部或上部叶柄具宽翅，总苞片外层较内层短，冠毛多数。

18. 鳢肠属Eclipta L.

叶对生，头状花序小，有异型花，舌状花2层。本属4种，主要分布于南美洲和大洋洲；我国1种；紫金1种。

1. 鳢肠（旱莲草、墨旱莲、水旱莲、白花蟛蜞草）

Eclipta prostrata (L.) L.

一年生草本，叶对生，长圆状披针形，长3～10 cm，宽0.5～2.5 cm，两面被粗糙毛。

全草入药，有凉血、止血、消肿、强壮之功效。

19. 地胆草属Elephantopus L.

基生叶莲座状。花序基部有数枚叶状苞片。冠毛5条，刚毛状。本属约30余种，大部分产于美洲，少数种分布于热带非洲、亚洲及大洋洲；我国2种；紫金2种。

1. 地胆草（草鞋根、草鞋底、地胆头、磨地胆、苦地胆、理肺散）

Elephantopus scaber L.

草本；植株较小，高20～60 cm。叶基生莲座状，被长硬毛，花紫红色。

全草入药，有清热解毒、消肿利尿之功效。

2. 白花地胆草（毛地胆草、高地胆草、羊耳草、白花蛤仔头）

Elephantopus tomentosus L.

根状茎粗壮。植株较高大，茎高0.8～1 m，被白毛，具腺点；叶非莲座状，被长柔毛，花白色。

全草药用。清热解毒，利尿消肿。抗癌。治产后头痛，月经痛，喉痛，麻疹。

20. 一点红属Emilia Cass.

叶琴状分裂，基部常抱茎。总苞筒状，花橙红色或紫红色。本属约100种，分布于亚洲和非洲热带，少数产于美洲；我国3种；紫金2种。

1. 小一点红（细红背草）

Emilia prenanthoidea DC.

一年生草本；高30～90 cm。叶倒卵形或倒长卵状披针形，长2～4 cm，宽1.2～2 cm，边缘波或具齿。

全株药用，清热解毒、活血祛瘀。

2. 一点红（红背叶、叶下红、羊蹄草）

Emilia sonchifolia (L.) DC.

一年生草本；高25～40 cm。叶倒卵形、阔卵形或肾形，长5～10 cm，宽2.5～6.5 cm，边缘琴状分裂或不裂。

全草药用，清热解毒、凉血散瘀。

21. 菊芹属Erechtites Raf.

叶近肉质，羽状深裂，与革命菜相近。本属约15种，主要分布于美洲和大洋洲；我国2种逸生；紫金2种。

1. 梁子菜

Erechtites hieracifolia (L.) Raf. ex DC.

一年生草本，高40～100 cm。茎被疏柔毛，叶柄边缘无狭翅，果冠毛白色。

2. 败酱叶菊芹（菊芹）

Erechtites valeianifolia (Link ex Wolf) Less. ex DC.

一年生草本；高50～100 cm。茎近无毛，叶柄边缘具狭翅，果冠毛淡红色，与革命菜相似。

22. 泽兰属 Eupatorium L.

亚灌木。叶边缘常有粗齿。总苞长筒形，花冠檐部扩大成钟状，瘦果有5棱。冠毛刚毛状。本属600余种，主要分布于中南美洲的温带及热带地区，欧、亚、非及大洋洲的种类很少；我国14种；紫金4种。

1. 佩兰

Eupatorium fortunei Turcz.

多年生草本，中部叶3全裂或3深裂，上部叶3裂或不裂，披针形，两面无毛。

2. 多须公（华泽兰）

Eupatorium japonicum Thunb.

多年生草本，叶对生，不裂，无柄，卵形或阔卵形，长4.5～10 cm，宽3～5 cm，顶端渐尖，基部圆，边缘圆齿，两面粗糙，被长短柔毛和腺点。

3. 林泽兰

Eupatorium lindleyanum DC.

多年生草本，茎常紫红色，中部叶不裂，椭圆状披针形，长3～12 cm，宽0.5～3 cm，有时3裂，两面粗糙，被粗毛和腺点。

全草药用。清肺，止咳，平喘，降血压。

4. 假臭草

Eupatorium catarium Veldkamp.

一年生草本，叶对生，不裂，卵形，长3～5 cm，宽2.5～4.5 cm，顶端渐尖，基部楔形，边缘圆齿，三出脉，两面粗糙，被粗毛。

23. 牛膝菊属Galinsoga Ruiz et Pav.

叶对生。有异型花，花小，舌状花1层，白色。本属约5种，主要分布于美洲；我国归化2种；紫金1种。

1. 牛膝菊（向阳花，珍珠草，铜锤草）

Galinsoga parviflora Cav.

一年生小草本，茎被短柔毛，叶对生，卵形，长2.5～5.5 cm，宽1.2～3.5 cm，头状花序半球形，直径3～6 mm。

全草药用，有止血、消炎之功效。

24. 大丁草属 Gerbera Cass.

基生叶莲座状。花序单生花葶顶端。冠毛刚毛状。本属80种，主要分于非洲，次为亚洲东部及东南部；我国20种；紫金1种。

1. 毛大丁草

Gerbera piloselloides (L.) Cass.

草本。叶莲座状，倒卵形、倒卵状长圆形，长6～16 cm，宽2.5～5.5 cm，顶端钝，基部渐狭或钝。

药用全草。清热解毒，止咳化痰，活血散瘀。

25. 鼠麴草属Gnaphalium L.

植物被白色绵毛或绒毛。头状花序边缘雌花多数。与香青相似。本属近200种，广布于全球；我国19种；紫金3种。

1. 鼠麴草（黄花麹草、清明菜、田艾、佛耳草、土茵陈、酒曲绒）

Gnaphalium affine D. Don

一年生草本，被白绵毛，叶匙状倒披针形，长5～7 cm，宽1～1.5 cm，花序呈黄绿色。

茎叶入药，宣肺平喘、祛痰止咳、补脾利湿。

2. 匙叶鼠麴草

Gnaphalium pensylvanicum Willd.

一年生草本，被白绵毛，叶倒披针形或匙形，长6～10 cm，宽1～2 cm，侧脉2～3对。

全草入药，清热解毒、宣肺平喘。

3. 多茎鼠麴草（狭叶鼠麴草）

Gnaphalium polycaulon Pers.

一年生草本，高10～25 cm，茎多分枝，被白绵毛，叶倒披针形，长2～4 cm，宽4～8 mm，仅1脉。

全草药用，祛痰、止咳、平喘、祛风湿。

26. 田基黄属 Grangea Adans.

一年生或多年生草本。叶互生。头状花序中等大小或较小，有异形花，通常顶生或与叶对生。总苞宽钟状；总苞片2～3层，草质，稍不等长。外围有1～12多层雌花，中央有多数或少数两性花，全结实。花冠全部管状。瘦果扁或几圆柱形，顶端平截。本属约7种；我国1种；紫金1种。

1. 田基黄

Grangea maderaspatana (L.) Poir.

一年生小草本，叶互生，倒卵形、倒披针形，长3.5～7.5 cm，宽1.5～2.5 cm，琴状羽状半裂或大头羽状深裂，花序常单生枝顶，少腋生。

27. 三七草属 Gynura Cass

草本。叶常肉质。总苞近钟形，2层，瘦果圆柱形，有数条纵肋，冠毛绢毛状。本属约40种，分布于亚洲、非洲及澳大利亚；我国10种；紫金2种。

1. 白子菜（白背三七、白东枫、玉枇杷、三百棒、厚面皮、鸡菜）

Gynura divaricata (L.) DC.

草本。叶阔卵状长圆形，边缘波状齿或琴状裂，背面浅绿色。全草药用。味清热解毒，舒筋接骨，凉血止血。

2. 狗头七

Gynura pseudochina (L.) DC.

草本。叶片倒卵形，匙形或椭圆形，稀卵形，长5～8 cm，宽2.5～5 cm，顶端钝或稍尖，基部渐狭成柄，羽状浅裂，稀具齿。

28. 泥胡菜属 Hemistepta Bge

大头羽状深裂。花序形如凤毛菊。冠毛2层，外层羽毛状。单种属，分布东亚、南亚及澳大利亚；紫金1种。

1. 泥胡菜（剪刀草、石灰菜、绒球、花苦荬菜、苦郎头）

Hemistepta lyrata (Bge)Bge

一年生草本，叶互生，长椭圆形、倒披针形，长4～15 cm，宽1.5～5 cm，大头羽状分裂。

全草入药，清热解毒、消肿祛痰、止血活血。

29. 旋覆花属Inula L.

含多数异型花，总苞宽钟形或筒形，冠毛毛状。本属约100种，分布于欧洲、非洲及亚洲，以地中海地区为主；我国20余种；紫金1种。

1. 羊耳菊（牛白胆、山白芷、白面风）

Inula cappa (Buch.-Ham.) DC.

亚灌木；高约1 m，密被绒毛，叶互生，长圆形，长10～16 cm，宽4～7 cm，叶面被疣状糙毛，背面被绢质绒毛，舌状花极短小。

全株或根药用，祛风散寒、活血舒筋。

30. 小苦荬属 Ixeridium (A. Gray) Tzvel.

植物体有白色乳汁的小草本。花序形如莴苣，含同型两性舌状花。瘦果顶端有喙。本属约25种，分布东亚及东南亚地区；我国13种；紫金3种。

1. 中华小苦荬

Ixeridium chinense (Thunb.) Tzvel.

多年生草本，高5～47 cm。基生叶长椭圆形、倒披针形、线形或舌形，茎生叶2～4枚，全部叶两面无毛。头状花序通常在茎枝顶端排成伞房花序，含舌状小花21～25枚。

2. 小苦荬

Ixeridium dentatum (Thunb.) Tzvel.

多年生草本；高10～50 cm。基生叶长倒披针形、长椭圆形，长1.5～15 cm，不分裂，中下部边缘有稀疏的缘毛状或长尖头状锯齿，基部渐狭成翼柄；茎生叶少，不分裂，基部扩大耳状抱茎。

全草入药，消炎止痛。

3. 窄叶小苦荬

Ixeridium gramineum (Fisch.) Tzvel.

多年生草本，高6～30 cm。茎生叶少数，1～2枚，通常不裂，头状花序多数，在茎枝顶端排成伞房花序或伞房圆锥花序，含15～27枚舌状小花。

31. 马兰属Kalimeris Cass.

舌状花1～2层。与狗娃花相似。本属约20种，分布于亚洲南部及东部，喜马拉雅地区及西伯利亚东部；我国7种；紫金1种。

1. 马兰

Kalimeris indica (L.) Sch.-Bip.

中部叶倒披针形或倒卵状长圆形，长3～6 cm，宽0.8～2 cm，2～4对浅裂或裂齿，舌状花浅蓝色。

全草药用。清热解毒，散瘀止血，消积。

32. 稻槎菜属Lapsana L.

一年生或多年生草本。莲座状小草本，有白色乳汁，叶大头状分裂。花序小，舌状花黄色，瘦果顶端有钩刺。本属约10种，分布欧亚温带地区及非洲西北部；我国4种；紫金1种。

1. 稻槎菜

Lapsanastrum apogonoides (Maxim.) J. H. Pak et Bremer

一年生小草本，叶基生呈莲座状，琴状羽状深裂，春季长在稻田中。

33. 小舌菊属Microglossa DC.

直立或攀援亚灌木。有型异花。冠毛1～2层，糙毛状。花序与胜红蓟相近。本属约10种，主要分布于亚洲和非洲；我国1种；紫金1种。

1. 小舌菊

Microglossa pyrifolia (Lam.) O. Kuntze

攀援状亚灌木，被腺毛，叶互生，卵形或卵状长圆形，长5～10 cm，宽2.4～4 cm，背面密被短柔毛和腺点。

34. 假福王草属 Paraprenanthes Chang ex Shih

叶不分裂或羽状分裂。头状花序小，同型，舌状，含4～15枚舌状小花，舌状小花红色或紫色，舌片顶端5齿裂。冠毛2层，纤细，白色，微糙毛状。本属12种，分布东亚及南亚；我国15种；紫金1种。

1. 假福王草

Paraprenanthes sororia (Miq.) Shih

草本。叶三角状戟形、卵形或长圆状披针形，大头羽状分裂，茎上部、枝和花序被毛。

35. 银胶菊属Parthenium L.

叶互生，羽状裂。头状花序小，有异型花，舌状花1层，小。冠毛2～3枚刺芒状。本属约24种，分布于美洲北部、中部和南部以及西印度群岛；我国1归化种；紫金1种。

1. 银胶菊

Parthenium hysterophorus L.

草本。叶二回深裂或羽状深裂，头状花序小，直径3～4 mm，雄蕊4枚，冠毛膜片状。

36. 帚菊属Pertya Sch.-Bip.

灌木、灌木。单叶互生。总苞钟状或圆筒状。瘦果有5～10条纵肋。冠毛糙毛状。本属24种，全分布于亚洲；我国17种，1变种；紫金1种。

1. 心叶帚菊

Pertya cordifolia Mattf.

亚灌木，叶心形，基部心形，两面被糙毛，背面无腺点，花序有11朵管状花。

37. 翅果菊属 Pterocypsela Shih

植物体有白色乳汁。花序形如莴苣，含同型两性舌状花。瘦果顶端有喙。本属约7种，分布东亚；我国7种；紫金1种。

1. 翅果菊

Pterocypsela indica (L.) Shih

草本。叶不分裂，线形、线状披针形，长15～20 cm，宽1～3.5 cm。

全草药用，清热解毒，活血祛瘀。

38. 千里光属Senecio L.

头状花序辐射状，有异型花。舌状花一层，黄色，冠毛毛状。约1000种，除南极洲外遍布于全世界。本属约1000种，除南极洲外遍布于全世界；我国63种；紫金2种。

1. 千里光（九里明）

Senecio scandens Buch-Ham. ex D. Don

多年生攀援草本。叶长三角状或卵形，有叶柄，基部不抱茎。

全草有小毒，清热解毒、凉血消肿、清肝明目。

2. 闽粤千里光（马铃柴、冰条、珍珠花）

Senecio stauntonii DC.

多年生草本；高40～60 cm。叶卵状披针形，无叶柄，基部有耳抱茎。

全草入药，祛腐生肌、清肝明目。

39. 豨莶属Siegesbeckia L.

叶对生。有腺毛。有异型花。总苞背面被腺毛。本属约4种，分布两半球热带、亚热带及温带地区；我国3种；紫金2种。

1. 豨莶（肥猪草、肥猪菜、粘苍子、粘糊菜、黄花仔、粘不扎）

Siegesbeckia orientalis L.

一年生草本；高30～100 cm。分枝被灰白色短柔毛。叶三角状卵形，长4～10 cm，宽1.8～6.5 cm，总花梗密被短柔毛。花黄色。

全草药用，祛风消肿、凉血降压、平肝、止痛。

2. 腺梗豨莶

Siegesbeckia pubescens Makino

一年生草本；叶卵状披针形，长3.5～12 cm，宽1.8～6 cm，总花梗较长，密被褐色具柄腺毛。

40. 一枝黄花属 Solidago L.

头状花序小而密，有异型花和同型花。舌片黄色。本属约120种，主要分布于美洲；我国4种；紫金1种。

1. 一枝黄花

Solidago decurrens Lour.

多年生草本，叶互生，长椭圆形，长2～5 cm，宽1～1.5 cm，头状花序再排成总状花序式，舌状花黄色。

全草药用。疏风清热，解毒消肿。

41. 裸柱菊属Soliva Ruiz et Pavon.

矮小草本。叶羽状深裂。花序生茎基部近地面处。本属约8种，分布美洲及大洋洲；我国1归化种；紫金1种。

1. 裸柱菊（座地菊）

Soliva anthemifolia (Juss.) R. Br.

一年生矮小草本。茎极短，平卧。叶长5～10 cm，二至三回羽状分裂，裂片线形，全缘或3裂，两面被长柔毛。头状花序近球形，无梗，生于茎基部，直径6～12 mm。

全草有小毒，有化气散结、消肿解毒功效。

42. 苦苣菜属Sonchus L.

植物体有白色乳汁。叶基部抱茎。花序含同型两性花。本属约50种，分布欧洲、亚洲与非洲；我国8种；紫金3种。

1. 苣荬菜（苦荬菜、苦菜、苦苣菜）

Sonchus arvensis L.

多年生草本；高30～150 cm。茎下部叶不羽裂，基部楔形。花果期1～9月。

全草药用，清热解毒。

2. 南苦苣菜

Sonchus lingianus Shih

一年生草本。茎直立，单生，有纵条纹，有伞房花序状分枝，头状花序少数，在茎枝顶端排成伞房状花序。舌状小花多数，黄色。

3. 苦苣菜（苦荬、滇苦菜、苦马菜、滇苦苣菜）

Sonchus oleraceus L.

一或二年生草本；高40～150 cm。茎下部叶长圆状披针形，羽状深裂，中部叶基部扩大呈尖耳状抱茎。

全草入药，有祛湿、清热解毒功效。

43. 金纽扣属Spilanthes Jacq.

头状花序圆锥形，有异型花，总苞2层，舌状花1层，黄色。本属约60种，主要分布于美洲热带；我国2种；紫金1种。

1. 金钮扣

Spilanthes paniculata Wall. ex DC.

一年生草本，茎直立或斜升，叶卵形、阔卵形，全缘或波状齿，花梗长2.5～5 cm。

全草药用，有解毒消肿、消炎止痛、祛风除湿、止咳定喘等功效。

44. 金腰箭属 Synedrella Gaertn.

叶对生。有异型花，舌状花瘦果扁，边缘有翅，冠毛为硬刺。本属约50种，分布美洲、非洲热带，其中一种广布于全世界热带和亚热带地区；我国仅1种；紫金1种。

1. 金腰箭

Synedrella nodiflora (L.) Gaertn.

一年生草本，叶对生，卵形或卵状披针形，长6～11 cm，宽3.5～6.5 cm，舌状花少，小，黄色，果冠毛刺状。

全草药用，清热解毒，凉血，消肿。

45. 斑鸠菊属Vernonia Schreb.

总苞筒状或钟状，总苞处片数层，有腺体，花冠红色或紫红色。冠毛白色。本属约1000种，分布于美洲、亚洲和非洲的热带和温带地区；我国27种；紫金5种。

1. 夜香牛（伤寒草、消山虎）

Vernonia cinerea (L.) Less.

多年生直立多分枝草本，叶卵形、卵状椭圆形，长2～7 cm，宽1～5 cm，背面有腺点。

全草入药，有疏风散热、拔毒消肿、安神镇静、消积化滞功效。

2. 毒根斑鸠菊（细脉斑鸠菊）

Vernonia cumingiana Benth.

攀援植物，叶卵状长圆形或长圆状椭圆形，长7～21 cm，宽3～8 cm，边常全缘，顶端尖，基部楔形。

全株药用，祛风除湿、通经活络。根、茎有毒，误服引起腹痛、头晕、乃至精神失常。

3. 台湾斑鸠菊

Vernonia gratiosa Hance

攀援植物，叶长圆形或长圆状披针形，长6～12 cm，宽1.5～4.8 cm，顶端渐尖，基部近圆形。

4. 咸虾花

Vernonia patula (Dryand.) Merr.

直立多分枝草本，叶卵形、卵状椭圆形，长2～7 cm，宽1～5 cm，背面有腺点。

全草药用，清热利湿，散瘀消肿治感冒发热，头痛，乳腺炎，急性胃肠炎，痢疾。

5. 茄叶斑鸠菊（斑鸠木、斑鸠菊、白花毛桃）

Vernonia solanifolia Benth.

藤状灌木。叶卵形、卵状长圆形，长6～16 cm，宽4～9 cm，基部圆形或近心形，叶面粗糙，被短硬毛，有腺点，背面密被绒毛。

全草入药，治腹痛、肠炎、痧气等症。

46. 蟛蜞菊属Wedelia Jaca.

头状花序有异型花，总苞2层，舌状花1层，黄色，能结实。本属约60余种，分布于全世界热带和亚热带地区；我国5种；紫金2种。

1. 蟛蜞菊（黄花蟛蜞菊、黄花墨菜、黄花龙舌草、田黄菊）

Wedelia chinensis (Osbeck.) Merr.

多年生匍匐草本。叶对生，椭圆形，长3～7 cm，宽0.7～1.3 cm，托片顶端渐尖，花序直径1.5～2 cm，总花梗长3～10 cm，果冠毛环具细齿。

根或全草药用，清热解毒、祛瘀消肿。

2. 山蟛蜞菊

Wedelia wallichii Less.

多年生草本。叶对生，卵形至卵状披针形，长4～8 cm，宽3～4 cm，托片顶端长芒尖，花序直径1～1.5 cm，总花梗细长3～5 cm，果冠毛2～3条。

全草药用，治贫血，产后流血过多，子宫肌瘤，闭经，神经衰弱。

47. 苍耳属 Xanthium L.

头状花序单生，雌雄同株，总苞合生成囊状，花后变硬，外面有钩状刺。本属约25种，主要分布美洲的北部和中部、欧洲、亚洲及非洲北部；我国3种，1变种；紫金1种。

1. 苍耳

Xanthium sibiricum Patrin ex Widder

草本。叶三角状卵形或心形，基部不偏斜。

全草或果实药用。发汗通窍，散风祛湿，消炎镇痛。

48. 黄鹌菜属Youngia Cass.

植物体有白色乳汁的小草本。花序形如莴苣，含同型两性舌状花。瘦果顶端无喙，舌瓣花粉红色或黄色。本属约40种，主要分布我国；我国37种；紫金2种。

1. 异叶黄鹌菜

Youngia heterophylla (Hemsl.) Babcock et Stebbins

草本。叶椭圆形或倒披针状长椭圆形，长达23 cm，宽6～7 cm，大头羽状深裂或几全裂。

2. 黄鹌菜（毛连连、野芥菜、黄花枝香草、野青菜）

Youngia japonica (L.) DC.

一年生草本；高20～100 cm。茎生叶极小，或无茎生叶。

根或全草药用，清热解毒、利尿消肿、止痛。

239. 龙胆科Gentianaceae

草本。单叶，稀为复叶，对生，少有互生或轮生，全缘，基部合生，筒状抱茎或为一横线所联结。花序一般为聚伞花序或复聚伞花序，有时减退至顶生的单花；花两性，极少数为单性，辐射状或在个别属中为两侧对称，一般4～5数，稀达6～10数；花萼筒状、钟状或辐状；花冠筒状、漏斗状或辐状，基部全缘，稀有距，裂片在蕾中右向旋转排列，稀镊合状排列；雄蕊着生于冠筒上与裂片互生，花药背着或基着，二室，雌蕊由2个心皮组成，子房上位，一室，侧膜胎座，稀心皮结合处深入而形成中轴胎座，致使子房变成二室；柱头全缘或2裂。蒴果2瓣裂。本科约80属，700种，广布世界各洲，但主要分布在北半球温带和寒温带；我国22属，427种；紫金1属，1种。

1. 双蝴蝶属Tripterospermum Blume

草质藤本。花萼有5条突起的脉。浆果。本属约17种，分布于亚洲南部；我国15种，1变种；紫金1种。

1. 香港双蝴蝶

Tripterospermum nienkui (Marq.) C. J. Wu

多年生缠绕草本。茎生叶卵形或卵状披针形，长5～9 cm，基部近心形或圆形，叶柄扁平基部抱茎。花冠紫色、蓝色或绿色带紫斑，狭钟形。

全草入药，解毒消肿、凉血止血。

240. 报春花科Primulaceae

草本，稀为亚灌木。茎直立或匍匐，具互生、对生或轮生之叶，或无地上茎而叶全部基生，并常形成稠密的莲座丛。花单生或组成总状、伞形或穗状花序，两性，辐射对称；花萼常用5裂，稀4或6～9裂，宿存；花冠下部合生成短或长筒，上部常用5裂，稀4或6～9裂，仅1单种属无花冠；雄蕊多少贴生于花冠上，与花冠裂片同数而对生，极少具1轮鳞片状退化雄蕊，花丝分离或下部连合成筒；子房上位，仅1属半下位，1室；花柱单一；胚珠常用多数，生于特立中央胎座上。蒴果。本科22属，近1000种，分布于全世界，主产于北半球温带；我国13属，近500种；紫金1属，6种。

1. 珍珠菜属Lysimachia L.

叶茎生与基生。花黄色或白色，花冠裂片比花冠管长，中花蕾中旋转腓列。蒴果纵裂。本属约180种，主要分布于北半球温带和亚热带地区，少数种类产于非洲、拉丁美洲和大洋洲；我国132种，1亚种，17变种；紫金6种。

1. 泽珍珠菜

Lysimachia candida Lindl.

直立草本，基生叶匙形或倒披针形，长2.5～6 cm，宽0.8～2 cm，蒴果球形。

全草入药。广西民间用全草捣烂，敷治痈疮和无名肿毒。

2. 矮桃

Lysimachia clethroides Duby

直立草本，叶互生，长椭圆形至阔披针形，总状花序顶生，花冠白色，蒴果近球形。

全草入药，有活血调经、解毒消肿的功效。

3. 延叶珍珠菜（疬子草、延叶排草、大羊古臊）

Lysimachia decurrens Forst. f.

多年生草本；高40～90 cm。茎粗壮，有棱角。叶互生，叶片披针形或椭圆状披针形，长6～13 cm，基部下延至叶柄成狭翅，叶柄基部沿茎下延。

全草药用，活血调经、消肿散结之效。

4. 星宿菜（红根草）

Lysimachia fortunei Maxim.

直立草本，叶互生，长椭圆状披针形至椭圆形，长5～11 cm，宽1～2.5 cm，顶端渐尖，基部楔形，两面有褐色腺点，与珍珠菜相似，花较长，花较疏生。

全草药用。治感冒，咳嗽咯血，肠炎，痢疾，肝炎等。

5. 巴东过路黄

Lysimachia patungensis Hand.-Mazz.

茎匍匐，茎、叶柄、花梗和花萼密被锈色柔毛和腺体，叶对生，阔卵形或近圆形，长1.3～3.8 cm，宽0.8～3 cm，顶端圆，基部楔形，花2～4朵顶生，花冠黄色，基部橙红色，与临时救相似，花少。

6. 阔叶假排草

Lysimachia sikokiana subsp. **petelotii** (Merr.) C. M. Hu

多年生草本；株高10～40 cm。叶互生，叶通常较明显聚集于茎端，下部叶退化成鳞片状或仅存叶痕，叶卵圆形、椭圆形以至阔卵状披针形，长4～12 cm；下面苍绿色，密被带紫色联结成斑块状的小腺点。

241. 白花丹科 Plumbaginaceae

草本。单叶，叶柄基部扩张或抱茎。花两性，整齐，鲜艳；萼下位；花萼裂片5，有时具间生小裂片；结果时萼略变硬，包于果实之外，常用连同果实迟落；花冠下位，较萼长，由5枚花瓣或多或少联合而成；花冠裂片在芽中旋转状，花后扭曲而萎缩于萼筒内。雄蕊5，与花冠裂片对生，下位，或着生于花冠基部；花丝扁，线形，基部多少扩张；花药2室，平行，纵裂，近于中着，罕为底着；雌蕊1，由5心皮结合而成；子房上位，1室；胚珠1枚。蒴果。本科21属，约580种，世界广布，主要产于地中海区域和亚洲中部，南半球最少；我国7属，约40种；紫金1属，1种。

1. 白花丹属 Plumbago L.

叶互生。萼管上有腺毛；花瓣合生成呈高脚杯状；花柱合生，仅顶端分离。本属约17种，主要分布于热带；我国3种；紫金1种。

1. 白花丹

Plumbago zeylanica L.

草本。萼管全部被腺毛，花冠白色，花序长8～17 cm。

根和叶药用。散瘀消肿，祛风止痛。

242. 车前草科 Plantaginaceae

草本。叶螺旋状互生，常用排成莲座状，或于地上茎上互生、对生或轮生；单叶，弧形脉3～11条，少数仅有1中脉；叶柄基部常扩大成鞘状。穗状花序狭圆柱状、圆柱状至头状，偶尔简化为单花，稀为总状花序；花序梗常用细长，出自叶腋；每花具1苞片；花小，两性，稀杂性或单性，雌雄同株或异株；花萼4裂，前对萼片与后对萼片常不相等，裂片分生或后对合生，宿存；花冠干膜质，白色、淡黄色或淡褐色，高脚碟状或筒状，筒部合生，檐部(3～)4裂，辐射对称，裂片覆瓦状排列；雄蕊4，稀1或2，相等或近相等，无毛；花丝贴生于冠筒内面[illegible]与裂片互生，丝状，外伸或内藏；雌蕊由背腹向2心皮合生[illegible]；子房上位，2室。果常用为周裂的蒴果。本科3属，约2[illegible]广布于全世界；我国1属，20种；紫金1属，2种。

1. 车前属Plantago L.

草本。叶螺旋状互生，常用排成莲座状，或于地上茎上互生、对生或轮生；单叶，弧形脉3～11条，少数仅有1中脉；叶柄基部常扩大成鞘状。穗状花序狭圆柱状、圆柱状至头状。本属约200种，广布全世界；我国20种，其中2种为外来入侵杂草，1种为引种栽培及归化植物；紫金2种。

1. 车前（牛舌草、猪耳朵草）

Plantago asiatica L.

多年生草本；高20～60 cm。根茎短，稍粗。叶基生呈莲座状，宽卵形至宽椭圆形，长4～12 cm，边缘波状，基部宽楔形或近圆形，多少下延，两面疏生短柔毛；叶柄长5～20 cm，基部扩大成鞘。

全草入药，清热解毒、祛湿利尿。

2. 大车前（钱串草）

Plantago major L.

多年生草本。根茎粗短，有多数须根。叶基生呈莲座状，宽卵形至宽椭圆形，长3～18 cm，边缘波状，两面疏生短柔毛；叶柄长3～10 cm，基部鞘状。

全草和种子药用，清热解毒、祛湿利尿。

243. 桔梗科Campanulaceae

草本、灌木或小乔木。花大多5数，辐射对称或两侧对称；花萼5裂，筒部与子房贴生，镊合状排列；花冠为合瓣，浅裂或深裂至基部而成为5个花瓣状的裂片，整齐，或后方纵缝开裂至基部，其余部分浅裂，使花冠为两侧对称，裂片在花蕾中镊合状排列极少覆瓦状排列，雄蕊5枚，常用与花冠分离，或贴生于花冠筒下部，彼此间完全分离，或借助于花丝基部的长绒毛而在下部黏合成筒，或花药联合而花丝分离，或完全联合；花丝基部常扩大成片状；花盘有或无，如有则为上位，分离或为筒状；子房下位，或半上位，少完全上位的，2～5 (～6) 室。果常用为蒴果。本科70属，约2000种，世界广布，主产地为温带和亚热带；我国16属，约170种；紫金3属，4种。

1. 金钱豹属Campanumoea Bl.

草本或藤本，植物体有乳汁。花单生或组成聚伞花序。浆果。本属5种，分布于亚洲东部热带亚热带地区：印度尼西亚、菲律宾、中南半岛、印度东部、不丹、锡金、日本、新几内亚巴布亚；我国5种均产；紫金2种。

1. 金钱豹

Campanumoea javanica Bl.

藤本，花冠较小，长1～1.3 cm，果直径1～1.2 cm。

2. 长叶轮钟草

Campanumoea lancifolia (Roxb.) Merr.

草本，叶长卵形或卵状披针形。

2. 党参属 Codonopsis Wall.

草本藤本，有肉质根，植物体有乳汁。花单生或组成聚伞花序。蒴果室背开裂。本属40多种，分布于亚洲东部和中部；我国约39种；紫金1种。

1. 羊乳

Codonopsis lanceolata (Sieb. Et Zucc.) Trautv.

草质藤本，有肉质根，叶着生于枝上的常2～4片对生或轮生，蒴果。

根药用，补肾通乳，排脓解毒。

3. 蓝花参属Wahlenbergia Schrad. ex Roth

草本。叶互生。花小，长不达1 cm，花蓝色。蒴果顶端开裂。本属约100种，分布南半球，几种分布热带；我国仅1种；紫金1种。

1. 蓝花参（娃儿草、细叶沙参）

Wahlenbergia marginata (Thunb.) A. DC.

多年生草本；高10～40 cm。有白色乳汁。叶互生，常在茎下部密集，下部的匙形，倒披针形或椭圆形，上部的条状披针形或椭圆形，长1～3 cm。花冠钟状，蓝色。

根药用，益气补虚、祛痰、截疟。

244. 半边莲科Lobeliaceae

草本、灌木或小乔木。叶互生，稀有对生或轮生。花单生叶腋，或总状花序顶生，或由总状花序再组成圆锥花序；花两性，稀单性；小苞片有或无；花萼筒卵状、半球状或浅钟状，裂片等长或近等长，极少二唇形，全缘或有小齿；果期宿存；花冠两侧对称，背面常纵裂至基部或近基部，极少数种花冠完全不裂或几乎完全分裂，檐部二唇形或近二唇形，个别种所有裂片平展在下方，呈一个平面，上唇裂片2，下唇裂片3，裂片形状及结合程度因种而异；雄蕊筒包围花柱，我国种类均自花冠背面裂缝伸出，花药管多灰蓝色，顶端或仅下方2枚顶端生髯毛；柱头2裂，授粉面上生柔毛；子房下位、半下位，极少数种为上位，2室，胎座半球状，胚珠多数。蒴果或浆果。本科25属，约1000种，分布热带和亚热带地区；我国3属，26种；紫金1属，4种。

1. 半边莲属Lobelia L.

草本。花冠二侧对称，花冠管一侧开裂。果为蒴果，室背2瓣裂。本属350种，分布热带和亚，主产非洲和美洲；我国19种；紫金4种。

1. 半边莲（细米草、急解索、紫花莲）

Lobelia chinensis Lour.

多年生草本；高6～15 cm。茎细弱。叶互生，近无柄，椭圆状披针形至条形，长8～25 mm。花通常1朵，生分枝的上部叶腋；花梗细长；花冠粉红色。

全草药用，有清热解毒、利尿消肿之效。

2. 线萼山梗菜

Lobelia melliana E. Wimm.

草本，高80～150 cm，叶互生，卵状长圆形、镰状披针形，蒴果近球形，花果期8～10月。

全草药用。宣肺化痰，清热解毒，利尿消肿。

3. 铜锤玉带草（地钮子、地茄子、扣子草）

Lobelia nummularia Lam.

多年生草本，有乳汁。茎平卧，被毛，节上生根。叶互生，圆卵形、心形或卵形，长0.8～1.6 cm，顶端钝圆或急尖，基部斜心形。果为浆果，紫红色。

全草入药，味苦辛、性凉，消炎解毒、补虚、退翳、凉血。治风湿、跌打损伤等。

4. 卵叶半边莲

Lobelia zeylanica L.

多汁草本。茎平卧四棱状，长达60 cm，稀疏分枝。叶螺旋状排列，叶片三角状阔卵形或卵形。花萼钟状；花冠紫色、淡紫色或白色，二唇形。

249. 紫草科Boraginaceae

草本、灌木或乔木。叶为单叶。聚伞花序或镰状聚伞花序，稀花单生；花两性，辐射对称，很少左右对称；花萼具5个基部至中部合生的萼片；花冠筒状、钟状、漏斗状或高脚碟状，一般可分筒部、喉部、檐部三部分，檐部具5裂片，裂片在蕾中覆瓦状排列，稀旋转状，喉部或筒部具或不具5个附属物，附属物大多为梯形；雄蕊5，着生花冠筒部，稀上升到喉部，轮状排列，极少螺旋状排列，内藏，稀伸出花冠外；蜜腺在花冠筒内面基部环状排列，或在子房下的花盘上；雌蕊由2心皮组成，子房2室，每室含2胚珠，或由内果皮形成隔膜而成4室，每室含1胚珠。果实为含1～4粒种子的核果。本科约100属，2000种，分布世界的温带和热带地区，地中海区为其分布中心；我国48属，269种；紫金4属，4种。

1. 斑种草属Bothriospermum Bge.

花冠裂片旋转排列，子房4裂，花柱自子房裂片间基部生出。小坚果着生面位于基部，无锚状刺，小坚果杯状突起1层。本属5种，广布亚洲热带及温带；我国5种均产；紫金1种。

1. 柔弱斑种草（细茎斑种草）

Bothriospermum zeylanicum (J. Jacq.) Druce

一年生草本，高15～30 cm。茎纤弱，丛生，各部被伏毛或硬毛。叶椭圆形或狭椭圆形，长1～2.5 cm，顶端钝，具小尖，基部宽楔形，两面被毛。花序柔弱。

全草药用。味涩、微苦，性平。止咳，止血。治咳嗽，吐血。

2. 破布木属 Cordia L.

乔木或灌木。叶互生稀对生。聚伞花序无苞，呈伞房状排列；花两性；花萼筒状或钟状，花后增大，宿存；花冠钟状或漏斗状，白色、黄色或橙红色，通常5裂，稀4～8裂；雄蕊通常完全发育，花丝基部被毛；子房4室，无毛，每室含1粒胚珠，花柱基部合生，顶端两次2裂，各具1匙形或头状的柱头。核果卵球形、圆球形或椭圆形。种子无胚乳，子叶具褶。本属约250种，主产美洲热带；我国6种；紫金1种。

1. 破布木

Cordia dichotoma Forst. f.

乔木，子房不分裂，花柱2裂分裂，柱头4枚。

3. 厚壳树属Ehretia L.

乔木。叶面无白色斑点。子房不分裂，花柱自子房顶端生出，花柱2裂不达中部，柱头2。核果，有2个分核。本属约50种，大多分布于非洲、亚洲南部，美洲有极少量分布；我国12种，1变种；紫金2种。

1. 厚壳树

Ehretia thyrsiflora (Sieb. et Zucc.) Nakai

乔木；叶缘全缘，叶二面无毛。

2. 长花厚壳树

Ehretia longiflora Champ. ex Benth.

乔木；高5～10 m。叶缘有锯齿，叶面无毛，花冠裂片比管长。

根入药，温经止痛。木材供建筑及家具用。

250. 茄科Solanaceae

草本、灌木或小乔木。单叶，稀羽状复叶。花单生，簇生或为蝎尾式、伞房式、伞状式、总状式、圆锥式聚伞花序，稀为总状花序；常五基数、稀四基数；花萼常用具5齿、5中裂或5深裂，稀具2、3、4至10齿或裂片，裂片在花蕾中镊合状、外向镊合状、内向镊合状或覆瓦状排列、或者不闭合，花后几乎不增大或极度增大，果时宿存，稀自近基部周裂而仅基部宿存；花冠具短筒或长筒，辐状、漏斗状、高脚碟状、钟状或坛状；雄蕊与花冠裂片同数而互生，伸出或不伸出于花冠，同形或异形、有时其中1枚较短而不育或退化，插生于花冠筒上，花丝丝状或在基部扩展；子房常用由2枚心皮合生而成，2室、有时1室或有不完全的假隔膜而在下部分隔成4室、稀3～5(～6)室，2心皮不位于正中线上而偏斜。果实为多汁浆果或干浆果，或者为蒴果。本科约30属，3000种，广泛分布于全世界温带及热带地区，美洲热带种类最为丰富；我国24属，105种，35变种；紫金4属，9种。

1. 红丝线属Lycianthes (Dunal) Hassl.

匍匐草本。花单生或数朵簇生，花冠钟形，花药彼此靠合围绕花柱，顶孔开裂。本属约180种，主要分布于中南美洲，10种产东亚，其中有2种南达新加坡及印度尼西亚的爪哇；我国9种，11变种；紫金1种。

1. 红丝线（十萼茄、钮扣子）

Lycianthes biflora (Lour.) Bitter

灌木或亚灌木；高0.5～1.5 m。小枝、叶下面、叶柄、花梗及萼的外面密被绒毛。上部叶常假双生，大小不相等；叶片椭圆状卵形、宽卵形。花序无柄，通常2～3花；萼杯状，萼齿10枚。

全株入药，祛痰止咳、清热解毒。

2. 酸浆属Physalis L.

草本。花萼花后增大呈灯笼状全部包裹果实。本属120种，主产美洲热带及温带地区，少数分布于欧亚大陆及东南亚；我国5种，2变种；紫金1种。

1. 苦蘵（灯笼草、灯笼果）

Physalis angulata L.

一年生草本；高常30～50 cm。叶片卵形至卵状椭圆形，长3～6 cm。花单生叶腋；花萼5中裂，裂片披针形，生缘毛；花冠淡黄色，喉部常有紫色斑纹。果萼卵球状，直径1.5～2.5 cm，纸质，绿色；浆果球形，藏于果萼内，直径约1.2 cm。

全草入药，清热，利尿，解毒。

3. 茄属Solanum L.

草本或灌木。各式聚伞花序，花冠辐射状、星状或漏斗状，雄蕊相互靠合成一环。本属约2000余种，分布于全世界热带及亚热带，少数达到温带地区，主产南美洲的热带；我国39种，14变种；紫金6种。

1. 少花龙葵（衣钮扣）

Solanum americanum Miller

草本。叶卵形至卵状长圆形，长4～8 cm，基部楔形下延至叶柄而成翅，两面均具疏柔毛。花序近伞形，腋外生，着生1～6朵花；萼绿色，花冠白色，裂片卵状披针形。

入药有清凉解毒、平肝功效。

2. 白英

Solanum lyratum Thunb.

草质藤本，无刺，密被柔毛，叶琴形或戟形，长3～10 cm，宽3～6 cm，基部3～5深裂，二歧聚伞花序，果球形。

全草药用。清热解毒，消肿镇痛，利水消肿。

3. 龙葵（天茄子、苦葵）

Solanum nigrum L.

一年生草本。叶卵形，长3～10 cm，基部楔形至阔楔形而下延至叶柄。蝎尾状花序腋外生，由3～10花组成；花冠白色，冠檐5深裂，裂片卵圆形。

全株入药，可散瘀消肿、清热解毒。

4. 水茄

Solanum torvum Swartz

灌木，有刺，被星状毛，叶卵形或椭圆形，长6～18 cm，宽5～14 cm，背脉、叶柄有时有刺，伞房状聚伞花序。

根，散瘀药用，通经，消肿，止痛，止咳。

5. 假烟叶树（野烟叶、土烟叶、大黄叶）

Solanum verbascifolium L.

小乔木，叶大而厚，卵状长圆形，浆果球状，具宿存萼，几全年开花结果。

根皮入药，有消炎解毒、祛风散表之功。可以敷疮毒，洗癣疥。

6. 牛茄子

Solanum virginianum L.

密刺灌木，叶阔卵形，长5～13 cm，宽4～15 cm，基部心形，边缘3～7浅裂，裂片三角形，脉两面有皮刺，果扁球形，直径3.5 cm。

根药用，治跌打损伤，风湿腰腿痛，痈疮肿毒，冻疮。

4. 龙珠属Tubocapsicum (Wettst.) Makino

草本。花2至数朵簇生，花萼顶端截平，全缘。本属2种，分布于我国、朝鲜和日本；我国1种；紫金1种。

1. 龙珠

Tubocapsicum anomalum (Franch. et Sav.) Makino

无毛草本，叶互生，卵形或椭圆形，长5～18 cm，宽3～10 cm，花萼盘状，顶端截平，浆果球形，直径8～12 mm。

全草药用。清热解毒，通利小便。

251. 旋花科Convolvulaceae

草本或灌木。叶互生，螺旋排列，寄生种类无叶或退化成小鳞片。花单生于叶腋，或少花至多花组成腋生聚伞花序，有时总状，圆锥状，伞形或头状，极少为二歧蝎尾状聚伞花序；苞片小，有时叶状；花整齐，两性，5数；花萼分离或仅基部连合，外萼片常比内萼片大，宿存，有些种类在果期增大；花冠合瓣，漏斗状、钟状、高脚碟状或坛状；冠檐近全缘或5裂，极少每裂片又具2小裂片，蕾期旋转折扇状或镊合状至内向镊合状；雄蕊与花冠裂片等数互生，着生花冠管基部或中部稍下，花丝丝状，有时基部稍扩大，等长或不等长；花药2室，内向开裂或侧向纵长开裂；花粉粒无刺或有刺；子房上位，由2(稀3～5)心皮组成。常用为蒴果。本科约56属，1800种，分布热带、亚热带和温带，主产美洲和亚洲的热带、亚热带；我国22属，约125种；紫金8属，11种。

1. 心萼薯属 Aniseia Choisy

萼片5，不等，外面的2(～3)片较大，基部心形或耳形，花冠宽管状、钟状或漏斗状，纵带5条纵脉；雄蕊5，内藏，子房2室，每室具2胚珠；花柱单一，柱头2裂。蒴果。本属约8种，5种见于美洲的热带及亚热带，其他3种亦见于东半球，印度及热带非洲1种，我国南部、西南部至越南2种；紫金1种。

1. 心萼薯

Ipomoea biflora (L.) Pers.

藤本。花较大，萼片长2～2.2 cm，基部有流苏状齿；叶片三角状卵形，基部箭形，两面无毛。

全草药用。味甘、微苦，性平。清热解毒，消疳祛积。

2. 银背藤属 Argyreia Lour.

藤本。花柱1枚，柱头球形。浆果，缩萼增大，内面常红色。本属约90种，主产热带亚洲，1种产澳大利亚；我国21种；紫金1种。

1. 头花银背藤

Argyreia capitiformis (Poir.) Ooststr.

花冠全缘或稍浅裂，雄蕊内藏，叶、花序被褐色长硬毛，包片宿存。

3. 菟丝子属 Cuscuta L.

草质藤本，无叶寄生植物。约170种，广泛分布于全世界暖温带，主产美洲；我国8种；紫金1种。

1. 金灯藤

Cuscuta japonica Choisy

一年生寄生草本，茎缠绕，较粗壮，直径1～2 mm，黄色至黄绿色，常具紫色斑点。花序穗状；花的无柄；花萼杯形；花冠粉红色或浅绿色；钟状至管状，花3～7 mm，5浅裂；蒴果卵圆形，近基部周裂。花期8月；果期9月。

4. 番薯属Ipomoea L.

藤本。萼片钝或急尖，花冠漏斗状或钟状，花冠白色、红色或蓝色，纵带仅2条纵脉，雄蕊与花丝内藏，子房2室，胚珠4颗，柱头双球形。蒴果，宿萼短于果。本属约400种，广泛分布于热带、亚热带和温带地区；我国约20种；紫金4种。

1. 五爪金龙（五叶藤、五叶薯）

Ipomoea cairica (L.) Sweet

多年生缠绕草本。茎细长，有细棱，有时有小疣状突起。叶掌状5深裂或全裂，裂片卵状披针形、卵形或椭圆形，基部1对裂片通常再2裂。花冠紫红色、紫色或淡红色、偶有白色，漏斗状。

块根、叶和果药用，消肿解毒。

2. 七爪龙

Ipomoea digitata L.

草质藤本，全体无毛，有块根，茎平滑，叶掌状3～9全裂，花萼外无毛，花红色或紫红色，与五爪金龙相似。

块根药用，磨碎用以消肿及泻。

3. 瘤梗番薯

Ipomoea lacunosa L.

草质藤本，全体无毛，茎有瘤状突起。

4. 三裂叶薯

Ipomoea triloba L.

草本藤本。叶宽卵形至圆形，长2.5～7 cm，全缘或有粗齿或深3裂，基部心形。花冠漏斗状，长约1.5 cm，淡红色或淡紫红色，冠檐裂片短而钝。

花多、花期长，可栽培作棚架观赏植物。

5. 小牵牛属Jacquemontia Choisy

藤本。萼片近等大，花萼被不被包片包藏，柱头线形。本属约120种，主产美洲热带及亚热带，少数种类亦分布于东半球热带及亚热带；我国1种；紫金1种。

1. 小牵牛

Jacquemontia paniculata (Burm. f.) Hall. f.

草质藤本，伞形花序的花数朵散生。

6. 鱼黄草属 Merremia Dennst.

藤本。花冠漏斗状或钟状，花冠黄色，纵带有5条纵脉，花丝基部无鳞片。蒴果，宿萼短于果。本属约80种，广布于热带地区；我国约16种；紫金1种。

1. 篱栏网

Merremia hederacea (Burm. F.) Hall. F.

草质藤本，叶全缘，卵形，无毛，总花梗长达7 cm，花小，花冠黄色，纵带无毛。

7. 牵牛属Pharbitis Choisy

藤本。萼片渐尖，花冠漏斗状或钟状，花冠紫红色或蓝色，纵带仅2条纵脉，雄蕊与花丝内藏，子房3室，胚珠6颗，柱头双3球形。蒴果，宿萼短于果。本属约24种，广布于温带和亚热带；我国3种；紫金1种。

1. 牵牛（裂叶牵牛）

Pharbitis nil (L.) Choisy

一年生缠绕草本。茎上被长毛。叶宽卵形或近圆形，深或浅的3裂，偶5裂，宽4.5～14 cm，基部心形。花冠漏斗状，长5～8 cm，蓝紫色或紫红色，花冠管色淡。

常栽培作垂直绿化观赏。种子为常用中药“牵牛子”，泻水下气、消肿杀虫。

8. 飞蛾藤属Dinetus Buch. -Ham. ex Sweet

藤本。花萼全部或其中3枚果时增大成翅状，与蒴果一起脱落，花柱1枚。本属约20多种，主要分布于亚洲热带及亚热带，3种在非洲及邻近岛屿，1种在大洋洲，少数种在美洲；我国14种；紫金1种。

1. 飞蛾藤（马郎花、打米花、白花藤）

Dinetus racemosus (Roxb.) Buch.-Ham. ex Sweet

攀援或缠绕藤本。叶卵形，长6～11 cm，基部深心形；掌状脉基出，7～9条。圆锥花序腋生；苞片叶状，无柄或具短柄，抱茎；萼片线状披针形，果时全部增大；花冠漏斗形，白色。

全草药用，有暖胃、补血、去瘀之效。

252. 玄参科Scrophulariaceae

草本、灌木或少有乔木。叶互生、下部对生而上部互生、或全对生、或轮生。花序总状、穗状或聚伞状，常合成圆锥花序，向心或更多离心。花常不整齐；萼下位，常宿存，5少有四基数；花冠4～5裂，裂片多少不等或作二唇形；雄蕊常4枚，而有一枚退化，少有2～5枚或更多，药1～2室，药室分离或多少汇合；花盘常存在，环状，杯状或小而似腺；子房2室，极少仅有1室；花柱简单，柱头头状或2裂或2片状；胚珠多数，少有各室2枚，倒生或横生。果为蒴果，少有浆果状。本科约200属，3000种，广布全球各地；我国61属；681种；紫金15属，34种。

1. 毛麝香属Adenosma R. Br.

草本。叶背有腺点，边缘有齿。花萼裂片还等大，雄蕊2枚能育，2枚不育。本属约10种，分布于亚洲东部和大洋洲；我国4种；紫金2种。

1. 毛麝香（麝香草、蓝花毛麝香）

Adenosma glutinosum (L.) Druce

直立草本；高30～100 cm。茎上部四方形，中空，密被长柔毛和腺毛。叶披针状卵形至宽卵形，长2～10 cm，边缘具不整齐的齿，两面被长柔毛。花冠紫红色或蓝紫色。

全草药用，祛风除湿、消肿解毒、散瘀行气、杀虫止痒。

2. 球花毛麝香（大头陈、地松花、黑头草、石辣）

Adenosma indianum (Lour.) Merr.

草本，顶生花排成密集的头状花序。

全草药用。疏风解表，化痰消滞。治感冒，发热头痛，消化不良，肠炎，腹痛。

2. 水八角属Gratiola L.

草本。叶卵形至披针形，边缘全缘，掌状三出脉。花近无梗，花萼5深裂达近基部。本属约25种，主要分布于温带同亚热带地区；我国2种；紫金1种。

1. 白花水八角

Gratiola japonica Miq.

直立或平卧草本，叶顶端急尖，具短尖头，小苞片线形，有退化雄蕊。

3. 石龙尾属Limnophila R. Br.

草本。叶背有腺点，边缘有齿。花萼裂片等大，雄蕊4枚全部能育。本属约35种，分布于旧大陆热带亚热带地区；我国9种；紫金2种。

1. 紫苏草（香石龙尾、水芙蓉、麻雀草、水薄荷、通关草）

Limnophila aromatica (Lam.) Merr.

一年生或多年生草本；茎高30～70 cm，直立或匍匐。叶草质，对生或3片轮生，卵状披针形至披针状椭圆形，长1～5 cm，具细齿，基部多少抱茎。花冠蓝紫色或粉红色。

全草药用，有清肺止咳、解毒消肿之效。

2. 中华石龙尾

Limnophila chinensis (Osb.) Merr.

老茎被长柔毛，叶1型，叶3～4片轮生，花梗被长柔毛。

4. 母草属Lindernia All.

草本。叶对生，边缘有齿。花单生或总状花序。花萼5中裂或5深裂，萼片近等大，花冠二唇形。本属约70种，分布亚洲的热带和亚热带，美洲和欧洲也有少数种类；我国26种；紫金9种。

1. 长蒴母草（鸭嘴癀、小接骨、长果母草）

Lindernia anagallis (Burm. f.) Pennell

草本；茎无毛，叶卵形，长0.4～2 cm，宽0.7～1.2 cm，叶两面无毛，总状花序，花萼5深裂，果卵状长圆形，与长序母草相似。

全草药用，清热解毒、活血调经。

2. 泥花草（鸭脚草）

Lindernia antipoda (L.) Alston

草本；茎无毛，叶长圆形，长1～4.5 cm，宽0.6～1.2 cm，叶两面无毛，总状花序顶生，花萼5深裂，果柱形，与陌上菜相似。

全草药用，清热解毒、消肿祛瘀。

3. 母草（四方拳草、四方草、蛇通管）

Lindernia crustacea (L.) F. Muell

草本；茎无毛，叶卵形，长1～2 cm，宽5～11 mm，花常单生兼有顶生总状花序，花萼5中裂，果椭圆形或倒卵形，与棱萼母草相似。

全草药用，清热解毒、健脾止泻、利尿消肿。

4. 细茎母草

Lindernia pusilla (Willd.) Boldingh

草本。嫩茎被伸展毛，匍匐草本，花单生叶腋，叶长不及15 mm。

5. 荨麻叶母草

Lindernia urticifolia (Hance) Bonati

草本。嫩茎被伸展毛，直立或披散草本，叶缘具齿，面被柔毛，花梗长约2 mm，与刺毛母草相似。

6. 陌上菜

Lindernia procumbens (Krock.) Philcox

茎无毛，叶椭圆形，长1～2.2 cm，宽0.6～1 cm，叶两面无毛或被疏毛，花单生叶。

7. 圆叶母草

Lindernia rotundifolia (L.) Alston

一年生矮小草本。叶宽卵形或近圆形，花冠紫色，稀蓝或白色，上唇直立，下唇开展，蒴果长椭圆形。

8. 旱田草（定经草、剪席草）

Lindernia ruellioides (Colsm.) Pennell

一年生草本；全株无毛，叶椭圆形，长1～4 cm，宽0.6～2 cm，边缘有锐锯齿，总状花序顶生，花萼5深裂，果柱形，与刺齿泥花草相似。

全草药用，清热解毒、止血生肌。

9. 刺毛母草

Lindernia setulosa (Maxim.) Tuyama

草本。嫩茎被伸展毛，直立或披散草本，叶缘具齿，面被粗伏毛，花梗长1～2 cm。

5. 通泉草属Mazus Lour.

草本。基生叶常莲座状，边缘有齿。花萼钟状或漏斗状，花冠二唇形。本属约35种，分布于中国、印度、日本及东南亚地区；我国22种；紫金1种。

1. 通泉草（脓泡药、汤湿草、猪胡椒）

Mazus pumilus (N.L.Burm.) Steenis

一年生草本；高3～30 cm。茎直立，上升或倾卧状上升，着地部分节上常长出不定根。叶倒卵状匙形至卵状倒披针形，长2～6 cm，基部下延成带翅的叶柄，边缘具不规则的粗齿或基部有1～2片浅羽裂。

全草入药，有止痛、健胃、解毒功效。

直立草本，茎四棱，密被短毛，叶全缘，花单生叶腋，花萼钟状，花冠上唇盔状。

6. 伏胁花属Mecardonia Ruiz. & Pav.

草本，多分枝，无毛，根多年生，植株干后变黑色。茎有棱。叶对生，叶缘有锯齿，具腺点，基部渐狭而无柄。花腋生，苞片叶状。小苞片2，位于纤细的花梗基部，远短于苞片。本属约22种，分布于美洲；有1种近年传入我国；紫金有逸生。

1. 伏胁花

Mecardonia procumbens (P. Mill.) Small

茎有棱。叶对生，叶缘有锯齿，具腺点，基部渐狭而无柄。花腋生，苞片叶状。小苞片2，位于纤细的花梗基部，花黄色。

7. 山罗花属Melampyrum L.

草本。叶边缘全缘。花单生胞腋，花萼钟状，花冠上唇盔状。本属约20种，分布北半球；我国3种；紫金1种。

1. 山罗花（钝叶山罗花）

Melampyrum roseum Maxim.

8. 泡桐属Paulownia Sieb. et Zucc.

乔木。花大，果大。本属7种，均产我国；紫金2种。

1. 白花泡桐

Paulownia fortunei (Seem.) Hemsl.

乔木。枝、叶被星状毛，花序不分枝，花白色或浅紫色。

根和果实药用。祛风解毒，消肿止痛，治筋骨疼痛，疮疡肿毒，红崩白带。

2. 台湾泡桐（华东泡桐）

Paulownia kawakamii Ito

落叶乔木；高8～15 m。嫩枝有黏毛。花冠近钟形，浅紫色至蓝紫色，管基向上扩大，檐部2唇形。蒴果卵圆形，宿萼辐射状强烈反卷。

木材轻软，可作箱板材。树皮入药，祛风解毒、接骨消肿。

9. 苦玄参属Picria Lour.

草本。茎被毛。总状花序。花萼分离，萼片极不等大，前方与后方二片心形且特大，花冠筒长，檐部二唇形。本属2种，分布于亚洲东南部和南部；我国仅1种；紫金1种。

1. 苦玄参（四环素草、蛇总管、鱼胆草）

Picria fel-terrae Lour.

全草药用。清热解毒，消肿止痛。治风热感冒，咽喉肿痛，胃痛，消化不良，痢疾，毒蛇咬伤。

10. 野甘草属Scoparia L.

草本。叶对生或轮生，边缘有齿。花1～5朵腋生，花白色，小，花冠辐状，雄蕊4枚。本属约10种，分布于墨西哥和南美洲，其中有一种广布于全球热带；我国仅1种；紫金1种。

1. 野甘草（冰糖草、土甘草）

Scoparia dulcis L.

直立草本或为半灌木状；高可达100 cm。枝有棱角及狭翅。叶对生或轮生，菱状卵形至菱状披针形，长达3.5 cm，边缘前半部有齿。花单朵或成对生于叶腋，花冠小，白色。

全株入药，清热解毒、利尿消肿、生津止渴、疏风止痒。

11. 阴行草属Siphonostegia Benth.

草本，二回羽状全裂；花对生，稀疏。萼管筒状钟形而长，具10条脉；花冠二唇形，花管细而直，上部稍膨大；雄蕊二强；子房2室。本属4种，1种产小亚细亚，本属3种，分布于中亚与东亚；我国2种；紫金2种。

1. 阴行草

Siphonostegia chinensis Benth.

密被锈色短毛草本，叶片广卵形，二回羽状全裂，蒴果被包于宿存的萼内，约与萼管等长，披针状长圆形，长约15 mm。

2. 腺毛阴行草

Siphonostegia laeta S. Moore

一年生草本；全体密被腺毛；叶片长卵形，亚掌状三深裂，蒴果黑褐色，包于宿萼内，卵状长椭圆形，长12～13 mm。

全草药用，清热利湿，消炎止痛。

12. 孪生花属Stemodia L.

草本；叶对生或轮生。花2朵腋生于叶腋。本属约100种；近年传入我国；紫金有逸生。

1. 轮叶孪生花

Stemodia verticillata Minod

匍匐矮小草本，叶对生或轮生叶柄长3～13 mm，具有翅。花2朵生叶腋。

13. 蝴蝶草属Torenia L.

草本。叶对生，边缘有齿。花萼具5棱或5翅，花冠筒状，檐部二唇形。本属约30种，主要分布于亚、非热带地区；我国11种；紫金7种。

1. 光叶蝴蝶草（长叶蝴蝶草）

Torenia asiatica L.

草本。叶两面光滑无毛，花冠长3～4 cm。

全草药用。散瘀消肿。治热咳，湿热黄疸，痢疾，血淋，疔疮肿毒，跌打损伤。

2. 毛叶蝴蝶草

Torenia benthamiana Hance

茎纤细匍匐，叶被长短不一的硬毛，花蓝色或紫红色。

3. 二花蝴蝶草

Torenia biniflora Chin et Hong

草本。茎纤细匍匐，叶疏被乳头状短硬毛，同一花柄上生出二朵花，花黄色或淡红色。

4. 单色蝴蝶草（蓝猪耳、单色翼萼、蝴蝶草）

Torenia concolor Lindl.

匍匐草本；茎具4棱。叶片三角状卵形或长卵形，长1～4 cm，顶端钝或急尖。果期花梗可长达5 cm，花单朵腋生或顶生；果期萼长达2.3 cm，具5枚宽翅，萼齿2枚，长三角形；花冠蓝色或蓝紫色。

全草药用，清热利湿、和胃止呕、活血化瘀。

5. 黄花蝴蝶草

Torenia flava Buch.-Ham.

直立草本，花黄色，花冠长10～12 mm，花萼具5棱。

6. 紫斑蝴蝶草

Torenia fordii Hook. f.

直立粗壮草本，全体被柔毛。直立草本，花黄色，花冠长17 mm，花萼具5阔翅。花果期7～10月。

7. 紫萼蝴蝶草

Torenia violacea (Azaola) Pennell

直立草本，花白色，带紫色斑，花冠长约16 mm。

14. 婆婆纳属Veronica L.

草本。总状或穗状花序，花冠辐状，蒴果2裂。本属约250种，广布于全球，主产欧亚大陆；我国产61种；紫金2种。

1. 婆婆纳

Veronica didyma Tenore

平卧草本，叶被毛、有短柄，卵圆形或卵形，花单生腋生，果肾形。

2. 多枝婆婆纳

Veronica javanica Bl.

直立或斜升草本，叶被毛、有短柄，卵形或卵状三角形，总状花序腋生，果倒心形。

15. 腹水草属Veronicastrum Heist. ex Farbic.

草本。总状或穗状花序，花冠管状，蒴果4瓣裂。本属20种，分布亚洲东部和北美；我国14种；紫金1种。

1. 爬岩红

Veronicastrum axillare (Sieb. Et Zucc.) Yamazaki

草本。叶柄两侧下延成茎的狭翅，花序长1～3 cm。

全草药用。清热解毒，利水消肿，散瘀止痛。

253. 列当科Orobanchaceae

草本。不含或几乎不含叶绿素。叶鳞片状，螺旋状排列。花多数，沿茎上部排列成总状或穗状花序；苞片1枚；花近无梗或有长或短梗；花萼筒状、杯状或钟状，顶端4～5浅裂或深裂；花冠左右对称，常弯曲，二唇形；雄蕊4，2强，花丝纤细，花药常用2室；雌蕊由2或3合生心皮组成，子房上位。果实为蒴果。本科15属，约150种，主要分布北温带，少数种分布到非洲、大洋洲、亚洲和美洲；我国9属，40种，3变种；紫金1属，1种。

1. 野菰属Aeginetia L.

花梗长达50 cm；花萼一侧开裂，呈佛焰苞状。本属共4种，分布于亚洲南部和东南部；我国3种；紫金1种。

1. 野菰

Aeginetia indica L.

草本。寄生茅草根部的小草本，叶完全退化。

全草药用。解毒消肿，清热凉血。

254. 狸藻科Lentibulariaceae

食虫草本。茎及分枝常变态成根状茎、匍匐枝、叶器和假根。花单生或排成总状花序；花序梗直立，稀缠绕。花两性，虫媒或闭花受精。花萼2、4或5裂，裂片镊合状或覆瓦状排列，宿存并常于花后增大。花冠合生，左右对称，檐部二唇形，上唇全缘或2(～3)裂，下唇全缘或2～3(～6)裂，裂片覆瓦状排列，筒部粗短，基部下延成囊状、圆柱状、狭圆锥状或钻形的距。雄蕊2，着生于花冠筒下方的基部，与花冠的裂片互生；花丝线形，常弯曲；花药背着，2药室极叉开，于顶端汇合或近分离；雌蕊1，由2心皮构成；子房上位，1室，特立中央胎座或基底胎座。蒴果。本科4属，约230余种，分布于全球大部分地区；我国2属，19种；紫金1属，4种。

1. 狸藻属Utricularia L.

水生、沼生或附生草本。无真正的根和叶。茎枝变态成匍匐枝、假根和叶器。叶器基生呈莲座状或互生于匍匐枝上，全缘或一至多回深裂，末回裂片线形至毛发状。捕虫囊生于叶器，匍匐枝及假根上，卵球形或球形，多少侧扁。花序总状。本属约180种，主产于中美洲、南美洲，非洲，亚洲和澳大利亚热带地区，少数种分布于北温带地区；我国17种；紫金4种。

1. 黄花狸藻

Utricularia aurea Lour.

沉水小草本，匍匐枝极发达，花黄色，种子五角形，无环生翅。

2. 挖耳草（耳挖草、金耳挖）

Utricularia bifida L.

陆生小草本，高4～10 cm，叶线形或线状倒披针形，全缘，花茎鳞片和苞片狭椭圆形，基部着生，花黄色，果梗弯垂。花期6～12月。

全草药用，清热、解毒、消肿。

3. 短梗挖耳草

Utricularia caerulea L.

湿生小草本，叶匙形或倒披针形，全缘，花茎鳞片和苞片长圆状披针形，盾状着生，花紫色，种子无毛。

4. 圆叶挖耳草

Utricularia striatula J. Smith

湿生小草本，叶圆形或匙形，全缘，花茎鳞片和苞片披针形，盾状着生，花白色划淡紫色，种子被钩毛。

256. 苦苣苔科Gesneriaceae

草本或灌木，稀乔木。叶为单叶，羽状复叶。聚伞花序，或为单歧聚伞花序，稀为总状花序；花萼(4～)5全裂或深裂，辐射对称，稀左右对称，2唇形；花冠辐状或钟状，檐部（4～)5裂；雄蕊4～5，与花冠筒多少愈合；花药分生；花盘位于花冠及雌蕊之间，环状或杯状，或由1～5个腺体组成；雌蕊由2枚心皮构成，子房上位，半下位或完全下位，长圆形，线形，卵球形或球形，一室，侧膜胎座2，稀1。果实线形、长圆形、椭圆球形或近球形，常用为蒴果，室背开裂或室间开裂，稀为盖裂，或为不开裂的浆果。本科约140属，3000余种，分布于亚洲东部和南部、非洲、欧洲南部、大洋洲、南美洲及墨西哥的热带至温带地区；我国56属，约560种；紫金8属，15种。

1. 芒毛苣苔属Aeschynanthus Jack

小灌木，叶对生或轮生。聚伞花序，苞片早落，能育雄蕊4枚，子房线形或长圆形，顶端渐变形成花柱。蒴果2瓣裂。本属约140种，自尼泊尔、印度东部向东至我国台湾，向东南至伊里安岛；我国34种；紫金1种。

1. 芒毛苣苔

Aeschynanthus acuminatus Wall. ex A. DC.

多年生肉质草本，叶大，卵形或狭卵形，长5～17 cm，宽3～9.5 cm，苞片大卵形，长1～4 cm，子房和蒴果线形。

2. 唇柱苣苔属Chirita Buch.-Ham. ex D. Don

草本。叶基生，莲座状。2枚大苞片，对生，花冠漏斗状或筒状，上方2枚雄蕊能育，柱状1枚，子房及蒴果均线形。本属约130种，分布于尼泊尔、不丹、印度、缅甸、我国南部、中南半岛、马来半岛及印度尼西亚；我国约81种；紫金5种。

1. 光萼唇柱苣苔

Chirita anachoreta Hance

一年生草本。叶对生，狭卵形或椭圆形，长3～13 cm，基部斜圆形、浅心形或宽楔形，边缘有小牙齿。花萼5裂近中部，裂片狭三角形，边缘有短睫毛；花冠白色或淡紫色。

全株可治毒蛇咬伤。

2. 弯果唇柱苣苔

Chirita cyrtocarpa D. Fang et L. Zeng

年生草本，根状茎节间明显。叶狭卵形或椭圆形，长3～15 cm，宽1.5～6.5 cm，顶端渐尖，基部心形。花冠深蓝色。

3. 蚂蝗七

Chirita fimbrisepala Hand.-Mazz.

多年生草本，具粗根状茎。叶均基生；叶片草质。花冠淡紫色或紫色，子房及花柱密被短柔毛，柱头长约2 mm，2裂。蒴果被短柔毛。种子纺锤形。

4. 多葶唇柱苣苔

Chirita polycephala (Chun) W. T. Wang

多年生草本，具根状茎。叶均基生；叶片薄纸质，宽卵形、近圆形或卵形，稀椭圆形，花冠淡紫色，雌蕊长约3 cm，子房及花柱密被短柔毛，柱头长2～4 mm，二浅裂。蒴果长4～5 cm，宽约2 mm，稍镰状弯曲，被短柔毛。

5. 钟冠唇柱苣苔

Chirita swinglei (Merr.) W. T. Wang

叶椭圆形或椭圆状卵形，长6～12 cm，宽2～5 cm，边缘有小齿，苞片2枚，线形，长2～4 mm。花冠近钟状。

3. 长蒴苣苔属 Didymocarpus Wall.

草本或亚灌木。叶基生。苞片2枚，对生，花冠细筒形或漏斗状筒形，花冠上部二唇形，上唇二裂，上方2枚雄蕊能育，柱状1枚，扁球形，子房及蒴果线形。本属约180种，多数分布于亚洲热带地区，少数分布于非洲和澳大利亚；我国约31种；紫金1种。

1. 闽赣长蒴苣苔

Didymocarpus heucherifolius Hand.-Mazz.

多年生草本，具粗根状茎。叶5～6，均基生；叶片纸质，心状圆卵形或心状三角形。葫果线形或线状棒形，被短柔毛。种子狭椭圆形。

4. 双片苣苔属 Didymostigma W. T. Wang

草本。叶茎生，非莲座状。苞片2枚，上方2枚雄蕊能育，柱头2枚，等大。果开裂。本属仅1种，分布于我国广东和福建南部；紫金1种。

1. 双片苣苔

Didymostigma obtusum (Clarke) W. T. Wang

多年生草本。茎近直立，有3～5节，多少密被柔毛。叶对生，卵形，长2～10 cm，基部稍斜，边缘具钝锯齿，两面被柔毛，下面常带紫红色。花冠淡紫色或白色，筒细漏斗形，上唇较下唇短。

根入药，有清热解毒、止咳功效。

5. 吊石苣苔属 Lysionotus D. Don

小灌木或亚灌木，通常附生，稀攀援并具木栓。叶对生或轮生，稀互生，花冠白色、紫色或黄色，筒细漏斗状，稀筒状，蒴果线形，室背开裂成2瓣，以后每瓣又纵裂为2瓣。本属约30种，自印度北部、尼泊尔向东经我国、泰国及越南北部到日本南部；我国28种，8变种；紫金1种。

1. 吊石苣苔

Lysionotus pauciflorus Maxim.

小灌木。叶片革质，形状变化大，线形、线状倒披针形、狭长圆形或倒卵状长圆形，蒴果线形。

全草可供药用，治跌打损伤等症。

6. 后蕊苣苔属Opithandra Burtt

草本。叶基生，莲座状。上方2枚雄蕊能育。果开裂。本属9种，分布于我国东南部及日本；我国8种；紫金1种。

1. 汕头后蕊苣苔

Opithandra dalzielii (W. W. Smith) Burtt

草本。叶边有齿，侧脉7～9对。花粉红色。

7. 马铃苣苔属Oreocharis Benth.

草本。叶基生。聚伞花序，苞片2枚，花冠筒长8～20 mm，能育雄蕊4枚，花药分离，花药横裂。本属约27种，大部分布我国至越南、泰国；我国约26种，5变种；紫金3种。

1. 大叶石上莲（马铃苣苔）

Oreocharis benthamii Clarke

多年生草本。叶丛生，具长柄，椭圆形或卵状椭圆形，长6～12 cm，顶端钝或圆形，基部浅心形，偏斜或楔形，边缘具齿或全缘，上面密被柔毛，下面密被绵毛，侧脉明显；叶柄密被绵毛。

全草药用。清热解毒，消炎。治跌打，刀伤出血，烂脚。

2. 绵毛马铃苣苔

Oreocharis nemoralis var. **lanata** Y. L. Zheng et N. H. Xia

基生叶，具长柄，叶片椭圆形，卵状椭圆形，背面被绵毛。

3. 毛柄马铃苣苔

Oreocharis pilosopetiolata L. H. Yang & M. Kan

叶柄及花梗上有显著的毛。

8. 线柱苣苔属Rhynchotechum Bl

灌木，叶对生。聚伞花序，苞片2枚，小，子房卵球形，顶端渐变形成花柱。果肉质，不裂。本属约14种，自印度向东经我国南部、中南半岛、印度尼西亚至伊里安岛；我国6种；紫金2种。

1. 异色线柱苣苔

Rhynchotechum discolor (Maxim.) Burtt

灌木。叶互生，有时下部对生。

2. 线柱苣苔（横脉线柱苣苔）

Rhynchotechum ellipticum (Wallich ex D. Dietrich) A. de Candolle

亚灌木。叶对生，具柄，纸质，倒披针形或长椭圆形，长15～32 cm，顶端渐尖，基部渐狭，具小齿，两面幼时密被毛后叶面变无毛，背脉仍被毛，侧脉每侧13～26条，近平行；叶柄长。

全草入药，清肝、解毒。

259. 爵床科Acanthaceae

草本、灌木或藤本，稀小乔木。叶对生，稀互生，叶片、小枝和花萼上常有条形或针形的钟乳体。花两性；苞片常用大，有时有鲜艳色彩；花萼常用5裂或4裂，裂片镊合状或覆瓦状排列；花冠合瓣，具长或短的冠管，直或不同程度扭弯，冠管逐渐扩大成喉部，或在不同高度骤然扩大，有高脚碟形，漏斗形，不同长度的多种钟形，冠檐常用5裂，整齐或2唇形，上唇2裂，有时全缘，稀退化成单唇，下唇3裂，稀全缘，冠檐裂片旋转状排列，双盖覆瓦状排列或覆瓦状排列；发育雄蕊4或2，常为2强，着生于冠管或喉部，花丝分离或基部成对联合，或联合成一体的开口雄蕊管，花药背着，稀基着，2室或退化为1室，若为2室，药室邻接或远离；子房上位，其下常有花盘。蒴果。本科约250属，2500种，分布热带和亚热带地区；我国50属，300种；紫金10属，13种。

1. 杜根藤属Calophanoides Ridl.

花冠白色或稍带绿色，冠管短，漏斗状，喉部扩大，雄蕊2枚，花药2室，子房每室有胚珠2粒。本属22种，分布亚洲至澳大利亚；我国16种；紫金2种。

1. 绿苞爵床

Justicia glauca subsp. **austrosinensis** Lo

灌状多年生草本开花植物，叶对生，绿色，椭圆形，全缘，穗状花序。

2. 杜根藤

Justicia quadrifaria (Nees) T. Anderson

草本。茎基部匍匐，下部节上生根，后直立，近4棱形，在两相对面具沟。叶片长圆形或披针形，长2.5～8 cm，边缘常具小齿。花序腋生，苞片卵形，倒卵圆形，长8 mm，具羽脉。

全草药用，清热解毒。

2. 钟花草属Codonacanthus Nees

小草本，叶小，长6～9 cm，宽2～4.5 cm，侧脉5～7对。花小，长7～10 mm，花冠5裂，花冠管短，能育雄蕊2枚。本属仅1种，分布于孟加拉国、印度东北至越南和我国南部，东达日本；我国有分布；紫金1种。

1. 钟花草

Codonacanthus pauciflorus Nees

纤细草本；茎被短柔毛。叶椭圆状卵形或狭披针形，长6～9 cm，宽2～4.5 cm，全缘或有时呈不明显的浅波状，两面被微柔毛。花冠白色或淡紫色，无毛，冠檐裂片5。

3. 狗肝菜属Dicliptera Juss.

聚伞花序，苞片2枚，对生，花冠二唇形，能育雄蕊2枚，花药2室，无育雄蕊，胚珠每室2颗。果开裂时胎座连同珠柄沟弹起。本属约150种，分布于热带和亚热带地区；我国约5种；紫金1种。

1. 狗肝菜（路边青、青蛇仔）

Dicliptera chinensis (L.)Juss.

二年生草本，茎具6条钝棱，节膨大，聚伞花序腋生或顶生，苞片大，阔卵形或近圆形，花冠粉红色。

全草入药，味甘微苦、性寒，清肝热、凉血、生津、利尿。

4. 水蓑衣属Hygrophila R. Br.

花数朵簇生叶腋，花萼5裂片等大，花冠二唇形，能育雄蕊4枚，花药2室。本属约25种，广布于热带和亚热带的水湿或沼泽地区；我国6种；紫金1种。

1. 水蓑衣（窜心蛇、鱼骨草、九节花）

Hygrophila salicifolia (Vahl) Nees

草本，茎4棱形；叶近无柄，纸质，长椭圆形、披针形、线形。花簇生于叶腋，无梗，苞片披针形；花萼圆筒状，5深裂至中部；花冠淡紫色或粉红色。

全草入药，有健胃消食、清热消肿之效。

5. 爵床属Justicia L.

花冠二唇形，能育雄蕊2枚，花药2室，花蕊基部有附属物，无育雄蕊，胚珠每室2颗。果开裂时胎座不弹起。本属约700种，分布热带地区；我国70种；紫金栽培1种。

1. 爵床（小青草、六角英）

Justicia procumbens L.

草本，节间膨大，叶小，长1.5～3.5 cm，宽1.2～2 cm，密集的穗状花序顶生。

全草入药，清热解毒、散瘀消肿、祛风止痛。

6. 假杜鹃属Barleria L.

草本。叶对生。花白色或蓝色；单生或丛生于叶腋内，或排成穗状花序；萼片4，成对，外面一对较大；花冠管状，5裂，裂片近等；发育雄蕊2～8，退化的常具存。蒴果卵形或长圆形；种子卵形或近圆形，2～4颗。本属230～250种，我国4种，1变种，紫金1种。

1. 假杜鹃

Barleria cristata L.

半灌木。叶椭圆形至长圆形，长3～10 cm，顶端尖，两面有毛。花通常4～8朵簇生于叶腋；萼片4，两两相对，白色；花冠青紫色或近白色，漏斗状，外面有微毛，裂片5，2唇形。

7. 十万错属Asystasia Bl.

草本或灌木，疏松，铺散，几具长匍匐茎。花排列成顶生的总状花序，或圆锥花序，花冠通常钟状，近漏斗形，蒴果长椭圆形，基部扁，变细，无种子，上部中央略凹四棱形，两室，有种子4粒。本属约70种，分布于东半球热带地区；我国3种；紫金1种。

1. 十万错

Asystasia chelonoides Nees

多年生草本，叶狭卵形或卵状披针形，花序总状，顶生和侧生，花冠2唇形，白带红色或紫色，冠管钟形，蒴果。

8. 白接骨属Asystasiella Lindau

草本或灌木。花冠5裂，花冠管长，能育雄蕊4枚，花丝基部无膜片相连，子房每室有胚珠2颗。本属约3种，分布于旧大陆热带；我国1种；紫金也有分布。

1. 白接骨（接骨丹、玉接骨、橡皮草）

Asystasiella neesiana (Wall.) Lindau

多年生草本，茎稍四棱，节稍膨大，叶卵形或椭圆形，花冠5裂，雄蕊4枚，2强，果长椭圆形。

全草药用。味淡，性凉。清热解毒，散瘀止血，利尿。

9. 拟地皮消属Leptosiphonium F. v. Muell.

草本。单株或稀分枝，茎合轴，直立。叶具柄，叶片顶端渐尖。花对生于枝顶两侧叶腋，呈总状花序或穗状花序状。花冠通常淡黄色，黄色或橙黄色，稀白色或淡堇色，高脚碟形，背腹两面扁平蒴果圆柱形，本属约10种，主要分布巴布亚新几内亚及邻近岛屿；我国1种；紫金1种。

1. 拟地皮消

Leptosiphonium venustum (Hance) E. Hossain

草本，叶长圆状披针形，披针形或倒披针形，花冠淡紫色，漏斗状。

10. 马蓝属Strobilanthes Bl.

草本或灌木。花冠5裂，花冠管长，能育雄蕊4枚，花丝基部有膜片相连，子房每室有胚珠2颗。本属约250种，分布阿富汗至印度、我国西藏和西南部、缅甸、中南半岛、马来西亚；我国32种；紫金3种。

1. 板蓝

Strobilanthes cusia (Nees) Kuntze

多年生草本，节间膨大，叶大，椭圆形，长10～20 cm，宽4～9 cm，穗状花序，花冠蓝色。

2. 曲枝假蓝

Strobilanthes dalzielii (W. W. Smith) R. Ben.

多年生草本，同一节上叶不等大，茎近“之”字形曲折，穗状花序，花枝曲折，苞片线状披针形，花冠漏斗状。

3. 薄叶马蓝

Strobilanthes labordei H. Lév.

匍匐草本，叶椭圆形，两面被毛，穗状花序密集，苞片叶状，花冠淡紫色。

263. 马鞭草科Verbenaceae

灌木或乔木，稀藤本或草本。叶对生，稀轮生或互生。聚伞、总状、穗状、伞房状聚伞或圆锥花序；花两性，稀杂性，左右对称或很少辐射对称；花萼宿存，杯状、钟状或管状，稀漏斗状，顶端有4～5齿或为截头状，很少有6～8齿，常果实成熟后增大或不增大；花冠管圆柱形，管口裂为二唇型或略不相等的4～5裂，裂片常向外开展，全缘或下唇中间1裂片的边缘呈流苏状；雄蕊4，极少2或5～6枚，着生于花冠管上，花药常用2室，基部或背部着生于花丝上，内向纵裂或顶端先开裂而成孔裂；花盘常用不显著；子房上位，常用为2心皮组成，少为4或5，常2～4室，有时为假隔膜分为4～10室，每室有2胚珠。果实为核果、蒴果或浆果状核果。本科约80余属，3000余种，主要分布于热带和亚热带地区，少数延至温带；我国21属，175种，31变种，10变型；紫金8属，24种。

1. 紫珠属Callicarpa L.

灌木，常被星状毛。花序腋生，萼檐4裂或截平。核果或浆果。本属约190余种，主要分布于热带和亚热带亚洲和大洋洲，少数种分布于美洲，极少数种可延伸到亚洲和北美洲的温带地区；我国约46种；紫金8种。

1. 紫珠（珍珠风、大叶斑鸠米）

Callicarpa bodinieri Lévl.

灌木；叶卵状长椭圆形或椭圆形，长7～18 cm，宽4～7 cm，顶端渐尖或尾状尖，基部楔形，背面密被星状毛，两面密生红色腺点，与华紫珠相似。

根或全株入药，能通经和血、散瘀消肿；调麻油外用，治缠蛇丹毒。果多紫红，可栽培作庭园观赏。

2. 华紫珠

Callicarpa cathayana H. T. Chang

叶椭圆形、椭圆状卵形或卵形，长4～8 cm，宽1.5～3 cm，顶端渐尖或尾状尖，基部心形，两面无毛，有红色腺点，与紫珠相似。

3. 杜虹花（紫珠草、鸦鹊饭）

Callicarpa formosana Rolfe

灌木；叶卵状椭圆形或椭圆形，长6～15 cm，宽3～8 cm，顶端渐尖，基部圆，背面密被黄色星状毛和黄色腺点。

根、叶入药，散瘀消肿、止血镇痛。果多紫红，可栽培作庭园观赏。

4. 藤紫珠

Callicarpa integerrima var. **chinensis** (C. P'ei) S. L. Chen

藤本或蔓性灌木；长可达10 m。叶宽椭圆形或宽卵形，长6～11 cm，基部宽楔形或浑圆，全缘，背面被黄褐色星状毛和细小黄色腺点。聚伞花序宽6～9 cm，6～8次分歧。

全株药用，清热发表、活血止痛。

5. 枇杷叶紫珠（长叶紫珠、裂萼紫珠、野枇杷）

Callicarpa kochiana Makino

灌木；叶椭圆形、卵状椭圆形，长12～22 cm，宽4～8 cm，背面密被星状毛和分枝茸毛，花萼管状，檐部深4裂，宿萼几全包果实，背面的毛更密，无腺点。

根可治慢性风湿性关节炎及肌肉风湿症；叶可作外伤止血药并治风寒咳嗽、头痛。叶可提取芳香油。

6. 广东紫珠

Callicarpa kwangtungensis Chun

灌木。叶长圆状狭披针形至线状披针形，长15～20 cm，宽3～5 cm，顶端渐尖，基部楔形，两面无毛或近无毛，背面有腺点。

根、茎和叶药用。味酸、涩，性温。止痛止血。治胃痛，吐血，胸痛，麻疹，偏头痛，外伤出血。

7. 少花紫珠

Callicarpa pauciflora Chun ex H. T. Chang

亚灌木或灌木，叶片椭圆形或卵状椭圆形，聚伞花序细小，花少数，果未见，花期6月。

8. 红紫珠

Callicarpa rubella Lindl.

灌木。叶倒卵形或倒卵状椭圆形，长10～15 cm，宽4～8 cm，顶端渐尖或尾状尖，基部心形，背面密被星状毛和黄色腺点。

全草药用。味微苦，性凉。驱蛔虫，消肿止痛，止血，接骨。

2. 莸属Caryopteris Bge

亚灌木或草本。花有梗，单生于叶腋、伞房花序或圆锥花序。本属约15种。分布于亚洲中部和东部；我国13种，2变种，1变型；紫金1种。

1. 兰香草（莸、山薄荷、九层楼）

Caryopteris incana (Thunb.) Miq.

小灌木，花多朵组成聚伞花序。

全草药用。味辛，性温，气香。疏风解表，止咳祛痰，散瘀止痛。治上呼吸道感染，百日咳，支气管炎，风湿关节痛，胃肠炎，跌打肿痛，产后瘀血腹痛；毒蛇咬伤，湿疹，皮肤痛痒。外用适量鲜品捣烂敷患处。

3. 大青属Clerodendrum L.

灌木或乔木。聚伞花序，花序腋生兼顶生，小苞片1枚，花冠管细长，圆筒形，雄蕊4枚。本属约400种，分布热带和亚热带，少数分布温带，主产东半球；我国34种，6变种；紫金6种。

1. 灰毛大青（粘毛赪桐、毛赪桐、狮子珠）

Clerodendrum canescens Wall.

灌木，全株密被灰色长柔毛，叶心形或阔卵形，长6～18 cm，宽4～15 cm，基部心形，边缘粗齿，顶生花序，冠白色变红色，冠管比萼管倍长。

根药用。味甘、淡，性凉。养阴清热，宣肺豁痰，凉血止血。

2. 重瓣臭茉莉

Clerodendrum chinense (Osbeck) Mabb.

灌木；灌木，叶阔卵形或心形，长9～22 cm，宽8～21 cm，基部心形，边疏粗齿，顶生花序，冠重瓣，白色，萼管与冠管等长。

花芳香，栽培供观赏。根药用，祛风除湿。

3. 大青（大青木、大青叶、猪屎青、白花鬼灯笼）

Clerodendrum cyrtophyllum Turcz.

灌木，叶椭圆形、卵状椭圆形，长6～17 cm，宽3～6 cm，边全缘，稀有锯齿，顶生花序，冠白色，冠管比萼管倍长。

根药用。味苦，性寒。清热利湿，瘀血解毒。

4. 白花灯笼（灯笼草、鬼灯笼、苦灯笼）

Clerodendrum fortunatum L.

灌木，叶长圆形、卵状椭圆形，长5～17 cm，宽达5 cm，边缘浅波状齿，腋生花序，花萼紫红色，冠白色或淡红色，萼管与冠管等长。

全株入药，有清热降火、消炎解毒、止咳镇痛功效。花果奇特，可栽培供观赏。

5. 广东大青

Clerodendrum kwangtungense Hand.-Mazz.

灌木，叶卵形或长圆形，长6～18 cm，宽2～7 cm，边全缘或浅波状齿，顶生花序，冠白色，冠管比萼管倍长。

6. 尖齿臭茉莉（臭茉莉）

Clerodendrum lindleyi Decne. ex Planch.

灌木，叶阔卵形或心形，长10～22 cm，宽8～21 cm，基部心形，边粗齿，顶生花序，冠紫红色，冠管比萼管倍长。

根、叶或全株药用，祛风活血、强筋壮骨、消肿降压。花美丽，可栽培供观赏。

4. 马缨丹属Lantana L.

灌木，茎和枝有刺。叶揉之有臭味。花序腋生，小苞片1枚，同一花序有几种颜色。本属约150种，主产热带美洲；我国引种有数种；紫金1种。

1. 马缨丹（五色梅、如意花）

Lantana camara L.

直立或蔓性的灌木。茎枝均呈四方形，通常有短而倒钩状刺。单叶对生，揉烂后有强烈的气味，叶卵形至卵状长圆形。花冠黄色或橙黄色，开花后不久转为深红色。

花色多，美丽，常栽培供观赏。根、叶、花药用，清热解毒、散结止痛、祛风止痒。

5. 石梓属Gmelina L.

灌木或乔木，叶对生，全缘或分裂，基部常具大腺点，花大，有苞片，黄色，组成顶生的总状花序或聚伞花序，肉质的核果。本属约35种，主产热带亚洲至大洋洲，少数产热带非洲；我国7种；紫金1种。

1. 亚洲石梓

Gmelina asiatica L.

攀援灌木，叶片纸质，卵圆形至倒卵圆形，聚伞花序组成顶生总状花序，花大，黄色，核果倒卵形至卵形，无毛。

6. 豆腐柴属Premna L.

灌木。聚伞花序顶生，花萼杯状或钟状，花后增大，花冠管短，喉部有一环白色柔毛。核果球形。本属约200种，主要分布亚洲与非洲的热带，少数种类向北延至亚热带，向南至大洋洲，向东至太平洋的中部岛屿；我国现知有44种，5变种；紫金2种。

1. 黄药

Premna cavaleriei Lévl.

灌木，无星状毛，叶卵形、椭圆状卵形，长9～15 cm，宽3.5～9 cm，圆锥花序塔形，萼5裂，稍二唇形。

2. 豆腐柴（豆腐木、腐婢）

Premna microphylla Turcz.

落叶灌木，叶卵状披针形、卵形或倒卵形，长3～13 cm，宽1.5～6 cm，圆锥花序塔形，萼等裂，不二唇形，无星状毛。

叶可制豆腐。根、茎、叶入药，清热解毒、消肿止血。

7. 马鞭草属Verbena L.

草本。叶基部3裂，边缘有不规则的粗齿。无花梗，多花组成长的穗状花序，能育雄蕊4枚。本属约250种，除3种产东半球外，全部产于热带至温带美洲；我国野生1种；紫金2种。

1. 马鞭草（铁马鞭、马鞭子、马鞭稍、透骨草、蛤蟆裸）

Verbena officinalis L.

多年生草本；高30～120 cm。茎四方形，节和棱上有硬毛。叶卵圆形至倒卵形或长圆状披针形，长2～8 cm。穗状花序细弱；花冠淡紫至蓝色。

全草药用，有散瘀通经、清热解毒、止痒驱虫功效。

2. 狭叶马鞭草

Verbena bonariensis L.

多年生草本，具根状茎，高1～2 m。茎具4棱，粗糙，被毛。叶对生，倒披针形至长椭圆形，先端锐尖或渐尖，稀钝，基部楔形或窄楔形，边缘有大小不一的锯齿；叶柄不明显。苞片、花萼与花冠筒均被柔毛，苞片稍短于花萼；花萼先端5裂，裂片披针形；花冠筒长为花萼的1.5～2.0倍，花冠淡紫色；雌雄蕊均较短，藏于花冠筒内。果穗在果期伸长成圆柱形，长1.0～5.0 cm；果实长椭圆形，长2 mm，褐色，部分具白粉，表面具网状隆起的线。花期6～8月。

8. 牡荆属Vitex L.

灌木或小乔木。掌状复叶，稀单叶。聚伞花序，花萼檐部5裂。本属约250种，主要分布于热带和温带地区；我国14种，7变种，3变型；紫金3种。

1. 黄荆（五指柑、布荆）

Vitex negundo L.

灌木，花序梗被毛，小叶5枚，叶边缘常全缘，稀有齿。

茎皮可造纸及制人造棉。根可以驱虫；茎叶消炎止痢；种子为清凉性镇静、镇痛药。嫩枝、叶为良好绿肥。花和枝叶可提取芳香油。

2. 牡荆（黄荆、布荆、小荆）

Vitex negundo var. **cannabifolia** (Sieb. et Zucc.) Hand.-Mazz.

落叶灌木；花序梗被毛，小叶5枚，叶边缘有粗锯齿。

茎皮可造纸及制人造棉。根可以驱烧虫；茎叶治久痢；种子为清凉性镇静、镇痛药。嫩枝、叶为良好绿肥。花和枝叶可提取芳香油。

3. 山牡荆（布荆、山紫荆）

Vitex quinata (Lour.) Will.

常绿乔木；高4～12 m。聚伞花序排成顶生圆锥花序式；花冠淡黄色，顶端5裂，2唇形。核果球形，成熟后呈黑色。

木材用于建筑、文具、胶合板等用材。根皮药用，宣肺排脓、止咳定喘、镇静退热；叶有清热解表、凉血功效。

264. 唇形科Labiatae

草本，半灌木或灌木。叶为单叶，稀为复叶。花序聚伞式；花两侧对称，稀多少辐射对称，两性，稀杂性，花萼下位，宿存，在果时常不同程度的增大；花冠合瓣，管状或向上宽展，有花冠筒，如为二唇形，则上唇常外凸或盔状，较稀扁平，下唇中裂片常最发达，多半平展，侧裂片有时不发达，稀形成盾片；雄蕊在花冠上着生，与花冠裂片互生，常用4枚，二强，有时退化为2枚；雌蕊由2中向心皮形成，早期即因收缩而分裂为4枚具胚珠的裂片，极稀浅裂或不裂；胚珠单被，倒生，直立，基生，着生于中轴胎座上，珠脊向轴，珠孔向下，极稀侧生而多少半倒生，直立，例外的为多少弯生；花柱一般着生于子房基部。果常用裂成4枚果皮干燥的小坚果。本科约220属，3500余种，全世界分布，主产温带；我国99属，800余种；紫金18属，37种。

1. 筋骨草属Ajuga L.

草本。花萼檐部近相等的裂，花冠单唇形，子房不分裂至4深裂，花柱生于子房裂片之间。小坚果侧腹面相接，果脐大而明显。本属约50种，广布于欧亚大陆温带地区，尤以近东为多，极少数种出现于热带山区；我国18种，12变种，5变型；紫金2种。

1. 金疮小草（筋骨草、苦地胆、散血草）

Ajuga decumbens Thunb.

一或二年生草本；茎匍匐，叶匙形、倒卵状披针形，长达14 cm，宽达5 cm，花冠长8～10 mm，淡蓝色或淡紫红色。

全草入药，清热解毒、消炎止痛。

2. 紫背金盘

Ajuga nipponensis Makino

一或二年生草本。茎直立，叶阔椭圆形或卵状椭圆形，长2～4.5 cm，宽1.5～2.1 cm，背面常紫色，花冠长8～11 mm，淡蓝色或淡紫色。

全草入药，治疗各种炎症、出血症等。

2. 广防风属Anisomeles R. Br.

草本。有特气味。花萼檐部裂片等大，裂齿披针形，果时喉部张开，花冠二唇形，上唇较短，雄蕊4枚，直，后对比前对短；子房4全裂，子房无柄，花柱基生，花盘裂片与子房互生。本属约8种，分布于热带亚洲至澳大利亚；我国1种；紫金1种。

1. 广防风（防风草、土防风、防风草、排风草、土藿香、落马衣、秽草）

Anisomeles indica (L.) Kuntze

草本；有特殊气味，茎四棱形，叶阔卵形，长4～9 cm，宽3～6.5 cm，顶端急尖，基部心形。

全草药用，祛风发表、行气消滞、止痛。

3. 风轮菜属Clinopodium L.

草本。轮伞花序腋生，萼檐部二唇形，下唇2裂片狭长，花冠为不明显二唇形，雄蕊4枚；子房4全裂，子房无柄，花柱基生，顶端极不等2裂，花盘裂片与子房互生。本属约20种，分布于欧洲、中亚及亚洲东部；我国11种，5变种，1变型；紫金2种。

1. 风轮菜

Clinopodium chinense (Benth.) O. Ktze.

多年生草本。叶卵圆形，长2～4 cm，宽1.3～2.6 cm，两面疏被毛，轮伞花序腋生，苞叶大，叶状。与匍匐风轮菜相似，但总花梗长。

2. 细风轮菜（瘦风轮菜、宝塔菜、煎刀草）

Clinopodium gracile (Benth.) Matsum.

纤细草本；高8～30 cm。叶卵形或披针形，长1.2～3.4 cm，宽1～2.4 cm，叶面近无毛，轮伞花序顶生组成总状花序式，与光风轮菜相似，但苞叶针状。

全草入药，散瘀解毒、祛风散热、止血。

4. 香薷属Elsholtzia Willd.

花冠筒短，冠檐4裂，上唇1片，雄蕊外伸，2强，前对较长，花盘裂片与子房互生。果萼非明显二唇形。本属约40种，主产亚洲东部，1种延至欧洲及北美，3种产非洲；我国现有33种；紫金1种。

1. 紫花香薷

Elsholtzia argyi Lévl.

直立草本，叶卵形或阔卵形，长2～6 cm，宽1～3 cm，花穗偏向一侧，苞片大，圆形，紫色。

5. 小野芝麻属 Galeobdolon Adans.

草本。花萼檐部裂片等大，裂齿披针形，果时喉部张开，花冠二唇形，上唇外突，雄蕊4枚，直，后对比前对短，花药无毛；子房4全裂，子房无柄，花柱基生，顶端等裂，花盘裂片与子房互生。小坚果有3棱。本属约6种，2变种；其中1种花为黄色，分布于西欧及伊朗北部，有1种分布至日本，其余的均产我国东部、南部至西南；紫金1种。

1. 小野芝麻

Galeobdolon chinense (Benth.) C. Y. Wu

草本；茎四棱形，叶卵形至长阔披针形，长1.5～4 cm，宽1.1～2.2 cm，轮伞花序2～4朵花，花近无梗。

块根药用，化瘀止血。治创伤出血。外用鲜品捣烂敷患处。

6. 锥花属Gomphostemma Wall. ex Benth.

草本。花药无毛，子房4全裂，花柱基生。小坚果核果状，有肉质的外果皮和壳质内果皮，侧腹面分离，果脐小。我国有16种，3变种；紫金1种。

1. 中华锥花

Gomphostemma chinense Oliv.

亚灌木；叶椭圆形或卵状椭圆形，长4～13 cm，宽2～7 cm，叶面被星状毛，背面密被星状绒毛，花序生于茎基部。

7. 香茶菜属Isodon (Schrad. ex Benth.) Spach

萼檐二唇形或等大5裂，花冠二唇形，上唇4裂，下唇1裂，雄蕊下倾，卧于花冠下唇上。本属约150种，产非洲南部，热带非洲，至热带亚热带亚洲，在亚洲北达日本及俄罗斯远东地区；我国90种，21变种；紫金4种。

1. 香茶菜

Isodon amethystoides (Benth.) H. Hara

多年生草本。茎曲折。叶宽三角状卵形至卵形，纸质，基部宽楔形，骤然渐狭下延。聚伞花序3～5花，组成狭圆锥状，顶生及腋生，花萼钟形；花冠淡红至青紫色。外被短柔毛及腺点，内面无毛。小坚果浅褐色，宽卵球形，无毛。花期8～10月，果期10月。

2. 线纹香茶菜（溪黄草、熊胆草）

Isodon lophanthoides (Buch.-Ham. ex D. Don) H. Hara

多年生草本；茎、叶柄、叶背、花序、花萼等密被黄色腺点，叶卵形，长1.5～8.5 cm，宽0.5～5.3 cm，苞片叶状，萼二唇形，雄蕊外申。

全草入药，清热利湿、凉血散瘀；还可解草乌中毒。

3. 纤花香茶菜（溪黄草）

Isodon lophanthoides var. **graciliflorus** (Benth.) H. Hara

草本。与原种区别在于，叶披针形，长5～8.5 cm，宽1.3～3.5 cm。

全草药用。味甘、性凉。清热利湿，退黄，凉血散瘀。治急性黄疸型肝炎，急性胆囊炎，肠炎，痢疾，跌打肿痛。用量15～30 g。

4. 溪黄草（溪沟草、山羊面、熊胆草、血风草、黄汁草）

Isodon serra Kudo (Maxim.) Hara

多年生草本；叶卵圆形或卵状披针形，长3.5～10 cm，宽1.5～4.5 cm，顶端渐尖，基部楔形，无红色腺点，萼直立，雄蕊内藏，果萼不二唇形，种子被毛。

全草入药，治急慢性肝炎、急性胆囊炎、跌打瘀肿等症。

8. 野芝麻属 Lamium L.

草本。花萼檐部裂片等大，裂齿披针形，果时喉部张开，花冠二唇形，上唇外突，雄蕊4枚，直，后对比前对短，花药被毛；子房4全裂，子房无柄，花柱基生，顶端等裂，花盘裂片与子房互生。小坚果有3棱。本属约40种，产欧洲、北非及亚洲，输入北美；我国3种，4变种；紫金1种。

1. 野芝麻

Lamium barbatum Sieb. et Zucc.

草本。叶长卵形，不抱茎。

9. 益母草属Leonurus L.

草本。叶近全裂。花萼檐部裂片等大，裂齿披针形，果时喉部张开，花冠二唇形，上唇外突，雄蕊4枚，直，后对比前对短，花药无毛；子房4全裂，子房无柄，花柱基生，顶端等裂，花盘裂片与子房互生。小坚果有3棱。本属20种，分布于欧洲、亚洲温带，少数种在美洲、非洲各地逸生；我国12种；2变型；紫金2种。

1. 益母草（益母艾、茺蔚、九重楼、野天麻、益母花、童子益母草）

Leonurus japonicus Houtt.

一或二年生草本；直立草本，茎四棱形，叶卵形，二或三回掌状分裂，裂片长圆状线形，轮伞花序8～15朵，浅紫红色。

全草药用，活血调经、去瘀生新；子称茺蔚，入药有益精明目、平肝、降血压作用。花美丽，可栽培供观赏。

2. 白花益母草（野麻、九重楼、野天麻等）

Leonurus artemisia var. **albiflorus** (Migo) S. Y. Hu

一年生或二年生草本，果长圆状三棱形，花白色。果期9～10月。

全草入药，内服可使血管扩张而使血压下降。

10. 凉粉草属 Mesona Bl.

萼檐部二唇形，花萼上唇有明显3齿，下唇全缘，花冠上唇4裂，下唇1裂，下唇扁平。本属10种，星散分布于印度东北部至东南亚及我国东南各省广大地区；我国2种；紫金1种。

1. 凉粉草（仙人草、薪草）

Mesona chinensis Benth.

草本；茎高15～100 cm。叶狭卵形或阔卵形，长2～5 cm，宽0.8～2.8 cm，两面被柔毛，轮伞花序组成间断的总状花序。

全草药用，清热解毒、凉血利尿。全草为制凉粉原料。

11. 石荠苎属 Mosla Buch.-Ham. ex Maxim.

草本。总状花序，萼檐部近相等5裂，花冠为不明显二唇形，雄蕊后对发育，前对退化；子房4全裂，子房无柄，花柱基生，花盘裂片与子房互生。本属约22种，分布于印度，中南半岛，马来西亚，南至印度尼西亚及菲律宾，北至我国，朝鲜及日本；我国12种，1变种；紫金3种。

1. 小花荠苎（野香薷、细叶七星剑、小叶荠学）

Mosla cavaleriei Lévl.

一年生草本；叶较大，卵形或卵状披针形，长2～5 cm，宽1～2.5 cm，两面被多细胞具节长柔毛，背面有腺点。

全草入药，发汗解暑、健脾利湿、止痒、解蛇毒。

2. 石香薷（小叶香薷、七星剑、土香薷）

Mosla chinensis Maxim.

直立草本；叶小，线形或线状披针形，长1.3～2.8 cm，宽2～4 mm，两面被柔毛，背面有腺点。

全草入药，发表散寒、清热利湿；亦为治蛇伤要药。

3. 小鱼仙草（痱子草、热痱草、假鱼香）

Mosla dianthera (Buch.-Ham.) Maxim.

一年生草本；茎、枝被短柔，叶卵状披针形，长1.2～3.5 cm，宽0.5～1.8 cm，毛与石荠宁相似。

全草入药，散寒发表、祛风止痛。此外还可灭蚊。

12. 假糙苏属Paraphlomis Prain

草本。花萼檐部裂片等大，裂齿披针形，果时喉部张开，花冠二唇形，上唇外突，雄蕊4枚，直，后对比前对短，花药无毛，药室平行；子房4全裂，子房无柄，花柱基生，顶端等裂，花盘裂片与子房互生。小坚果无棱。本属约24种8变种，产印度、缅甸、泰国、老挝、越南、马来西亚至印度尼西亚；我国有22种，8变种；紫金1变种。

1. 狭叶假糙苏

Paraphlomis javanica var. **angustifolia** (C. Y. Wu) C. Y. Wu et H. W. Li

草本；茎密被倒生的伏毛，叶卵状披针形或狭披针形，长7～15 cm，宽3～8.5 cm，萼管管状。

13. 紫苏属Perilla L.

草本。轮伞花序结成顶生穗状花序，萼檐部二唇形，下唇2裂片狭长，花冠为不明显二唇形，雄蕊4枚；子房4全裂，子房无柄，花柱基生，花盘裂片与子房互生。本属1种，3变种，分布亚洲东部；我国均有分布；紫金1种。

1. 野生紫苏

Perilla frutescens var. **purpurascens** (Hayata) H. W. Li

草本。野生，叶常绿色，边缘粗锯齿。

全草药用。味辛，性温。

14. 刺蕊草属Pogostemon Desf.

叶对生，花冠筒短，雄蕊4枚等长，花盘裂片与子房互生。果萼非明显二唇形。本属60种以上，分布热带至亚热带亚洲，热带非洲仅有2种，在亚洲自印度东部至中国台湾，南达印度尼西亚及菲律宾；我国16种，1变种；紫金2种。

1. 珍珠菜

Pogostemon auricularius (L.) Kassk.

草本。叶长圆形或卵状长圆形，长2.5～7 cm，宽1.5～2.5 cm，两面被长硬毛，穗状花序披针形，长6～18 cm，直径1 cm。

全草药用。味淡，性平。祛风清热，化湿。

2. 长苞刺蕊草

Pogostemon chinensis C. Y. Wu et Y. C. Huang

直立草本；高0.5～2 m。叶卵形，长5～10 cm，宽2～6 cm，上面被糙伏毛，背面脉上被糙伏毛，穗状花序疏松，有间断，常3个顶生。

15. 鼠尾草属Salvia L.

草本。花冠二唇形，雄蕊2枚；子房4全裂，子房无柄，花柱基生，花盘裂片与子房互生。本属约700种，生于热带或温带；我国78种，24变种，8变型；紫金3种。

1. 鼠尾草（紫参、秋丹参）

Salvia japonica Thunb.

一年生草本；茎下叶二回羽状，茎上部叶一回羽状，顶生小叶披针形或菱形，长达10 cm，宽3.5 cm，顶端尾状尖，基部楔形，2～6花轮花序组成总状花序。

根、全草药用，清热解毒、活血祛瘀、消肿、止血。花美丽，可栽培作庭园观赏。

2. 荔枝草（雪见草、雪里青、癞子草）

Salvia plebeia R. Br.

一或二年生草本；单叶，椭圆状卵形或椭圆状披针形，长2～6 cm，宽0.8～2.5 cm，顶端急尖，基部楔形，背面被毛和腺点，轮伞花序常6花。

全草入药，有清热解毒、活血祛瘀、消肿、止血功效；对高血压及胃癌等症有疗效。

3. 蕨叶鼠尾草

Salvia filicifolia Merr.

三至四回羽状复叶，裂片极多，狭长圆形或线状披针形，6～10朵轮花序组成总状花序。

16. 黄芩属Scutellaria L.

草本。子房4全裂，子房有柄，花柱基生。小坚果外果皮薄而干燥，侧腹面分离，果脐小，种子横生。本属约300多种，世界广布，但热带非洲少见，非洲南部无；我国100余种；紫金8种。

1. 半枝莲（并头草、狭叶韩信草、四方马兰）

Scutellaria barbata D. Don

多年生草本；高12～35 cm。叶长圆状披针形，长1～2.5 cm，宽0.4～1.5 cm，顶端短尖，基部截平，花蓝紫色，长9～13 mm。

全草入药，清热解毒、消肿散瘀、抗癌。

2. 蓝花黄芩

Scutellaria formosana N. E. Brown

多年生草本，叶近革质，卵圆形或卵圆状披针形，花对生，花冠蓝色，小坚果具瘤。

3. 韩信草（耳挖草、向天盏）

Scutellaria indica L.

多年生草本；叶心状卵形，长1.5～2.6 cm，宽1.2～2.3 cm，顶端圆，基部心形，两面被柔毛，花蓝紫色，长1.4～1.8 cm。

全草药用，清热解毒、活血散瘀、舒筋活络。

4. 爪哇黄芩

Scutellaria javanica Jungh.

高大多年生草本。茎叶近革质，卵状披针形至椭圆状披针形，花对生，坚果，花期4～5月。

5. 两广黄芩

Scutellaria subintegra C. Y. Wu et H. W. Li

多年生草本。叶片草质，线状披针形，花冠紫色，期8～10月；果期11月。

6. 偏花黄芩

Scutellaria tayloriana Dunn

多年生草本。叶坚纸质，椭圆形或宽卵状椭圆形，花对生，总状花序，小坚果未详。花期3～5月。

7. 南粤黄芩

Scutellaria wongkei Dunn

茎近木质，高50 cm，钝四棱形，密被毛。叶卵形，长0.9～2.2 cm，宽0.4～1.4 cm，顶端圆，基部楔形，两面密被短硬毛，花淡蓝色，长1.1～1.4 cm。

8. 英德黄芩

Scutellaria yingtakensis Sun

多年生草本；茎高35 cm。叶狭卵形或三角状卵形，长1.5～2.6 cm，宽1.2～2.3 cm，顶端圆，基部心形，两面被柔毛，花蓝紫色，长1.4～1.8 cm。

17. 水苏属Stachys L.

草本。花萼檐部裂片等大，裂齿披针形，果时喉部张开，花冠二唇形，上唇外突，雄蕊4枚，直，后对比前对短，花药无毛，药室叉开；子房4全裂，子房无柄，花柱基生，顶端等裂，花盘裂片与子房互生。小坚果无棱。本属约300种，分布南北半球的温带，在热带中除在山区外几不见，有少数种扩展到较寒冷的地方或高山，非洲南部及智利少见；我国18种，11变种；紫金1种。

1. 地蚕（土冬虫草、白虫草、甘露子、草石蚕）

Stachys geobombycis C. Y. Wu

多年生草本；高40～50 cm。叶长圆状卵圆形，长4.5～8 cm，宽2.5～3 cm，顶端钝，基部浅心形，花大，花冠长约11 mm，花萼钟状，萼齿刺尖。

肉质的根茎可供食用。全草入药，祛风除湿、益肾润肺、滋阴补肾。

18. 香科科属Teucrium L.

草本。花萼檐部二唇形，花冠单唇形，子房不分裂至4深裂，花柱生于子房裂片之间。小坚果侧腹面相接，果脐大而明显。本属约100种，遍布于世界各地，盛产于地中海区；我国18种，10变种；紫金2种。

1. 铁轴草（四裂石蚕、山薄荷）

Teucrium quadrifarium Buch.-Ham.

亚灌木状，萼中齿特大，雄蕊比花冠短，叶卵形或长圆状卵形，长3～7.5 cm，宽1.5～4 cm，基部心形。

全草入药，清热解毒、消肿止痛。

2. 血见愁（山藿香）

Teucrium viscidum Bl.

多年生草本；高30～70 cm。萼齿近等大，雄蕊比花冠近等长，叶卵形或卵状长圆形，长3～10 cm，宽2～4 cm，基部圆形或楔形，与穗花香科科相似。

全草入药，凉血散瘀、止血止痛、解毒消肿。

266. 水鳖科Hydrocharitaceae

沉水或漂浮水面草本。根扎于泥里或浮于水中。茎短缩，直立，少有匍匐。叶基生或茎生，基生叶多密集，茎生叶对生、互生或轮生；叶形、大小多变；叶柄有或无；托叶有或无。佛焰苞合生，稀离生，无梗或有梗，常具肋或翅，顶端多为2裂，其内含1至数朵花。花辐射对称，稀为左右对称；单性，稀两性，有退化雌蕊或雄蕊；花被片离生，3枚或6枚，有花萼花瓣之分，或无花萼花瓣之分；雄蕊1至多枚，花药底部着生，2～4室，纵裂；子房下位，由2～15枚心皮合生，1室，侧膜胎座，有时向子房中央突出，但从不相连；花柱2～5枚。果实肉果状，果皮腐烂开裂。本科17属，约80种，广泛分布于全世界热带、亚热带，少数分布于温带；我国9属，20种，4变种；紫金4属，4种。

1. 水筛属Blyxa Thou.

淡水生。叶茎生，叶螺旋状排列。花两性，花被片窄线形，萼片较花瓣短。本属约11种，分布于热带和亚热带地区；我国5种；紫金1种。

1. 无尾水筛

Blyxa aubertii Rich.

草本。叶基生，花两性，雄蕊3枚，种子两端无明显尾状的附属物，表面无棘突。

2. 黑藻属Hydrilla Rich.

沉水草本。具须根。叶片线形、披针形或长椭圆形，无柄。花单性，腋生，雌雄异株或同株，花瓣3，白色或淡紫色，匙形，果实圆柱形或线形，本属仅1种，1变种，广布于温带、亚热带和热带；紫金1种。

1. 黑藻

Hydrilla verticillata (L. f.) Royle

直立沉水草，叶轮生，叶边缘有明显的齿，花单性，苞片内仅1花。

3. 水车前属Ottelia Pers.

一年生或多年生草本。叶片带形、披针形、阔卵形、近圆形或心形，宿存花瓣3，圆形、长圆形、宽倒卵形或倒心形，比萼片大2～3倍，白色、黄色、紫色或其他颜色；果实长圆柱形、纺锤形或圆锥形。本属约21种；我国5种；紫金1种。

1. 龙舌草

Ottelia alismoides (L.) Pers.

沉水草本，具须根。叶基生，膜质，叶片为广卵形、卵状椭圆形、近圆形或心形，花瓣白色、淡紫色或浅蓝色。花期4～10月。

4. 苦草属Vallisneria L.

沉水草本。叶基生，线形或带形，顶端钝，花瓣3，极小，膜质，果实圆柱形或三棱长柱形，光滑或有翅。种子多数，长圆形或纺锤形，光滑或有翅。本属约6～10种；我国3种；紫金1种。

1. 苦草

Vallisneria natans (Lour.) H. Hara

沉水草本，有匍匐茎，叶脉光滑无刺，雄蕊1枚，果圆柱形。

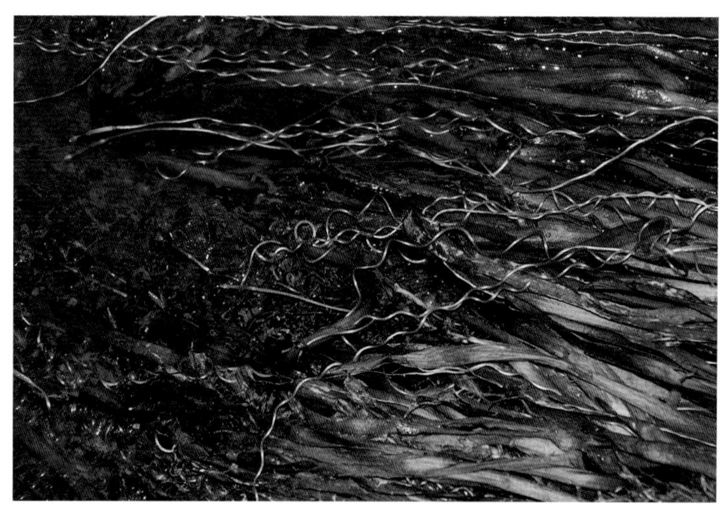

267. 泽泻科Alismataceae

草本；具根状茎、匍匐茎、球茎、珠芽。叶基生，直立，挺水、浮水或沉水；叶片条形、披针形、卵形、椭圆形、箭形等，全缘；叶脉平行；叶柄长短随水位深浅有明显变化，基部具鞘，边缘膜质或否。花序总状、圆锥状或呈圆锥状聚伞花序，稀1～3花单生或散生。花两性、单性或杂性，辐射对称；花被片6枚，排成2轮，覆瓦状，外轮花被片宿存，内轮花被片易枯萎、凋落；雄蕊6枚或多数，花药2室，外向，纵裂，花丝分离，向下逐渐增宽，或上下等宽；心皮多数，轮生，或螺旋状排列，分离，花柱宿存，胚珠常用1枚，着生于子房基部。瘦果两侧压扁，或为小坚果，多少胀圆。本科11属，约100种，主要产于北半球温带至热带地区，大洋洲、非洲亦有分布；我国4属，20种，1亚种，1变种，1变型；紫金1属，1种。

1. 慈姑属Sagittaria L.

花单性或杂性，心皮多数，密集成球形。本属约30种，广布于世界各地，多数种类集中于北温带，少数种类分布在热带或近于北极圈；我国9种，1亚种，1变种，1变型；紫金1种，1变种。

1. 野慈姑

Sagittaria trifolia L.

多年生沼生草本。植株较粗壮，挺水植物，叶箭形，飞燕状，裂片较大，宽1.5～6 cm，叶柄基部鞘状，花后萼片反折，不包裹心皮或果的一部分，花序分枝少。

全草入药，解毒疗疮、清热利胆。可栽培作湿地观赏植物。

270. 霉草科Triuridaceae

腐生草本，植物体呈淡红色、紫色或黄色，叶互生，雌雄同株或异株，果实为小而厚壁的膏葖果，本科有7属，约80种；我国仅1属，3种；紫金3种。

1. 喜荫草属Sciaphila Bl.

根具疏柔毛。茎短小，纤细，花序总状；花单性或两性，少有杂性，膏葖果纵裂。种子梨形或椭圆形。本属约50余种；我国3种；紫金3种。

1. 尖峰霉草

Sciaphila jianfenglingensis Han Xu, Y. D. Li & H. Q. Chen

腐生草本，雌雄同株，红紫色，无毛；茎直立，细长，有1或2分枝，长约8～11 cm，直径0.3～0.5 mm。叶互生，鳞片状，渐尖，约2 mm。花序顶生，总状花序，直立，约5～6 cm，花18～48朵。花单性，雄花位于花序上部；花梗长3～6 mm，直径0.1～0.2 mm，直；苞片披针形，1.2～2.1 mm；花被6，基部合生，开花后反折。雄花花被为同等数量，卵圆形，渐尖，无毛，长约0.8～1 mm，花被先端有一枚托叶，球形隆起，约0.1 mm；雄蕊3，花药2室，约0.08×0.06 mm，花丝分离，着生于花托上，长约0.6 mm；纵向开裂，内曲。雌花有相同数量的花被，卵圆形，无毛，约0.8～1 mm，近尖端有小的乳突状附属物；每朵花有30-40个子房，长约0.15～0.25 mm，呈乳突状，每个子房有1个胚珠；花柱侧生，0.7～1.5 mm，着生于子房，线状，超过子房很多。

2. 大柱霉草

Sciaphila megastyla Fukuyama et Suzuki

腐生草本，淡红色，无毛。叶少数，鳞片状，卵状披针形，花雌雄同株；总状花序短而直立，花柱比子房大。

3. 多枝霉草

Sciaphila ramosa Fukuyama et Suzuki

腐生草本，淡红色，无毛。根少，自根茎上生出，具稀疏而长的细柔毛。茎细，直立，圆柱形，分枝多，中部直径0.5～0.75 mm，连同花序高约12 cm。叶少，鳞片状，披针形，先端具尖头。花雌雄同株；花序头状，短，疏松排列3～7花；花梗细，斜展或直立，长约为苞片的2倍或稍长，苞片长1.5～2 mm；花被6裂，有时4～5裂，裂片几相等，内弯，卵形或卵状披针形，长约0.75 mm，先端具短尖或锐尖；雄花位于花序上部；雄蕊2或3，花丝几无；雌花子房多数，堆集成球形，子房极小，倒卵形，呈瘤状凸起，高约0.2 mm；花柱自子房顶端伸出，线形，超过子房很多，成熟心皮倒卵形，稍弯曲，长约0.7 mm，顶端圆，基部具喙状刺。

276. 眼子菜科Potamogetonaceae

草本。叶沉水、浮水或挺水，或两型，兼具沉水叶与浮水叶，互生或基生，稀对生或轮生；叶片形态各异，具柄或鞘，或柄鞘皆无；托叶有或无，膜质或草质，鞘状抱茎，开放型，极少呈封闭的套管状。花序顶生或腋生，多呈简单的穗状或聚伞花序，稀为复聚伞花序或复穗状花序，极少为单顶花序，开花时花序挺出水面、漂浮水面，或没于水中，花后皆沉没水中；传粉途径包括风媒、水表传粉、水媒或闭花受精；花小或极简化，辐射对称或两侧对称，三、二或四基数；两性或单性；花被有或无；雄蕊6至1枚，常用无花丝，花药长圆形、肾形或近球形，外向，2至1室，纵裂，有时雄蕊背部连生，药隔很宽或伸长，或极为退化；雌蕊具心皮1～4枚或多枚。果实多为小核果状或小坚果状，常卵圆形，略偏斜而侧扁，顶端具喙，稀为纵裂的蒴果。本科10属，约170种；我国产8属，45种；紫金1属，1种。

1. 眼子菜属Potamogeton L.

淡水生草本，根茎纤细，须根稀疏；叶茎生；雄蕊4枚；雌蕊心皮离生；雄蕊4枚；花被片4枚；果实不为蒴果。本属约100种，分布全球；我国约有28种，4变种；紫金1种。

1. 眼子菜

Potamogeton distinctus A. Benn.

叶异型，有沉水和浮水叶，浮水叶较大，长2～10 cm，宽1～4 cm，沉水叶披针形，果背部有3条棱。

279. 茨藻科Najadaceae

沉水草本，生于内陆淡水、半咸水、咸水或浅海海水中。植株纤长，柔软，二叉状分枝或单轴分枝；下部匍匐或具根状茎。茎光滑或具刺，茎节上多生有不定根。叶线形，无柄，无气孔，具多种排列方式；叶脉1条或多条；叶全缘或具锯齿；叶基扩展成鞘或具鞘状托叶；叶耳、叶舌缺或有。花单性，单生、簇生或为花序，腋生或顶生，雌雄同株或异株；雄花无或有花被，或具苞片；花丝细长或无，花药1室、2室或4室，纵裂或不规则开裂，花粉粒圆球形、长圆形或丝状；雌花无花被片或具苞片，具1、2或4枚离生心皮，柱头2裂或为斜盾形。果为瘦果。本科5属；我国产3属，12种，4变种；紫金1属，1种。

1. 茨藻属Najas L.

沉水草本，叶仅1脉，叶缘具锯齿，托叶缺，叶基扩展成鞘；花丝无，心皮1枚；瘦果顶端无喙。本属40种；我国11种；紫金1种。

1. 小茨藻

Najas minor All.

一年生沉水草本。植株纤细，易折断，下部匍匐，上部直立，呈黄绿色或深绿色，基部节上生有不定根；株高4～25 cm。茎圆柱形，光滑无齿，茎粗0.5～1 mm或更粗，节间长1～10 cm，或有更长者；分枝多，呈二叉状；上部叶呈3叶假轮生，下部叶近对生，于枝端较密集，无柄；叶片线形，渐尖，柔软或质硬，长1～3 cm，宽0.5～1 mm。

280. 鸭跖草科Commelinaceae

草本。茎有明显的节和节间。叶互生，有明显的叶鞘；叶鞘开口或闭合。花常用在蝎尾状聚伞花序上，聚伞花序单生或集成圆锥花序，有的伸长而很典型，有的缩短成头状，有的无花序梗而花簇生，甚至有的退化为单花；顶生或腋生，腋生的聚伞花序有的穿透包裹它的那个叶鞘而钻出鞘外；花两性，极少单性；萼片3枚，分离或仅在基部连合，常为舟状或龙骨状，有的顶端盔状；花瓣3枚，分离，稀花瓣在中段合生成筒，而两端仍然分离；雄蕊6枚，全育或仅2～3枚能育而有1～3枚退化雄蕊；花丝有念珠状长毛或无毛；花药并行或稍稍叉开，纵缝开裂，罕见顶孔开裂；退化雄蕊顶端各式；子房3室，或退化为2室，每室有1至数颗直生胚珠。果实大多为室背开裂的蒴果，稀为浆果状而不裂。本科约40属，600种，主产全球热带，少数种生于亚热带，仅个别种分布到温带；我国13属，53种；紫金7属，11种。

1. 鞘苞花属Amischophacelus Rolla Rao et Kammathy

一年生草本，叶条形，薄或多少肉质，花序为大大压缩的聚伞花序，蒴果包在叶鞘内，蒴果顶端尖或凹陷而有3个角状突起。本属仅2种，广布于亚洲、非洲和大洋洲热带；我国1种；紫金1种。

1. 鞘苞花

Amischophacelus axillaris (L.) Rolla Rao et Kammathy.

茎直立或匍匐，叶线形，叶鞘闭合，膜质，蒴果长圆状3棱形。花期在春秋二季。

2. 鸭跖草属Commelina L.

草本。蝎尾状聚伞花序顶生藏于佛焰状总苞内，能育雄蕊3枚。果为蒴果，2～3室，每室有种子1～2粒。本属约100种，广布于全世界，主产热带、亚热带地区；我国7种；紫金3种。

1. 饭包草（竹叶菜）

Commelina bengalensis L.

多年生匍匐草本。茎披散，节上生根，上部上升，被疏柔毛。叶卵形，具叶柄，总苞片下缘合生。

全草药用，有清热解毒、消肿利尿之效。花美丽，可栽培作林下观赏地被。

2. 鸭跖草（竹节菜、鸭脚草）

Commelina communis L.

一年生披散草本。茎匍匐生根，长可达1 m。叶披针形，总苞片边缘分离，心形，长1.2～2.5 cm。

全株作猪饲料。全草药用，为消肿利尿、清热解毒良药。花美丽，可栽培作林下观赏地被。

3. 大苞鸭跖草（七节风）

Commelina paludosa Bl.

多年生草本。植株高大，可达1 m，总苞片大，长达2 cm，下缘合生，鞘口密刚毛。

全草药用，功效同“鸭跖草”。

3. 蓝耳草属Cyanotis D. Don

草本。蝎尾状聚伞花序顶生或腋生，能育雄蕊6枚。果为蒴果，3室，每室有种子1～3粒。本属约50种，产亚洲、非洲的热带和亚热带地区；我国4种；紫金2种。

1. 蛛丝毛蓝耳草

Cyanotis arachnoidea C. B. Clarke

草本。植株有基生的丛生叶，叶长8～35 cm，常密被白色蛛丝状毛。

2. 蓝耳草

Cyanotis vaga (Lour.) Roem. et Schult.

植株有基生的丛生叶，叶长8～35 cm，常密被白色蛛丝状毛。

4. 聚花草属Floscopa Lour.

草本。顶生圆锥花序，扫帚状，能育雄蕊5～6枚。果为蒴果，2室，每室有种子1粒。本属约15种，广布于全球热带和亚热带；我国2种；紫金1种。

1. 聚花草（水竹菜、水打不死、水竹叶草）

Floscopa scandens Lour.

直立草本；高30～60 cm。根状茎节上密生须根。叶片椭圆形至披针形，长4～12 cm，上面有鳞片状突起。花聚生于茎端。

全草药用，有清热解毒、活血消肿之效。

5. 水竹叶属Murdannia Royle

草本。蝎尾状聚伞花序或再组成圆锥花序顶生，花瓣分离，花瓣中部合生成筒状，能育雄蕊2～3枚。果为蒴果，3室，每室有种子1至多粒。本属约40种，广布于全球热带及亚热带地区；我国20种；紫金2种。

1. 裸花水竹叶（红毛草、竹叶草）

Murdannia nudiflora (L.) Brenan

多年生草本。总苞片非鞘状，叶茎生，披针形，长3～10 cm，宽5～10 mm，花紧密，能育雄蕊2枚，果每室2颗种子，种子有窝孔。

全草药用，清热凉血、消肿解毒。可栽培作林下观赏地被。

2. 水竹叶

Murdannia triquetra (Wall.) Bruckn.

多年生草本，具长而横走根状茎。花瓣粉红色，紫红色或蓝紫色，倒卵圆形，蒴果卵圆状三棱形。花期9～10月；果期10～11月。

6. 杜若属Pollia Thunb.

草本。果呈浆果状，不开裂，果皮黑色或蓝黑色，有光泽。本属15种，分布于亚洲、非洲和大洋洲的热带、亚热带地区；我国7种；紫金1种。

1. 杜若（竹叶莲、水芭蕉）

Pollia japonica Thunb.

多年生草本；高30～80 cm。叶背无毛，近无叶柄，能育雄蕊6枚，花序比上部叶短，总花梗长5～10 cm。

全草药用，益精明目、温中止痛、祛风除湿。

283. 黄眼草科Xyridaceae

草本。叶常丛生于基部，二列或少数作螺旋状排列。花序为单一、伸长或呈球形的头状花序或穗状花序，生于一直立而坚挺的花葶上；苞片覆瓦状排列，内含1朵花或3花组成，排成聚伞状；萼片常用离生；花瓣较大，有长爪；雄蕊3枚，与花瓣对生；花丝短；花药两室，外向或内向，纵裂；子房上位，1室或3室或为不完全3室，侧膜胎座、基生胎座、中轴胎座或特立中央胎座；花柱顶端3裂；胚珠为倒生至近弯生或直生胚珠。蒴果。本科4属，约270种，分布于热带和亚热带地区，尤以美洲为最多；我国1属，6种；紫金1属，1种。

1. 黄眼草属Xyris L.

多年生稀为一年生草本；具纤维状根。茎基部很少变粗。叶基生，二列，剑状，线形或丝状，有时扭曲；叶鞘常有膜质边缘，叶舌存在或缺；叶片无毛或具多数小乳状突起。头状花序由少数至多数花组成，生于花葶的顶部；花葶圆柱形至压扁，有时具翅或棱。本属约250种，分布于南、北美洲，少数见于澳大利亚、亚洲和非洲；我国6种；紫金1种。

1. 黄眼草

Xyris indica L.

草本。叶干后有明显突起的横脉，花葶具明显的沟槽。

全草药用。味苦，性寒。杀虫止痒。治疥癣。

285. 谷精草科Eriocaulaceae

草本。叶狭窄，螺旋状着生在茎上，常成一密丛，有时散生，基部扩展成鞘状。花序为头状花序，花葶很少分枝，直立而细长，具棱，多少向右扭转，常用高出于叶，基部被一鞘状的苞片所包围；总苞片位于花序下面；苞片常用每花1片，较总苞片狭，周边花常无苞片；花小，多数，单性，辐射对称或两侧对称，集生于光秃或具密毛的总(花)托上，常用雌花与雄花同序，混生或雄花在外周雌花在中央，或与此相反，少雌花和雄花异序；三或二基数，花被2轮，有花萼、花冠之分；雄花：花萼常合生成佛焰苞状，远轴面开裂，有时萼片离生；花冠常合生成柱状或漏斗状；雄蕊1～2轮，每轮3～2枚，花丝丝状，离生，花药4或2室；子房上位，常有子房柄。蒴果。本科13属，1200种，广泛分布于全球的热带和亚热带地区，尤以美洲热带为多，仅有少数种分布达温带；我国仅谷精草属1属，约34种；紫金1属，3种。

1. 谷精草属Eriocaulon L.

沼泽生，稀水生草本；茎常短至极短，稀伸长。叶丛生狭窄，膜质，常有“膜孔”。头状花序；雄花：花萼常合生成佛焰苞状，偶离生；雌花：萼片3或2枚，离生或合生；花瓣离生；子房3～1室。蒴果，室背开裂，每室含1种子。本属约34种；紫金1属，3种。

1. 南投谷精草

Eriocaulon nantoense Hayata

草本，叶线形，丛生，花瓣3枚，倒披针状线形，花果期9～11月。

2. 华南谷精草（谷精珠）

Eriocaulon sexangulare L.

草本，高20～60 cm，叶线形，长10～32 cm，宽4～10 mm，花序球形，直径6.5 mm，总花托被毛，雄花萼合生成佛焰苞状，顶端3浅裂。

花序为中药“谷精珠”，药用功效同“谷精草”。可栽培作湿地绿化观赏。

287. 芭蕉科Musaceae

草本；茎或假茎高大，不分枝，有时木质，或无地上茎。叶常用较大，螺旋排列或两行排列，由叶片，叶柄及叶鞘组成；叶脉羽状。花两性或单性，两侧对称，常排成顶生或腋生的聚伞花序，生于一大型而有鲜艳颜色的苞片(佛焰苞)中，或1～2朵至多数直接生于由根茎生出的花葶上；花被片三基数，花瓣状或有花萼、花瓣之分，形状种种，分离或连合呈管状，而仅内轮中央的1枚花被片离生；雄蕊5～6，花药2室；子房下位，3室，胚珠多数，中轴胎座或单个基生；花柱1，柱头3，浅裂或头状。浆果或为室背或室间开裂的蒴果，或革质不开裂；种子坚硬。本科分3亚科，约140种，分布热带、亚热带地区；我国7属，19种；紫金1属，1种。

1. 芭蕉属Musa L.

花序直立，直接生于假茎上，密集如球穗状；花及苞片宿存；苞片黄色，下部苞片内的花为两性花或雌花。本属约40种，主产亚洲东南部；我国连栽培种有10种；紫金1种。

1. 野蕉

Musa balbisiana Colla.

有种子，陀螺状，直径2～3 mm。

290. 姜科Zingiberaceae

草本。地上茎高大或很矮或无，基部常用具鞘。叶基生或茎生，常用二行排列，少数螺旋状排列，有多数致密、平行的羽状脉自中脉斜出，具有闭合或不闭合的叶鞘，叶鞘的顶端有明显的叶舌。花单生或组成穗状、总状或圆锥花序，生于具叶的茎上或单独由根茎发出，而生于花葶上；花两性，常用二侧对称，具苞片；花被片6枚，2轮，外轮萼状，常用合生成管，一侧开裂及顶端齿裂，内轮花冠状，美丽而柔嫩，基部合生成管状，上部具3裂片，常用位于后方的一枚花被裂片较两侧的为大；退化雄蕊2或4枚，其中外轮的2枚称侧生退化雄蕊，呈花瓣状，齿状或不存在，内轮的2 枚联合成一唇瓣，常十分显著而美丽，极稀无；发育雄蕊1枚，花丝具槽，花药2室，具药隔附属体或无；子房下位，3室，中轴胎座，或1室，侧膜胎座，稀基生胎座。果为室背开裂或不规则开裂的蒴果，或肉质不开裂，呈浆果状。本科约49属，1500种，分布于全世界热带、亚热带地区，主产地为热带亚洲；我国19属，160余种，5变种；紫金3属，8种。

1. 山姜属Alpinia Roxb.

花序顶生，花较疏，侧生退化雄蕊小或无。本属约250种，广布于亚洲热带地区；我国约有50种，2变种；紫金6种。

1. 华山姜（山姜）

Alpinia chinensis (Retz.) Rosc.

多年生草本；高约1 m。叶披针形或卵状披针形，长20～30 cm，宽3～10 cm，两面无毛，苞片小苞片相似，早落，狭窄圆锥花序，果球形，直径5～8 mm。

叶鞘纤维可制人造棉。根茎药用，能温中暖胃、散寒止痛。可提芳香油，作调香原料。

2. 红豆蔻

Alpinia galanga (L.) Willd.

叶长圆形或披针形，长25～35 cm，宽6～10 cm，苞片小苞片相似，宿存，圆锥花序，果长圆形，棕红色或枣红色。

3. 山姜（土砂仁）

Alpinia japonica (Thunb.) Miq.

多年生草本；高35～70 cm。叶披针形，长25～40 cm，宽4～7 cm，两面特别背面密被短柔毛，总状花序，果球形或椭圆形，被短柔毛，直径1～1.5 cm。

果实药用，为芳香性健胃药；根茎入药，温中行气、消肿止痛。花美丽，可栽培供观赏。

4. 草豆蔻

Alpinia katsumadai Hayata

叶片线状披针形，长50～65 cm，宽6～9 cm，总状花序顶生，直立，果球形，直径约3 cm，熟时金黄色。

5. 花叶山姜（矮山姜）

Alpinia pumila Hook. f.

植株矮小，叶片有浅白色花纹，两面无毛。

根状茎药用。味辛、微苦，性温。除湿消肿，行气止痛。治风湿痹痛，胃痛，跌打损伤。

6. 密苞山姜

Alpinia stachyoides Hance

多年生草本；高约1 m。叶椭圆状披针形，长20～40 cm，宽4～7 cm，边缘及顶端密被绒毛，苞片长圆形，穗状花序花多，密生。

全草入药，治风湿痹痛。

2. 姜黄属Curcuma L.

多年生草本，有肉质、芳香的根茎，叶大型，穗状花序具密集的苞片，呈球果状，花冠管漏斗状。本属约50余种，主产地为东南亚；我国约4种；紫金1种。

1. 姜黄

Curcuma longa L.

成丛，叶片长圆形或椭圆形，穗状花序圆柱状，花冠淡黄色，唇瓣倒卵形。花期8月。

3. 姜属 Zingiber Boehm.

侧生退化雄蕊与唇瓣合生，致使唇瓣具3裂片，药隔顶端有包卷着花柱的钻形附属体。本属约80 种，分布于亚洲的热带、亚热带地区；我国14种；紫金1种。

1. 珊瑚姜（大黄姜）

Zingiber corallinum Hance

草本。叶线状披针形，长20～30 cm，宽4～6 cm，总花梗直立，穗状花序长圆形，长15～30 cm，苞片卵形。

药用根状茎。有消肿散瘀的功效。治跌打。

292. 竹芋科Marantaceae

多年生草本，有根茎或块茎，地上茎有或无。叶常用大，具羽状平行脉，常用二列，具柄，柄的顶部增厚，称叶枕，有叶鞘。花两性，不对称，常成对生于苞片中，组成顶生的穗状、总状或疏散的圆锥花序，或花序单独由根茎抽出；萼片3枚，分离；花冠管短或长，裂片3，外方的1枚常用大而多少呈风帽状；退化雄蕊4～2枚，外轮的1～2枚，花瓣状，较大，内轮的2枚中一为兜状，包围花柱，一为硬革质；发育雄蕊1枚，花瓣状，花药1室，生于一侧；子房下位，3～1室；每室有胚珠1颗；花柱偏斜、弯曲、变宽，柱头3裂。果为蒴果或浆果状；种子1～3，坚硬，有胚乳和假种皮。本科约30属，400种，分布于热带地区，主产地为美洲；我国原产及引入栽培的共4属，10余种；紫金1属，1种。

1. 柊叶属Phrynium Willd.

头状花序，苞片排列紧密，外轮退化雄蕊2枚，子房3室。果不裂。本属约30种，分布亚洲及非洲的热带地区；我国5种；紫金1种。

1. 柊叶（粽叶）

Phrynium rheedei Suresh et Nicolson

多年生常绿草本；高1～2 m。叶基生，长圆形或长圆状披针形，长25～50 cm；叶柄长达60 cm。头状花序直径5 cm，无柄，自叶鞘内生出；苞片长圆状披针形，紫红色；每一苞片内有花3对；花冠管较萼为短，紫堇色，裂片深红色。

根茎药用，清热解毒、凉血、止血、利尿。叶常裹米粽或包物用。

293. 百合科Liliaceae

具根状茎、块茎或鳞茎的多年生草本，稀亚灌木、灌木或乔木状。叶基生或茎生，后者多为互生，较少为对生或轮生，常用具弧形平行脉，极少具网状脉。花两性，很少为单性异株或杂性，常用辐射对称，极少稍两侧对称；花被片6，少有4或多数，离生或不同程度的合生(成筒)，一般为花冠状；雄蕊常用与花被片同数，花丝离生或贴生于花被筒上；花药基着或丁字状着生；药室2，纵裂，较少汇合成一室而为横缝开裂；心皮合生或不同程度的离生；子房上位，极少半下位，一般3室(很少为2、4、5室)，具中轴胎座，少有1室而具侧膜胎座；每室具1至多数倒生胚珠。果实为蒴果或浆果，较少为坚果。本科约230属3500种，广布于全世界，特别是温带和亚热带地区；我国60属，约560种；紫金11属，13种。

1. 天门冬属Asparagus L.

植株有根状茎。攀援植物，叶退化成鳞片，叶状枝长0.5～8 cm。花小，长2～6 mm。浆果。本属约有300种，除美洲外，全世界温带至热带地区都有分布；我国24种；紫金1种。

1. 天门冬（天冬）

Asparagus cochinchinensis (Lour.) Merr.

攀援草本。根在中部或近末端成纺锤状膨大，粗1～2 cm。叶状枝线形或因中脉凸起而略呈三棱形，叶状枝镰状弯曲，花单性，1～2朵簇生于叶腋。

块根药用，有滋阴润燥、清火止咳之效。常栽培作花基观赏植物。

2. 蜘蛛抱蛋属Aspidistra Ker-Gawl.

花无梗，花单朵生于花葶顶端，贴近地面，柱头大，盾状。本属约有20种，分布亚洲亚热带与热带山地；我国12种；紫金2种。

1. 九龙盘

Aspidistra lurida Ker-Gawl.

草本。叶狭披针形，宽3～8 cm，花被上部6～8裂，裂片内面有2～4条不明显的隆起，花被片淡紫色或紫黑色。

根状茎药用。味微苦，性平。健胃止痛，续骨生肌。

2. 小花蜘蛛抱蛋

Aspidistra minutiflora Stapf

叶线形，宽1～2.5 cm，花被壶形，长约5 mm。

3. 绵枣儿属Barnardia Lindl.

鳞茎具膜质鳞茎皮。叶基生，条形或卵形。雄蕊6，着生于花被片基部或中部，花药卵形至长圆形，背着，内向开裂，蒴果室背开裂，近球形或倒卵形，通常具少数黑色种。本属约90种，广布于欧洲、亚洲和非洲的温带地区；我国2种；紫金1种。

1. 绵枣儿

Barnardia japonica (Thunb.) Schult. et Schult. f.

鳞茎卵形或近球形，花紫红色、粉红色至白色，果近倒卵形，长圆状狭倒卵形。花果期7～11月。

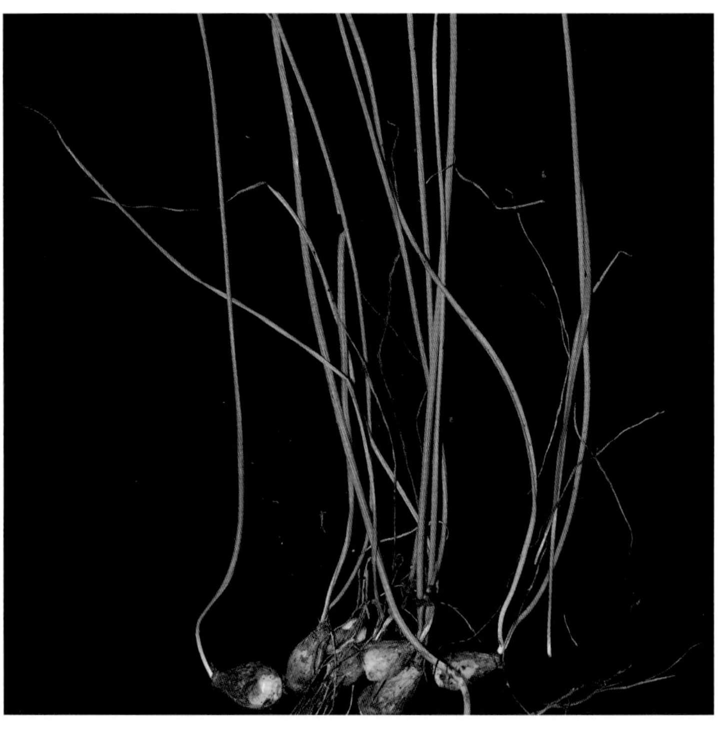

4. 山菅属Dianella Lam.

叶茎生，二列，基部套叠。花有梗，花梗近顶端的关节，花被裂片分离。果为浆果。本属约20种，分布于亚洲和大洋洲的热带地区以及马达加斯加岛；我国1种；紫金有分布。

1. 山菅（较剪兰、山猫儿）

Dianella ensifolia (L.) DC.

多年生草本；植株高1～2 m。多年生草本，叶鞘套叠，浆果球色，熟时蓝色。浆果近球形，深蓝色。花果期3～8月。

根状茎药用，清热解毒、利湿消肿。花多色艳，常栽培供观赏花卉。

5. 竹根七属Disporopsis Hance

叶茎生。花有梗，花被有副花冠，花被裂片下部合生，雄蕊着生于副花冠裂片的凹缺处。浆果。本属约有4种，我国均产，主要分布于长江流域及南方各地，越南、老挝和泰国也有分布；紫金1种。

1. 竹根七（玉竹、阿青果）

Disporopsis fuscopicta Hance

多年生草本；茎高25～50 cm。根状茎连珠状，粗1～1.5 cm。叶卵形、椭圆形或长圆状披针形，长4～9 cm，具短柄。花1～2朵生于叶腋，白色，内带紫色；花被钟形，裂片近长圆形。浆果近球形，直径7～14 mm。

根状茎及全草药用，养阴生津、补脾润肺、止血消肿。可栽培作阴生观赏植物。

6. 万寿竹属Disporum Salisb.

叶茎生，非二列，基部不套叠。花有梗，花梗无关节，花被裂片分离。果为浆果。本属约有20种，分布于北美洲至亚洲东南部；我国8种；紫金1种。

1. 南投万寿竹（宝铎草）

Disporum nantouense S. S. Ying

多年生草本；叶圆形、卵形、椭圆形至披针形，4～15 cm，宽1.5～5(～9)cm。

7. 萱草属Hemerocallis L.

叶基生，长线形，无柄。花有梗，花大，长3.5～16 cm，花被漏斗状。本属约14种，主要分布于亚洲温带至亚热带地区，少数也见于欧洲；我国11种；紫金1种。

1. 萱草（黄花菜、金针菜、鹿葱、川草花）

Hemerocallis fulva (L.) L.

草本。花橘红色或橘黄色，花被管长不到3 cm。

全草药用。味甘，性凉。清热利尿，凉血止血。

8. 山麦冬属Liriope Lour.

叶基生，叶线形，近无柄。总状花序，花有梗，花丝分离，子房上位。果未熟前形裂，露出1～3颗浆果状或核果状种子。本属约有8种，分布于越南、菲律宾、日本和我国；我国6种；紫金2种。

1. 阔叶山麦冬（大麦冬）

Liriope muscari (Decaisne) L. H. Bailey

多年生草本。根细长，有时局部膨大成纺锤形的小块根。叶密集成丛，线形，革质，长25～65 cm，宽1～3 cm。

块根药用，有养阴润肺、清心除烦、益胃生津功效。成片种植作林下观赏地被。

2. 山麦冬（土麦冬）

Liriope spicata (Thunb.) Lour.

多年生草本。叶线形，宽2～4 mm，花葶短于叶，花药长约1 mm。

可栽培作林下地被和观赏植物。块根药用，有养阴润肺、润肺止咳功效。

9. 球子草属Peliosanthes Andr.

叶基生，叶披针状长圆形，宽2～6 cm，叶柄细长。总状花序，花有梗，花丝合生成环。果未熟前形裂，露出1～3颗浆果状或核果状种子。本属约有10种，分布于亚洲热带与亚热带地区；我国5种；紫金1种。

1. 大盖球子草（小叶球子草、入地蜈蚣）

Peliosanthes macrostegia Hance

多年生草本。叶2～5枚，披针状狭椭圆形，长15～25 cm，有5～9条主脉，叶柄长20～30 cm。果近圆形，长约1 cm，种皮肉质，蓝绿色。

全草药用，祛痰止咳、疏肝止痛。

10. 黄精属Polygonatum Mill.

叶茎生。花有梗，花被无副花冠，花被裂片下部合生，雄蕊着生于花被管中、上部。浆果。本属约有40种，广布于北温带；我国31种；紫金1种。

1. 多花黄精（白及黄精）

Polygonatum cyrtonema Hua

多年生草本。根状茎肥厚，通常连珠状或结节成块。茎高50～100 cm；叶互生，椭圆形、卵状披针形至长圆状披针形，长10～18 cm。

根状茎药用，补气养阴、健脾、润肺、益肾。

11. 藜芦属Veratrum L.

叶茎生。花排成顶生扩展的圆锥花序，花有梗，花被无斑点。蒴果。本属约40种，分布于亚洲、欧洲和北美洲；我国13种；紫金1种。

1. 牯岭藜芦（七厘丹、天目藜芦）

Veratrum schindleri Loes.

多年生草本；植株高约1 m。基部具棕褐色带网眼的纤维网。叶宽椭圆形或狭长圆形，长约30 cm，基部收狭为柄，叶柄通常长5～10 cm。花果期6～10月。

根药用，通窍、催吐、散瘀、消肿上。

296. 雨久花科Pontederiaceae

水生或沼泽生草本，直立或飘浮。叶常用二列，大多数具有叶鞘和明显的叶柄；叶浮水、沉水或露出水面。花序为顶生总状、穗状或聚伞圆锥花序，生于佛焰苞状叶鞘的腋部；花大至小型，虫媒花或自花受精，两性，辐射对称或两侧对称；花被片6枚，排成2轮，花瓣状，蓝色，淡紫色，白色，很少黄色，分离或下部连合成筒，花后脱落或宿存；雄蕊多数为6枚，2轮，稀为3枚或1枚，1枚雄蕊则位于内轮的近轴面，且伴有2枚退化雄蕊；花丝细长，分离，贴生于花被筒上，有时具腺毛；花药内向，底着或盾状，2室，纵裂或稀为顶孔开裂；花柱1，细长；柱头头状或3裂；胚珠少数或多数，倒生，具厚珠心，或稀仅有1下垂胚珠。蒴果。本科9属，约39种，广布于热带和亚热带地区；我国2属，4种；紫金2属，2种。

1. 凤眼蓝属Eichhornia Kunth

花稍两侧对称，花被片基部合生成管，雄蕊6枚，3长3短。本属约7种，分布于美洲和非洲的热带和暖温带地区；我国1种；紫金也有分布。

1. 凤眼蓝（水葫芦、水浮莲）

Eichhornia crassipes (Mart.) Solms

多年生浮水草本，叶柄近基部膨大成气囊，花蓝色。

全草药用。味淡，性凉。清热解暑，利尿消肿。

2. 雨久花属 Monochoria Presl

花较少，只有数朵，花辐射对称，花被片离生，雄蕊6枚，1枚较大，5枚较小。本属约5种，分布于非洲东北部、亚洲东南部至澳大利亚南部；我国3种；紫金1 种。

1.鸭舌草（鸭仔菜）

Monochoria vaginalis (Burm. f.) Presl

多年生水生草本，高12～35 cm，叶披针形，长2～6 cm，宽1～4 cm，花序有花2～10朵。

全草药用。味甘，性凉。清热解毒。

297. 菝葜科Smilacaceae

灌木或半灌木，极少草本，攀援或直立，常具坚硬、粗厚的根状茎。叶互生，主脉基出，有网状支脉，叶柄常有鞘和卷须。花小，单性异株，极少两性，常用排成腋生的伞形花序，较少为穗状花序、总状花序或圆锥花序；花被6，离生或合生成管；雄蕊常用6枚，少有3枚或达15枚；花药2室，多少汇合，在中央内侧纵裂；子房3室，每室1～2个胚珠。浆果具1～3颗种子。本科3属，320种，分布热带至温带；我国2属，60种；紫金2属，10种。

1. 肖菝葜属Heterosmilax Kunth

花被片合生，裂齿3枚，雄花有雄蕊3枚，花丝合生成柱状，总花梗扁平。本属约10种，分布于亚洲东部的热带和亚热带地区；我国6种；紫金1种。

1. 肖菝葜

Heterosmilax japonica Kunth

攀援灌木。茎无毛，叶近心形，基部心形。

2. 菝葜属Smilax L.

花被片6枚，分离，雄花有雄蕊6枚，花丝分离，总花梗圆柱形。本属约300种，广布于全球热带地区，也见于东亚和北美的温暖地区，少数种类产地中海一带；我国60种；紫金9种。

1. 菝葜（金刚藤、铁菱角）

Smilax china L.

攀援灌木。根状茎粗厚，坚硬，为不规则的块状。枝有刺，叶卵形或近圆，长3～9 cm，宽2～9 cm，顶端急尖，基部心形，干后常红褐色，果红色。

根状茎可以提取淀粉和栲胶，或用于酿酒。根茎药用，祛风活血、散瘀解毒。

2. 筐条菝葜

Smilax corbularia Kunth

攀援灌木。枝茎圆形，无刺，叶卵状长圆形，背面灰白色，但总花梗较长，长4～15 mm，果红色，与粉背菝葜相似。

根状茎药用。祛风止痛。治跌打肿痛，风湿痛。

3. 小果菝葜

Smilax davidiana A. DC.

攀援灌木，具粗短的根状茎。茎长1～2 m，少数可达4 m，具疏刺。叶坚纸质，干后红褐色，通常椭圆形，长3～8 cm，宽2～4.5 cm，顶端微凸或短渐尖，基部楔形或圆形，下面淡绿色；叶柄较短，一般长5～7 mm，约占全长的1/2～2/3具鞘，有细卷须，脱落点位于近卷须上方；鞘耳状，宽2～4 mm（一侧），明显比叶柄宽。果红色。

4. 土茯苓（冷饭团、光叶菝葜）

Smilax glabra Roxb.

攀援灌木；根状茎粗厚，块状，常由匍匐茎相连接，粗2～5 cm。茎枝无刺。叶薄革质，狭椭圆状披针形至狭卵状披针形，长6～12 cm，叶柄具狭鞘，有卷须。

根状茎富含淀粉，可用来制糕点或酿酒。亦可入药，称“土茯苓”，有利湿解毒、消肿散结、健脾胃功效。

5. 粉背菝葜

Smilax hypoglauca Benth.

和筐条菝契极相似，但总花梗很短，长1～5 mm，通常不到叶柄长度的一半；浆果直径8～10 mm。花期7～8月；果期12月。

6. 暗色菝葜

Smilax lanceifolia var. **opaca** A. DC.

本变种与原种“马甲菝葜”区别在：叶通常革质，表面有光泽；总花梗一般长于叶柄，较少稍短于叶柄；浆果熟时黑色。花期9～11月；果期翌年11月。

7. 折枝菝葜

Smilax lanceifolia var. **elongata** (Warb.) Wang et Tang

攀援灌木。枝条常无刺，迥折状。叶厚纸质，长或长圆状披针形，长6～17 cm，顶端渐尖或骤凸，表面无光泽。

8. 大果菝葜

Smilax megacarpa A. DC.

枝生疏刺，叶卵形、卵状长圆形，长5～20 cm，宽3～12 cm，伞形花序组成圆锥花序，果直径15～25 mm，黑色。

9. 牛尾菜（牛尾结、草菝葜）

Smilax riparia A. DC.

多年生草质藤本。叶形状变化较大，长7～15 cm，下面绿色，无毛；叶柄长7～20 mm，通常在中部以下有卷须。

嫩苗可供蔬食。根状茎有活血散瘀血、止咳祛痰作用。

302. 天南星科Araceae

草本，稀为攀援灌木或藤本。叶常基生或茎生。花小或微小，常极臭，排列为肉穗花序；花序外面有佛焰苞包围；花两性或单性；花单性时雌雄同株(同花序)或异株；雌雄同序者雌花居于花序的下部，雄花居于雌花群之上；两性花有花被或否；花被如存在则为2轮，花被片2枚或3枚，整齐或不整齐的覆瓦状排列，常倒卵形，顶端拱形内弯；稀合生成坛状；雄蕊常用与花被片同数且与之对生、分离；在无花被的花中；雄蕊2～4～8或多数，分离或合生为雄蕊柱；花药2室；在雌雄同序的情况下，有时多数位于雌花群之上，或常合生成假雄蕊柱，但经常完全退废，这时全部假雄蕊合生且与肉穗花序轴的上部形成海绵质的附属器；子房上位或稀陷入肉穗花序轴内。果为浆果，极稀紧密结合而为聚合果。本科115属，2000种，分布于热带和亚热带；我国35属，205种；紫金10属，12种。

1. 菖蒲属Acorus L.

直立草本，叶线形，无叶片与叶柄之分。佛焰苞与叶同形，花两性，有花被。本属4种，分布于北温带至亚洲热带；我国4种；紫金2种。

1. 金钱蒲

Acorus gramineus Soland.

叶不具中肋，叶片线形，宽2～5 mm。

根状茎药用。味辛，性温。理气止痛，祛风消肿。

2. 石菖蒲（钱蒲）

Acorus tatarinowii Schott

多年生草本。根茎芳香，上部分枝密，成丛生状。叶不具中肋，叶片线形，宽5～12 mm。

根茎入药，能开窍化痰、辟秽杀虫。可栽培于石山、水景作观赏。

2. 海芋属 Alocasia (Schott) G. Don

叶盾状着生，箭状心形。佛焰苞管喉部闭合，肉穗花序花顶端有附属体，花单性，雄蕊合生成聚药雄蕊，胚珠少数，基底胎座。本属约70种，分布于热带亚洲；我国4种；紫金1种。

1. 尖尾芋（假海芋）

Alocasia cucullata (Lour.) Schott

草本。叶阔卵状心形，中脉不明显，侧脉基出弧曲向上。

茎药用。味辛、微苦，性寒，有大毒。清热解毒，消肿止痛。

3. 磨芋属 Amorphophallus Blume

先花后叶，肉穗花序花顶端有附属体，花单性。本属约100种，分布于东半球；我国19种；紫金1种。

1. 东亚魔芋

Amorphophallus kiusianus (Makino) Makino

草本。叶3全裂，裂片二歧分裂，肉穗花序与佛焰苞近等长，长约10 cm，附属体黑色或暗紫色，长4～16 cm。

4. 天南星属 Arisaema Mart.

叶非盾状着生，3裂至放射状分裂。佛焰苞管喉部闭合，肉穗花序花顶端有附属体，花单性，雄蕊合生成聚药雄蕊，胚珠少数，基底胎座。本属约150余种，分布于亚洲热带、亚热带和温带，少数产热带非洲，中美和北美也有数种；我国82种；紫金2种。

1. 一把伞南星

Arisaema erubescens (Wall.) Schott

草本。叶1片，掌状分裂。

块茎药用。味苦、辛，性温，有毒。祛风化痰，散结燥湿。

2. 天南星

Arisaema heterophyllum Blume

多年生草本。叶片鸟足状分裂，裂片9～13片，肉穗附属体线形弯曲，佛焰苞喉部截平，无明显的耳。

块茎含淀粉，可制酒精、糊料。块茎入药称“天南星”，能解毒消肿、祛风定惊、化痰散结。用胆汁处理过的称胆南星，主治小儿痰热、惊风抽搐。用鲜南星制成南星阴道栓剂或南星宫颈管栓剂治疗子宫颈癌有良效。

5. 芋属Colocasia Schott

佛焰苞管喉部闭合，肉穗花序花顶端有附属体，花单性，雄蕊合生成聚药雄蕊，胚珠多数，侧膜胎座。本属13种，分布于亚洲热带及亚热带地区；我国8种；紫金1种。

1. 野芋

Colocasia esculentum var. **antiquorum** (Schott) Hubbard et Rehder

草本。植株具块茎，叶柄常紫色，肉穗花序顶端附属体长4～8 cm。

全草或块茎药用。味辛，性寒，有小毒。解毒，消肿止痛。

6. 半夏属Pinellia Tenore

多年生草本，具块茎。叶片全缘，3深裂、3全裂或鸟足状分裂，裂片长圆椭圆形或卵状长圆形，浆果长圆状卵形、略锐尖，有不规则的疣皱。本属6种，产亚洲东部；我国5种；紫金1种。

1. 半夏（三叶半夏、三步跳、扣子莲等）

Pinellia ternata (Thunb.) Breit.

块茎圆球形，叶片长圆状椭圆形或披针形，肉穗花序，浆果卵圆形，黄绿色。花期5～7月；果8月成熟。

块茎药用，燥湿化痰，降逆止吐，生用消疖肿。治咳嗽痰多，胸闷胀满，恶心呕吐；生用外用治疖肿、蛇伤。

7. 大薸属Pistia L.

生草本，飘浮。叶螺旋状排列，淡绿色，浆果小，卵圆形，本属仅1种，广泛分布于热带和亚热带；我国1种；紫金1种。

1. 大薸

Pistia stratiotes L.

水生飘浮草本。叶簇生成莲座状，倒三角形、倒卵形、扇形，以至倒卵状长楔形。花期5～11月。

全草药用，祛风发汗，利尿解毒。治感冒，水肿，小便不利，风湿痛，皮肤瘙痒，荨麻疹，麻疹不透。

8. 石柑属Pothos L.

攀援植物，叶柄扩大成翅状或叶状。花两性，有花被，花被分离。本属约75种，自印度至太平洋诸岛，西南至马达加斯加皆有分布；我国8种；紫金1种。

1. 石柑子（藤桔）

Pothos chinensis (Raf.) Merr.

附生藤本；茎亚木质，具节，节上生根，分枝。叶纸质，椭圆形，披针状卵形至披针状长圆形，长6～13 cm，顶端渐尖至长渐尖，具尖头；中脉上凹下凸；叶柄叶状。

茎叶入药。味淡、性平，有小毒，能祛风解暑、消食止咳、镇痛。

9. 崖角藤属Rhaphidophora Hassk.

藤本。茎匍匐或攀援。叶二列，叶片披针形或长圆形，花序顶生，浆果密接，红色。本属约100种，分布于印度至马来西亚；我国9种；紫金1种。

1. 狮子尾

Rhaphidophora hongkongensis Schott

附生藤本，匍匐于地面、石上或攀援于树上，生气生根。叶片纸质或亚革质，通常镰状椭圆形，有时为长圆状披针形或倒披针形，浆果黄绿色。花期4～8月，果翌年成熟。

全株供药用，可治脾肿大、高烧、风湿腰痛。

10. 犁头尖属Typhonium Schott

佛焰苞管喉部张开，肉穗花序花顶端有附属体，花单性，雄蕊分离。本属35种，分布于印度至马来西亚一带；我国13种；紫金1种。

1. 犁头尖（犁头七）

Typhonium blumei Nicols. et Sivadasan

块茎近球形，直径1～2 cm。叶片戟状三角形，长7～10 cm。花序柄从叶腋抽出，长9～11 cm；佛焰苞檐部长12～18 cm，卵状长披针形，中部以上骤狭成带状下垂，内面深紫色。

块茎入药，解毒消肿、散结止痛。可盆栽作观赏植物。

303. 浮萍科Lemnaceae

飘浮或沉水小草本。茎不发育，以圆形或长圆形的小叶状体形式存在；叶状体绿色，扁平，稀背面强烈凸起。叶不存在或退化为细小的膜质鳞片而位于茎的基部。根丝状，有的无根。很少开花，主要为无性繁殖：在叶状体边缘的小囊中形成小的叶状体，幼叶状体逐渐长大从小囊中浮出。新植物体或者与母体联系在一起，或者后来分离。花单性，无花被，着生于茎基的侧囊中。雌花单一，雌蕊葫芦状，花柱短，柱头全缘，短漏斗状，1室；胚珠1～6，直立，直生或半倒生；外珠被不盖住珠孔；雄花有雄蕊1，具花丝，2室或4室，每一花序常包括1个雌花和1～2朵雄花，外围以膜质佛焰苞。果不开裂，种子1～6，外种皮厚，肉质，内种皮薄，于珠孔上形成一层厚的种盖。本科4属，约30种，除北极区外，全球广布；我国3属，6种；紫金2属，2种。

1. 浮萍属Lemna L.

植物体有根。植物体腹面有小根1枚。本属约15种，广布于南北半球温带地区；我国2种；紫金1种。

1. 浮萍

Lemna minor L.

飘浮植物，叶状体无柄，长2～6 mm，宽2～3 mm。

全草药用。味辛，性寒。祛风，发汗，利尿，消肿。治风热感冒，麻疹不透，荨麻疹，水肿。

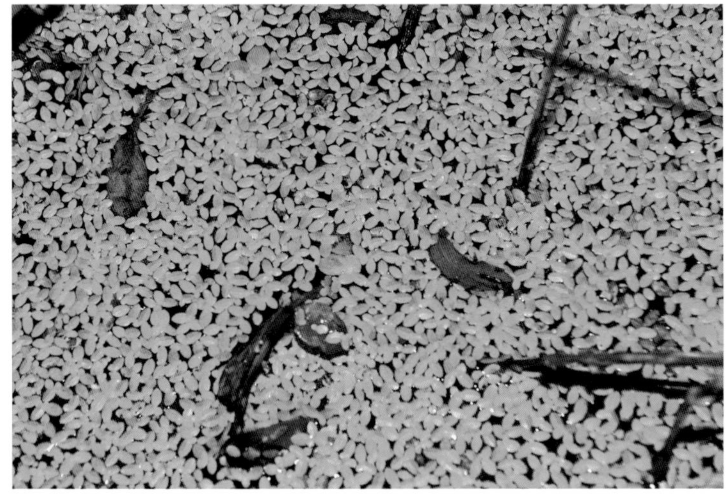

2. 紫萍属Spirodela Schleid.

植物体有根。植物体腹面有小根5～11枚。本属6种，分布于温带和热带地区；我国2种；紫金1种。

1. 紫萍（红浮萍）

Spirodela polyrrhiza (L.) Schleid.

飘浮植物。叶状体扁平，阔倒卵形，长5～8 cm，顶端钝圆，表面绿色，背面紫色，具掌状脉5～11条，背面中央生5～11条根。

可作猪、鱼饲料，鸭也喜食。全草入药，功效与浮萍同。

306. 石蒜科Amaryllidaceae

多年生草本，极少数为半灌木、灌木以至乔木状。具鳞茎、根状茎或块茎。叶多数基生，多少呈线形，全缘或有刺状锯齿。花单生或排列成伞形花序、总状花序、穗状花序、圆锥花序，常用具佛焰苞状总苞，总苞片1至数枚，膜质；花两性，辐射对称或为左右对称；花被片6，2轮；花被管和副花冠存在或不存在；雄蕊常用6，着生于花被管喉部或基生，花药背着或基着，常用内向开裂；子房下位，3室，中轴胎座，每室具有胚珠多数或少数，花柱细长，柱头头状或3裂。蒴果多数背裂或不整齐开裂，很少为浆果状；种子含有胚乳。本科约有100多属，1200多种，分布于热带、亚热带及温带；我国约有17属，44种，4变种；紫金2属，2种。

1. 葱属Allium L.

植株开花时有叶。有鳞茎。叶基生。花被片分离，伞形花序非球形，花非绿色，无副花冠，子房上位，花丝分离。本属约有500种，分布于北半球；我国110种；紫金1种。

1. 宽叶韭

Allium hookeri Thwaites

草本。鳞茎近圆柱状，鳞茎外皮白色，膜质，不裂，叶实心，扁平，花白色。

是蔬菜之一。

2. 石蒜属Lycoris Herb.

先花后叶，伞形花序。本属约20余种，主产我国和日本，少数产缅甸和朝鲜；我国15种；紫金1种。

1. 忽地笑（黄花石蒜）

Lycoris aurea (L'Her.) Herb.

多年生草本。鳞茎肥大，宽卵形，直径约5 cm。叶基生，质厚，宽条形，长30～50 cm，宽约1.5 cm。花葶高30～60 cm，伞形花序具4～7朵花。花黄色或橙色，花被裂片倒披针形，边缘皱缩。花期9～11月。

作观赏花卉栽培。鳞茎入药，消炎解毒、润肺止咳。

307. 鸢尾科Iridaceae

草本。地下部分常用具根状茎、球茎或鳞茎。叶多基生，少为互生，条形、剑形或为丝状，基部成鞘状，互相套叠，具平行脉。花两性，辐射对称，稀左右对称，单生、数朵簇生或多花排列成总状、穗状、聚伞及圆锥花序；花或几花序下有1至多个草质或膜质的苞片，簇生、对生、互生.或单一；花被裂片6，两轮排列，内轮裂片与外轮裂片同形等大或不等大，花被管常用为丝状或喇叭形；雄蕊3，花药多外向开裂；花柱1，上部多有三个分枝，分枝圆柱形或扁平呈花瓣状，柱头3～6，子房下位，3室，中轴胎座，胚珠多数。蒴果，成熟时室背开裂。本科约有60属，800种，分布全世界的热带、亚热带及温带地区，分布中心在非洲南部及美洲热带；我国连栽培11属，71种，13变种，5变型；紫金1属，1种。

1. 鸢尾属Iris L.

地下茎为根状茎，叶坚韧，革质。花非橙红色，花被管明显，花丝与花柱基部合生，花柱分枝花瓣状。本属约300种，分布于北温带；我国约60种，13变种，5变型；紫金1种。

1. 小花鸢尾（六棱麻）

Iris speculatrix Hance

多年生草本。根状茎二歧状分枝，斜伸。叶略弯曲，剑形或条形，长15～30 cm，基部鞘状，有3～5条纵脉。花茎光滑，不分枝或偶有侧枝，高20～25 cm；苞片内包含有1～2朵花；花蓝紫色或淡蓝色。

根状茎药用，消积、化瘀、行水。花色艳丽，常栽培作庭园花卉。

310. 百部科Stemonaceae

多年生草本或半灌木，攀援或直立，常用具肉质块根，较少具横走根状茎。叶互生、对生或轮生，具柄或无柄。花序腋生或贴生于叶片中脉；花两性，整齐，常用花叶同期，罕有先花后叶者；花被片4枚，2轮，上位或半上位；雄蕊4枚，生于花被片基部，短于或几等长于花被片；花丝极短，离生或基部多少合生成环；花药线形，背着或底着，2室，内向，纵裂，顶端具附属物或无；药隔常用伸长，突出于药室之外，呈钻状线形或线状披针形；子房上位或近半下位，1室；花柱不明显；柱头小，不裂或2～3浅裂；胚珠2至多数，直立于室底或悬垂于室顶，珠柄长或短。蒴果卵圆形，稍扁，熟时裂为2爿。本科3属，约30种，分布于亚洲东部，南部至澳大利亚及北美洲的亚热带地区；我国2属，6种；紫金1种。

1. 百部属Stemona Lour.

块根肉质、纺锤状，成簇。茎攀援或直立。叶通常每3～4(～5)枚轮生，较少对生或互生，主脉基出，横脉细密而平行。花两性，辐射对称，单朵或数朵排成总状、聚伞状花序；花柄或花序柄常贴生于叶柄和叶片中脉上；花被片4枚。本属约27种，从印度东北部往南到澳大利亚，东至我国、日本都有分布；我国5种；紫金1种。

1. 大百部（百部、对叶百部、九重根、山百部根、大春根药）

Stemona tuberosa Lour.

多年生攀延草本。块根通常纺锤状，长达30 cm。叶对生或轮生，卵状披针形、卵形或宽卵形，长6～24 cm；叶柄长3～10 cm。

块根入药，润肺止咳、杀虫止痒。

311. 薯蓣科Dioscoreaceae

缠绕草质或木质藤本，少数为矮小草本。地下部分为根状茎或块茎，形状多样。茎左旋或右旋，有毛或无毛，有刺或无刺。叶互生，有时中部以上对生，单叶或掌状复叶，单叶常为心形或卵形、椭圆形，掌状复叶的小叶常为披针形或卵圆形，基出脉3～9，侧脉网状；叶柄扭转，有时基部有关节。花单性或两性，雌雄异株，很少同株。花单生、簇生或排列成穗状、总状或圆锥花序；雄花花被片6，2轮排列，基部合生或离生；雄蕊6枚，有时其中3枚退化，花丝着生于花被的基部或花托上；退化子房有或无；雌花花被片和雄花相似；退化雄蕊3～6枚或无；子房下位，3室，每室常用有胚珠2，少数属多数，胚珠着生于中轴胎座上，花柱3，分离。果实为蒴果、浆果或翅果，蒴果三棱形，每棱翅状，成熟后顶端开裂。本科约有9属，650种，分布全球的热带和温带地区，尤以美洲热带地区种类较多；我国1属，约有49种；紫金1属，7种。

1. 薯蓣属Dioscorea L.

缠绕藤本。有根状茎或块茎。单叶或掌状复叶，互生，有时中部以上对生，基出脉3～9，侧脉网状。叶腋内有珠芽或无。花单性，雌雄异株，稀同株；雄花有雄蕊6枚，有时其中3枚退化；雌花有退化雄蕊3～6枚或无。蒴果三棱形，每棱翅状。本属约600多种，广布于热带及温带地区；我国约有49种；紫金7种。

1. 黄独（黄药子、零余薯、金线吊虾蟆）

Dioscorea bulbifera L.

无刺藤本，块茎卵形，叶腋内有珠芽，叶互生，卵状心形，长8～15 cm，宽7～14 cm，雄蕊全部能育，花被离生。

块茎药用。味苦、辛，性凉，有小毒。解毒消肿，化痰散结，凉血止血。治甲状腺肿大，淋巴结结核，咽喉肿痛，吐血，咯血，百日咳，癌肿。

2. 薯莨

Dioscorea cirrhosa Lour.

木质藤本；长可达20 m。块茎外皮黑褐色，断面新鲜时红色，直径可达20 cm。茎下部有刺。单叶，茎下部的互生，中部以上的对生；叶革质，长椭圆状卵形至卵圆形，或卵状披针形，长5～20 cm，背面粉绿色。雌雄异株；穗状花序。蒴果不反折，近三棱状扁圆形。花期4～6月；果期7月至翌年1月。

块茎富含单宁，可提制栲胶，或用作染丝绸、棉布、渔网；也可作酿酒的原料。入药能活血、补血、收敛固涩。

3. 山薯

Dioscorea fordii Prain et Burk.

茎圆柱形，无刺，块茎长圆柱形，叶下部互生，中上部对生，纸质，阔披针形，长4～14 cm，宽1.5～8 cm，基出脉5～7条，网脉不明显，雄花圆锥花序。

块茎可食用。入药能补肺益肾、健脾益精。

4. 日本薯蓣（野山药）

Dioscorea japonica Thunb.

茎圆柱形，无刺，块茎长圆柱形，叶下部互生，中上部对生，纸质，三角状披针形，长3～13 cm，宽2～5 cm。

块茎药用。味甘，性平。健脾补肺，益胃补肾，固肾益精，助五脏，强筋骨。治清热解毒，补脾健胃。治脾胃亏损，气虚衰弱，消化不良，慢性腹泻，遗精，遗尿等。

5. 柳叶薯蓣

Dioscorea lineari-cordata Prain et Burkill

缠绕草质藤本。块茎长圆柱形。单叶，在茎下部的互生，中部以上的对生；叶片纸质，线状披针形至披针形或线形，长5～15 cm，基部圆形、微心形至心形，有时箭形。

6. 五叶薯蓣

Dioscorea pentaphylla L.

缠绕草质藤本。块茎形状不规则，通常为长卵形。茎疏生短柔毛，有皮刺。掌状复叶有3～7小叶。

块茎治消化不良、消食积滞、跌打损伤、肾虚腰痛。

7. 褐苞薯蓣（山薯、土淮山）

Dioscorea persimilis Prain et Burkill

茎有4～8棱，无刺，块茎长圆柱形，叶下部互生，中上部对生，纸质，三角形至长椭圆状卵形，长4～15 cm，宽2～13 cm，网脉明显，雄花圆锥花序。

块茎可食用，药用有补脾肺、涩精气功效。

314. 棕榈科 Palmae

灌木、藤本或乔木，茎常不分枝，单生或几丛生，表面平滑或粗糙，或有刺，或被残存老叶柄的基部或叶痕，稀被短柔毛。叶互生，在芽时折叠，羽状或掌状分裂，稀为全缘或近全缘；叶柄基部常用扩大成具纤维的鞘。花小，单性或两性，雌雄同株或异株，有时杂性，组成分枝或不分枝的佛焰花序，花序常用大型多分枝，被一个或多个鞘状或管状的佛焰苞所包围；花萼和花瓣各3片，离生或合生，覆瓦状或镊合状排列；雄蕊常用6枚，2轮排列，稀多数或更少，花药2室，纵裂，基着或背着；退化雄蕊常用存在或稀缺；子房1～3室或3个心皮离生或于基部合生，柱头3枚，常用无柄；每个心皮内有1～2个胚珠。果实为核果或硬浆果，1～3室或具1～3个心皮；果皮光滑或有毛、有刺、粗糙或被以覆瓦状鳞片。本科约210属，2800种，分布于热带、亚热带地区，主产热带亚洲及美洲，少数产于非洲；我国28属，100余种；紫金2属，3种。

1. 省藤属 Calamus L.

攀援灌木，有针刺或钩刺。初生佛焰苞管状或鞘状。果实覆盖覆瓦状排列的鳞片。本属约370种，分布亚洲热带和亚热带地区，少数分布大洋洲和非洲；我国34种，20变种；紫金2种。

1. 杖藤

Calamus rhabdocladus Burret

茎连叶鞘直径4～5 cm，叶无纤鞭，长2～3 m，裂片30～40对，叶鞘疏生针刺，肉穗花序纤鞭状，长达7 m，果椭圆形，长10～15 mm。

2. 毛鳞省藤

Calamus thysanolepis Hance

直立灌木状，叶背无鳞秕和针状小钩刺，常2～6片叶紧靠成束。

藤茎可制作藤器。

2. 棕竹属 Rhapis L. f. ex Ait.

灌木状，叶掌状分裂，叶柄细长，两侧无刺，叶柄腹面平，叶鞘纤维多而细密，包茎，顶端与叶片连接处有小戟突。花单性。本属约12种，分布于亚洲东部及东南部；我国约6种；紫金栽培1种。

1. 棕竹（观音竹、筋头竹、棕榈竹）

Rhapis excelsa (Thunb.) Henry ex Rehd.

丛生灌木；高2～3 m。茎圆柱形，有节，叶鞘分解成黑色粗糙而硬的网状纤维。叶掌状深裂，裂片4～10片，长20～32 cm，宽线形或线状椭圆形，顶端截状而具多对稍深裂的小裂片，边缘及肋脉上具稍锐利的锯齿。花序长约30 cm。果实球状倒卵形，直径8～10 mm。花期6～7月。

优良庭园绿化树种。根及叶鞘纤维入药，根治劳伤；叶鞘纤维炭收敛止血。

315. 露兜树科 Pandanaceae

乔木，灌木或攀援藤本，稀草本。茎多呈假二叉式分枝，偶呈扭曲状，常具气根。叶狭长，呈带状，硬革质，3～4列或螺旋状排列，聚生于枝顶；叶缘和背面脊状凸起的中脉上有锐刺；叶脉平行；叶基具开放的叶鞘，脱落后枝上留有密集的环痕。花雌雄异株；花序腋生或顶生，分枝或否，呈穗状、头状或圆锥状，有时呈肉穗状，常为数枚叶状佛焰苞所包围，佛焰苞和花序多具香气；花被缺或呈合生鳞片状；雄花具1至多枚雄蕊，花丝常上部分离而下部合生成束，每一雄蕊束被认为代表一朵花，花药直立，基着，2室，纵裂，无退化雌蕊或极少；无退化雄蕊或有不定数的退化雄蕊包围雌蕊基部；花柱极短或无，柱头形态多样；子房上位，1室，每室胚珠1至多粒，胚珠倒生、基生或着生于边缘胎座上。果实为卵球形或圆柱状聚花果，由多数核果或核果束组成，或为浆果状。本科共3属，约800种；我国2属，10种，2变种；紫金1属，1种。

1. 露兜树属Pandanus L. f.

雌花无退化雄蕊；分离或合生成束的1室子房内有一个着生于近于基底胎座上的胚珠；果木质或核果状。本属约600种，分布于东半球热带，个别种分布至亚热带；我国8种；紫金1种。

1. 露兜草

Pandanus austrosinensis T. L. Wu

大草本，叶长2～5 m，宽4～5 cm，雄花有5～9枚雄蕊，柱头分叉。

318. 仙茅科Hypoxidaceae

草本，常用具块状根状茎。叶基生，数枚，革质或纸质，常用披针形，具折扇状脉，有柄或无柄。花茎从叶腋抽出，长或短，直立或俯垂；花两性，常用黄色，单生或排列成总状或穗状花序，有时花序强烈缩短，呈头状或伞房状；花被管存在或无，若存在则在子房顶端延伸而形成近实心的喙；花被裂片6，近一式，展开；雄蕊6，着生于花被裂片基部，一般短于花被裂片；花药基部二裂或不裂，近基着或近背着，2室，纵裂；花丝很短，有时与花药近等长；花柱圆柱形，较纤细，柱头3裂；子房下位，常用被毛，顶端有喙或无喙，3室，中轴胎座；每室胚珠2至多数，常排成二列。浆果或蒴果。本科5属，约130种，分布南半球和热带亚洲；我国2属，8种；紫金2属，3种。

1. 仙茅属Curculigo Gaertn.

花多数，排成总状、穗状或头状花序。浆果。本属约20余种，分布于亚洲、非洲、南美洲和大洋洲的热带以至亚热带地区；我国7种；紫金2种。

1. 大叶仙茅

Curculigo capitulata (Lour.) O. Ktze.

粗壮草本，高达1 m多。根状茎块状，具细长的走茎。叶通常4～7枚，长圆状披针形或近长圆形，宽5～14 cm，纸质，全缘，具折扇状脉，仅背脉被毛或无毛。花茎长，达10～30 cm，被毛。

2. 仙茅（独脚丝茅、地棕）

Curculigo orchioides Gaertn.

小草本，叶线形，长15～40 cm，宽0.5～2.5 cm，伞房状总状花序。

根状茎药用。味辛、甘，性温，有小毒。补肾壮阳，散寒除湿。

2. 小金梅草属Hypoxis L.

花单生或数朵组伞形花序。蒴果。本属约100种，主要分布于热带各地，也见于东南亚及日本；我国1种；紫金也有分布。

1. 小金梅草（野鸡草、山韭菜）

Hypoxis aurea Lour.

多年生草本，植株矮小，根状茎肉质，近球形。叶基生，线形，长7～30 cm，基部膜质，被黄褐色疏长柔毛。花茎纤细，具1～2花，被淡褐色疏长柔毛，苞片2枚，刚毛状，花黄色。

根状茎药用。味甘、微辛，性温。温肾壮阳，补气。

320. 假兰科Apostasiaceae

亚灌木状草本，下部常有支柱状根。叶生于茎上，折扇状。花序有时分枝；花近辐射对称，具3室子房；萼片相似或侧萼片略有不同；唇瓣与花瓣相似或稍大；蕊柱具2～3枚能育雄蕊；能育雄蕊具明显的花丝和2室花药；花粉不黏合成团块；退化雄蕊存在或不存在；花柱明显，具顶生柱头。果实浆果状或蒴果状。种子具坚硬的外种皮，球形或较少两端有膨胀、延长的附属物。本科2属，约18种；紫金1属，1种。

1. 假兰属Apostasia Bl.

能育雄蕊2枚；花序常多少外弯或下垂，分枝。本属约8种；我国3种；紫金1种。

1. 深圳拟兰

Apostasia shenzhenica Z. J. Lou & J Chen

直立草本，常不分枝，叶线状披针形；花序常多少外弯或下垂，能育雄蕊2枚。

323. 水玉簪科Burmanniaceae

草本，常用为腐生植物，少数是能自营的绿色植物；茎纤细，常用不分枝，具根状茎或块茎。单叶，茎生或基生，全缘，或常用退化成红、黄或白色的鳞片状。花常用两性，辐射对称或两侧对称，单生或簇生于茎顶，或为穗状、总状或二歧蝎尾状聚伞花序；花被基部连合呈管状，具翅，花被裂片6，2轮，内轮的常较小或无，常有显著的附属体；雄蕊6或3枚，着生于花被管上，花丝短，花药隔宽，具附属体，药室纵裂或横裂；子房下位，3室，具中轴胎座或1室而具侧膜胎座；胚珠多数，小，倒生，花柱1，线形或锥形，柱头3。蒴果，有时肉质，不规则开裂或横裂，稀瓣裂，具翅或无。本科25属，约140种，分布热带、亚热带地区；我国2属，9种，1变种；紫金1属，3种。

1. 水玉簪属Burmannia L.

1. 头花水玉簪

Burmannia championii Thw.

腐生草本，无叶绿素，花无翅，2～7朵头状花序。

2. 粤东水玉簪

Burmannia filamentosa D. X. Zhang & R. M. K. Saunders

纤细绿色草本，二歧蝎尾状聚伞花序，花深蓝色。

3. 纤草

Burmannia itoana Makino

一年生腐生草本，无叶绿素，花1～2朵顶生，有明显的翅，翅紫色，花被裂片二轮，外轮大，内轮小。

326. 兰科Orchidaceae

草本，极罕为攀援藤本；地生与腐生种类常有块茎或肥厚的根状茎，附生种类常有由茎的一部分膨大而成的肉质假鳞茎。叶基生或茎生。花葶或花序顶生或侧生；花常排列成总状花序或圆锥花序，少有为缩短的头状花序或减退为单花，两性，通常两侧对称；花被片6，2轮；萼片离生或不同程度的合生；中央1枚花瓣的形态常有较大的特化，明显不同于2枚侧生花瓣，称唇瓣，唇瓣由于花作180度扭转或90度弯曲，常处于下方；子房下位，1室，侧膜胎座，较少3室而具中轴胎座；除子房外整个雌雄蕊器官完全融合成柱状体，称蕊柱；蕊柱顶端一般具药床和1个花药，腹面有1个柱头穴，柱头与花药之间有1个舌状器官，称蕊喙，极罕具2～3枚花药、2个隆起的柱头或不具蕊喙的；蕊柱基部有时向前下方延伸成足状，称蕊柱足，此时2枚侧萼片基部常着生于蕊柱足上，形成囊状结构，称萼囊。果实通常为蒴果，较少呈荚果状。本科约有700属，20000种，分布全球热带地区和亚热带地区，少数种类也见于温带地区；我国171属，1247种；紫金35属，73种。

1. 脆兰属Acampe Lindl.

附生草本。茎伸长，具多节，质地坚硬，下部节上疏生较粗壮的气根。叶近肉质或厚革质，二列，花序生于叶腋或与叶对生，粘盘小，椭圆形或长圆形。本属约5种；我国3种；紫金1种。

1. 多花脆兰

Acampe rigida (Buch.-Ham. ex J. E. Smith) P. F. Hunt

大型附生植物。叶近肉质，带状，斜立，花黄色带紫褐色横纹，粘盘近卵形，蒴果近直立，圆柱形或长纺锤形，花期8～9月；果期10～11月。

2. 开唇兰属Anoectochilus Bl.

地生兰。叶扁平，较大，长2 cm以上，无关节。花疏生，萼片分离，唇瓣位于上方或下方，囊内有隔膜，唇瓣与蕊柱贴生，花药以狭的基部与蕊柱相连，花粉团由许多小团块组成，柱头2枚。本属约有40余种，分布于亚洲热带地区至大洋洲；我国20种，2变种；紫金1种。

1. 金线兰（花叶开唇兰、金线风、金蚕）

Anoectochilus roxburghii (Wall.) Lindl.

地生小草本，叶卵形，长2～3.5 cm，宽1～3 cm，叶面有美丽的金红色网脉，唇瓣基部有圆锥形的距，伸出侧萼基部之外，唇瓣顶端2裂，裂片长圆形。

全草药用。味甘淡，性凉。清热润肺，消炎解毒。治肺结核，肺热咳嗽，风湿关节炎，跌打损伤，慢性胃炎等。

3. 无叶兰属Aphyllorchis Bl.

腐生草本，无绿叶，无块茎，节上有圆筒形鞘。萼片与花瓣分离，萼片背面无毛，唇瓣无距。本属约20种，分布于亚洲热带地区至澳大利亚，向北可到喜马拉雅地区、我国亚热带南缘以及日本；我国5种；紫金1种。

1. 无叶兰

Aphyllorchis montana Rchb. f.

腐生草本，根状茎肉质，卵形，无叶绿素，节上有筒状鞘，花近辐射对称，3枚花瓣相似，无特化的唇瓣。茎直立，肉质，不分枝，无绿叶。

4. 牛齿兰属Appendicula Bl.

附生或地生草本。叶多枚，扁平，二列互生，较紧密，常由于扭转而面向同一个方向，总状花序侧生或顶生，花瓣通常略小于中萼片；唇瓣不裂或有时略3裂，着生于蕊柱足末端，本属约有150种；我国4种；紫金1种。

1. 牛齿兰

Appendicula cornuta Blume

附生草本，茎丛生，圆柱形，叶二列，长圆形，长2.5～3.5 cm，宽6～12 mm，总状花序顶生，花小，白色。

5. 竹叶兰属Arundina Bl.

地生，植物合轴生长。叶多枚。无萼囊，唇瓣基部无距，花粉团8个，4个簇生，有短的团柄。本属2种，分布于热带亚洲，自东南亚至南亚和喜马拉雅地区，向北到达我国南部和日本琉球群岛，向东南到达塔希提岛；我国1种；紫金也有分布。

1. 竹叶兰（土白芨、过界锣迪）

Arundina graminifolia (D. Don) Hochr.

地生草本，茎直立，形如竹竿，叶二列，禾叶状，花美丽，粉红色带紫色或白色。

全草入药，清热解毒、散瘀止痛、利湿。花美丽，可栽培观赏。

6. 石豆兰属Bulbophyllum Thou.

附生草本，植物合轴生长。叶少数，生于假鳞茎上，长圆形或椭圆形。花从假鳞茎基部或根状茎发出，花不扭转，唇瓣位于上方，基部平，花粉团4个，花粉块仅花粉团，无粘盘与黏质。本属约1000种，分布于亚洲、美洲、非洲等热带和亚热带地区，大洋洲也有；我国98种，3变种；紫金6种。

1. 赤唇石豆兰

Bulbophyllum affine Lindl.

根状茎粗壮，叶厚革质或肉质，直立，长圆形，花淡黄色带紫色条纹，质地较厚，花期5～7月。

2. 芳香石豆兰（肥猪草）

Bulbophyllum ambrosia (Hance) Schltr.

附生草本。假鳞茎圆柱形，长3～4 cm，直径5～8 mm，顶生1叶，狭长圆形，长6～26 cm，宽1～4 cm，花单生。

全草入药，治肝炎。

3. 瘤唇卷瓣兰

Bulbophyllum japonicum (Makino) Makino

假鳞茎疏生，卵球形，长5～10 mm，直径3～5 mm，顶生1叶，长圆形，长3～4.5 cm，宽5～8 mm，花茎比假鳞茎长，长达5 cm，有花2～4朵。

4. 广东石豆兰

Bulbophyllum kwangtungense Schltr.

附生草本。假鳞茎疏生，圆柱形，长1～2.5 cm，直径2～5 mm，顶生1叶，长圆形，长2～4.7 cm，宽5～14 mm，花茎比假鳞茎长，长达9 cm，有花2～7朵。

全草药用，清热止咳、祛风。

5. 密花石豆兰（果上叶、极香石豆兰）

Bulbophyllum odoratissimum (J. E. Smith) Lindl.

根状茎分枝；假鳞茎疏生，圆柱形，长2.5～4 cm，直径3～9 mm，顶生1叶，长圆形，长4～13 cm，宽8～25 mm，花茎比假鳞茎长，长达14 cm，密生花10余朵。

全草药用。润肺化痰，舒筋活络，消炎。治肺结核咯血，慢性气管炎，慢性咽炎，风湿筋骨疼痛，骨折，跌打挫伤，刀伤。

6. 斑唇卷瓣兰

Bulbophyllum pectenveneris (Gagnep.) Seidenf.

假鳞茎疏生，卵球形，长5～12 mm，直径5～10 mm，顶生1叶，椭圆形，长1～6 cm，宽7～18 mm，花茎比假鳞茎长，长达11 cm，有花3～9朵。

7. 虾脊兰属Calanthe R. Br.

地生草本，植物合轴生长，无根状茎。叶数枚基生，长圆形或椭圆形，生于圆锥形或圆柱形假鳞茎上。花不扭转，唇瓣位于上方，有囊或距，蕊柱短，花粉团8个，4个簇生，着于粘盘上。本属约150种，分布于亚洲热带和亚热带地区、新几内亚岛、澳大利亚、热带非洲以及中美洲；我国49种，5变种；紫金2种。

1. 棒距虾脊兰

Calanthe clavata Lindl.

叶柄与鞘连接处有关节，叶长达65 cm，苞片早落，总状花序圆柱形，花多，较疏，黄色，唇瓣中裂片近圆形，蕊喙不裂。

2. 钩距虾脊兰

Calanthe graciliflora Hayata

多年生草本。叶柄与鞘连接处无关节，叶长达33 cm，宽5.5～10 cm，苞片宿存，总状花序有花多数，花白色，唇瓣3裂，距长1～1.3 cm，中裂片近方形，蕊喙2裂。

花美丽，可栽培供观赏。

8. 黄兰属Cephalantheropsis Guill.

地生草本，植物合轴生长，无根状茎。叶数枚，长圆形或椭圆形，生于圆柱形假鳞茎上。花不扭转，唇瓣位于上方，无囊或距，花粉团8个，4个簇生，着于粘盘上。我国3种；紫金1种。

1. 黄兰

Cephalantheropsis gracilis (Lindl.) S. Y. Hu

地生大草本，茎丛生，圆柱形，节间长5～10 cm，形似竹茎，叶长圆状披针形，长达35 cm，宽4～8 cm，花黄绿色，唇瓣基部无距或囊，中裂片上面有许多泡状附属物。

9. 叉柱兰属Cheirostylis Bl.

地生兰。叶扁平，无关节。萼片于中部以上合生成筒，唇瓣与蕊柱贴生，花药以狭的基部与蕊柱相连，花粉团由许多小团块组成，柱头2枚。本属约20种，分布于热带非洲、热带亚洲和太平洋岛屿；我国13种；紫金1种。

1. 琉球叉柱兰

Cheirostylis liukiuensis Masamune

地生草本，叶卵形，长2～3 cm，宽1～2 cm，基部圆形，骤然收缩成柄，叶面绿色，萼片非红色，唇瓣2裂，裂片白色，边缘撕裂状。

10. 隔距兰属Cleisostoma Bl.

附生草本，单轴生长。叶扁平，二列。花序侧生，蕊柱足无，唇瓣基部有囊状距，每个花粉团裂成2爿。本属约100种，分布于热带亚洲至大洋洲；我国17种，1变种；紫金2种。

1. 大序隔距兰

Cleisostoma paniculatum (Ker-Gawl.) Garay

附生草本。茎长10～20 cm，相隔数厘米有气生根，有分枝。叶长圆形或带状，扁平，顶端不等2裂。圆锥花序，唇瓣黄色。

全草能养阴、润肺、止咳。

2. 广东隔距兰

Cleisostoma simondii var. **guangdongense** Z. H. Tsi

植株通常上举。唇瓣中裂片浅黄白色，距内背壁上方的胼胝体为中央凹陷的四边形，其四个角呈短角状均向前伸。

11. 贝母兰属Coelogyne Lindl.

附生，植物合轴生长。叶(1～)2片。花期有叶，花序顶生，花粉团4个，花粉团有柄。本属约200种，分布于亚洲热带和亚热带南缘至大洋洲；我国26种；紫金1种。

1. 流苏贝母兰

Coelogyne fimbriata Lindl.

附生草本。唇瓣上有红色斑纹，中裂片顶端圆钝，边缘有流苏，花瓣丝状披针形，宽不达2 mm，唇瓣3裂。

全草药用，清热止咳、风湿骨痛。花美丽，可栽培供观赏。

12. 兰属Cymbidium Sw.

地生或附生植物，植物合轴生长。叶多枚。唇瓣无囊，无距，花粉团2个，附着于粘盘上，无团柄。本属约48种，分布于亚洲热带与亚热带地区，向南到达新几内亚岛和澳大利亚；我国29种；紫金3种。

1. 建兰（兰草）

Cymbidium ensifolium (L.) Sw.

多年生草本。叶长30～50 cm，宽10～17 mm，花序有3～9朵，花极清香，苞片长5～8 mm，花期6～10月。

全草药用，滋阴润肺、祛风理气、活血止痛。常栽培供观赏。

2. 寒兰

Cymbidium kanran Makino

多年生草本。叶长20～40 cm，宽5～9 mm，花序有1或2朵，花清香，苞片长4～5 mm，花期1～3月。

全草药用，清心润肺、止咳平喘。常栽培供观赏。

3. 墨兰

Cymbidium sinense (Jackson ex Andr.) Willd.

地生草本，叶长45～80 cm，宽15～30 mm，花序有10～20朵，花淡香，苞片长4～8 mm。花期10月至翌年3月。

13. 石斛属Dendrobium Sw.

附生草本，植物合轴生长。有多节的茎。叶1至数枚互生于茎上。花序从假鳞茎上部发出，花不扭转，唇瓣位于上方，基部平，花粉团4个，花粉块仅花粉团，无团柄和粘盘，花期数天。本属约1000种，广泛分布于亚洲热带和亚热带地区至大洋洲；我国74种，2变种；紫金4种。

1. 剑叶石斛

Dendrobium acinaciforme Roxb.

茎直立，近木质，扁三棱形，厚革质或肉质，花瓣长圆形，唇瓣白色带微红色，近匙形，蒴果椭圆形，花期3～9月；果期10～11月。

2. 钩状石斛

Dendrobium aduncum Lindl.

茎圆柱形，长50～100 cm，直径2～5 mm，叶基部下延为包茎的鞘，叶狭卵状长圆形，二列，总状花序茎顶端，有花1～6朵，花淡红色。

3. 重唇石斛（网脉唇石斛）

Dendrobium hercoglossum Rchb. f.

茎圆柱形，长8～40 cm，直径2～5 mm，叶基部下延为包茎的鞘，叶狭长圆形，二列，长4～10 cm，宽4～10 mm，总状花序茎顶端，有花2～3朵。

茎或全草药用。味甘，性微寒。生津养胃，滋阴清热，润肺益肾，明目强腰。治热病伤津，口干烦渴，胃阴不足，胃痛干呕，肺燥干咳，虚热不退，阴伤目暗，腰膝软弱。

4. 铁皮石斛（黑节草）

Dendrobium officinale Kimura et Migo

茎圆柱形，长10～35 cm，直径2～4 mm，叶基部下延为包茎的鞘，叶长圆状披针形，二列，长3～5 cm，宽9～11 mm，花序从老茎中上部发出，有花2～3朵，花浅黄绿色。

茎或全草药用。味甘，性微寒。生津养胃，滋阴清热，润肺益肾，明目强腰。治热病伤津，口干烦渴，胃阴不足，胃痛干呕，肺燥干咳，虚热不退，阴伤目暗，腰膝软弱。

14. 蛇舌兰属Diploprora Hook. f.

附生草本，单轴生长。叶扁平，二列。花序侧生，蕊柱足无，唇瓣基部无囊无距，每个花粉团裂成2爿。本属约2种，分布于南亚的热带地区；我国仅1种；紫金也有分布。

1. 蛇舌兰

Diploprora championii (Lindl.) Hook. f.

附生草本。叶扁平，二列。花序侧生，蕊柱足无，唇瓣基部无囊无距，每个花粉团裂成2爿。

15. 厚唇兰属Epigeneium Gagnep.

附生草本，植物合轴生长。叶少数。无茎。花序从假鳞茎上部发出，花不扭转，唇瓣位于上方，基部平，花粉团4个，花粉块仅花粉团，无团柄和粘盘。本属约35种，分布于亚洲热带地区，主要见于印度尼西亚、马来西亚；我国7种；紫金1种。

1. 单叶厚唇兰（三星石斛、小攀龙）

Epigeneium fargesii (Finet) Gagnep.

附生草本，假鳞茎密生，卵状长圆形，长约1 cm，直径3～5 mm，单叶生顶端，卵形，顶端2浅裂，花单生，与石豆兰相似。

全草药用，滋阴养胃、润肺化痰、清热利湿、降火凉血。

16. 毛兰属Eria Lindl.

附生草本，植物合轴生长。叶少数。萼片多少与蕊足合生成萼囊，唇瓣基部无距，花粉团8个，4个簇生，以团柄附着于粘盘上。本属约370余种，分布于亚洲热带至大洋洲；我国43种；紫金2种。

1. 半柱毛兰（石上桃）

Eria corneri Rchb. f.

附生草本，植物干后不变黑色，根状茎发达，假鳞茎卵状长圆形，长2～5 cm，直径1～2.5 cm，有2～3片叶，叶椭圆状披针形，长15～45 cm，宽1.5～6 cm，有花10余朵。

全草药用。有清凉解毒，润肺，消肿的功效。治痨咳，瘰疬，疥疮。

2. 小毛兰

Eria sinica (Lindl.) Lindl.

附生小草本，高1～2 cm，假鳞茎扁球形，密生，直径3～6 mm，仅1节间，叶小，倒披针形，长5～14 mm，宽3～4 mm。

17. 美冠兰属 **Eulophia** R. Br. ex Lindl.

地生，稀腐生，植物合轴生长。叶多枚。花序直立，唇瓣基部凹陷成囊或距，花粉团2个，团柄连接在粘盘上。本属约200种，主要分布于非洲，其次是亚洲热带与亚热带地区，美洲和澳大利亚也有分布；我国14种；紫金2种。

1. 美冠兰

Eulophia graminea Lindl.

假鳞茎卵球形，直径2～4 cm，叶线形或披针形，长13～35 cm，宽7～10 mm，先花后叶，花茎长40～60 cm。

全草药用。味甘、淡，性寒。滋阴益胃，润肺止咳。治热病伤津，口干烦渴，病后虚热，肺燥咳嗽，胃酸不足。

2. 无叶美冠兰

Eulophia zollingeri (Rchb. f.) J. J. Smith

腐生草本，无绿叶。

18. 斑叶兰属 **Goodyera** R. Br.

地生兰。叶扁平，非折扇状，无关节。唇瓣与蕊柱分离，花药以狭的基部与蕊柱相连，花粉团由许多小团块组成，柱头1枚。本属约40种，主要分布于北温带，向南可达墨西哥、东南亚、澳大利亚和大洋洲岛屿，非洲的马达加斯加也有；我国29种；紫金5种。

1. 多叶斑叶兰

Goodyera foliosa (Lindl.) Benth.

地生草本；高15～25 cm。叶卵形或长圆形，长2.5～7 cm，宽1.6～2.5 cm，叶面深绿色，总状花序花多朵，侧萼片不张开，萼片背面被毛。

全草药用。清热解毒，活血消肿。治肺痨，肝炎，痈疖疮肿，毒蛇咬伤。

2. 高斑叶兰（石风丹、大斑叶兰）

Goodyera procera (Ker-Gawl.) Hook.

多年生草本；株高达80 cm，叶长圆形，长7～15 cm，宽2～5.5 cm，叶面深绿色，总状花序花多朵，侧萼片不张开，萼片背面无毛。

全草药用，祛风除湿、养血舒筋、润肺止咳。

3. 斑叶兰（小叶青、小花斑叶兰）

Goodyera schlechtendaliana Rchb. f.

叶卵形或卵状披针形，长3～8 cm，宽8～25 mm，叶面有不均匀白色点状斑纹，总状花序有花多达20朵。

全草药用。味淡，性寒。清肺止咳，解毒消肿，止痛。治肺结核咳嗽，支气管炎。外用治毒蛇咬伤，痈疖疮疡。

4. 歌绿斑叶兰

Goodyera seikoomontana Yamamoto

小草本，叶卵形，稍偏斜，长3～7.5 cm，宽1.7～3.6 cm，基圆或近心形，面深绿色，苞片边缘被毛，侧萼张开。

5. 绿花斑叶兰

Goodyera viridiflora (Bl.) Bl.

小草本，叶卵形，稍偏斜，长1.5～6 cm，宽1～3 cm，基楔形，面深绿色，苞片边缘无毛，侧萼张开。

19. 玉凤花属Habenaria Willd.

地生兰。叶扁平，无关节。萼片分离，唇瓣有距，唇瓣与蕊柱贴生，蕊喙臂长，药室叉开，花药以宽阔的基部与蕊柱相连，花粉团由许多小团块组成，粘盘裸露，柱头2枚。本属约600种，分布于全球热带、亚热带至温带地区；我国55种；紫金3种。

1. 鹅毛玉凤花（双肾参、对肾参）

Habenaria dentata (Sw.) Schltr.

地生草本，块茎长圆形，叶茎中部生，长圆形，长5～15 cm，宽1.5～4 cm，花葶无毛，花白色，侧萼片稍扁斜，唇瓣3深裂，裂片边缘有齿。

块茎药用，有利尿消肿、壮腰补肾之效。花美丽，可栽培供观赏。

2. 细裂玉凤花

Habenaria leptoloba Benth.

植株高15～30 cm。块茎长圆形，叶茎中部生，披针形或线形，长6～15 cm，宽1～1.8 cm，花葶无毛，花淡黄绿色，侧萼片稍扁斜，唇瓣3深裂，裂片边缘全缘。

3. 橙黄玉凤花（红唇玉凤花）

Habenaria rhodocheila Hance

地生草本，块茎长圆形，叶茎中部生，线状披针形，长10～15 cm，宽1.5～2 cm，花葶无毛，花橙红色，侧萼片稍扁斜。

花美丽，可栽培供观赏。全草入药，止咳化痰、固肾止遗、止血敛伤。

20. 盂兰属Lecanorchis Bl.

腐生草本；根状茎圆柱状，总状花序顶生，花苞片小，膜质，萼片与花瓣离生，花粉团2个，粒粉质，无花粉团柄，亦无明显的粘盘。本属约10种；我国5或6种；紫金1种。

1. 全唇盂兰

Lecanorchis nigricans Honda

茎直立，常分枝，无绿叶，具数枚鞘。总状花序顶生，具数朵花；花淡紫色，萼片狭倒披针形，唇瓣亦为狭倒披针形，花期不定，主要见于夏秋。

21. 羊耳蒜属Liparis L. C. Rich.

地生或附生，植物合轴生长。叶1至多枚，扁平。花序从假鳞茎上部发出，唇瓣位于下方，蕊柱长，向前弯曲，花粉团4个，花粉团无柄。本属约有250种，广泛分布于全球热带与亚热带地区，少数种类也见于北温带；我国52种；紫金5种。

1. 镰翅羊耳蒜（不丹羊耳兰、果上叶、九莲灯）

Liparis bootanensis Griff.

附生草本，假鳞茎长圆形，长0.8～1.8 cm，直径4～8 mm，顶生叶1枚，狭长圆状倒披针形，长8～22 cm，宽1～3.3 cm，叶柄有关节。

全草药用，清热解毒、祛瘀散结、活血调经。

2. 广东羊耳蒜

Liparis kwangtungensis Schltr.

附生小草本，高约6 cm，假鳞茎密集，卵形，长5～7 mm，直径3～5 mm，顶生叶1枚，椭圆形，长2～5 cm，宽7～11 mm，叶柄有关节。

3. 见血青（羊耳兰、见血莲）

Liparis nervosa (Thunb. ex A. Murray) Lindl.

多年生草本。茎肉质圆柱形，竹茎状，叶柄无关节，叶卵形，长5～11 cm，宽3～8 cm。

茎药用，活血散瘀、清肺止咳。

4. 香花羊耳蒜

Liparis odorata (Willd.) Lindl.

地生草本，假鳞茎卵圆形，长1.3～2.2 cm，直径10～15 mm，叶2～3枚，狭椭圆形，长6～17 cm，宽2.5～6 cm，叶柄无关节。

5. 长茎羊耳蒜

Liparis viridiflora (Bl.) Lindl.

附生草本，较高大。叶线状倒披针形或线状匙形，纸质，花绿白色或淡绿黄色，较密集，蒴果倒卵状椭圆形。花期9～12月；果期次年1～4月。

22. 沼兰属Malaxis Soland. ex Sw.

地生，植物合轴生长。叶2至多枚，扁平，叶柄鞘状包茎。花序顶生，唇瓣位于上方，蕊柱长，向前弯曲，花粉团4个，花粉团无柄。本属约有300种，广泛分布于全球热带与亚热带地区，少数种类也见于北温带；我国21种；紫金4种。

1. 海南沼兰

Malaxis hainanensis T. Tang et F. T. Wang

花序有花6～7朵，花浅黄色，中萼片比侧萼片狭，唇瓣长5～6 mm。

2. 阔叶沼兰

Malaxis latifolia J. E. Smith

地生草本，茎肉质，圆柱形，长3～10 cm，叶鞘包茎，叶卵状椭圆形，长7～16 cm，宽4～9 cm，花小，有花10余朵。

3. 小沼兰

Malaxis microtatantha (Schltr.) T. Tang et F. T. Wang

假鳞茎小，卵形或近球形。叶1枚，接近铺地，卵形至宽卵形，宽5～13 mm，有短柄抱茎。花亭直立，纤细，常紫色，略压扁而具很狭的翅；总状花序长1～2 cm，常具10～20朵花；花很小，黄色。

4. 深裂沼兰

Malaxis purpurea (Lindl.) Kuntze

花序有花10～30朵，唇瓣深裂，由前部和一对向后伸展的耳组成。

23. 芋兰属Nervilia Comm. ex Gaud.

地生兰。叶无关节，非折扇状，宽卵形或心形，掌状脉。先花后叶。本属约50种，分布于亚洲、大洋洲和非洲的热带与亚热带地区；我国7种，2变种；紫金1种。

1. 毛唇芋兰（青天葵）

Nervilia fordii (Hance) Schltr.

块茎肉质，圆球形，直径5～10 mm，叶折扇状，心形，两面无毛，柄长约7 cm。

块茎入药，具利肺止咳、益肾、解毒止痛之功效。

24. 兜兰属Paphiopedilum Pfitz.

能育雄蕊2枚，与侧生花瓣对生。本属约66种，分布于亚洲热带地区至太平洋岛屿；我国18种；紫金1种。

1. 紫纹兜兰

Paphiopedilum purpuratum (Lindl.) Stein

叶长7～18 cm，宽2.3～4.2 cm，叶面有暗绿色与浅黄绿色相间的网格斑，花瓣小于中萼片，唇瓣倒盔状，囊口边缘不内弯，两侧有直立的耳，唇瓣长圆形。

植株和花美丽，适于园林栽培。

25. 阔蕊兰属Peristylus Bl.

地生兰。叶扁平，无关节。萼片分离，唇瓣有距，唇瓣与蕊柱贴生，蕊喙臂极短，药室并行，花药以宽阔的基部与蕊柱相连，花粉团由许多小团块组成，粘盘裸露，柱头2枚。本属约60种，分布于亚洲热带和亚热带地区至太平洋一些岛屿；我国21种；紫金3种。

1. 长须阔蕊兰

Peristylus calcaratus (Rolfe) S. Y. Hu

植株高20～50 cm，块茎长圆形，叶基生，叶椭圆状披针形，长3～15 cm，宽1～3.5 cm，基部收狭成鞘抱茎，唇瓣侧裂片线形，距棒状或纺锤形，末端渐尖。

2. 撕唇阔蕊兰

Peristylus lacertiferus (Lindl.) J. J. Smith

植株高20～45 cm，块茎长圆形或球形，叶长圆状披针形，长5～12 cm，宽1.5～3.5 cm，基部收狭成鞘抱茎，唇瓣侧裂片三角形，唇盘上有胼胝体。

3. 触须阔蕊兰

Peristylus tentaculatus (Lindl.) J. J. Smith

植株高20～60 cm，块茎球形，叶基生，叶卵状长椭圆形，长4～7.5 cm，宽0.8～1.5 cm，基部收狭成鞘抱茎，唇瓣侧裂片线形，距近球形，末端2浅裂。

地生草本；假鳞茎圆锥形，长约6 cm，直径4～6 cm，花茎长达1 m，花暗赭色或棕色。

球茎入药，味微辛、性温，有小毒，清热除痰。

26. 鹤顶兰属 Phaius Lour.

地生草本，植物合轴生长，无根状茎。叶数枚，生于长柱形假鳞茎上，长圆形或椭圆形。花不扭转，唇瓣位于上方，有囊或距，蕊柱粗而长，花粉团8个，4个簇生，着于黏质上。本属约40种，广布于非洲热带地区、亚洲热带和亚热带地区至大洋洲；我国8种；紫金2种。

1. 黄花鹤顶兰

Phaius flavus (Bl.) Lindl.

假鳞茎卵状圆锥形，叶4～6枚，紧密互生于假鳞茎上部，通常具黄色斑块，长椭圆形或椭圆状披针形，花柠檬黄色，花期4～10月。

2. 鹤顶兰（大白及）

Phaius tankervilleae (Banks ex L'Herit.) Bl.

27. 石仙桃属 Pholidota Lindl. ex Hook.

附生草本，植物合轴生长。叶少数，生于假鳞茎上，长圆形或椭圆形。花从假鳞茎基部或根状茎发出，花不扭转，唇瓣位于上方，基部凹成囊，花粉团4个。本属约30种，分布于亚洲热带和亚热带南缘地区，南至澳大利亚和太平洋岛屿；我国14种；紫金2种。

1. 细叶石仙桃（小石仙桃、双叶岩珠）

Pholidota cantonensis Rolfe

附生草本。叶线形或线状披针形，长2～6 cm，宽5～7 mm。苞片早落。

全草药用，滋阴降火、清热消肿。

2. 石仙桃（石橄榄、石莲）

Pholidota chinensis Lindl.

附生草本。叶倒卵状椭圆形，长5～22 cm，宽2～6 cm。苞片宿存。

假鳞茎入药，清热润肺、滋阴解毒、凉血止痛。花淡雅，可栽培供观赏。

28. 舌唇兰属 Platanthera L. C. Rich.

地生兰。叶扁平，无关节。苞片小，萼片分离，唇瓣与蕊柱贴生，蕊喙非折叠状，花药以宽阔的基部与蕊柱相连，花粉团由许多小团块组成，柱头1枚。本属约150种，主要分布于北温带，向南可达中南美洲和热带非洲以及热带亚洲；我国41种，3亚种；紫金2种。

1. 广东舌唇兰

Platanthera guangdongensis Y. F. Li, L. F. Wu & L. J. Chen

腐生植物。植株高19～22 cm。块茎长圆形，肉质，长1.3～2.5 cm，宽2.5～3.5 mm，具很多毛状的附属物。茎直立，无叶，具7～8枚筒状鞘，鞘与茎不贴生；花苞片披针形，长6～9 mm；花梗与子房长1～1.2 cm；萼片与花瓣浅绿色，唇瓣浅绿黄色，距浅绿白色；中萼片卵状椭圆形，长2.1～2.5 mm，宽1.4～1.6 mm，先端钝；侧萼片稍歪的长圆形，长4～4.5 mm，宽0.9～1.2 mm，先端钝；花瓣斜卵状椭圆形，长3.2～3.6 mm，宽1.1～1.3 mm，先端钝；唇瓣舌状，长4～4.3 mm，宽1.4～1.6 mm，先端钝；距细圆筒状，下垂，长1～1.2 cm；花粉团倒卵形，具长的花粉团柄和圆形的粘盘；柱头1个，凹陷，位于蕊喙之下。花期5月。

2. 紫金舌唇兰

Platanthera zijinensis O. L. Ye, Z. M. Zhong & M. H. Li

地生植物。植株高35～45 cm。块茎椭圆形，肉质。茎粗壮，下部1枚较大的叶，上部具2～3枚逐渐变小为披针形的苞片状小叶；叶片椭圆形，长5～10.5 cm，宽1.1～2.1 cm，先端稍钝，基部具抱茎的鞘；总状花序具8～17朵疏生的花，长7～16 cm；花苞片卵状长圆形至卵形，长0.7～1.9 cm，花梗与子房长1.1～1.9 cm；花开展，萼片浅黄色，花瓣与唇瓣浅黄白色；中萼片直立，卵圆形，长、宽为4～5 mm，先端钝；侧萼片长圆形，向后卷，长5～5.5 mm，宽2～2.5 mm，先端钝；花瓣斜卵状椭圆形，长4～5 mm，宽1.7～2.2 mm，先端钝，与中萼片靠合呈兜状；唇瓣卵状椭圆形，长6～8 mm，宽2.8～3.5 mm，先端钝；距细圆筒状，向前弯曲，长11～15 mm；蕊柱短；花粉团倒卵形，具细长的柄和圆形的粘盘；柱头1个，大，凹陷，位于蕊喙之下。花期6月。

29. 独蒜兰属Pleione D. Don

附生，植物合轴生长。叶1～2片。花期无叶，花序顶生，花粉团4个，花粉团有柄。本属约19种，主要产于我国秦岭山脉以南，西至喜马拉雅地区，南至缅甸、老挝和泰国的亚热带地区和热带凉爽地区；我国16种；紫金1种。

1. 独蒜兰

Pleione bulbocodioides (Franch.) Rolfe

半附生草本。假鳞茎卵状圆锥形，直径1～2 cm，顶端具1枚叶。叶狭椭圆状披针形或近倒披针形，长10～25 cm。花葶从无叶的老假鳞茎基部发出，顶端具1～2花；花粉红色至淡紫色，唇瓣上有深色斑。

假鳞茎入药，清热解毒、消肿散结。花色艳丽，可栽培观赏。

30. 菱兰属Rhomboda Lindley

地生兰。叶扁平，较大，长2 cm以上，无关节。花疏生，萼片分离，唇瓣位于上方或下方，花药以狭的基部与蕊柱相连，花粉团由许多小团块组成，柱头2枚。我国5种；紫金1种。

1. 小片菱兰

Rhomboda abbreviata (Lindley) Ormerod

地生小草本，叶卵状披针形，长4～6.5 cm，宽2～2.8 cm，叶面浅绿色带红色，唇瓣基部有圆球形囊，唇瓣柄长不及2 mm，两侧全缘。

31. 寄树兰属Robiquetia Gaud

附生草本。叶扁平，长圆形，花序常与叶对生，花粉团蜡质，2个，近球形，粘盘小，近圆形。本属约40种；我国2种；紫金1种。

1. 寄树兰

Robiquetia succisa (Lindl.) Seidenf. et Garay

茎坚硬，圆柱形，叶二列，长圆形，花序与叶对生，比叶长，圆锥花序密生许多小花，花不甚开放，萼片和花瓣淡黄色或黄绿色，蒴果长圆柱形。花期6～9月；果期7～11月。

32. 苞舌兰属Spathoglottis Bl.

地生草本，植物合轴生长，无根状茎。叶1～5枚，带状或狭披针形，生于压扁的假鳞茎上。花不扭转，唇瓣位于上方，花粉团8个，4个簇生，着于粘盘上。本属约46种，分布于热带亚洲至澳大利亚和太平洋岛屿；我国3种；紫金1种。

1. 苞舌兰（土白芨、黄花独蒜）

Spathoglottis pubescens Lindl.

假鳞茎扁球形，通常粗1～2.5 cm，顶生1～3枚叶。叶带状或狭披针形，长达43 cm，基部收窄为细柄。花葶长达50 cm，密布柔毛，疏生2～8朵花，花黄色。

假鳞茎入药，清热、补肺、止咳、生肌、敛疮。

33. 绶草属Spiranthes L. C. Rich.

地生兰。叶扁平，非折扇状，2～5枚，基生，无关节。花序旋转扭曲，花粉团为均匀的粒粉质。本属约50种，主要分布于北美洲，少数种类见于南美洲、欧洲、亚洲、非洲和澳大利亚；我国2种；紫金2种。

1. 香港绶草

Spiranthes hongkongensis S. Y. Hu & Barretto

地生小草本，叶数片近基生，线状披针形，基部抱茎，密集的总状花序，螺旋状扭曲，花小紫红色，花序轴、包片、萼片、子房被腺毛。

2. 绶草（盘龙参）

Spiranthes sinensis (Pers.) Ames

地生小草本，叶数片近基生，线状披针形，基部抱茎，密集的总状花序，螺旋状扭曲，花小紫红色，花序轴、包片、萼片、子房无毛。

根、全草入药，滋阴益气、凉血解毒、涩精。

34. 带唇兰属Tainia Bl.

地生草本，植物合轴生长，根状茎匍匐，先花后叶。叶1枚，基部楔形，叶柄与假鳞茎明显。蕊足短于蕊柱，花粉团8个，4个簇生，着于黏质物上。本属约15种，分布从热带喜马拉雅东至日本南部，南至东南亚和其邻近岛屿；我国11种；紫金3种。

1. 带唇兰

Tainia dunnii Rolfe

地生草本，根状茎匍匐，假鳞茎圆柱形，直径5～10 mm，顶端有1片叶，叶椭圆状披针形，长12～35 cm，宽0.6～4 cm，有折扇状脉，花茎长30～60 cm，唇瓣中裂片顶端截平或短尖。

花美丽，可栽培于水湿地作观赏植物。

2. 香港带唇兰

Tainia hongkongensis Rolfe

地生草本；假鳞茎卵球形，顶生1枚叶。叶长椭圆形，宽3～4 cm，基部渐狭为柄，具折扇状脉。花葶出自假鳞茎的基部；总状花序长达15 cm。

3. 南方带唇兰

Tainia ruybarrettoi (S. Y. Hu et Barretto) Z. H. Tsi

假鳞茎暗绿色或紫红色，近聚生，卵球形，叶深绿色，披针形，花暗红黄色，萼片和花瓣带3～5条紫色脉纹，边缘黄色。花期3月。

35. 线柱兰属ZeuxineLindl.

地生兰。叶扁平，较大，长2 cm以上，无关节。萼片分离，唇瓣位于下方，囊内无隔膜，唇瓣与蕊柱贴生，花药以狭的基部与蕊柱相连，花粉团由许多小团块组成，柱头2枚。本属约50种，分布于从非洲热带地区至亚洲热带和亚热带地区；我国13种；紫金4种。

1. 黄花线柱兰

Zeuxine flava (Wall. ex Lindl.) Trimen

植株高20～40 cm。茎直立，圆柱形，具3～6枚叶。叶片卵形或卵状椭圆形，长4～6 cm，宽2.5～4.5 cm，叶面绿色或沿中肋具1条白色的条纹。

2. 芳线柱兰

Zeuxine nervosa (Lindl.) Trimen

根状茎伸长，匍匐，肉质，茎状，叶片卵形或卵状椭圆形，上面绿色或沿中肋具1条白色的条纹，花较小，甚香。花期2～3月。

3. 白花线柱兰

Zeuxine parviflora (Ridl.) Seidenf.

根状茎伸长，匍匐，肉质，叶片卵形至椭圆形，总状花序具3～9朵花，花苞片淡红色，卵状披针形，花较小，白色。花期2～4月。

4. 线柱兰

Zeuxine strateumatica (L.) Schltr.

地生小草本，叶线形或线状披针形，长2～8 cm，宽2～6 mm，无叶柄。

327. 灯心草科Juncaceae

草本，稀灌木状。茎丛生。叶全部基生成丛而无茎生叶，或具茎生叶数片，常排成三列，稀为二列；叶鞘开放或闭合。花序圆锥状、聚伞状或头状，顶生、腋生或有时假侧生；花单生或集生成穗状或头状，头状花序往往再组成圆锥、总状、伞状或伞房状等各式复花序；头状花序下通常有数枚苞片，最下面1枚常比花长；花序分枝基部各具2枚膜质苞片；整个花序下常有1～2枚叶状总苞片；花小型，两性，稀为单性异株；花被片6枚，排成2轮，稀内轮缺如，颖状；雄蕊6枚；雌蕊由3心皮结合而成；子房上位，1室或3室，有时为不完全三隔膜；胚珠多数。果实通常为室背开裂的蒴果。本科8属，300种，广布于温带和寒带地区，热带山地也有；我国2属，93种，3亚种，13变种；紫金1属，3种。

1. 灯心草属Juncus L.

叶片边缘无毛；叶鞘开放，边缘稍膜质，有叶耳或无；花有小苞片或缺；蒴果1室或3室，具多数种子。本属约240种，广泛分布于世界各地，主产温带和寒带；我国77种，2亚种，10变种；紫金3种。

1. 灯心草（秧草、水灯心）

Juncus effusus L.

多年生草本；高30～100 cm。叶片退化，仅具叶鞘包围茎基部，茎粗壮，直径1.5～4 mm，蒴果长圆形，3室。

入药有利尿、清凉、镇静作用。

2. 笄石菖（江南灯心草、水茅草）

Juncus prismatocarpus R. Br.

多年生草本；高15～65 cm，有叶片，总苞片叶状，花序顶生，多年生草本，植株较高大，高30～50 cm，茎扁平，叶宽2～3 mm，雄蕊3枚。

全草入药，降心火、清肺热、利小便。

3. 圆柱叶灯心草

Juncus prismatocarpus subsp. **teretifolius** K. F. Wu

本亚种和原种“笄石菖”的区别在于：叶圆柱形，叶具隔膜，有时干后稍压扁，具明显的完全横隔膜，单管；植株常较高大。

331. 莎草科Cyperaceae

草本，较少为一年生；多数具根状茎少有兼具块茎。大多数具有三棱形的秆。叶基生和秆生，一般具闭合的叶鞘和狭长的叶片，或有时仅有鞘而无叶片。花序多种多样，有穗状花序，总状花序，圆锥花序，头状花序或长侧枝聚繖花序；小穗单生，簇生或排列成穗状或头状，具2至多数花，或退化至仅具1花；花两性或单性，雌雄同株，少有雌雄异株，着生于鳞片(颖片)腋间，鳞片复瓦状螺旋排列或二列，无花被或花被退化成下位鳞片或下位刚毛，有时雌花为先出叶所形成的果囊所包裹；雄蕊3枚，稀2～1枚，花丝线形，花药底着；子房1室，具1颗胚珠，花柱单一，柱头2～3枚。果实为小坚果，三棱形，双凸状，平凸状，或球形。本科约80属，4000种，分布全世界；我国有28属，500余种；紫金14属，44种。

1. 苔草属Carex L.

花单性。雌花被先出叶所形成的果囊包裹。本属约有2000多种，分布全世界；我国近500种；紫金16种。

1. 广东薹草（大叶苔草）

Carex adrienii E. G. Camus

根状茎近木质。秆丛生，侧生，叶片狭椭圆形、狭椭圆状

倒披针形，少有狭椭圆状带形，果囊椭圆形，三棱形，褐白色。花果期5～6月。

2. 浆果薹草（浆果苔草）

Carex baccans Nees

茎中生，茎生叶发达，枝先出囊状。总苞片叶状，小穗雄雌顺序。果囊成熟时红色。与十字苔草相似。

全草药用。调经止血，透疹止咳，补中利水。

3. 短尖薹草（短尖苔草）

Carex brevicuspis C. B. Clarke

根状茎短粗。花密生，坚果黑紫色。果期4～5月。

4. 中华薹草（中华苔草）

Carex chinensis Retz.

茎中生。叶有小横脉。顶生小穗雄性。果囊被毛，有长喙，小坚果棱上中部不缢缩，小坚果与花柱之间界线明显。与条穗苔草相似。

5. 十字薹草（十字苔草）

Carex cruciata Wahlenb.

多年生草本。秆丛生，三棱形。叶长于秆，下面粗糙，边缘具短刺毛，基部具暗褐色、分裂成纤维状的宿存叶鞘。苞片叶状，长于支花序。圆锥花序复出；分支支圆锥花序数个，通常单生。与蕨状苔草相似，但雌花鳞片顶端有芒。

全草药用，凉血、止血、解表透疹、止痢。

6. 隐穗薹草（隐穗苔草）

Carex cryptostachys Brongn.

茎侧生。小穗两性，单1小穗在苞鞘内，排成总状，柱头3枚，果囊三棱形。与韩江苔草相似。

7. 签草（芒尖苔草）

Carex doniana Spreng.

根状茎短，具细长的地下匍匐茎。叶稍长或近等长于秆，坚果倒卵形，三棱形，深黄色。花果期4～10月。

8. 穹隆薹草（隆凸苔草）

Carex gibba Wahlenb

根状茎短，木质。叶长于或等长于秆，小穗卵形或长圆形，穗状花序上部小穗较接近，坚果圆卵形，花果期4～8月。

9. 弯柄薹草（红苞苔草）

Carex manca Boott

根状茎粗短，木质。秆侧生。小坚果紧包于果囊中，黄褐色，卵形，三棱状。

10. 条穗薹草（条穗苔草）

Carex nemostachys Steud.

茎中生。叶有小横脉。小穗聚生茎端，顶生小穗雄性。果囊被毛，有长喙，小坚果棱上中部不缢缩，小坚果与花柱之间界线不明显。与硬果苔草相似。

全草药用。味酸、苦，性凉。祛风止痛，凉血止血，收敛。治外感发热，温病高热头痛，关节红肿疼痛，外伤出血。

11. 霹雳薹草（霹雳苔草）

Carex perakensis C. B. Clarke

根状茎粗壮，木质。秆中生，圆锥花序复出，小坚果椭圆状倒卵形，三棱形。花果期7～10月。

12. 密苞叶薹草（头序苔草）

Carex phyllocephala T. Koyama

根状茎短而稍粗，木质，无地下匍匐茎。小坚果倒卵形，三棱形。花果期6～9月。

13. 根花薹草（根状茎花苔草）

Carex radiciflora Dunn

根状茎短，木质，坚硬。小坚果紧包于果囊中，椭圆形，三棱形，深紫黑色。果期4～5月。

14. 花葶薹草（花葶苔草）

Carex scaposa C. B. Clare

茎侧生，茎生叶、总苞片佛焰苞状，基生叶2～4片簇生根状茎节上，芦叶状，宽10 mm以上。圆锥花序复出，枝花序为圆锥花序，小穗雌雄顺序，小穗雄花短于雌花。

根药用，消肿止痛。

2. 莎草属Cyperus L.

花两性，小穗上鳞片2行排列，小穗基部无关节，鳞片在果熟后由下而上依次脱落，花被完全退化，柱头3枚。小坚果三棱形。本属约500种，分布全世界；我国30种；紫金5种。

1. 异型莎草（球穗碱草）

Cyperus difformis L.

一年生草本。小穗多数，放射状排列，长侧枝聚伞花序疏展，有长短不等伞梗，鳞片顶端短而直，雄蕊1～2枚。与窄穗莎草相似。

全草药用，有行气、活血、通淋、利尿功效。

2. 疏穗莎草

Cyperus distans L. f.

根状茎短，具根出苗。小坚果长圆形，三棱形，黑褐色。花果期7～8月。

3. 畦畔莎草

Cyperus haspan L.

一年生，茎三棱，高10～40 cm，叶较茎短，总苞叶状，2～3片，长侧枝复出，8～12伞梗。

4. 碎米莎草

Cyperus iria L.

年生草本，茎三棱，高10～15 cm，总苞叶状，比花序长，花序轴无翅，长侧枝复出，4～9伞梗，梗长12 cm。

5. 香附子（莎草、雷公头、香头草）

Cyperus rotundus L.

多年生草本，有匍匐根状茎和块茎。叶片多而长。花序非圆柱形，小穗少数，小穗压扁。小坚果长圆状倒卵形。与粗根茎莎草相似。

块茎药名"香附子"，根茎入药，疏表解热、理气止痛、调经、解郁。

3. 飘拂草属Fimbristylis Vahl

叶正常，或退化仅存叶鞘，小穗排成侧枝聚伞花序，小穗上的鳞片螺旋状排列，小穗有多数结实的两性花，花被退化，无下位刚毛，花两性，花柱基部小三棱状，脱落，与子房连接处有关节或缢缩。本属约有130多种，分布全世界；我国47种；紫金7种。

1. 夏飘拂草

Fimbristylis aestivalis (Retz.) Vahl

一年生草本，无根状茎，无叶舌。长侧枝简单，小穗单生，有棱，鳞片长3 mm，螺旋状排列，小穗卵形，花柱扁平，雄蕊1～2枚。与复序拂草相近。

全草药用，清热解毒、利尿消肿。

2. 两歧飘拂草

Fimbristylis dichotoma (L.) Vahl

多年生草本，根状茎短，茎基部的叶鞘无叶片，叶宽2～3 mm，叶舌为1圈短毛。长侧枝简单，鳞片螺旋状排列，小穗长圆形，花柱扁平，柱头2枚。与锈鳞拂草相近。

全草入药，有清热的功效，治小儿胎毒。

3. 知风飘拂草

Fimbristylis erabrostis (Nees) Hance

多年生草本。小穗两侧压扁，鳞片二列，无毛，长枝聚伞花序开展，有伞梗，小穗数个组成聚伞花序，小穗单生，长6～10 mm。与红鳞飘拂草相近。

4. 长穗飘拂草

Fimbristylis longispica Steud.

多年生草本，植株无毛，根状茎短。长侧枝聚伞花序复出，小穗单生，无棱，花柱扁。与拟二歧飘拂草相近。

5. 水虱草

Fimbristylis miliacea (L.) Vahl

无根状茎。稈丛生，叶长于或短于稈或与稈等长，侧扁，套褶，剑状，边上有稀疏细齿，小坚果倒卵形或宽倒卵形，钝三棱形。

6. 四棱飘拂草

Fimbristylis tetragona R. Br.

多年生草本，根状茎短，茎四棱形。小穗单生顶端。与少花拂草相近。

7. 西南飘拂草

Fimbristylis thomsonii Bocklr.

多年生草本，有根状茎，茎扁三棱形，高20～70 cm，基部的叶有叶片，叶舌为一圈毛，长侧枝聚伞花序，小穗单生，柱头3枚，小坚果三棱形。

4. 芙兰草属Fuirena Rottb.

一年生或多年生草本；植物体通常被毛。稈丛生或近丛生。叶狭长，鞘具膜质叶舌。全世界约有30多种；我国3种；紫金1种。

1. 芙兰草

Fuirena umbellata Rottb.

根状茎短。稈近丛生，近五棱形，具槽，叶舌膜质，绣色，截形，圆锥花序狭长，小坚果倒卵形，三棱形，成熟时褐色。花果期6～11月。

5. 黑莎草属Gahnia J. R. &. G. Forst.

茎圆柱形。叶有背、腹之分，有明显的中脉。花两性，雄蕊3枚，小穗有1～3能结实的两性花，花柱基部不膨大而脱落。小坚果三棱状或圆柱状，骨质，有光泽。本属50种，分布亚洲、澳洲等热带地区；我国2种；紫金2种。

1. 散穗黑莎草

Gahnia baniensis (C. B. Clarke) Kükenth.

多年生草本；植株基部黄绿色。花序散生。

2. 黑莎草

Gahnia tristis Nees

多年生草本。植株基部黑褐色。花序紧缩呈穗状。

全草药用，用于阴挺。

6. 割鸡芒属Hypolytrum Rich.

茎三棱柱形，无横隔。叶片正常发育。花单性，雌花下无空鳞片，柱头2枚。小坚果基部无基盘。本属60余种，分布于热带和亚热带地区；我国4种；紫金1种。

1. 割鸡芒

Hypolytrum nemorum (Vahl) Sprengel Syst. Veg

根状茎粗短，匍匐或斜升，密被红色鳞片。茎中生。最下一片苞片远长于花序，长15～30 cm。

7. 水蜈蚣属Kyllinga Rottb.

花两性，小穗上鳞片2行排列，小穗基部有关节，鳞片在果熟后与宿存而与小穗轴一同脱落，花被完全退化，柱头2枚。小坚果双凸状或平凸形。本属有40余种，分布全世界；我国6种；紫金1种。

1. 单穗水蜈蚣

Kyllinga triceps Rottb.

多年生草本，根状茎匍匐，根状茎延长缩短。穗状花序3～5个聚生，鳞片背面的龙骨状凸起有翅。

全株药用，活血通经，行气止痛。治胃痛，经痛，风湿性关节炎，跌打肿痛，外伤出血。

8. 鳞籽莎属Lepidosperma Labill.

叶无背、腹之分，无明显的中脉。花两性，小穗鳞片螺旋状排列，花被片鳞片状，下部连合呈基盘状；花柱基部不膨大，脱落。本属约50余种，主要分布于澳洲，新西兰和亚洲热带地区；我国1种；紫金1种。

1. 鳞籽莎

Lepidosperma chinense Nees

多年生草本，茎圆柱状，长达130 cm。叶无背、腹之分，无明显的中脉。花两性，小穗鳞片螺旋状排列。

9. 湖瓜草属Lipocarpha R. Br.

花两性，小穗上鳞片2行排列，花被鳞片状。本属10余种，分布于暖温带地区；我国3种；紫金1种。

1. 华湖瓜草

Lipocarpha chinensis (Osbeck) Tang et Wang

多年生草本。叶宽2～4 mm。穗状花序3～7个簇生，银白色，小总苞片顶端宽而近截平，具直立的短尖头。

全草药用。清热止惊。治小儿惊风。

10. 砖子苗属Mariscus Vahl

花两性，小穗上鳞片2行排列，小穗基部有关节，小穗基部无空鳞片，顶生鳞片木栓质，有1至数朵花，鳞片在果熟后与宿存而与小穗轴一同脱落，花被完全退化，柱头3枚。小坚果三棱形。本属200种，分布全世界；我国7种；紫金1种。

1. 砖子苗（大香附子、三棱草、砖子苗）

Mariscus sumatrensis var. **microstachys** (Kükenth.) L. K. Dai

多年生草本。秆疏丛生，高10～50 cm，锐三棱形，基部膨大，具稍多叶。叶下部常折合，边缘不粗糙；叶鞘褐色或红棕色。叶状苞片5～8枚，通常长于花序；长侧枝聚伞花序简单，具6～12个或更多些辐射枝。

块茎入药，散瘀消肿。

11. 扁莎属Pycreus P. Beauv.

花两性，小穗上鳞片2行排列，小穗基部无关节，鳞片在果熟后由下而上依次脱落，花被完全退化，柱头2枚。小坚果两侧压扁，棱向小穗轴，双凸状。本属约70种，分布全世界；我国10种；紫金2种。

1. 球穗扁莎

Pycreus flavidus (Retz.) T. Koyama

植株高20～60 cm。小穗宽1～2 mm，小穗辐射开展，鳞片两侧无槽，顶端钝，不外弯。小坚果两面无凹槽。

全草药用，清热止咳、祛寒、消肿。可栽培作湿地绿化。

2. 红鳞扁莎

Pycreus sanguinolentus (Vahl) Nees

植株高15～50 cm。小穗宽2～3 mm，长侧枝有3～5伞梗，小穗辐射开展，鳞片两侧有槽，雄蕊3枚。

12. 刺子莞属Rhynchospora Vahl

茎三棱形。叶有背、腹之分，有明显的中脉。花两性，小穗有1～3能结实的两性花，花柱基部膨大而宿存。小坚果双凸状。本属约有200余种，生长在温带及热带地区，主要分布于热带美洲；我国7种；紫金1种。

1. 刺子莞（龙须草、绣球草）

Rhynchospora rubra (Lour.) Makino.

多年生草本。头状花序单个顶生，叶全部基生。小坚果阔倒卵形，长约1.5 mm。

全草入药，祛风除湿。

13. 藨草属Scirpus L.

小穗上的鳞片螺旋状排列，小穗有多数结实的两性花，花被片刚毛状，花两性，花柱基部不膨大，与子房连接处无关节。全世界约200多种；我国37种、3杂种及一些变种；紫金3种。

1. 百球藨草

Scirpus rosthornii Diels

多年生草本。茎三棱状，叶基生和茎生。长侧枝聚伞花序有伞梗7～12个，总苞片叶状，柱头2枚。下位刚毛2～3条，有顺刺毛。

全草药用，有清热解毒、凉血利水功效。

2. 类头状花序藨草

Scirpus subcapitatum Thwaites & Hook.

根状茎短，密丛生。秆细长，无秆生叶，苞片鳞片状，卵形或长圆形，小坚果长圆形或长圆状倒卵形，三棱形，黄褐色。花果期3～6月。

3. 水毛花

Scirpus triangulatus Roxb.

根状茎粗短，无匍匐根状茎，具细长须根。小坚果倒卵形或宽倒卵形，扁三棱形，成熟时暗棕色。花果期5～8月。

14. 珍珠茅属Scleria Bergius

花单性。复圆锥花序顶生，生于茎的每一节上，雌花无果囊包裹。小坚果基部有基盘，小坚果无鳞片包围。本属约有150种以上，分布于温带或热带；我国16种；紫金2种。

1. 二花珍珠茅

Scleria biflora Roxb.

一年生草本，无根状茎。小坚果球形，有黑色短尖头，表面被短柔毛。

2. 毛果珍珠茅

Scleria levis Retz

多年生草本，茎三棱形，有根状茎，叶舌半圆形，叶鞘有翅。圆锥花序顶生和侧生，花序上的小穗多为单性花。

332 A. 竹亚科Bambusoideae

植物体木质化，常呈乔木或灌木状。竿和各级分枝之节均可生1至数芽，以后芽萌发再成枝条，因而形成复杂的分枝系统；地下茎 (rhizome)亦甚发达和木质化(指植株成长后而言)。叶二型，有茎生叶与营养叶之分。花期不固定，一般相隔甚长(数年、数十年乃至百年以上)，某些种终生只有一次开花期，花期常可延续数月之久。竹亚科(不包括我国不产的草本竹类)就狭义而言计有70余属1000种左右，一般生长在热带和亚热带；亚洲和中、南美洲属种数量最多。我国除引种栽培者外，已知有37属500余种，分别隶属6族；紫金8属18种。

1. 簕竹属Bambusa Retz. corr. Schreber.

乔木状。根状茎为长颈粗短型。花序的前出叶宽，有2脊，小穗无柄，小穗有数朵花，雄蕊6枚，内稃顶端不裂或2浅裂。本属100种，分布亚洲、非洲和大洋洲的热带及亚热带地。本属100余种；我国60余种；紫金8种。

1. 粉单竹

Bambusa chungii McClure

秆大，乔木状，箨片外反，秆节间幼时被白粉，箨鞘背面被刺毛。

2. 小簕竹

Bambusa flexuosa Munro

秆的下部分枝交织成网状。箨鞘背面全被绒毛。箨鞘顶端为下凹的宽弧形；两侧突起成三角状尖角，箨耳小或无。

3. 孝顺竹

Bambusa multiplex (Lour.) Raeusch. ex Schult.

叶背面粉白色或粉绿色，箨耳极小，箨背面无毛，节间全为绿色，秆直径1.5～2.5 cm，末级小枝有5～12片叶，秆枝斜举。

4. 米筛竹

Bambusa pachinensis Hayata

竿高3～8 m，直径1～4.5 cm，尾梢稍下垂，下部挺直；节间长30～70 cm，幼时薄被白色蜡粉，并疏被淡色或棕色贴生小刺毛，竿壁薄；节处不隆起，常于竿第一至五节的箨环之上下方均环生有一圈灰白色绢毛；分枝常于第八节至第十节以上才开始，以数枝乃至多枝簇生，主枝稍粗长。箨鞘早落，箨鞘全被刺毛。

5. 撑篙竹

Bambusa pervariabilis McClure

叶背绿色，箨鞘顶端凸拱，箨耳非镰形，箨耳不被箨片基部掩盖，箨片基部与箨耳连接部分为3～7 mm，秆下部有杂色，分枝自1节开始，秆下部节间黄白色条纹，箨箨痕上下有一圈绢毛。

6. 车筒竹

Bambusa sinospinosa McClure

大乔木状，秆的下部分枝交织成网状。箨鞘背面基部被绒毛，箨鞘基部与箨耳有界限。秆下部节间无毛，箨耳等大。

7. 青皮竹

Bambusa textilis McClure

叶背绿色，箨鞘顶端凸拱，箨耳非镰形，箨耳不被箨片基部掩盖，箨耳宽不达1 cm，箨鞘无毛，基部无毛。

8. 青竿竹

Bambusa tuldoides Munro

竿高6～10 m，直径3～5 cm，尾梢略下弯；节间长30～36 cm，幼时薄被白蜡粉，无毛，竿壁厚；节处微隆起，基部第一至二节于箨环之上下方各环生一圈灰白色绢毛；分枝常自竿基第一或第二节开始，以数枝乃至多枝簇生，主枝较粗长。叶背绿色，箨鞘顶端凸拱，箨耳非镰形，箨耳不被箨片基部掩盖，箨片基部与箨耳连接部分为3～7 mm，秆下部无杂色，箨耳边缘被曲毛，秆基部空心。

2. 绿竹属 Dendrocalamopsis (Chia et H. L. Fung) Keng f.

竿较高大，近直立，单丛生；节间圆筒形，竿壁厚。箨鞘质地坚韧；箨片通常直立，但亦可外翻。竿每节分枝数较多，主枝显著。叶片较大。假小穗单生或簇生于花枝各节；苞片1～5；小穗含5～12朵小花，小花排列紧密；小穗轴短缩；颖1或2片；外稃具多脉；鳞被3；雄蕊6，花丝分离；花柱1，子房全体密生小刺毛，在横切面上可见有3维管束。颖果。本属已知有9种；我国计有8种、1变种和1变型；紫金1种。

1. 吊丝单

Dendrocalamopsis vario-striata (W. T. Lin) Keng f.

竿近直立，高5～12 m，直径4～7 cm；节间圆筒形；竿环平坦；箨环稍隆起。箨鞘脱落性，质地坚韧；箨耳长圆形；箨舌顶缘稍弧拱或截形。枝群常自竿的第三节以上始有之。末级小枝具7～12叶；叶鞘长9～10 cm；叶舌高约1 mm，上端截平，几全缘；叶片窄披针形；叶柄长2～3 mm。

笋味鲜美，为广州市常见栽培的笋用竹；竹竿也可供建筑和作脚手架等用。

3. 牡竹属 Dendrocalamus Nees

乔木状。根状茎为长颈粗短型。花序的前出叶窄，有1脊，小穗无柄，小穗有数朵花，花丝分离，雄蕊6枚，内稃顶端不裂或2浅裂。本属分布亚洲的热带和亚热带广大地区；我国已知有29种；紫金1种。

1. 麻竹

Dendrocalamus latiflorus Munro

箨舌顶端齿裂，秆高20～25 m，直径15～30 cm，箨鞘背面略被小刺毛，易落变无毛。

4. 箬竹属 Indocalamus Nakai

灌木状。根状茎细长型。秆每节1分枝，有次级分枝。叶大。小穗有柄，雄蕊3枚。本属约含20种以上，均产我国，主要分布于长江以南各地；紫金2种。

1. 粽巴箬竹

Indocalamus herklotsii McClure

竿直立或近于直立，通常高2 m，直径5～6 mm。箨鞘易破碎，光亮；箨耳无或极微弱；箨舌极短；箨片宿存性、直立，卵状披针形。

2. 箬叶竹

Indocalamus longiauritus Hand.-Mazz.

秆直立，高0.84～1 m，基部直径3.5～8 mm；节间长(8)10～55 cm，暗绿色有白毛，节下方有一圈淡棕带红色并贴秆而生的毛环，秆壁厚1.5～2 mm；秆节较平坦；秆环较箨环略高；秆每节分1枝，惟上部则有时为1～3枝，枝上举。箨鞘厚革质，绿色带紫，内缘贴秆，外缘松弛。叶片大型，长10～35.5 cm，宽1.5～6.5 cm。

5. 大节竹属**Indosasa** McClure

灌至小乔状；单轴型。秆直立；节间分枝一侧具沟槽，长达节间一半或更长；秆中部每节通常分3枝，中间枝略粗；秆环隆起。箨鞘脱落性，多无斑点；箨片大，直立或外翻。叶片通常略大，小横脉明显。花序圆锥状或总状；小穗含多朵小花，下部1～4朵有时不孕。颖果卵状椭圆形。笋期春季至夏初。本属约15种；我国13种；紫金2种。

1. 小叶大节竹

Indosasa parvifolia C. S. Chao et Q. H. Dai

秆高6 m，直径3.5 cm，新秆深绿色，密被白色短刺毛，无白粉，仅在节下方有白粉环，老秆绿色或灰绿色；秆中部节间长25～40 cm，秆壁较厚，中空小，秆髓微呈屑状；秆环甚隆起；秆每节分3枝，有时为1或2枝，枝斜上举而伸展，枝环隆起呈曲膝状。箨鞘脱落性，背部枯黄色，被白粉，密被簇生状的棕色小刺毛。

2. 摆竹

Indosasa shibataeoides McClure

灌至小乔状；单轴型。秆高达15 m，直径10 cm，新竹节下方显具白粉；小竹秆环隆起高于箨环，大竹的秆环仅微隆起；秆中部每节3分枝。箨鞘脱落性，疏被刺毛和白粉，无斑点或有时具细小斑点，箨耳小，具縫毛。

竹材宜整秆使用，笋可供食用。

6. 刚竹属Phyllostachys Sieb. et Zucc.

乔木或灌木状；单轴型。分枝一侧扁平或具浅纵沟；竿环常明显隆起。竿每节分2枝，一粗一细。竿箨早落；箨耳无或大；箨片直立至外翻。末级小枝常2～4叶；叶下表面基部常有毛，小横脉明显。花枝甚短，呈穗状至头状。小穗含1～6朵小花，上部小花常不孕。笋期3～6月，相对地集中在5月。本属50余种；我国40余种；紫金1种。

1. 毛竹

Phyllostachys edulis (Carrière) J. Houz.

乔状；单轴型；竿高可达20 m，粗达15 cm；竿环稍高于箨环。箨鞘黄褐色，有较密的紫褐色斑块，疏生刺毛；箨耳有或无；箨舌拱形；箨片带状，中间绿色，两侧紫色，外翻。末级小枝具2～4叶；叶耳半圆形；叶舌明显。

毛竹是我国栽培悠久、面积最广、经济价值也最重要的竹种。其竿型粗大，宜供建筑用，如梁柱、棚架、脚手架等，篾性优良，供编织各种粗细的用具及工艺品，枝梢作扫帚，嫩竹及竿箨作造纸原料，笋味美，鲜食或加工制成玉兰片、笋干、笋衣等。

7. 矢竹属Pseudosasa Makino ex Nakai

乔木或灌木状。根状茎细长型。秆节间于分枝一侧扁平，每节1～3分枝。小穗有柄，雄蕊3(～4～5)枚。本属约有30多种，分布于东亚；我国约23种，5变种；紫金2种。

1. 茶竿竹

Pseudosasa amabilis (McClure) Keng

竿直立，高5～13 m，粗2～6 cm；有韧性，髓白色或枯草黄色；竿每节分1～3枝，其枝贴竿上举，主枝梢较粗。无箨耳，箨舌明显，秆箨宿存，秆中部分枝5～7。

茶竿竹之主竿直而挺拔，节间长，竿壁厚，竹材经沙洗加工后，洁白如象牙，过去是我国传统出口商品，可作钓鱼竿，滑雪竿、晒竿、编篱笆等用。笋不作食用。

2. 篲竹

Pseudosasa hindsii (McClure) C. D. Chu et C. S. Chao

复轴型；竿高3～5 m，粗约1 cm；幼时节下方具白粉，竿上部节间被微毛；每节分3～5枝，贴竿。箨鞘宿存；箨耳镰形；箨舌拱形；箨片直立，基部略收窄，与箨鞘顶部几等宽。小枝具4～9叶；无叶耳，有鞘口繸毛。

8. 思劳竹属Schizostachyum Nees

乔木状。根状茎为长颈粗短型。小穗无柄，小穗有1朵花，雄蕊6枚。本属约50种，分布在亚洲东南部；约35种；我国10种；紫金1种。

1. 苗竹仔

Schizostachyum dumetorum (Hance) Munro

箨鞘基部外缘有圆形耳垂体，箨鞘顶端截平，两侧对称且不耸起，箨片长不超过箨鞘的1/2。

332B. 禾亚科Agrostidoideae

草本。秆草质，地下茎在多年生种类中如存在时，常为匍匐茎。叶常披针形，中脉显著，小横脉常缺，无叶柄，叶与叶鞘连接处无明显的关节，故叶不在鞘上脱落。花序多样，有圆锥花序、总状花序、指状花序或穗状花序。颖果，偶有囊果。本亚科约550属，6000种，分布全世界；我国191属，约1200种；紫金55属，80种。

1. 看麦娘属Alopecurus L.

小穗1朵能育小花，颖发育，叶无横脉，圆锥花序，小穗1朵小花，外稃无芒，小穗脱节于颖之下，小穗两侧压扁，圆锥花序穗状或圆柱状，小穗基部无柄状基盘。本属约50种，分布于北半球之寒温带；我国9种；紫金2种。

1. 看麦娘（山高梁）

Alopecurus aequalis Sobol.

一年生草本。秆少数丛生，节处常膝曲，高15～40 cm。叶鞘光滑，短于节间；叶片扁平，长3～10 cm。圆锥花序紧缩成圆柱状，长2～7 cm；小穗长2～3 cm。

全草药用，清热利湿、解毒消肿。

2. 日本看麦娘

Alopecurus japonicus Steud.

一年生草本。小穗长5～6 cm。

2. 水蔗草属Apluda L.

小穗有2朵小花，小穗脱节于颖之下，小穗成对着生，一有柄，一无柄，能育小花具1膝曲的芒，小穗两性，小穗成对着生于穗轴各节上，成对小穗异形异性，无柄小穗能育，总状花序有佛焰苞，单生，无柄小穗第一花雄性，有柄小穗正常。本属仅1种，广布于旧大陆热带及亚热带；我国1种；紫金1种。

1. 水蔗草（假雀麦）

Apluda mutica L.

多年生草本。秆高 50～300 cm，质硬，基部常斜卧并生不定根。叶片扁平，长10～35 cm。圆锥花序顶端常弯垂，由许多总状花序组成；每1总状花序包裹在1舟形总苞内；总苞长4～8 mm，顶端具1～2 mm的锥形尖头。

全草入药，消肿解毒、去腐生新。

3. 荩草属Arthraxon Beauv.

小穗有2朵小花，小穗脱节于颖之下，小穗成对着生，一有柄，一无柄，能育小花具1膝曲的芒，小穗两性，小穗成对着生于穗轴各节上，成对小穗异形异性，无柄小穗退化成1枚外稃，无柄小穗第二外稃的芒着生于稃体基部。本属约20种，分布于东半球的热带与亚热带地区；我国10种，6变种；紫金1种。

1. 荩草（菉竹、王刍、莨草、黄草）

Arthraxon hispidus (Thunb.) Makino

一年生草本。秆细弱，高30～60 cm，基部节着地易生根。叶鞘短于节间，生短硬疣毛；叶片卵状披针形，长2～4 cm，基部心形，抱茎。总状花序细弱，2～10枚呈指状排列或簇生于秆顶。

全草药用，能止咳平喘、清热解毒、祛风止痒。

4. 野古草属Arundinella Raddi

小穗有2朵小花，小穗脱节于颖之上，第二外稃顶端有芒或小尖头。本属约50种，广布于热带、亚热带，主要产于亚洲，少数延伸至温带；我国21种，3变种；紫金1种。

1. 石芒草

Arundinella nepalensis Trin.

多年生草本。秆直立，下部坚硬，高90～190 cm，无毛；节间上段常具白粉。叶鞘无毛或被短柔毛，边缘具纤毛；叶舌极短具纤毛；叶片宽1～1.5 cm，无毛或具毛。

5. 芦竹属Arundo L.

大草本，株高2 m以上。小穗有2至多朵能育小花，圆锥花序，小穗有2～7朵小花，小穗轴延伸，外稃有丝状毛或无毛，基盘有较短的柔毛。

1. 芦竹

Arundo donax L.

多年生，具发达根状茎。秆粗大直立，高3～6 m，坚韧，具多数节，常生分枝。叶鞘长于节间；叶舌截平，长约1.5 mm，顶端具短纤毛；叶片扁平，长30～50 cm，宽3～5 cm，基部白色，抱茎。圆锥花序极大型，长30～60 cm，宽3～6 cm；小穗长10～12 mm；含2～4小花，小穗轴节长约1mm；外稃中脉延伸成1～2 mm之短芒，背面中部以下密生长柔毛，毛长5～7 mm，第一外稃长约1 cm；内稃长约为外稃之半；雄蕊3，颖果细小黑色。

6. 地毯草属Axonopus P. Beauv.

小穗有2朵小花，小穗脱节于颖之下，小穗单生，雌雄同株，花序不形成头状花序，小穗同型，花序中无不育小枝成形的刚毛，小穗单生或2～3枚，排列于穗轴一侧，颖和外稃无芒，穗形总状花序或指状花序，第二外厚坚硬，内卷，第二外稃背面在远轴一方。本属约40种，大都产于热带美洲；我国2种；紫金1种。

1. 地毯草

Axonopus compressus (Sw.) Beauv.

多年生草本；高8～60 cm。具长匍匐枝，节密生灰白色柔毛。叶鞘松弛，基部互相跨覆，压扁，具脊；叶薄，长5～10 cm，宽6～12 mm。总状花序2～5枚。小穗长圆状披针形。

植株为优质牧草。常用于铺建草坪和栽培作水土保持。

7. 菵草属Beckmannia Host

一年生直立草本。圆锥花序狭窄，由多数简短贴生或斜生的穗状花序组成。小穗含1，稀为2小花，几为圆形，两侧压扁，颖半圆形，等长，草质，雄蕊3。本属有2种，1变种；我国1种及1变种；紫金1种。

1. 菵草（菌草、菵米、水稗子）

Beckmannia syzigachne (Steud.) Fern.

一年生。秆直立，高15～90 cm，具2～4节。花药黄色，颖果黄褐色，长圆形，花果期4～10月。

8. 孔颖草属Bothriochloa O. Kuntze

小穗有2朵小花，小穗脱节于颖之下，小穗成对着生，一有柄，一无柄，能育小花具1膝曲的芒，小穗两性，小穗成对着生于穗轴各节上，成对小穗异形异性，无柄小穗能育，总状花序呈圆锥状，总状花序有无柄小穗8枚以上。本属约35种，分布于世界温带和热带地区；我国7种，1变种；紫金1种。

1. 孔颖草

Bothriochloa pertusa (L.) A. Camus

多年生草本。秆丛生，直立或基部膝曲而倾斜，高60～100 cm，花果期7～10月。

9. 细柄草属Capillipedium Stapf

小穗有2朵小花，小穗脱节于颖之下，小穗成对着生，一有柄，一无柄，能育小花具1膝曲的芒，小穗两性，小穗成对着生于穗轴各节上，成对小穗异形异性，无柄小穗能育，总状花序呈圆锥状，总状花序有无柄小穗1～5枚。本属约10种分布于旧大陆的温带、亚热带和热带地区；我国3种，1变种；紫金1种。

1. 细柄草

Capillipedium parviflorum (R. Br.) Stapf

多年生草本。秆高50～100 cm。叶片线形，长15～30 cm。圆锥花序长圆形，长10～25 cm，分枝簇生或轮生，可具一至二回小枝，小枝为具1～3节的总状花序；无柄小穗长3～4 mm，基部具髯毛。

10. 假淡竹叶属Centotheca Desv.

小草本，株高20～60 cm。小穗有2至多朵能育小花，圆锥花序，小穗有2～7朵小花，小穗轴延伸，外稃有7脉，叶有明显小横脉，外稃无芒，小穗脱节于颖之上。紫金1种。

1. 假淡竹叶

Centotheca lappacea (L.) Desv.

圆锥花序，小穗有2～7朵小花，小穗轴延伸，外稃有7脉，叶有明显小横脉，外稃无芒，小穗脱节于颖之上。

11. 金须茅属Chrysopogon Trin.

圆锥花序顶生，疏散；小穗通常3枚生于每一分枝的顶端，1无柄而为两性，另2枚有柄而为雄性或中性，成熟时3枚一同脱落。本属约20种，分布于世界的热带和亚热带地区；我国3种；紫金1种。

1. 竹节草（鸡谷草、粘人草）

Chrysopogon aciculatus (Retz.) Trin.

多年生草本；高20～50 cm。具匍匐茎；秆基常膝曲。叶鞘无毛或仅鞘口疏生柔毛；叶舌短小；叶片披针形，宽4～6 mm，无毛或基部疏被毛，秆生叶短小。

全草入药，味甘、性微温，有清热镇痉、散瘀、利尿的功效。

12. 薏苡属Coix L.

小穗有2朵小花，小穗脱节于颖之下，小穗成对着生，一有柄，一无柄，能育小花具1膝曲的芒，小穗单性，雌、雄小穗位于同花序上，雄小穗位于上部，雌小穗位于下部，雌小穗苞藏于骨质、珠状的总苞内。本属约10种，分布于热带亚洲；我国5种，2变种；紫金1种。

1. 薏苡（薏米、川谷根）

Coix lacryma-jobi L.

一年生粗壮草本。秆直立丛生，高1～2 m，具10多节，节多分枝。叶鞘短于节间，无毛；叶舌长约1 mm；叶片宽1.5～3 cm，中脉粗厚，通常无毛。

种仁、根、叶入药，味甘淡、性微寒，种仁为营养滋补品，有健脾补肺、清热利湿的功效；根利水、止咳。

13. 香茅属Cymbopogon Spreng.

小穗有2朵小花，小穗脱节于颖之下，小穗成对着生，一有柄，一无柄，能育小花具1膝曲的芒，小穗两性，小穗成对着生于穗轴各节上，成对小穗异形异性，无柄小穗退化成1枚外稃，无柄小穗第二外稃的芒非着生于稃体基部，能育小穗背腹压扁，第二外稃正常，花序双生，花序下部1对小穗不育。本属70余种，分布于东半球热带与亚热带；我国约20种；紫金1种。

1. 青香茅

Cymbopogon caesius (Nees ex Hook. et Arn.) Stapf

多年生草本。无柄小穗第一颖的背部下方有一纵长深沟。

全草药用。味辛，性温。祛风除湿，消肿止痛。治风湿痹痛偏寒者，胃寒疼痛，月经不调，跌打损伤，瘀血肿痛。

14. 弓果黍属Cyrtococcum Stapf

小穗有2朵小花，小穗脱节于颖之下，小穗单生，雌雄同株，花序不形成头状花序，小穗同型，花序中无不育小枝成形的刚毛，小穗单生或数枚簇生，小穗两侧压扁，第二小花基部无附属体或凹痕，第二外稃顶端钝或尖，无芒。本属约10种，分布非洲和亚洲热带地区；我国2种，3变种；紫金2种。

1. 弓果黍

Cyrtococcum patens (L.) A. Camus.

一年生草本。圆锥花序紧缩，小穗柄细长，长于小穗，植株被毛，圆锥花序长不超过15 cm，宽不过6 cm，叶长3～8 cm，宽3～10 mm。

2. 散穗弓果黍

Cyrtococcum patens var. **latifolium** (Honda) Ohwi

一年生。圆锥花序紧缩，小穗柄细长，长于小穗，植株被毛，圆锥花序长达30 cm，宽超过15 cm，叶长7～15 cm，宽1～2 cm。

15. 龙爪茅属Dactyloctenium Willd.

一年生或多年生草本。秆直立或匍匐，多少压扁，无毛，节间长或有时1短1长交替。叶片扁平。穗状花序短而粗，囊果椭圆形，圆柱形或扁，果皮薄而易分离。种子近球形，表面具皱纹。本属约10种；我国1种；紫金有分布。

1. 龙爪茅

Dactyloctenium aegyptium (L.) Beauv.

一年生草本。秆直立，高15～60 cm，叶鞘松弛，边缘被柔毛，叶片扁平，囊果球状，花果期5～10月。

16. 马唐属Digitaria Heist. ex Adans

小穗有2朵小花，小穗脱节于颖之下，小穗单生，雌雄同株，花序不形成头状花序，小穗同型，花序中无不育小枝成形的刚毛，小穗单生或2～3枚，排列于穗轴一侧，颖和外稃无芒，穗形总状花序或指状花序，第二外厚纸质或骨质，不内卷。本属约300余种，分布于全世界热带地区；我国24种；紫金1种。

1. 马唐

Digitaria sanguinalis (L.) Scop.

一年生草本。秆直立或下部倾斜，膝曲上升，无毛或节生柔毛。叶片线状披针形，长5～15 cm，边缘较厚，微粗糙，具柔毛。总状花序，4～12枚成指状着生于主轴上。

17. 稗属Echinochloa Beauv.

小穗有2朵小花，小穗脱节于颖之下，小穗单生，雌雄同株，花序不形成头状花序，小穗同型，花序中无不育小枝成形的刚毛，小穗单生或2～3枚，排列于穗轴一侧，颖或外稃有芒，小穗背腹压扁，第二颖边缘无毛。本属约30种，分布全世界热带和温带；我国9种，5变种；紫金3种。

1. 长芒稗

Echinochloa caudata Roshev.

秆高1～2 m。或仅有粗糙毛或仅边缘有毛，叶舌缺；叶片线形，圆锥花序稍下垂。果期夏秋季。

2. 光头稗（光头稗子）

Echinochloa colonum (L.) Link.

一年生草本；小穗阔卵形或卵形，顶端急尖或无芒；花序轴上无疣基长刚毛（有时分枝交接处偶而有毛1～2根），第一颖长为小穗的1/2。

谷粒含淀粉，可制糖或酿酒；全草可作饲料。种子入药，利水消肿、止血。

3. 短芒稗

Echinochloa crusgalli var. **breviseta** (Doell) Neilr.

一年生。秆高50～150 cm，光滑无毛，基部倾斜或膝曲。叶鞘疏松裹秆，叶舌缺；叶片扁平，线形，圆锥花序直立，花果期夏秋季。

18. 䅟属Eleusine Gaertn.

一年生或多年生草本。秆硬，穗状花序较粗壮，雄蕊3。囊果果皮膜质或透明膜质，宽椭圆形，胚基生，近圆形，种脐基生，点状。本属9种；我国1种；紫金1种。

1. 牛筋草

Eleusine indica (L.) Gaertn.

植株高大，穗状花序弯曲，宽8～10 mm，囊果球形，栽培。

全草药用，清热解毒，祛风利湿，散瘀止血。

19. 画眉草属Eragrostis Wolf

小草本，株高20～60 cm。小穗有2至多朵能育小花，圆锥花序，小穗有2～7朵小花，小穗轴延伸，外稃有3脉，小穗单生，有柄，非排列于穗轴的一侧。本属约300种，分布于全世界的热带与温带区域；我国约29种，1变种；紫金2种。

1. 鼠妇草（鱼串草）

Eragrostis atrovirens (Desf.) Trin. ex Steud.

多年生草本，小花不随小穗轴脱落，小花外稃和内稃同时脱落。

全草药用。味甘、淡、微辛，性凉。清热利湿。治暑热病，小便短赤。

2. 画眉草

Eragrostis pilosa (L.) Beauv.

一年生草本，高10～60 cm，无腺体，叶舌有一圈毛，小穗有花3～14朵，第一颖无脉，小花内外稃同迟脱落或缩存，与灰穗画眉草相近。

20. 鹧鸪草属Eriachne R. Br.

小穗有2至多朵能育小花，圆锥花序，小穗有2朵小花，小穗轴不延伸。本属约20多种，多数分布于大洋洲；我国仅有1种；紫金1种。

1. 鹧鸪草

Eriachne pallescens R. Br.

丛生状小草本，小穗有2至多朵能育小花，圆锥花序，小穗有2朵小花，小穗轴不延伸。。

全草可作饲料。

21. 野黍属Eriochloa Kunth

一年生或多年生草本。秆分枝。叶片平展或卷合。圆锥花序顶生而狭窄，由数枚总状花序组成；花柱基分离；种脐点状。本属约25种；我国2种；紫金1种。

1. 野黍（野黍、拉拉草、唤猪草）

Eriochloa villosa (Thunb.) Kunth

一年生草本。秆直立，叶片扁平，表面具微毛，背面光滑，边缘粗糙。圆锥花序狭长，雄蕊3；花柱分离。颖果卵圆形。

22. 金茅属Eulalia Kunth

小穗有2朵小花，小穗脱节于颖之下，小穗成对着生，一有柄，一无柄，能育小花具1膝曲的芒，小穗两性，小穗成对着生于穗轴各节上，不嵌入或紧贴序轴，成对小穗同形能育，总状花序2至数枚指状排列，多年生草本，第二颖两侧压扁，无芒。本属约30种，分布于旧大陆热带和亚热带地区；我国11种，1变种；紫金1种。

1. 金茅

Eulalia speciosa (Debeaux) Kuntze

多年生草本；高70～120 cm。秆基部叶鞘密被毛，秆粗壮，直径2～5 mm，叶长25～50 cm。

23. 距花黍属Ichnanthus Beauv.

小穗有2朵小花，小穗脱节于颖之下，小穗单生，雌雄同株，花序不形成头状花序，小穗同型，花序中无不育小枝成形的刚毛，小穗单生或数枚簇生，小穗两侧压扁，第二小花基部有附属体或凹痕。本属约26种，分布于热带，以南美最多；我国1种；紫金1种。

1. 距花黍

Ichnanthus pallens var. **major** (Nees) Stieber

多年生草本。植株型似皱叶狗尾草。小穗有2朵小花，小穗脱节于颖之下，小穗单生，雌雄同株。

24. 白茅属Imperata Cyrillo

小穗有2朵小花，小穗脱节于颖之下，小穗成对着生，一有柄，一无柄，能育小花具1膝曲的芒，小穗两性，小穗成对着生于穗轴各节上，不嵌入或紧贴序轴，成对小穗同形能育，圆锥花序，穗轴无关节，小穗无芒。本属约含10种，分布于全世界的热带和亚热带；我国4种；紫金1种。

1. 白茅

Imperata cylindrica (L.) Raeusch.

多年生草本，具粗壮长根状茎。秆直立，具1～3节，节无毛。分蘖叶片长约20 cm，扁平，较薄。花序呈白色狗尾状。

25. 柳叶箬属Isachne R. Br.

小穗有2朵小花，小穗脱节于颖之上，第二外稃顶端无芒，颖片迟脱落，等长或稍短于小穗。本属约140余种，分布于全世界的热带或亚热带地区；我国16种，7变种；紫金1种。

1. 柳叶箬

Isachne globosa (Thunb.) Kuntze.

多年生草本。秆丛生，基部节上生根而倾斜，小穗两花同质同形，第一小花两性，植株直立，颖片顶端圆钝，叶鞘无疣基刺毛，小穗长2～1.2 mm。

全草入药，用于小便淋痛、跌打损伤。

26. 鸭嘴草属Ischaemum L.

小穗有2朵小花，小穗脱节于颖之下，小穗成对着生，一有柄，一无柄，能育小花具1膝曲的芒，小穗两性，小穗成对着生于穗轴各节上，成对小穗异形异性，无柄小穗能育，总状花序双生呈指状，无柄小穗第一花雄性，有柄小穗正常。本属约60种，分布全世界热界带至温带南部，主产亚洲南部至大洋洲；我国10种，1变种；紫金3种。

1. 有芒鸭嘴草

Ischaemum aristatum L.

多年生草本，无柄小穗第一颖边缘宽，不内弯，小穗对无明显的芒，或只有无柄小穗具曲膝状芒。

2. 细毛鸭嘴草

Ischaemum ciliare Retz.

多年生草本，无柄小穗第一颖边缘宽，不内弯，小穗对有曲膝状芒，无柄小穗第一颖脊上有翅，无根状茎。

3. 田间鸭嘴草

Ischaemum rugosum Salisb.

一年生草本，无柄小穗第一颖边缘狭窄或全部内弯，无柄小穗第一颖脊背无瘤。

秆叶幼嫩时可作饲料，牛、马、羊喜食。

27. 李氏禾属Leersia Soland. ex Swartz

小穗1朵能育小花，颖退化，小穗柄顶端无由颖退化而来的两个半月形的痕迹，小两性，小明显两侧压扁。本属20种，分布于南北半球的热带至温暖地带；我国4种；紫金1种。

1. 李氏禾

Leersia hexandra Swartz

多年生草本。具发达匍匐茎和细瘦根状茎。秆倾卧，节处生根，直立部分高40～50 cm，节部膨大且密被倒生微毛。叶片披针形，长5～12 cm，粗糙。

全草药用，解表散寒、通筋活络。

28. 千金子属Leptochloa P. Beauv.

小草本，株高20～60 cm。小穗有2至多朵能育小花，圆锥花序，小穗有2～7朵小花，小穗轴延伸，外稃有3脉，小穗单生，无柄，排列于穗轴的一侧。本属20种，主要分布于全球的温暖区域；我国2种；紫金1种。

1. 虮子草

Leptochloa panicea (Retz.) Ohwi

一年生草本。秆较细弱，高30～60 cm。叶鞘疏生有疣基的柔毛；叶舌膜质，多撕裂；叶片质薄，扁平，长6～18 cm。圆锥花序长10～30 cm，分枝细弱。

29. 淡竹叶属Lophatherum Brongn

小草本，株高20～60 cm。小穗有2至多朵能育小花，圆锥花序，小穗有2～7朵小花，小穗轴延伸，外稃有7脉，叶有明显小横脉，外稃有小尖头，小穗脱节于颖之下。本属2种，分布于东南亚及东亚；我国2种；紫金1种。

1. 淡竹叶（山鸡米、竹叶草、竹叶麦冬）

Lophatherum gracile Brongn

多年生草本。须根中部膨大呈纺锤形小块根。秆直立，疏丛生，高40～80 cm，具5～6节。叶片披针形，长6～20 cm。圆锥花序；颖顶端钝，具5脉；不育外稃向上渐狭小，顶端具长约1.5 mm的短芒。

全草药用，清热利尿、清心火、除烦躁、生津止渴。

30. 红毛草属 Rhynchelytrum Nees

一年生或多年生草本。叶片通常线形。圆锥花序开展或紧缩，鳞被2，折叠，具5脉；雄蕊3，花药线形，子房无毛，花柱2，分离，柱头羽毛状，种脐点状，本属约400种；我国引种1种；紫金也有分布。

1. 红毛草

Melinis repens (Willd.) Zizka

多年生草本，叶线形，长达20 cm，宽2～4 mm，光滑无毛，圆锥花序开展，小穗长约5 mm，被粉红色绢毛。

31. 莠竹属Microstegium Nees

小穗有2朵小花，小穗脱节于颖之下，小穗成对着生，一有柄，一无柄，能育小花具1膝曲的芒，小穗两性，小穗成对着生于穗轴各节上，不嵌入或紧贴序轴，成对小穗同形能育，总状花序2至数枚指状排列，蔓生草本。本属40种，分布于东半球热带与暖温带；我国16种；紫金2种。

1. 刚莠竹

Microstegium ciliatum (Trin.) A. Camus

多年生蔓生草本。总状花序轴节间粗短，较小穗短，芒很长，伸出小穗，无柄小穗长2～4 mm，第二颖顶端尖，第二外稃的芒粗壮，曲膝，无柄小穗第一颖背面无毛。

2. 蔓生莠竹

Microstegium fasciculatum (L.) Henrard

多年生草本。总状花序轴节间粗短，较小穗短，芒很长，伸出小穗，无柄小穗长2～4 mm，第二颖顶端尖，第二外稃的芒粗壮，曲膝，无柄小穗第一颖背面被毛。

全草入药，止血收敛。

32. 芒属Miscanthus Anderss.

小穗有2朵小花，小穗脱节于颖之下，小穗成对着生，一有柄，一无柄，能育小花具1膝曲的芒，小穗两性，小穗成对着生于穗轴各节上，不嵌入或紧贴序轴，成对小穗同形能育，圆锥花序，穗轴无关节，小穗有芒。本属约10种，主要分布于东南亚，在非洲也有少数种类；我国6种；紫金2种。

1. 五节芒（苦芦骨）

Miscanthus floridulus (Lab.) Warb. ex K. Schum. et Laut.

多年生草本。花序轴长达花序的2/3以上，长于总状花序分枝，雄蕊3枚。

秆可作造纸原料。根状茎入药，清热利尿、止渴。

2. 芒（芒草）

Miscanthus sinensis Anderss.

多年生草本。花序轴长达花序的1/2以下，短于总状花序分枝，雄蕊3枚。

花序、根状茎药用，散血解毒。

33. 毛俭草属Mnesithea Kunth

小穗有2朵小花，小穗脱节于颖之下，小穗成对着生，一有柄，一无柄，能育小花具1膝曲的芒，小穗两性，小穗成对着生于穗轴各节上，小穗嵌入或紧贴序轴，第二外稃无芒，总状花序单生秆顶，花序轴每节间凹穴中生3枚小穗。本属约8种，分布于印度、马来西亚和中南半岛；我国仅有1种；紫金1种。

1. 毛俭草

Mnesithea mollicoma (Hance) A. Camus

叶与茎密被短柔毛，无柄小穗第一颖背密布方格形凹穴和细毛。

34. 类芦属Neyraudia Hook. f.

高大草本，秆高1～3 m，叶片宽4～10 mm。小穗有2至多朵能育小花，总状或指状花序，外稃1至3脉，小穗3～8朵小花，外稃顶端有2～4齿。本属4种，分布于东半球热带、亚热带地区；我国4种；紫金1种。

1. 类芦（篱笆竹、石珍茅）

Neyraudia reynaudiana (Kunth) Keng ex Hithc.

多年生草本。秆直立，高2～3 m，径5～10 mm，通常节具分枝，节间被白粉；叶片长30～60 cm，顶端长渐尖。圆锥花序长30～60 cm，分枝细长；小穗长，第一外稃不孕，无毛。

幼茎、嫩叶药用，清热利湿、消肿解毒。

35. 蛇尾草属Ophiuros Gaertn. f.

多年生较高大的草本。叶扁平。总状花序圆柱形，单生于秆顶；第一颖革质，长卵形，两侧对称，第二颖纸质，舟形。本属约4种；我国1种；紫金1种。

1. 蛇尾草

Ophiuros exaltatus (L.) Kuntze

多年生粗壮草本。秆坚硬，叶鞘无毛，或于上部背面和边缘有白色糙毛，叶片线状披针形，总状花序甚多，第一颖质厚，两侧对称，第二颖与第一颖等长。

36. 求米草属Oplismenus P. Beauv.

小穗有2朵小花，小穗脱节于颖之下，小穗单生，雌雄同株，花序不形成头状花序，小穗同型，花序中无不育小枝成形的刚毛，小穗单生或2～3枚，排列于穗轴一侧，颖或外稃有芒，小穗两侧压扁，第一颖有长芒，第二颖短芒或无，无刺毛。本属约20种，广布于全世界温带地区；我国4种，11变种；紫金1种。

1. 中间型竹叶草（竹叶草）

Oplismenus compositus var. **intermedius** (Honda) Ohwi

秆较纤细，基部平卧地面，节处生根。叶片披针形至卵状披针形，具横脉。圆锥花序；小穗孪生；颖草质，近等长，第一颖卵圆形，顶端芒长0.7～2 cm；第二颖卵状披针形。

37. 露籽草属Ottochloa Dandy

小穗有2朵小花，小穗脱节于颖之下，小穗单生，雌雄同株，花序不形成头状花序，小穗同型，花序中无不育小枝成形的刚毛，小穗单生或数枚簇生，小穗背腹压扁，花序分枝开展，第二颖长约为小1/2。本属约4种，分布于印度、马来西亚、非洲及大洋洲；我国1种，2变种；紫金1种。

1. 露籽草

Ottochloa nodosa (Kunth) Dandy

多年生蔓生草本。叶鞘短于节间，边缘仅一侧具纤毛；叶舌长约0.3 mm；叶片披针形，宽5～10 mm，两面近平滑。圆锥花序多少开展，长10～15 cm，分枝上举。

38. 黍属Panicum L.

小穗有2朵小花，小穗脱节于颖之下，小穗单生，雌雄同株，花序不形成头状花序，小穗同型，花序中无不育小枝成形的刚毛，小穗单生或数枚簇生，小穗背腹压扁，花序分枝开展，第二颖等长小穗或稍短。本属约500种，分布于全世界热带和亚热带，少数分布达温带；我国18种，2变种；紫金2种。

1. 糠稷

Panicum bisulcatum Thunb.

一年生草本，直立，高达1 m，叶面被疣基毛，基部圆形，颖果平滑，浆片3～5脉，第一颖长为小穗1/3～1/2。

2. 铺地黍（枯骨草）

Panicum repens L.

多年生草本。秆直立，坚挺，高50～100 cm。叶片质硬，线形，长5～25 cm。圆锥花序开展，长5～20 cm，分枝斜上，粗糙，具棱槽；小穗长圆形，顶端尖。

全草、根状茎药用，清热利湿、平肝、解毒。

39. 雀稗属Paspalum L.

小穗有2朵小花，小穗脱节于颖之下，小穗单生，雌雄同株，花序不形成头状花序，小穗同型，花序中无不育小枝成形的刚毛，小穗单生或2～3枚，排列于穗轴一侧，颖和外稃无芒，穗形总状花序或指状花序，第二外厚坚硬，内卷，第二外稃背面在近轴一方。本属约300种，分布全世界的热带与亚热带，热带美洲最丰富；我国16种；紫金5种。

1. 两耳草

Paspalum conjugatum Berg.

小穗长1.5～1.8 mm，近圆形；总状花序长6～12 cm，穗轴细软。

2. 双穗雀稗

Paspalum paspaloides (Michx.) Scribn.

小穗长3～3.5 mm，椭圆形，总状花序长3～5 cm，穗轴硬直。

3. 圆果雀稗

Paspalum scrobiculatum var. **orbiculare** (G. Forst.) Hack.

多年生丛状草本；高30～90 cm。叶鞘长于其节间，无毛，鞘口有毛；叶舌长约1.5 mm；叶片长披针形至线形，宽5～10 mm，大多无毛。

全草入药，有清热利尿的作用。

4. 鸭乸草

Paspalum scrobiculatum L.

多年生或一年生草本。秆直立，粗壮，高30～90 cm。叶鞘压扁成脊；叶披针形或线状披针形，长10～20 cm，光滑无毛，边缘稍粗糙。总状花序2～5枚，长3～10 cm，互生于长2～6 cm的主轴上，形成总状圆锥花序；小穗圆形或宽椭圆形。花果期5～9月。

全草药用。清热利尿。

5. 雀稗

Paspalum thunbergii Kunth ex Steud.

第二颖与第一外稃皆生微柔毛，第一外稃不具短皱纹。

40. 狼尾草属 Pennisetum Rich.

小穗有2朵小花，小穗脱节于颖之下，小穗单生，雌雄同株，花序不形成头状花序，小穗同型，花序有不育小枝成形的刚毛，穗轴延伸上端小穗后方成1尖头或刚毛，小穗全部或部分托以1至数条刚毛，刚毛分离，小穗和刚毛一同脱落。本属约140种；我国11种，2变种(包括引种栽培)；紫金2种。

1. 狼尾草（大狗尾草）

Pennisetum alopecuroides (L.) Spreng

多年生草本。秆直立，丛生，高30～120 cm，在花序下密生柔毛。叶鞘光滑，两侧压扁，主脉呈脊，在基部者跨生状；叶片线形，长10～80 cm，基部生疣毛。小穗下的刚毛粗糙，不呈羽毛状。

全草、根药用，明目、散血、清肺止咳、解毒。

2. 象草

Pennisetum purpureum Schum.

多年生大型草本。秆直立，高2～4 m，节上光滑或具毛，在花序基部密生柔毛。叶片线形，长20～50 cm，上面疏生刺毛，边缘粗糙。小穗下的刚毛有柔毛而呈羽毛状，小穗卵状披针形，长3～4 mm，第二颖约与小穗等长。

41. 芦苇属Phragmites Adans.

大草本，株高2 m以上。小穗有2至多朵能育小花，圆锥花序，小穗有2～7朵小花，小穗轴延伸，外稃无毛，基盘延长而有长丝状毛。本属10余种，分布于全球热带、大洋洲、非洲、亚洲，芦苇是惟一的世界种；我国3种；紫金2种。

1. 芦苇（水芦）

Phragmites australis (Cav.) Trin. Ex Steud.

小穗长13～20 mm，第一不育外稃明显增长，外稃基盘两侧密被等长或长于稃体的丝状柔毛。

根状茎药用。清热利尿，清胃火，润肺燥，化痰，平肝明目，止呕。

2. 卡开芦

Phragmites karka (Retz.) Trin. ex Steud.

小穗长13～20 mm，第一不育外稃明显增长，外稃基盘两侧密被等长或长于稃体的丝状柔毛。

根状茎药用。清热利尿，清胃火，润肺燥，化痰，平肝明目，止呕。

42. 早熟禾属Poa L.

小草本，株高20～60 cm。小穗有2至多朵能育小花，圆锥花序，小穗有2～7朵小花，小穗轴延伸，外稃有5脉，叶无小横脉，第二颖短于第一小花，外稃无芒。本属约含500种，广布于全球温寒带以及热带、亚热带高海拔山地；我国231种；紫金1种。

1. 早熟禾

Poa annua L.

一或二年生草本。秆直立或倾斜，质软，高6～30 cm。叶鞘稍压扁，中部以下闭合；叶片扁平或对折，长2～12 cm。圆锥花序宽卵形，长3～7 cm；分枝1～3枚着生各节；外稃长3～4 mm，基盘无绵毛。

全草药用，用于清热止咳、活血化瘀。

43. 金发草属Pogonatherum Beauv.

小穗有2朵小花，小穗脱节于颖之下，小穗成对着生，一有柄，一无柄，能育小花具1膝曲的芒，小穗两性，小穗成对着生于穗轴各节上，不嵌入或紧贴序轴，成对小穗同形能育，总状花序单生。本属约4种；我国3种；紫金1种。

1. 金丝草（黄毛草、猫毛草）

Pogonatherum crinitum (Thunb.) Kunth.

多年生草本。植株矮小，高约20 cm。

全株入药，清凉散热、解毒、利尿通淋。

44. 蜈蚣草属Eremochloa Buese

小穗有2朵小花，小穗脱节于颖之下，小穗成对着生，一有柄，一无柄，能育小花具1膝曲的芒，小穗两性，小穗成对着生于穗轴各节上，紧贴序轴，第二外稃无芒，总状花序单生秆顶，花序轴每节间生2枚小穗。本属约10种，分布于东南亚至大洋洲；我国4种；紫金1种。

1. 蜈蚣草

Eremochloa ciliaris (L.) Merr.

植株丛生，第一颖顶端两侧无翅或有狭翅。

45. 筒轴茅属Rottboellia L. f.

小穗有2朵小花，小穗脱节于颖之下，小穗成对着生，一有柄，一无柄，能育小花具1膝曲的芒，小穗两性，小穗成对着生于穗轴各节上，嵌入或紧贴序轴，第二外稃无芒，总状花序腋生或顶生，有柄小穗退化，无柄小穗非球形，有柄小穗为雄性。本属约4种，广布旧大陆热带、亚热带，引入新热带；我国2种；紫金1种。

1. 筒轴茅（筒轴草、粗轴草）

Rottboellia cochinchinensis (Lour.) Clayton

一年生草本。须根粗壮，常具支柱根。叶与叶鞘被硬刺毛，小穗成对着生于穗轴各节上，嵌入或紧贴序轴。

全草药用，利尿通淋。

46. 甘蔗属Saccharum L.

小穗有2朵小花，小穗脱节于颖之下，小穗成对着生，一有柄，一无柄，能育小花具1膝曲的芒，小穗两性，小穗成对着生于穗轴各节上，不嵌入或紧贴序轴，成对小穗同形能育，圆锥花序，穗轴有关节，第一颖有2脊。本属约8种，大多分布于亚洲的热带与亚热带；我国5种；紫金1种。

1. 斑茅

Saccharum arundinaceum Retz.

多年生草本。秆粗壮，高2～4 m，直径1～2 cm，具多数节，无毛。第一颖背面被毛，第一颖被长于小2～3倍的白色柔毛。

47. 囊颖草属Sacciolepis Nash

小穗有2朵小花，小穗脱节于颖之下，小穗单生，雌雄同株，花序不形成头状花序，小穗同型，花序中无不育小枝成形的刚毛，小穗单生或数枚簇生，小穗背腹压扁，花序紧缩成穗状或较疏散，第二颖背部圆凸成浅囊状，有7～11脉。本属约30种，分布于热带和温带地区，多数产于非洲；我国3种，1变种；紫金1种。

1. 囊颖草（滑草）

Sacciolepis indica (L.) A. Chase

一年生草本。秆基常膝曲，高20～100 cm，有时下部节上生根。叶鞘具棱脊，短于节间，常松弛；叶片线形，长5～20 cm。圆锥花序紧缩成圆柱状，长3～16 cm。

全草药用，去腐生肌。

48. 裂稃草属Schizachyrium Nees

一年生或多年生草本。秆纤细，直立或平卧。叶片扁平或折叠，通常线形或线状长圆形。总状花序单生，第一颖长圆状披针形，厚纸质或近革质，第二颖窄舟形，质较第一颖薄，颖果狭线形。本属约50种；我国现知3种；紫金1种。

1. 斜须裂稃草

Schizachyrium fragile (R. Br.) A. Camus

一年生草本，须根细弱。秆细硬，直立或基部微膝曲，叶片线形，总状花序单生。花果期8～12月。

49. 狗尾草属Setaria Beauv.

小穗有2朵小花，小穗脱节于颖之下，小穗单生，雌雄同株，花序不形成头状花序，小穗同型，花序有不育小枝成形的刚毛，穗轴延伸上端小穗后方成1尖头或刚毛，小穗全部或部分托以1至数条刚毛，刚毛分离，小穗脱落时，其下刚毛宿存。本属约130种，分布全世界热带和温带地区；我国15种，3亚种，5变种；紫金5种。

1. 莠狗尾草

Setaria geniculata (Lam.) Beauv.

多年生草本。具多节根茎；叶片质硬，常卷折呈直立状，第一小花内稃比第二小花狭窄呈披针状，质较厚。

全草入药可清热利湿。

2. 金色狗尾草

Setaria glauca (L.) Beauv.

小穗长2～2.5 mm，顶端钝，小穗基部具5～10条刚毛，第二颖长约与谷粒之半，成熟后小穗微有肿胀。

3. 棕叶狗尾草（雏茅草）

Setaria palmifolia (Koen.) Stapf

多年生草本。圆锥花序疏松，部分小穗下有1条刚毛，植物高大，基部直立，叶宽2～7 cm，鞘被粗疣基毛。

根可药用，益气固脱。

4. 皱叶狗尾草（烂衣草、马草、扭叶草）

Setaria plicata (Lam.) T. Cooke.

多年生草本。圆锥花序疏松，部分小穗下有1条刚毛，植物较小，基部倾斜，叶宽1～3 cm，鞘无疣基毛或有较细的疣毛，第二外稃有明显的皱纹。

须根药用，解毒杀虫、消炎、生肌。

5. 狗尾草（谷莠草、莠）

Setaria viridis (L.) Beauv.

一年生草本。圆锥花序紧缩，每小穗下有1至数条刚毛，圆锥花序圆柱状，顶端稍狭尖或渐尖。

入药治痈瘀、面癣。全草水煮液可喷杀菜虫。

50. 高粱属Sorghum Moench

小穗有2朵小花，小穗脱节于颖之下，小穗成对着生，一有柄，一无柄，能育小花具1膝曲的芒，小穗两性，小穗成对着生于穗轴各节上，成对小穗异形异性，无柄小穗能育，总状花序呈圆锥状，小穗2枚簇生，1枚无柄，2枚有柄。本属约20种，分布全世界热带、亚热带和温带地区；我国11种；紫金栽培1种。

1. 光高粱

Sorghum nitidum (Vahl) Pers.

多年生草本；须根较细而坚韧。秆直立，叶鞘紧密抱茎，无毛或具稀疏的疣基长毛，圆锥花序松散，长圆形，颖革质，成熟后变黑褐色，花果期夏秋季。

51. 稗荩属Sphaerocaryum Nees ex Hook. f.

小穗1朵能育小花，颖发育，叶宽卵状心形，有横脉，秆高10～30 cm，圆锥花序长2～3 cm，小穗1朵花。本属仅1种，广布于亚洲热带和亚热带地区；紫金1种。

1. 稗荩

Sphaerocaryum malaccense (Trin.) Pilger.

一年生草本。秆下部卧伏地面，节上生根，具多节，高10～30 cm。叶鞘被基部膨大的柔毛；叶片卵状心形，基部抱茎，与短柄黍相似，叶边缘被刚毛。

52. 鼠尾粟属Sporobolus R. Br.

小穗有2至多朵能育小花，总状或指状花序，外稃1至3脉，小穗1朵小花，外稃1脉，无芒。囊果。本属约有150种，广布于全球之热带，美洲产最多；我国5种；紫金1种。

1. 鼠尾粟

Sporobolus fertilis (Steud.) W. D. Clayton

多年生草本。秆丛生，高25～120 cm，质较坚硬。叶鞘疏松裹茎；叶片质较硬，长15～65 cm。圆锥花序较紧缩呈线形，常间断，或稠密近穗形，长7～44 cm，小穗灰绿色且略带紫色。

全草药用，清热解毒、凉血。

53. 菅属Themeda Forssk.

小穗有2朵小花，小穗脱节于颖之下，小穗成对着生，一有柄，一无柄，能育小花具1膝曲的芒，小穗两性，小穗成对着生于穗轴各节上，成对小穗异形异性，无柄小穗退化成1枚外稃，无柄小穗第二外稃的芒非着生于稃体基部，能育小穗圆筒形，花序基部2对同性小穗。本属30余种，分布于亚洲和非洲的温暖地区，大洋洲亦有分布；我国13种；紫金3种。

1. 苞子草

Themeda caudata (Nees) A. Camus

多年生草本，秆粗壮，高1～2.5 m，扁圆形或圆形而有棱，光滑。叶鞘在秆基套叠，具脊；叶片线形，长20～60 cm，背面疏生柔毛，边缘粗糙。圆锥花序疏散。

果芒药用，清热活血。

2. 黄背草

Themeda triandra Forssk.

芒长2～8 cm，茎和叶有长硬毛。

3. 菅

Themeda villosa (Poir.) A. Camus.

多年生草本。秆高2～3 m，下部直径1～2 cm；平滑无毛而有光泽。叶片线形，长可达1 m。两面微粗糙，中脉粗，白色，叶缘稍增厚而粗糙。

根药用，解表散寒、祛风除湿。

54. 粽叶芦属Thysanolaena Nees

小穗1朵能育小花，颖发育，叶有横脉，秆高2～3 m，圆锥花序长50 cm以上，小穗有2朵花，第1小花不育，第2小花能育。单种属，分布于亚洲热带；紫金1种。

1. 粽叶芦

Thysanolaena latifolia (Roxb. ex Hornem.) Honda

多年生草本。秆高2～3 m，直立粗壮。叶片披针形，长20～50 cm，具横脉，基部心形，具柄。圆锥花序大型，柔软，长达50 cm，分枝多，斜向上升。

秆高大坚实，作篱笆或造纸。叶可裹粽。花序用作扫帚。栽培作绿化观赏用。根药用，清热利湿、止咳平喘。

55. 三毛草属Trisetum Pers.

多年生草本，丛生或单生。叶片窄狭而扁平。圆锥花序多开展或紧缩成穗状；小穗常含2～3小花，稀4～5小花，颖草质或膜质，顶端尖或渐尖，宿存，不等长，第一颖较第二颖短，具1～3脉。本属约有70多种；我国约10种；紫金1种。

1. 三毛草

Trisetum bifidum (Thunb.) Ohwi

多年生。须根细弱较稠密。秆直立或基部膝曲，光滑无毛，叶鞘松弛，无毛，叶舌膜质，圆锥花序疏展，长圆形，有光泽，黄绿色或褐绿色，颖膜质，不相等，雄蕊3。

中文名索引

J

K

拉丁名索引

A

M

Q

R

S

T

U

V

W

X

Y

Z